国家出版基金项目
NATIONAL PUBLICATION FOUNDATION

大飞机出版工程

总主编　顾诵芬

飞机结构设计与强度计算

Aircraft Structures Design and Analysis

黄季墀　汪　海　编著

崔德刚　审

上海交通大学出版社
SHANGHAI JIAO TONG UNIVERSITY PRESS

内容提要

本书重点介绍了飞机结构设计与强度分析中的基础知识和基本方法。全书分为 11 章，第 1 章对军用飞机的发展历史进行了简要回顾，并对军用飞机的常规设计指标进行了介绍；第 2 章和第 3 章系统阐述了飞机总体设计要求和结构设计准则；第 4 章介绍了飞机载荷计算方法；第 5 章介绍了飞机结构传力分析的一般方法；第 6 章和第 7 章详细介绍了飞机机翼、尾翼、机身等结构的设计与分析方法；第 8 章对飞机结构力学基础知识进行了重点介绍；第 9 章和第 10 章详细介绍了飞机结构静强度、疲劳强度的计算方法；第 11 章则对飞机结构设计完整性要求进行了简要说明。最后，本书还给出了部分飞机结构强度计算的工程实例。

本书可作为高等院校航空专业研究生、高年级本科生教材，也可供广大工程技术人员参考。

图书在版编目（CIP）数据

飞机结构设计与强度计算/黄季墀，汪海编著.—上海：上海交通大学出版社，
2012(2018 重印)
（大飞机出版工程）
ISBN 978 - 7 - 313 - 08040 - 0

Ⅰ.①飞…　Ⅱ.①黄…②汪…　Ⅲ.①飞机—结构设计②飞机—强度—计算
Ⅳ.①V221②V215.2

中国版本图书馆 CIP 数据核字(2011)第 275029 号

飞机结构设计与强度计算

编　　著：	黄季墀　汪　海			
出版发行：	上海交通大学出版社	地　　址：	上海市番禺路 951 号
邮政编码：	200030	电　　话：	021 - 64071208
出 版 人：	谈　毅		
印　　制：	当纳利（上海）信息技术有限公司	经　　销：	全国新华书店
开　　本：	787mm×1092mm　1/16	印　　张：	25.5
字　　数：	502 千字		
版　　次：	2012 年 8 月第 1 版	印　　次：	2018 年 9 月第 2 次印刷
书　　号：	ISBN 978 - 7 - 313 - 08040 - 0/V		
定　　价：	198.00 元		

大飞机出版工程

丛书编委会

总主编

顾诵芬（中国航空工业集团公司科技委原副主任、中国科学院和中国工程院院士）

副总主编

贺东风（中国商用飞机有限责任公司董事长）

林忠钦（上海交通大学校长、中国工程院院士）

编委会（按姓氏笔画排序）

王礼恒（中国航天科技集团公司科技委主任、中国工程院院士）

王宗光（上海交通大学原党委书记、教授）

刘　洪（上海交通大学航空航天学院副院长、教授）

任　和（中国商飞上海飞机客户服务公司副总工程师、教授）

李　明（中国航空工业集团沈阳飞机设计研究所科技委委员、中国工程院院士）

吴光辉（中国商用飞机有限责任公司副总经理、总设计师、中国工程院院士）

汪　海（上海市航空材料与结构检测中心主任、研究员）

张卫红（西北工业大学副校长、教授）

张新国（中国航空工业集团副总经理、研究员）

陈　勇（中国商用飞机有限责任公司工程总师、ARJ21飞机总设计师、研究员）

陈迎春（中国商用飞机有限责任公司CR929飞机总设计师、研究员）

陈宗基（北京航空航天大学自动化科学与电气工程学院教授）

陈懋章（北京航空航天大学能源与动力工程学院教授、中国工程院院士）

金德琨（中国航空工业集团公司原科技委委员、研究员）

赵越让（中国商用飞机有限责任公司总经理、研究员）

姜丽萍（中国商用飞机有限责任公司制造总师、研究员）

曹春晓（中国航空工业集团北京航空材料研究院研究员、中国工程院院士）

敬忠良（上海交通大学航空航天学院常务副院长、教授）

傅　山（上海交通大学电子信息与电气工程学院研究员）

总　序

国务院在 2007 年 2 月底批准了大型飞机研制重大科技专项正式立项,得到全国上下各方面的关注。"大型飞机"工程项目作为创新型国家的标志工程重新燃起我们国家和人民共同承载着"航空报国梦"的巨大热情。对于所有从事航空事业的工作者,这是历史赋予的使命和挑战。

1903 年 12 月 17 日,美国莱特兄弟制作的世界第一架有动力、可操纵、比重大于空气的载人飞行器试飞成功,标志着人类飞行的梦想变成了现实。飞机作为 20 世纪最重大的科技成果之一,是人类科技创新能力与工业化生产形式相结合的产物,也是现代科学技术的集大成者。军事和民生的需求促进了飞机迅速而不间断的发展和应用,体现了当代科学技术的最新成果;而航空领域的持续探索和不断创新也为诸多学科的发展和相关技术的突破提供了强劲动力。航空工业已经成为知识密集、技术密集、高附加值、低消耗的产业。

从大型飞机工程项目开始论证到确定为《国家中长期科学和技术发展规划纲要》的十六个重大专项之一,直至立项通过,不仅使全国上下重视我国自主航空事业,而且使我们的人民、政府理解了我国航空事业半个多世纪发展的艰辛和成绩。大型飞机重大专项正式立项和启动标志着我国的民用航空进入新纪元。经过 50 多年的风雨历程,当今中国的航空工业已经步入了科学、理性的发展轨道。大型客机项目产业链长、辐射面宽、对国家综合实力带动性强,在国民经济发展和科学技术进步中发挥着重要作用,我国的航空工业迎来了新的发展机遇。

大型飞机的研制承载着中国几代航空人的梦想,在 2016 年造出与波音公司

B737 和空客公司 A320 改进型一样先进的"国产大飞机"已经成为每个航空人心中奋斗的目标。然而,大型飞机覆盖了机械、电子、材料、冶金、仪器仪表、化工等几乎所有工业门类,集成了数学、空气动力学、材料学、人机工程学、自动控制学等多种学科,是一个复杂的科技创新系统。为了迎接新形势下理论、技术和工程等方面的严峻挑战,迫切需要引入、借鉴国外的优秀出版物和数据资料,总结、巩固我们的经验和成果,编著一套以"大飞机"为主题的丛书,借以推动服务"大飞机"作为推动服务整个航空科学的切入点,同时对于促进我国航空事业的发展和加快航空紧缺人才的培养,具有十分重要的现实意义和深远的历史意义。

2008 年 5 月,中国商用飞机有限公司成立之初,上海交通大学出版社就开始酝酿"大飞机出版工程",这是一项非常适合"大飞机"研制工作时宜的事业。新中国第一位飞机设计宗师——徐舜寿同志在领导我们研制中国第一架喷气式歼击教练机——歼教 1 时,亲自撰写了《飞机性能及算法》,及时编译了第一部《英汉航空工程名词字典》,翻译出版了《飞机构造学》《飞机强度学》,从理论上保证了我们的飞机研制工作。我本人作为航空事业发展 50 多年的见证人,欣然接受上海交通大学出版社的邀请担任该丛书的主编,希望为我国的"大飞机"研制发展出一份力。出版社同时也邀请了王礼恒院士、金德琨研究员、吴光辉总设计师、陈迎春副总设计师等航空领域专家撰写专著、精选书目,承担翻译、审校等工作,以确保这套"大飞机"丛书具有高品质和重大的社会价值,为我国的大飞机研制以及学科发展提供参考和智力支持。

编著这套丛书,一是总结整理 50 多年来航空科学技术的重要成果及宝贵经验;二是优化航空专业技术教材体系,为飞机设计技术人员的培养提供一套系统、全面的教科书,满足人才培养对教材的迫切需求;三是为大飞机研制提供有力的技术保障;四是将许多专家、教授、学者广博的学识见解和丰富的实践经验总结继承下来,旨在从系统性、完整性和实用性角度出发,把丰富的实践经验进一步理论化、科学化,形成具有我国特色的"大飞机"理论与实践相结合的知识体系。

"大飞机出版工程"丛书主要涵盖了总体气动、航空发动机、结构强度、航电、制造等专业方向,知识领域覆盖我国国产大飞机的关键技术。图书类别分为译著、专著、教材、工具书等几个模块;其内容既包括领域内专家们最先进的理论方法和技术成果,也包括来自飞机设计第一线的理论和实践成果。如:2009年出版的荷兰原福克飞机公司总师撰写的 *Aerodynamic Design of Transport Aircraft*(《运输类飞机的空气动力设计》);由美国堪萨斯大学2008年出版的 *Aircraft Propulsion*(《飞机推进》)等国外最新科技的结晶;国内《民用飞机总体设计》等总体阐述之作和《涡量动力学》《民用飞机气动设计》等专业细分的著作;也有《民机设计1000问》《英汉航空缩略语词典》等工具类图书。

　　该套图书得到国家出版基金资助,体现了国家对"大型飞机"项目以及"大飞机出版工程"这套丛书的高度重视。这套丛书承担着记载与弘扬科技成就、积累和传播科技知识的使命,凝结了国内外航空领域专业人士的智慧和成果,具有较强的系统性、完整性、实用性和技术前瞻性,既可作为实际工作指导用书,亦可作为相关专业人员的学习参考用书。期望这套丛书能够有益于航空领域里人才的培养,有益于航空工业的发展,有益于大飞机的成功研制。同时,希望能为大飞机工程吸引更多的读者来关心航空、支持航空和热爱航空,并投身于中国航空事业做出一点贡献。

2009年12月15日

前　　言

为了满足我国"大型飞机"重大专项对飞机研制人才的迫切需求,上海交通大学在上海市政府的大力支持下,启动了"上海交通大学大型民机创新工程"项目。本书作为该项目中"人才工程"的配套内容,于 2008 年初形成讲义初稿,并在 2009 年春季学期及 2010,2011 年秋季学期的飞行器设计研究生"特班"得以试用和完善。

众所周知,飞机机体结构是实现各种先进气动布局、装载发动机等各大系统并承载旅客和货物的基础平台,没有这个平台,也就没有飞机。因此,飞机结构强度专业是飞机设计的主要专业,并在所有类型的飞机研制中扮演着至关重要的角色。

然而,飞机结构强度专业又是一个自从人类开始梦想飞天就诞生的一个古老专业,它是近现代力学在飞行器结构设计上进一步发展与应用的典范。近几十年来,随着各种新材料、新工艺和新结构形式的出现和广泛应用,人们对飞机结构平台的要求也日益提高。先进复合材料、大型整体结构、先进计算机技术应用等使得人们对获得更轻质高强、更耐久可靠、更经济安全飞机结构的要求不断得以满足,日益激烈的市场竞争也推动了飞机结构强度设计这一专业的快速发展。

今天,一名合格的飞机结构设计师不仅需要精通材料力学、结构力学、弹性力学、复合材料力学、实验力学、材料学、制造工艺学、计算机软件等基础知识,而且还要熟悉各种飞机设计规范,掌握与飞机寿命、安全性、经济性相关的各种知识。为了使我国新时期培养出来的研究生能够在飞机结构强度设计的基础知识、动手能力及设计创新等方面有所突破,满足我国军用、民用飞机研制的需求,本书作者根据自己几十年来从事飞机结构研制的经验,参考了国内和国外部分优秀专著和教材后,结合一些具体的飞机型号研制典型案例和有关工程应用实践,编写了本书。

　　本书在编写时主要针对的阅读对象为航空专业高年级本科生、飞行器设计/固体力学/机械设计等专业研究生及从事飞机结构强度设计的技术人员。为了使内容尽量系统、完整,本书在内容编排上选编了参考资料中的部分内容,并根据教学需要,增补了一些与飞机结构设计与强度计算相关的飞机总体设计和结构力学基础知识,重点对飞机机翼、机身结构设计与强度计算、飞机结构疲劳强度计算等内容进行了详细介绍。最后,对飞机结构完整性大纲有关知识也进行了简要介绍。

　　本书除可作为航空专业高年级本科生、研究生教材外,还可作为广大工程技术人员学习和掌握飞机结构强度设计技术的参考书。由于编者知识水平所限,书中不妥甚至错误之处,敬请读者批评指正。

编　者

2011 年 10 月于上海

主要术语和符号

1 术语

飞机坐标（aircraft coordinate） 以飞机重心（质心）为原点，x 轴沿机身轴线向前为正，y 轴垂直 x 向上为正，z 轴由右手定则确定，向右为正。

安全系数（safety factor） 极限载荷（设计载荷）与限制载荷（使用载荷）之比值，是考虑实际使用中材料和设计不确定因素而规定的设计系数，一般取 $f=1.5$；考虑接头、振动、热、修理等特殊情况还要加附加安全系数。

安全裕度（margin of safety） 表示静强度的余量。

$$M.S = \frac{零件计算部位的许用应力}{零件计算部位的实际应力} - 1.0 \geqslant 0;$$

或

$$\eta = \frac{零件计算部位的许用应力}{零件计算部位的实际应力} \geqslant 1.0$$

结构完整性（structural in tegrity） 关系到飞机安全使用、使用费用和功能的机体结构的强度、刚度、损伤容限及耐久性（或安全寿命）等飞机所要求的结构特性的总称。

颤振（flutter） 飞机或其部件在飞行中的自激振动，属于空气动弹性稳定性问题，这是由于弹性力、惯性力、空气动力的交互作用使结构能从周围空气中吸取能量，产生不稳定振动。

地面载荷（ground load） 飞机在地面停放、起飞、着陆、滑行或运动过程中以及使用维护时地面作用在飞机上的力。载荷计算原始参数包括：飞机重量、重心、惯性矩、刚度、飞机三面图、气动参数、起落系统参数、跑道参数等。

断裂力学（fracture mechanics） 定量研究含裂纹体在外载荷作用下，裂纹扩展规律和失效的工程学科。它是固体力学的一个分支，是飞机结构断裂控制、损伤容限设计或耐久性设计的理论基础。

飞行载荷(flight load)　飞行中结构受的气动力、惯性力、发动机力及陀螺力。通过飞行力学计算及结构动响应分析得到。计算的飞机构形依据强度规范或适航标准要求确定气动参数通过风洞试验确定。设计初也可依据原准机或同类飞机或部件试验结果确定。

飞行包线(flight envelope)　以飞机速度(马赫数 Ma)、高度和过载等为坐标,以飞机飞行使用限制条件为边界的包络曲线。在此包线内,飞机是可操纵的,而且强度、刚度要求得到保证。

经济寿命(economic life)　按照规范要求对根据耐久性试验大纲完成的试验结果进行解释和评估所得到的使用寿命。当机体结构大范围出现损伤,先不修理则影响飞机使用功能和战备状态,而修理又是不经济的,则认为机体结构达到了经济寿命。

结构可靠性(structural reliablity)　是指在规定的使用条件与环境下和在规定的使用寿命内,结构能承受载荷、耐受环境而正常工作的能力。这种能力通常用一种概率,即结构存活率,或结构可靠性来度量(与之相对的是结构破坏率或失效率,两者之和为 1)。飞机结构可靠性是保证飞机出勤率的基本条件。

耐久性(durability)　结构在规定期限内,考虑环境抵抗开裂、腐蚀、热退化、脱层、磨损和外界损伤的能力。

损伤容限(damage tolerance)　结构在规定的未修使用期内,抵抗由缺陷、裂纹或其他损伤而导致破坏的能力。所谓结构的容许损伤是指不得超过规定界限的损伤。

破损安全(fail safety)　是一种设计概念,即允许结构带有损伤(裂纹),但仍需保证结构的安全。破损安全又分为止裂破损-安全和多传力途径破损-安全。要求损伤发展到危险尺寸之前能够被发现,或者整个寿命损伤不会达到危险尺寸。

疲劳载荷谱(fatigue load spectrum)　疲劳设计或试验时,试件、结构或构件所承受的载荷随时间变化的历程,通常由各种载荷大小及相应的频率按出现的先后次序排列而成,或由随机载荷过程的统计特性来表示。

载荷系数(load factor)　又称过载。飞机过载为作用在飞机上除重力以外所有力的合力与重力之比;起落架过载为起落架载荷与停机载荷或当量载荷之比。飞机过载 n 是矢量,n 在各坐标轴上的投影用 n_x,n_y,n_z 表示,n_x 为纵向过载,n_y 为法向过载,n_z 为侧向过载。

2　符号

A　横截面面积(mm^2);诱导阻力增长因子

a　加速度(m/s^2)；重心至主轮距离(mm)

ACT　飞机主动控制技术

b　重心至前轮距离(mm)

c　机翼平均几何弦长(mm)

c.g　重心

C.P　压心

C.R　刚心

CAD　计算机辅助设计

CAE　计算机辅助工程分析

CAM　飞机制造工程计算机管理

CCAR　中国适航标准

C_L　升力系数

C_D　阻力系数

C_{D0}　零阻力系数

D　阻力(N)；直径(mm)

d　直径(mm)

DFR　细节疲劳额定值

E　拉伸弹性模量(GPa)

F　力(N)；横截面积(mm^2)

FAR　（美）联邦航空条例

f　安全系数；挠度变形

G　剪切弹性模量(GPa)；飞机重力(N)

g　重力加速度$(9.80665\ m/s^2)$

H　高度(mm)

I　质量惯性矩、转动惯量$(kg \cdot m^2)$

J　几何惯性矩(mm^4)

JAR　欧洲联合航空要求

K　系数；因子；刚度系数；动荷系数；应力集中系数；机轮中心点

k　飞机升阻比；系数

L　升力(N)；长度(mm)

l　长度(mm)

M　弯矩、力矩(kN・mm);质量(kg)

m　扭矩、力矩(kN・mm);质量(kg)

Ma　马赫数

min　最小

N　拉伸压缩轴力(N);寿命

n　过载;件数

n_d　设计过载,$n_\mathrm{d}=fn_\mathrm{r}$

n_f　疲劳分散系数

n_r　使用过载

p　空气密度

P　载荷(N)

P_d　极限载荷,又称设计载荷,$P_\mathrm{d}=fP_\mathrm{r}$

P_r　限制载荷,又称使用载荷

Q　剪力(N)

q　剪流;线载荷(kN/mm)

RCS　雷达散射截面积;飞机隐身性能的度量

R　力;支反力(N);半径(mm)

r　半径(mm)

S　机翼面积(mm^2);静矩(mm^2)

$s.s.f$　应力严重系数

S_F　疲劳分散系数

t　厚度(mm);时间(s, h)

v　速度(m/s)

W　飞机重力(N);抗弯矩(mm^3)

α　迎角;角度;表面状态系数

β　侧滑角;充填系数

γ　剪切应变;角度

δ　变量;增量;变量

Δ　增量;变量

ε　拉伸应变;角加速度

Σ　合成

η　剩余强度

θ　转角

λ　飞机展弦比；系数

μ　系数；数学期望

ρ　密度

σ　正应力(MPa)，标准差

σ_b　拉伸强度极限

σ_e　欧拉临界应力

τ　剪应力

τ_b　剪切强度极限(MPa)

φ　角度

χ　机翼后掠角

ω　转动速度；扇形面积

〔　〕　许用值；矩阵；

3　下标

av　平均

axi　轴向

b　气动力

be　弯曲

back　后

br　挤压

c　压缩

c.g　重心

C.P　压心

C.R　刚心

cr　临界

d　设计(极限)值

e　当量

eq　平衡；当量

eff　有效

fl　缘条

H　高度

h.t　平尾

in　内

lim　限制

lon　桁梁

m　平均

max　最大值

min　最小值

nose　前;前端

n　横向

out　外

open　开口

oversew　不开口;闭合

pa　壁板

r　使用(限制)值

run　起转

skin　蒙皮

st　桁条

s　剪切

sec　切割

soak　浸润

spr　回弹

t　拉伸

up　上

un　下

v　速度

v.t　垂直尾翼

w　机翼

web　腹板

ω　扇形

目　　录

1 飞机的发展与技术要求

1.1 概述

飞机是一种利用空气动力原理飞行的重于空气的飞行器。飞机飞行的基本原理是：飞机通过动力装置（发动机）并借助燃油燃烧做功产生水平方面的推力，再利用飞机的升力面（机翼、尾翼、鸭翼、襟副翼、各种舵面等）并借助空气介质产生升力和操纵力，实现飞机的飞行和控制。为了实现飞机在地面的滑跑起降，飞机装有起落架和机轮。根据用途不同，飞机可分为军用飞机和民用飞机两大类。飞机上除了自身结构和发动机、起落架等重要部件外，还装有各种机载设备（如雷达、导航、自动驾驶仪、电台等）。军用飞机一般还装有各种武器（如导弹、炸弹、机炮等）。

飞机是多个学科先进知识与技术的高度综合体，是众多飞机设计师集体智慧的结晶。无论军用飞机还是民用飞机，都对可靠性和安全性要求极高。飞机设计所涉猎的专业门类众多，如空气动力学、流体力学、热力学、材料力学、结构力学、弹性力学、材料学、制造工程学、自动控制理论、无线电、电工学、通信、导航、微波理论、制导技术、生命科学、遥控遥测、燃烧学、武器、火控和维护理论等。

飞机结构设计是将人对飞机的构思变为实际飞机结构的过程，它是先进科学技术与成功实践经验相结合的产物。一方面，飞机结构设计需要遵循一定的科学原理，要综合各种客观要求来实现飞机的各种设计要求。另一方面，飞机结构设计又不存在唯一正确的答案，需要人们不断探索和完善结构设计理念并不断创新。成功的飞机结构设计离不开科学性与创造性。"没有最好，只有更好"，为减轻每一克飞机结构质量而奋斗，是一名优秀飞机结构设计师不断追求的永恒主题。

由于飞机的研制是一个反复迭代、逐步逼近的过程，因此，飞机结构的研制也必定是一个多专业综合并不断协调的过程。

1.2 飞机发展历史回顾

人类社会活动的需求与技术的发展催生了飞机的诞生，历次世界大战刺激了航空工业的发展。军事需求永远是推动战斗机更新换代的最强有力的动力。空气动力学、喷气推进技术、电子计算机技术和先进材料技术的迅速发展推动了飞机的快速更新换代。

本节以战斗机为例,通过对飞机布局、发动机、武器及作战方式、主要性能参数、新技术和结构设计准则等六个方面的回顾,简要介绍从第二次世界大战至今,从喷气战斗机出现以来,第一代到第四代战斗机的发展历史和主要技术特点。

1.2.1　第一代战斗机

第一代战斗机主要是指第二次世界大战后发展起来的亚声速喷气式战斗机,如美国的 F-85,F-86;苏联的 MIG-15,MIG-17 等。这一代战斗机吸取了第一、二次世界大战的空战经验,飞机的飞行速度和高度都有明显提高。第一代战斗机的主要设计特点如下:

(1) 飞机布局:采用常规布局及中等展弦比后掠翼。

(2) 发动机:首次使用离心式喷气发动机,推重比为 4。

(3) 武器及作战方式:主要是机炮,只能作尾随攻击、缠斗、中空突防。

(4) 主要性能参数:最大马赫数(Ma 或 Ma 数)为 0.9,最大飞行高度为 15 km,巡航 Ma 为 0.8,飞机推重比为 0.5,在高度 5 km 稳定盘旋,最大法向过载为 5.0,可实现亚声速大机动飞行。

(5) 新技术:后掠翼设计技术的成熟应用,使第一代战斗机的最大 Ma 达到 0.9 左右。机翼采用后掠设计后可增大飞机的飞行临界马赫数,推迟波阻出现并减小波阻,提高飞机的升阻比。第一代战斗机的机翼主要参数为:后掠角 35°～40°,展弦比 4～6,相对厚度 8%。

(6) 结构设计准则:采用静强度设计准则。

图 1.2.1 为美国的 F-86,苏联的 MIG-17 飞机。图 1.2.2 为机翼后掠设计说明图。

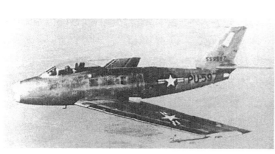

F-86　　　　　　　　　　　　　　　MIG-17

图 1.2.1　美国 F-86,苏联 MIG-17 飞机

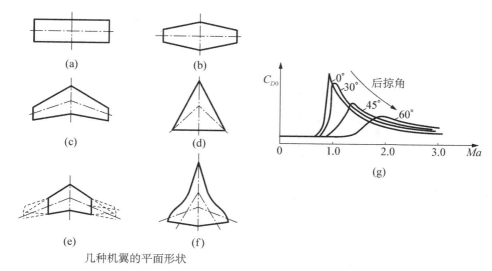

几种机翼的平面形状

图 1.2.2　后掠机翼设计说明图

（a）矩形翼；（b）梯形翼；（c）后掠翼；（d）三角翼；（e）变后掠翼；（f）S 形前缘翼；
（g）后掠翼的零升阻力系数 C_{D0} 随 Ma 数变化

1.2.2　第二代战斗机

第二代战斗机主要指 20 世纪 50 年代末、60 年代初装备空军的高空高速战斗机。朝鲜战争后，飞机的速度被当时的各国空军认为是决定空中优势的主要因素。由于超声速技术的发展使得第二代战斗机的最大 Ma 达 2.0 以上，因此，在完全淘汰螺旋桨飞机后，喷气式战斗机追求高空、高速就成为了一种历史的必然。第二代飞机作战时强调的是利用速度和高度优势追击目标或逃避对方的攻击，以红外近距导弹为主要攻击武器。近距格斗仍是主要作战方式，攻击动作趋于平直化，力求一次攻击结束战斗。

当时空气动力学提出了小展弦比机翼和大后掠角的三角翼薄翼低波阻布局，"面积律"修型理论成功地解决了飞机突破"声障"问题之后，世界上就出现了超声速战斗机。"面积律"修型理论可以保证飞机在跨超声速时阻力最小，并要求飞机所有部件横截面积分布接近旋转体且实现跨声速阻力最小（见图 1.2.3）。图 1.2.4 示出 F-5 和 YF-17 的面积律修型，由于结构限制 YF-17 采用了差异的面积律，即中单翼的机翼上、下方机身收缩不一样，以增大一些零升阻力，从而增加大迎角的升力。这种差异的面积律，对超声速盘旋是最优布局。F-5 为常规面积律，对超声速是最优布局。

第二代战斗机的典型代表为美国的 F-104，F-4 和苏联的 MIG-21，以及中国的歼八（J8），J8Ⅱ飞机等。第二代战斗机的主要设计特点如下：

（1）飞机布局：采用小展弦比大后掠角三角薄翼，可实现高空高速超声速作战。

（2）发动机：使用涡轮喷气发动机，推重比为 5～6。

（3）武器及作战方式：主要是机炮和红外导弹，以尾随攻击为主。

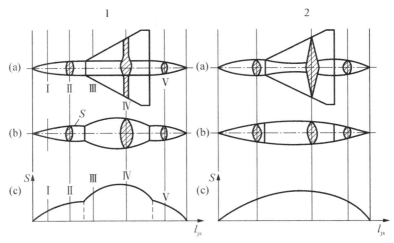

（A）面积律对机翼-机身组合体的影响

1—不考虑面积律要求的机翼-机身组合体；2—考虑面积律要求的机翼-机身组合体
（a）机翼-机身组合体；（b）当量旋成体；（c）横截面积分布

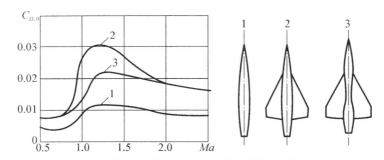

（B）机身缩腰对机翼-机身组合体组力系数大小的影响

图 1.2.3 面积律修型效果

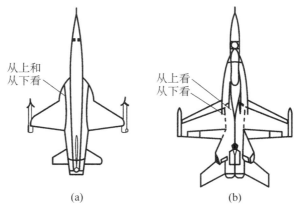

图 1.2.4 "面积律"修型理论设计应用示意图

（a）F-5；（b）YE-17

（4）主要性能参数：最大 Ma 数大于 2.0，最大飞行高度大于 18 km，巡航 Ma 数为 0.8，飞机推重比为 0.8，$H=5$ km 稳定盘旋最大法向过载为 4~5，雷达反射面积（RCS）为 4~10 m²，可实现亚声速大机动飞行。

（5）新技术：大量采用后掠翼细长机身（面积律）设计，后掠角为 50°~60°，展弦比为 2~2.5，相对厚度为 4%~5%。采用多梢翼面、蜂窝等新结构。

（6）结构设计准则：采用安全寿命设计准则。

图 1.2.5 为美国的 F-5，F-4 和苏联的 MIG-21，以及中国的 J8Ⅱ飞机。图 1.2.6 示出 J7M 飞机。

图 1.2.5　美国 F-5，F-4 和苏联 MIG-21，及中国 J8Ⅱ飞机

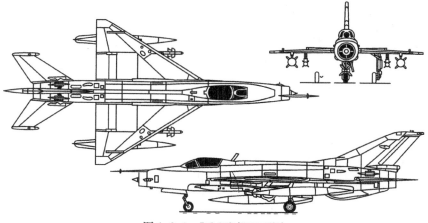

图 1.2.6　J7M 飞机三面图

以上是第二代固定翼飞机，这一时期，为了同时提高超声速和跨声速性能，还出现变后掠机翼飞机（图 1.2.7）。代表机型有 F-111，MIG-23 等（图 1.2.8）。变后掠机翼外翼转轴位置不同对亚声速（$Ma=0.8$）下气动力影响见图 1.2.9。图中：C_{La} 为升力随迎角 α 变化斜率；C_{Da} 为阻力随迎角 α 变化斜率；χ_h 为变后掠机翼外翼后掠角。零升阻力系数 C_{Da0} 随 Ma 数变化见图 1.2.10。

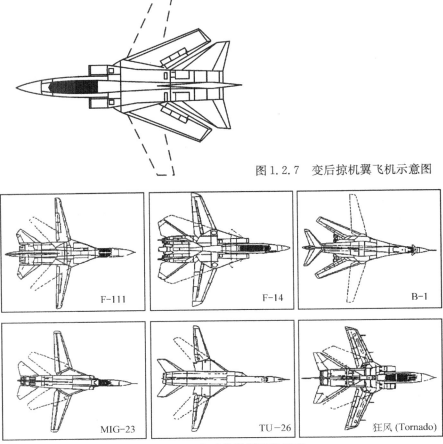

图 1.2.7　变后掠机翼飞机示意图

图 1.2.8　变后掠机翼飞机机型

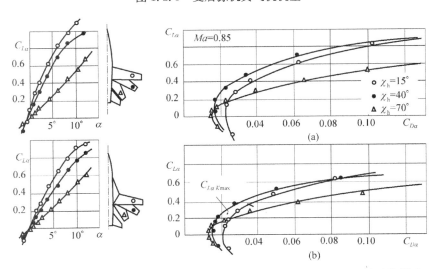

图 1.2.9　机翼外翼的转轴位置对亚声速下 $C_{La}(\alpha, \chi_h)$ 和 $C_{La}(C_{Da})$ 关系的影响

（a）转轴靠近机身轴线；（b）转轴偏离机身轴线

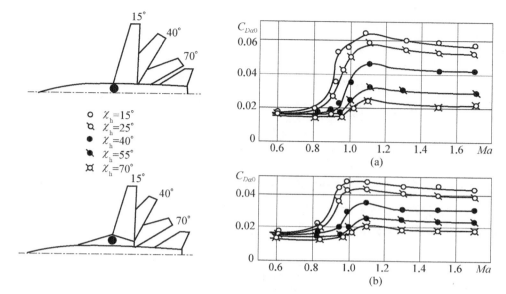

图 1.2.10　机翼外翼的转轴位置对 $C_{D\alpha 0}(M, \chi_h)$ 关系的影响

（a）转轴靠近机身轴线；（b）转轴偏离机身轴线

1.2.3　第三代战斗机

第三代战斗机主要是指 20 世纪 70 年代中期开始装备部队的、现役的、以高机动性为主要特点的空中优势战斗机。代表机型有美国的 F-15，F-16；苏联的 MIG-29，Su-27 以及法国的阵风（Rafale）；英、德、意、西班牙四国的 EF2000 等（见图 1.2.11）。越南战争经验表明，空战中的飞机仍以近距离格斗为主，作战区域大多在中空亚声速范围作机动，高机动性、有效的火控系统和武器是空战制胜的关键。此外，20 世纪 60 年代后快速发展的航空技术也为第三代战斗机研制奠定了基础。如：

F-16 单座轻型战斗机　　　　　　　　　F-15 双座战斗轰炸机

图 1.2.11　美国 F-15，F-16；苏联 MIG-29，Su-27 及欧洲 EF-2000，Rafale 飞机

（1）脱体涡模型技术的建立和发展，使得第三代战斗机可通过边条翼及近耦合鸭翼设计，实现高机动性。图 1.2.12，图 1.2.13 示出边条对气动力及升力的影响。

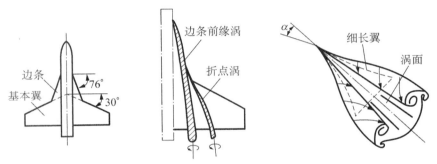

图 1.2.12　边条对气动力影响

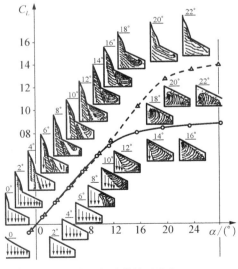

边条翼低速特性及流态

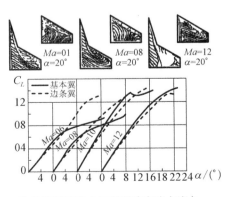

边条机翼和基本机翼亚跨声速大迎角
法向力特性及表面流态(无平尾)

图 1.2.13　采用边条翼设计的飞机升力特性

（2）低耗油率、高推重比涡扇发动机的出现，大大扩展了飞机的作战半径。

（3）以总线技术实现脉冲多普勒雷达、惯导和火控系统的集成，具有先进的中距导弹使得第三代战斗机的超视距攻击成为可能。

（4）采用电传主动控制操纵放宽飞机的静安定性。

第三代战斗机的代表机型为：MIG-29，Su-27，F-16，F-18，EF-2000 和 Rafale 等。第三代战斗机的主要设计特点如下：

（1）飞机布局：采用边条翼及近耦合鸭翼设计，机动性好，适合中低空作战。

（2）发动机：采用涡扇喷气式发动机，推重比为 7～8。

（3）武器及作战方式：配备机炮、近距全向导弹和中距导弹，可进行近距格斗、全向攻击甚至超视距攻击，可进行中、低空突防。海湾战争中，第三代战斗机显露头角，用导弹打下 100% 目标。其中，中距导弹打下目标 60%。

（4）主要性能参数：机翼后掠角约 40°，展弦比为 2.8～3.5，相对厚度 5%，最大 Ma 数 2.0 以上，最大飞行高度大于 18 km，巡航 Ma 数为 0.8，飞机推重比达到 1～1.1，最大法向过载大于 8，雷达反射面积 $RCS＝10～15\ m^2$，最大航程：低空 1200～1400 km，高空 4000 km。

（5）新技术：采用了高升力的先进气动布局、涡扇发动机、全向近距及中距导弹、综合化航电设备、主动控制电传操纵系统、脉冲多普勒雷达、总线技术、计算机集成的综合火控系统等。

（6）结构设计准则：采用损伤容限及耐久性设计准则。

作战时强调超声速突防和快速攻击，先敌发现，先敌攻击，尽量减小自身的目标。

1.2.4 第四代战斗机

第四代战斗机（俄罗斯称为第五代）是目前正在研制的最先进的战斗机，它较前三代战斗机有了质的飞跃。由于现代战争已经由过去的单一兵器的对抗转变为海、陆、空军三位一体全方位的较量，而其中最重要的则是制空权的争夺。由于通信手段和电子雷达、预警设备的发展，现代战争的战场空前扩大。为了适应这一变化，现代飞机的作战半径也要相应增加，为此，对第四代战斗机提出了超声速巡航的要求；而为了应对敌方强大的电子雷达系统和防空导弹的威胁，飞机还必须具有隐身能力；因此，第四代战斗机的主要特征是具有超声速巡航、超视距作战、隐身（低可探测性）及高机动性、高敏捷性等特点。第四代战斗机作战持久性强，出勤率高，在作战过程中强调先敌发现、先敌攻击、先敌摧毁。美国和俄罗斯于 20 世纪 90 年代初开始研制第四代战斗机，并于 21 世纪初开始陆续装备部队。

第四代战斗机的代表机型为美国的 F-22，F-35，俄罗斯的 Su-47，T-50 等（见图 1.2.14）。第四代战斗机的主要设计特点如下：

图 1.2.14　各国第四代飞机示意图

(a) 美国 F-22 猛禽；(b) 美国 F-35(X-35)；(c) 中国 J-20；
(d) 俄罗斯 S-37(Su-47)；(e) 俄罗斯 T-50；(f) 各国第四代飞机前视图

（1）飞机布局：飞机采用气动隐身综合设计，全部武器内置，可实现发动机不开加力超声速巡航，具有高机动性、高敏感性、低可探测性、良好的过失速机动能力和短距起降性能。

（2）发动机：采用推重比 10 的带有推力矢量控制的涡扇发动机。

（3）武器及作战方式：配备发射后不管导弹和近距全向攻击导弹，可进行超视距作战、近距目视格斗和对地攻击，可进行高空突防和多目标攻击。

（4）主要性能参数：机翼后掠角约 40°，展弦比 2.3～2.8，最大 Ma 数为 2.0，最大飞行高度大于 18km，巡航 Ma 为 1.5，飞机推重比大于 1.2，最大法向过载大于 7，飞机雷达反射面积小于 0.1 m^2。

（5）新技术：隐身与气动综合外形设计、大推重比涡扇发动机、先进综合化航电系统、中/远距空空发射后不管导弹、武器内埋技术、推力矢量技术、相控阵火控雷达等。

（6）结构设计准则：采用综合考虑结构静力、耐久性/损伤容限、可靠性、维修性等各个设计要素的结构完整性设计准则。

表 1.2.1 给出各代战斗机的性能对比。

表 1.2.1　各代战斗机性能对比

	第一代战斗机	第二代战斗机	第三代战斗机	第四代战斗机
时间	20 世纪 50 年代	1950~1970	1970~1990	1990~2010
典型机种	MIG-17，F-86	MIG-21，F-4，J8，MIG-23，F-104	Su-27，F-16，J10	F-22，F-35，T-50，Su-47
机翼特征	4~6 中等后掠角 30°~40°，后掠翼	小展弦比 2~2.5 大后掠角 50°~60°，三角形薄翼	中等展弦比 2.8~3.5，中等后掠角 40°~45°，梯形翼	中等展弦比 2.5~2.8 中等后掠角 40°~42°菱形翼
主要性能	$Ma_{max}=0.9$，$H_{max}>13$ km $Ma_{巡航}=0.8$ $n_y=5$ $RCS \geqslant 15$ m²	$Ma_{max} \geqslant 2.0$ $H_{max}>18$ km $Ma_{巡航}=0.8$ $n_y=4.5$ $RCS \geqslant 5~10$ m²	$Ma_{max}=2.0$ $H_{max}>18$ km $Ma_{巡航}=0.8$ $n_y=6.00$ 高机动、大巡护 $RCS \geqslant 1~10$ m²	$Ma_{max}=2.0$ $H_{max}>18$ km $Ma_{巡航}=1.5$ $n_y=7.0$ 高机动、超声速大巡航；$RCS=0.1$ m²
攻击方式	机炮尾随攻击	红外导弹后向攻击	近距全向格斗中距拦射导弹；	发射后不管、多目标攻击；
新技术	后掠翼	面积律、大后掠三角形薄翼	边条翼及近耦合鸭翼（推力矢量）	隐身气动综合设计/内埋弹舱/推力矢量

1.3　飞机设计的主要技术要求

本节以军用飞机为例，说明飞机设计的主要技术要求。

军用飞机的设计技术指标主要包括：最大速度 V_{max}、升限 H_{max}、航程、最大作战半径、起飞和降落滑跑距离、载重/起飞重量、机动性指标（如加速度、盘旋半径、爬升性能、最大允许过载系数等）、隐身性能、维护与保障性能、使用寿命、可靠性与安全性能等。

下面以一种歼击轰炸机的战术技术指标为例予以说明。

1.3.1　飞机的作战使命和主要对象

主要作战使命：用于摧毁敌后纵身有强大火力防卫的重要目标（如指挥系统、雷达站、导弹基地、机场等）和部队有生力量。

主要作战对象：敌指挥中心防空部队、地面机械化部队、登陆舰艇及部队。

1.3.2　主要战术技术要求

对地攻击正常起飞重量：35 000 kg。

空中作战正常起飞重量:30 000 kg。

最大起飞重量:40 000 kg。

最大武器装载量:8 000 kg。

发动机:两台加力涡扇发动机,单台静加力推力 125 568 N,最大状态推力 86 328 N。

载油量:机内油箱 10 000 kg,外挂油箱 7 000 kg。

最大平飞速度:近地面 1 100 km/h,高空 1 500 km/h。

实用升限:对地攻击 13.5 km,对空作战 16 km。

最大使用过载:对地任务 5 g,对空任务 7 g。

对地攻击作战半径:近地面 800 km,高空 1 200 km。

对空作战半径:近地面 1 450 km,高空 1 800 km。

转场航程:4 500 km。

起飞滑跑距离:1 250 m。

着陆滑跑距离:1 000 m。

机场要求:水泥跑道Ⅱ级,土跑道压力不低于 0.785 MPa。

武器装备:挂点 12 个。

空-空导弹:远距 4 枚,中距 6 枚,近距 4 枚。

空-地制导武器:500 kg 和 1 000 kg 激光制导炸弹、近距(20 km)空-地导弹、1 000 kg空-舰导弹、反辐射导弹。

1.3.3　电子火控系统

1) 雷达系统

探测距离:对地面部队($\sigma=1 000$ m²)150 km,对空陆舰艇($\sigma=5 000$ m²)200 km,对空中目标($\sigma=3$ m²)120 km。

2) 光电系统

空中可探测目标:前面 150 km,尾随 40 km。

3) 电子战

具有雷达预警及电子对抗系统、全方位电子防卫系统和有源无源干扰弹。

4) 导航系统

惯性导航精度要求 0.5～1.0 km/h,GPS(卫星导航)修正能力 10～15 m/h。

5) 控制系统

装备三轴电传主动控制系统。

6) 救生系统

具有 0 高度/0 速度弹射座椅。

7) 能源与环控系统

具有交流/直流电源和液压系统、燃油系统、氧气系统、环控系统等。

1.3.4　飞机使用维护时间

飞机平均故障间隔时间≥5 h。

每飞行小时机上直接维护工时≤15h。

飞机平均修复时间<2h。

无维修待命时间5天。

1.3.5　飞机寿命要求

生产型飞机寿命>7000h,日历寿命>25年。

图1.3.1为军用飞机研制的一般流程图。

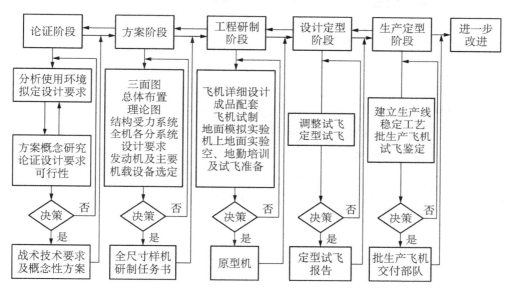

图1.3.1　飞机研制的流程图

1.4　战斗机发展趋势与未来第五代战斗机展望

有人预测第四代战斗机将是世界上最后一代有人战斗机了。这种说法可信度如何呢?

专家认为,2050年之前,无人机虽然可以作为主要装备参与作战,但空战中还是要与有人战机配合使用。无人机不可能完全替代有人机。因此第五代战斗机发展方向有三点:即无人飞机、高声速空天飞机及智能化更高的有人飞机。

1.4.1　未来无人机发展

未来无人机发展三个特点:持续、保护和价格。

持续——最长的续航时间;

保护——避免受到敌方防空系统的伤害;

价格——价格低廉。

计算机控制及电子技术发展为无人机的发展提供了有利条件,但是军用无人机还有许多问题有待解决,包括:

（1）特殊的无人机气动布局与总体设计技术研究；

（2）隐身（材料和气动布局）技术研究；

（3）回收技术研究；

（4）抗干扰技术研究；

（5）双向远程保密通信技术研究；

（6）目标识别与判断智能化技术研究。

1.4.2　多功能战斗-轰炸机为现代有人军机方向

根据现代战争经验，各国军方更加青睐战斗-轰炸机的多用途性能。因此各机种要求改型。如：Su-27改为Su-30；新设计飞机F-22为多功能飞机。

1.4.3　空天一体化高超声速飞机

为了夺取制空权，提高飞机速度和高度是方向；目前已经有$Ma>3.0$的飞机；如SR-71，MIG-25等。高超声速飞机的Ma在5.0以上，并实现航空航天一体化设计，需要突破高超声速气动设计、隔热材料应用等关键技术。

1.4.4　高智能化飞机

包括智能控制技术与智能材料的应用。智能控制主要指气动布局随控，无论是外形、气动力、载荷、稳定性、操纵性都能控制。除电子液压伺服控制外，还包括智能材料的应用。这些技术使得飞机飞行得更高、更快、更灵活、更安全、乘员更舒适。高智能化飞机要求电子火控系统更先进，雷达功能和进攻武器威力更强大，防御更可靠。

2　飞机总体设计

2.1　飞机布局设计

有了飞机设计要求后,即应研究飞机的布局形式。首先要熟知现代不同用途飞机所采用的布局形式。在大量积累资料基础上,就会自然形成对飞机的概念,正如新中国第一位飞机总设计师徐舜寿常用的名言"设计飞机也像作诗一样——熟读唐诗三百首,不会作诗也会吟。同样看多了飞机图样,设计飞机自然有思路了。"

超声速歼击机一般采用中等后掠角(50°左右),小展弦比(2～4)的薄机翼(相对厚度小于5%)的正常式、鸭式或三翼面布局,为了减小超声速波阻,提高亚声速机动性及隐身能力,普遍采用翼身融合形式。

中远程轰炸机要有一定的超声速冲刺突防能力,一般采用变后掠,对于强调隐身突防能力的轰炸机,外形按隐身要求设计,如 B-2,F117 等。

亚声速运输机及客机一般采用大展弦比(8～10)、小后掠角(35°左右)的超临界翼型的机翼,以获取在大巡航 Ma 数下有高的升阻比。

2.2　飞机主要总体参数的选择

2.2.1　飞机基本运动方程

飞机基本运动方程为

$$L = G \qquad (G = mg) \tag{2.2.1}$$
$$F = D \tag{2.2.2}$$
$$C_D = C_{D0} + AC_L^2 \tag{2.2.3}$$
$$L = C_L qS \tag{2.2.4}$$
$$D = C_D qS \tag{2.2.5}$$
$$q_h = C_e F \tag{2.2.6}$$

式中:L 为升力;G 为重力;F 为发动机推力;D 为阻力;速压 $q = \dfrac{1}{2}\rho V^2$;S 为机翼面积;C_L 为升力系数;C_D 为阻力系数;A 为诱导阻力增长因子;q_h 为小时耗油率

(kg/h);C_e 为发动机耗油率$(kg/(N \cdot h))$。

2.2.2 主要总体参数

主要总体参数为:

起飞质量(航空专业习惯用语为重量) $\qquad m_0 = \dfrac{G}{g}$ $\qquad$ (2.2.7)

升阻比 $\qquad\qquad\qquad K = \dfrac{C_L}{C_D}$ $\qquad\qquad$ (2.2.8)

发动机推力 $\qquad\qquad F = \dfrac{C_D}{C_L}G = \dfrac{G}{K}$

推重比 $\qquad\qquad\qquad F/G$ $\qquad\qquad\qquad$ (2.2.9)

升力 $\qquad\qquad\qquad L = n_y G$

过载 $\qquad\qquad\qquad n_y = \dfrac{C_L}{m/S} \dfrac{q}{g}$

阻力 $\qquad\qquad\qquad D = \dfrac{n_y G}{K}$ $\qquad\qquad$ (2.2.10)

翼载 $\qquad\qquad\qquad m/S$

水平过载 $\qquad\qquad n_x = \dfrac{F - D}{G}$ $\qquad\qquad$ (2.2.11)

要设计满足性能要求的飞机,重要的是:

$$\left.\begin{array}{l} \text{确定飞机起飞质量 } G/g = m \\ \text{选择有足够推力 } F \text{ 的发动机} \\ \text{然后选定翼载} m/S \\ \text{飞机气动特性 } C_L, C_D \end{array}\right\} \begin{array}{l} \text{均与飞机布局有关,相互影响,相互依存,} \\ \text{需反复迭代求解} \end{array}$$

2.2.3 飞机起飞重量

飞机起飞重量为

$$m_0 = m_{cy} + m_{zz} + m_{ry} + m_{kj} \qquad (2.2.12)$$

式中:m_{cy} 为飞机乘员重量,军机每人为 $100\,kg$;m_{zz} 为装载重量,指为执行任务必须携带的武器、弹药和特种设备(如吊舱)等,单机装载重量为 $2\sim4\,t$,$300\,t$ 重型轰炸机可达 $50\sim60\,t$,民机装载重量为乘客重量(每人 $90\,kg$)、货物重量等;m_{ry} 为燃油重量,燃油重量系数 $\overline{m}_{ry} = m_{ry}/m_0$,歼击机一般为 $0.25\sim0.3$,轰炸机和运输机为 0.4,大型客机在 0.4 以上。$\overline{m}_{ry}$ 与 m_0 的关系见图 2.2.1。通常将飞机航行分为 T 航级计算燃油重量,然后叠加。T 航级燃油消耗为 Δm_{ry},Δm_{ry} 为

$$\Delta m_{\mathrm{ry}} = C_{\mathrm{e}} F_T \Delta t \qquad (2.2.13)$$

m_{kj} 为空机重量,指无乘员、无任何装载、无燃油的飞机重量,包括飞机的结构、动力装置及机载设备等重量,它是随飞机尺寸变化的重量。空机重量系数 $\overline{m}_{\mathrm{kj}} = m_{\mathrm{kj}}/m_0$;图 2.2.1 给出空机重量系数 $\overline{m}_{\mathrm{kj}}$ 与飞机起飞重量 m_0 的关系。

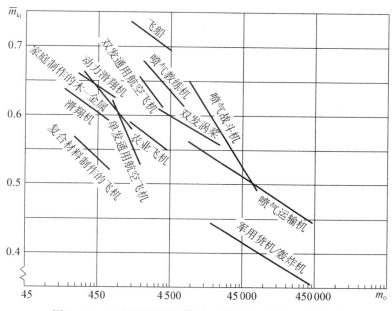

图 2.2.1 空机重量系数 $\overline{m}_{\mathrm{kj}}$ 与飞机起飞总重 m_0 的关系

空机重量与飞机类型有关。航天飞船,因较重的电子设备以及热防护等需要空机重量系较大。远程军用货机重量系数最小,因为需要装载的燃油、货物较多。

2.2.4 飞机推重比及发动机选取

估算飞机起飞重量后,就应选择推力或功率合适的发动机。歼击机一般选择小涵道比涡扇发动机,客机选用大涵道比涡扇发动机。

推重比 F_0/G 是最重要的总体参数,F_0 为地面台架推力,一般为开最大加力时的推力。

F_{ky} 为可用推力,是飞机在相应高度和速度的推力值。

$$F_{\mathrm{ky}} = K_{\mathrm{V.H}} F_0 \qquad (2.2.14)$$

式中:$K_{\mathrm{V.H}}$ 为可用推力系数。

现代歼击机起飞推重比已超过1,起飞后可以转入垂直上升。各种非机动运输机和客机推重比在 $0.2 \sim 0.4$ 之间,不同年代飞机的推重比见图 2.2.2。

推重比包括:基于最大速度曲线拟合方程估算的推重比初始值;保证平飞状态的统计值;根据爬升性能确定的值;根据起飞滑跑距离确定的值;根据最大平飞速度

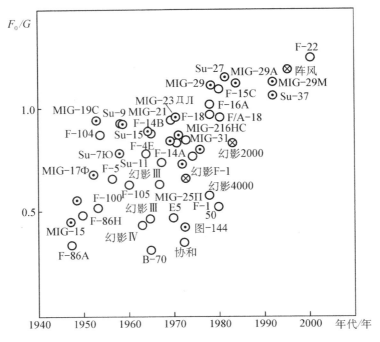

图 2.2.2　超声速飞机起飞推重比 F_0/G 随年代的变化

确定的值;根据飞机的性能要求可以得到以上各情况推重比,选取其中最大值作为飞机的推重比。

　　发动机的选择首先满足推重比要求,另外也要考虑油耗特性,在满足推重比要求情况下,选油耗最低的发动机。图 2.2.3 示出各类发动机的油耗特性。另外还要考虑发动机的寿命、可靠性、维修性、成本价格、尺寸等因素。

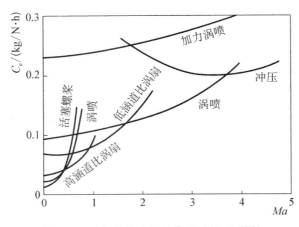

图 2.2.3　各类发动机的典型油耗 C_e 特性

2.2.5 飞机的气动特性和翼载

飞机翼载是指飞机重量 m 与机翼参考面积 S 之比,即 m/S。通常以正常起飞重量 m_0 为衡量基准,而机翼参考面积 S 是指计算气动力系数 C_D,C_L 用的机翼参考面积,一般取包括机身在内的总面积 S。机翼面积定义见图 2.2.4。

$$S = 2(S_1 + S_2) \tag{2.2.15}$$

翼载 m/S 是决定飞机性能和机动性的主要参数。

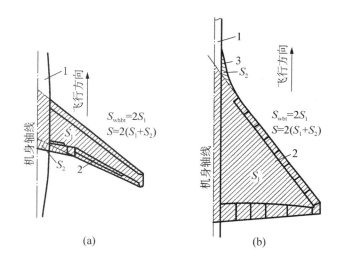

图 2.2.4 机翼面积定义图

（a）梯形翼飞机的机翼面积:1—机身;2—半机翼;S_{whbt}—机翼无后边条面积;S_1—梯形半翼;S—带后边条的机翼面积;S_2—半翼的后边条面积

（b）三角翼飞机的机翼面积:1—机身;2—半机翼;3—边条;S_{wbt}—机翼无边条面积;S_1—无边条半翼面积;S_2—半翼的边条面积

水平飞行状态下的飞行速度

$$V = \sqrt{\frac{2mg}{S\rho C_L}} \tag{2.2.16}$$

$$F = D = \frac{1}{2}\rho v^2 S C_D \tag{2.2.17}$$

机动飞行时

$$n_y = \frac{L}{G} = \frac{C_L q S}{mg} = \frac{C_L q}{mg/S} \tag{2.2.18}$$

$$n_x = \frac{F}{mg} - \frac{C_{D0} q}{mg/S} - \frac{A(mg/S)n_y^2}{q} \tag{2.2.19}$$

式中:C_{D0} 是零升阻力系数。

从表征机动性的式(2.2.18)看,要机动过载 n_y 大,在 C_L 一定时 m/S 应该小,但减小翼载就要增大机翼面积,相应又要增加重量。因此 m/S 的确定应从机动性和起降性能(重量)相互矛盾的要求中权衡。一般歼击机的 m/S 在 $250\sim400\,\mathrm{kg/m^2}$ 之间;无尾三角翼超声速飞机 m/S 在 $180\sim220\,\mathrm{kg/m^2}$ 之间;正常布局在 $280\sim320\,\mathrm{kg/m^2}$ 之间;翼身组合体在 $380\sim420\,\mathrm{kg/m^2}$ 之间;喷气运输机和轰炸机在 $600\sim700\,\mathrm{kg/m^2}$ 之间。

在选择翼载时还必须考虑气动特性 C_L,C_D,k 等参数。这些气动特性不仅影响性能,同时也与飞机几何尺寸有关。

对亚声速飞机其零升阻力 C_{D0} 主要取决于摩擦阻力系数 C_f,而 C_f 与飞机外表面与气流接触的浸润面积 S_{soak} 有关,对外形不简洁的飞机它往往为机翼面积的很多倍(如 B-47 的 $S_{\mathrm{soak}}/S = 7.9$,而火神的 $S_{\mathrm{soak}}/S = 2.8$),两者虽然展弦比相差很大(B-47 为9.4,火神为 3.0)而升阻比 K 两者相当。

对超声速飞机决定 C_{D0} 最重要的因素是波阻,除外形外,最重要的是控制机身最大横截面积 S_{max} 与机翼面积 S 之比,即 $\overline{S}_{\mathrm{max}} = S_{\mathrm{max}}/S$,它一般很难减小,因飞行员座舱的横截面积有一定的大小要求,MIG-21 为5%,$C_{D0} = 0.025$,其他歼击机均在 7% 左右,$C_{D0} = 0.04$。

影响巡航和动阻力的诱导阻力增长因子 A 则取决于机翼平面形状。

在亚声速时,
$$A = \frac{1+\delta}{\pi\lambda_{\mathrm{eff}}} \qquad (2.2.20)$$

式中:λ_{eff} 为有效展弦比;δ 为机翼展向环量分布偏离椭圆分布的修正量。

超声速飞行时,A 一般接近 $\dfrac{1}{C_L}$,亚声速飞行时 $\dfrac{1}{\lambda_{\mathrm{eff}}} < A < \dfrac{1}{C_L}$。

关于飞机巡航性能及耗油量的确定取决 K_{max},实质上 K_{max}(升阻比)表示飞机的气动效率,即用多少推力 F 可以升起多大的重量 m_0。

$$K_{\mathrm{max}} = \frac{G}{F} \approx \frac{1}{2\sqrt{C_{D0}A}}$$

K_{max} 的变化趋势见图 2.2.5,F_0/G_0 对 m_0/S 的统计分布见图 2.2.6。

在选定推重比 F_0/G_0 及翼载 m_0/S 后(图 2.2.6),应按设计要求的主要飞行剖面,根据选定的发动机最大状态、加力状态以及巡航状态的耗油率计算出所需油量,并加一定余量,校正估算的油量,再重新估算飞机总重。根据新一轮的飞机正常起飞重量,再计算各总体主要参数,经过多次迭代,各主要参数已趋于稳定时,可初步确定飞机的总体参数。

根据此原理进行总体设计时,除逐步确定气动外形外,还应仔细确定翼面,各操纵面(如襟翼、副翼、平尾、方向舵、前襟等)外形,确定机内各系统(如导航、驾驶、火控、环控、燃油、液压、氧气、电源等)并进行结构的主承力构件布局设计。经过几次迭代后可较准确地得出飞机重量和各总体参数,反复校核性能数据后最终确定总体参数。

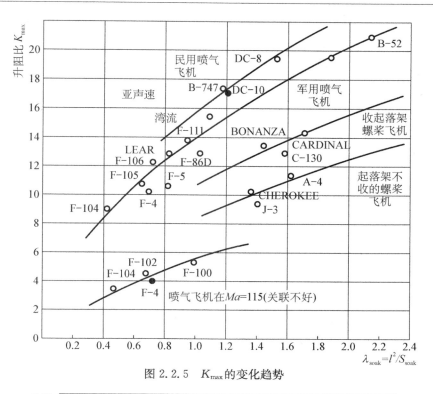

图 2.2.5 K_{max} 的变化趋势

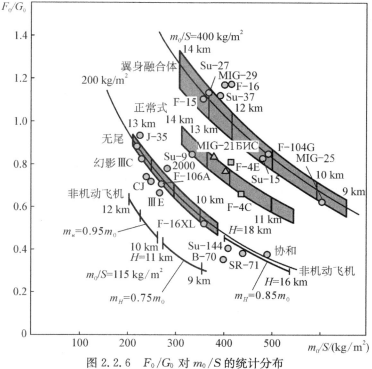

图 2.2.6 F_0/G_0 对 m_0/S 的统计分布

　　这就是飞机总体设计的简要过程,当然要完成全部设计将历经方案论证、初步设计、详细初步设计,详细设计、工艺性审查、试制生产等步骤。中间可能还需要多次通过各种风洞试验,测力测压试验,设计原理试验来验证设计的正确性。

3 飞机结构设计准则

3.1 飞机结构强度设计流程

3.1.1 飞机结构设计主要依据

飞机结构设计主要依据以下要求和资料：

（1）使用方提出的战技要求或使用技术要求；

（2）飞机三面图及理论外形图；

（3）飞机总体布置图；

（4）重量指标分配及总重量；

（5）使用寿命要求；

（6）载荷和使用环境条件；

（7）维修性要求；

（8）生产条件和工艺性要求；

（9）其他有关设计准则、规范和标准。

根据国际上常采用的飞机设计程序和国军标规定，飞机设计分为方案设计阶段；初步设计阶段（又称打样设计阶段）；详细设计阶段。每个阶段完成后，要通过有关级别的评审后方能进入下一阶段。

3.1.2 方案设计阶段

根据使用方要求和总体打样设计、气动布局及风洞试验结果，开始进行结构打样设计工作。在完成结构布局后，需与各专业进行反复协调和修改，并形成结构总体布局。该阶段应完成以下工作：

（1）修改完善飞机的几何外形设计，给出完整的飞机三面图、理论外形；

（2）初步布置安排各种机载设备、系统和有效装载，完成各主要结构和设备协调；

（3）进行飞机结构布局，即确定结构主要分离面、布置飞机结构的承力系统和主要的承力构件；保证活动部件的运动要求，并满足间隙要求；

（4）完成结构选材；

（5）进行初步重量计算和重心惯性矩计算；

（6）进行比较精确的气动力性能计算和操纵性、稳定性计算；

（7）给出详细的飞机总体布置图。

3.1.3　初步设计阶段（打样设计阶段）

初步设计阶段主要是完成：在给定的第一轮载荷情况下，对主要的结构参数进行分析，完成结构的参数初步确定。完成与各专业的协调，共同完成系统与结构的协调图。进行较为详细的重量、重心、惯性矩计算，进行气动弹性初步分析，经反复修改和协调，形成可满足设计要求的结构设计。

3.1.4　详细设计阶段（发出生产图）

（1）经过初步设计阶段，实现了结构布局及各结构专业零件、装载、成品、系统、航电等协调。并初步达到强度、刚度、重量、重心指标后，可以进行以下工作：发出供试制生产的结构部件和零构件设计图；给出各个部件和各个系统的总图、理论图（运动图）、装配图、零件图；

（2）发出相应的技术文件，包括图纸技术条件，细目表（EBOM）等；

（3）完成详细的重量计算和在利用风洞试验结果修正的载荷下进行强度、刚度计算并完成相应报告；初步完成疲劳与耐久性分析报告；

（4）完成研制阶段的零部件、系统的静强度试验、动强度试验、性能试验、寿命试验和各系统的台架试验，发现问题及时修改。

3.1.5　原型机试制、试飞与定型阶段

完成零部件试验后，进入全机试验、试飞阶段。

（1）试制原型机和进行地面试验，包括全机静、动力试验和各系统地面试验；

（2）全机静力试验和地面共振试验及主要部件动力试验（如：起落架落震）通过后，转入试飞阶段（按试飞大纲要求）；

（3）在试飞期间同时进行部件和全机疲劳试验；

（4）根据试验、试飞暴露的问题修改设计，改进工艺；

（5）先完成设计定型，然后进行生产定型；

（6）获得型号合格证书进行批量生产。

3.2　飞机结构设计准则

3.2.1　飞机结构设计总要求

飞机结构设计总要求指在规定的使用环境下，以最轻的飞机结构重量，在规定的使用寿命期内，以最小的生产和维修费用安全完成飞机所要求的各种任务使命。军机完成规定的空战、空对地战斗、军运、电子对抗等；民机完成安全空运旅客或货物，或者护林、探矿、遥测、运动、救护等。这些飞机使用要求，给出了相应的载荷环境条件。国内飞机结构设计具体指标由军方与设计协商，最后由军方确定。随着军机技术、成本的提高，对寿命的要求也不断提高。

（1）军机结构重量系数：一般占全机重量27%～30%；

（2）陆上军机结构使用寿命：3 000～8 000飞行小时，舰载飞机2 000小时；

（3）陆上军机结构使用日历年限大致30年，舰载飞机20年；

结构设计综合考虑的因素包括：强度、刚度、可靠性、重量、费用、工艺性、维护性、互换性、相容性、寿命、生存力等。

民机要求是（ARJ 21为例）：寿命50 000～70 000小时（60 000～20 000次起落）；日历20年；可见民机寿命要求要比军机高许多。

3.2.2　静强度设计准则

静强度设计是飞机设计中传统的设计准则，即要求在使用载荷作用下，结构变形不能影响飞机正常飞行；卸载后，结构没有永久变形（考虑环境，温度影响）；在设计载荷作用下，结构不发生总体破坏（包括结构的稳定性、热应力、热稳定性）。

1）使用载荷 P_r

使用载荷又称限制载荷，是指飞机在使用中（整个寿命期内）预计可能遇到的最大载荷。

2）设计载荷 P_d

使用载荷 P_r（限制载荷）乘以规定的安全系数 f 为设计载荷 P_d（极限载荷 P_u）。

$$P_d = fP_r$$
$$P_d \leqslant P_u \tag{3.2.1}$$

3）安全系数 f

飞机的安全系数不同于机械结构设计，它是将安全系数加在载荷上。在国军标GJB67—85（军用飞机强度和刚度规范）中规定，安全系数通常取1.5。安全系数的确定可按可靠性设计要求来确定。主要考虑到载荷预估的可靠性，强度计算的可靠性，制造工艺的可靠性，材料性能可靠性等。对于要增大安全性和刚度，保证质量及有磨损或其他原因时，安全系数可适当增大。如充压容器、发动机推力梁等，规范都要求取安全系数 $f=2.0$。当然，安全系数越大，结构重量也增大，因此安全系数不能任意取大，航天飞机设计时，为严格控制结构重量，规定安全系数为 $f=1.4$。安全系数可用于载荷、压力和热应力点，但不能加在温度和温差上。

规范、适航标准及强度计算原则还规定如下情况应乘以附加安全系数：

（1）铸造系数1.37～2.0；

（2）支承系数1.5～6.67；

（3）重要接头系数1.15～1.33。

以上系数如何使用见有关标准。

4）剩余强度和安全裕度

军机一般用剩余强度 η，计算公式为

$$\eta = \frac{极限许用应力}{极限载荷下工作应力} \geqslant 1.0 \tag{3.2.2}$$

民机一般用安全裕度 $M.S$,计算公式如下:

$$M.S = \frac{极限许用应力}{极限载荷下工作应力} - 1.0 \geqslant 0 \qquad (3.2.3)$$

为满足静强度设计准则,在方案设计、初步设计和详细设计阶段均必须进行静强度分析,这是飞机结构设计的基础。静强度分析主要包括:载荷分析、结构布局及传力路线分析,材料及连接件选取,结构分析,零件强度计算,结构许用应力计算(如结构稳定性计算),全尺寸静力试验验证。载荷分析应包括确定机体结构在飞机所定的飞行包线内到包线上可能遇到的严重静载荷和动载荷的量值和分布。载荷分析会涉及飞行载荷、地面载荷、动力装置载荷、操纵系统载荷以及武器效应等,必要时,载荷分析还必须考虑机体结构的温度、振动、冲击(武器发射)、气动弹性和动力响应的影响。

3.2.3　静、动弹性设计准则

国军标 GJB67—85 要求飞机在全部飞行包线内的各种外挂物组合、装载以及引起较大刚度损失的机动飞行等条件下,飞行速度直到 1.15 倍极限速度 V_{lim} 都不发生颤振、发散、嗡鸣以及其他气动弹性和气动伺服弹性不稳定现象。对于超声速飞机,如果由于空气动力加热引起较大的刚度损失,还应考虑气动热弹性不稳定现象。

● 颤振——颤振是在气流中运动的飞机结构在空气动力、惯性力和弹性力的相互作用下而形成的一种自激振动。低于颤振速度时,振动是衰减的;等于颤振速度时,振动保持等幅;超过颤振速度时,在多数情况下,振动是发散的,从而引起结构的破坏。

● 发散——发散是升力面的一种静气动弹性不稳定现象。当结构变形引起的空气动力扭矩超过翼面结构相应的弹性恢复力矩时,就会出现。

● 操纵面嗡鸣——操纵面嗡鸣是在跨声速和低超声速飞行时,操纵面绕铰链轴旋转的单自由度颤振。发生嗡鸣后不但影响飞行,而且由于振动疲劳,会导致操纵面损坏。

● 舵面反效——常发生在副翼反效形式(副翼逆动),即主翼面扭转刚度较低,当舵面偏动后形成的低头力矩使得翼面产生相反效果的攻角,从而产生与舵面偏转期望相反的升力,出现反操纵现象。

● 气动伺服弹性——若操纵面伺服助力系统和自动驾驶控制系统显著改变飞机动力响应特性时,应分析和验证是否会引起不稳定现象。

静、动弹性设计准则可以概括为最大飞行速度 V_{max} 应小于或等于气动弹性设计速度 V_d。表达式如下:

$$V_{max} \leqslant V_d \qquad (3.2.4)$$

$$V_d = V_{cy} = \max(f_f V_f, \ f_s V_s, \ f_a V_a, \ \cdots) \qquad (3.2.5)$$

式中：V_d 为气动弹性设计速度；V_{cy} 为气动弹性临界速度；V_f，V_s，V_a 分别为颤振速度、机翼发散速度、操纵面嗡鸣速度；f_f，f_s，f_a 为相应的安全系数。

现代歼击机因采用复杂的气动外形布局，以及广泛采用高强度材料和自动操纵系统，使飞机机体结构的相对柔性增大，气动弹性（主要指颤振）对飞机性能影响亦相应增大，这种影响必须与静强度、寿命等要求一并予以考虑，并在最初设计阶段，就必须对所设计飞机的颤振特性有所控制，为解决这一问题，必须建立结构动力学布局的概念，即对飞机气动弹性动稳定性具有决定意义的气动力、结构刚度、惯性力、操纵面及作动机构的位置、安排、外挂配置、耗油程序等参数进行综合考虑，以求得重量最轻，但又能保证飞机在各种飞行状态下颤振安全的最佳结构动力学布局。

现代飞机是一个十分复杂的多阶弹性系统，各种参数均是互相影响，互相关联的，因此必须建立一种寻求确定飞机气动弹性主要参数的系统方法，通常是采用一种计算和实验相结合的方法，即通过建立动力相似的数学和物理模型。在可压缩流（$Ma \neq 0$）和不可压缩流（$Ma = 0$）的情况下，对模型进行计算、实验研究，以评估颤振安全边界，并有针对性地对结构进行改进设计，然后再计算、再实验、逐步精化，在这个反复迭代过程中，动力相似数学模型的计算结果可用来确定实验条件，减少风洞模型的参数量，而借助结构动力相似物理模型的实验结果，可获得频谱初步值、精化颤振边界值，进行精化飞机共振试验结果。图 3.2.1 给出颤振分析、试验等工作的流程框图。

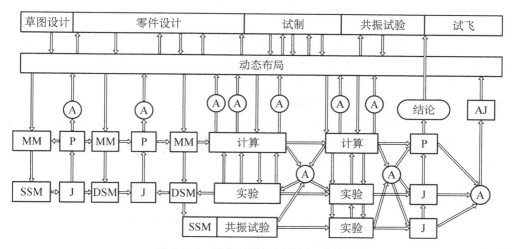

图 3.2.1　飞机结构颤振分析工作流程

P—计算；A—分析；J—风洞试验；MM—数学模型；AJ—飞行试验
SSM—结构相似模型；DSM—动态相似模型

计算法与试验法可以彼此检查，相互补充，这样就大大地提高了工作的有效性，俄罗斯苏霍伊设计局与ЦАГИ一起就采用上述方法成功解决 Su－27ck 各主要承力面（机翼、平尾、垂尾）的弯扭颤振和舵面颤振问题，并及时发现原来知之甚少，而又十分危险的弯弯型颤振。

由于第三代飞机的融合体气动布局,使机翼和机身构成一个完整的升力面,在这种情况下要求仔细考虑在气流中振动而作用在机翼以及机身上的非定常气动力。因为第三代飞机的机翼和机身,由于结构重量设计方面的精心努力,使之较以往设计的飞机柔性更大,即对气动弹性问题更为敏感。

其他气动弹性问题,如翼面发散、副翼反效等问题,也同样通过以上方法来逐步解决。总之在现代歼击机设计中,气动弹性问题是不可回避的重要问题。

同时,在载荷分析时也必须考虑机体静弹性对刚体载荷的修正问题。当然,最终评定气动弹性还必须通过各种飞行试验予以验证。

3.2.3.1　飞机结构刚度要求

飞机的静、动气动弹性问题与结构刚度有关,但在飞机结构设计中仍然还有其他的结构刚度要求,如各类舱门、起落架舱门、炸弹舱门等均应按刚度设计,对于某些附件的支撑结构,操纵面的悬挂支臂的支撑结构应有一定刚度要求,以免操纵面卡死;为保证助力泵的工作精确性,对操纵系统也有刚度要求,以防止操纵滞后,甚至不到位,应保证操纵系统提出的跟随性要求。

飞机刚度一般以在使用载荷下,结构的变形小于或等于许可变形:

即
$$\delta_i \leqslant [\delta_i] \qquad (3.2.6)$$

在某些情况下,对结构的刚度分布以及翼剖面的刚心位置提出要求,以免发生颤振、操纵面反效等问题。必要时应进行结构刚度试验予以验证。

3.2.3.2　飞机结构动力学要求(振动控制与设计)

在研究飞机静、动气动弹性问题的同时,还必须考虑结构动力学问题。统计资料表明,飞行器所发生的重大事故中,有 40% 与振动有关。飞机结构作为一个弹性体,在受到振源的激励(如发动机)将会发生强迫振动。

若激励频率与结构固有频率重合,结构将会产生剧烈的共振,从而导致结构破坏;强迫振动下结构的动响应一般是交变状态(交变应力、交变位移),结构长期在交变应力状态下会发生振动疲劳破坏。飞机内部安装的各类设备,在长期的振动环境下会发生失效,飞行员长期在振动或噪声环境下,会发生疲劳感觉,所有这些都要求对飞机结构的振动进行控制与设计。

国军标要求,在飞机设计时应控制结构的振动环境,通过振动分析来预计飞机各区域(座舱、设备舱、发动机舱等)的振动量值(频率、振幅、加速度值等),要求每个区域的结构在整个设计使用寿命期内,应能抵抗由振动载荷引起的不可接受的开裂。此外,应控制振动量值使人员和设备在整个飞机设计寿命期内能可靠地工作。必要时应进行声耐久性分析,分析应确定来自潜在危险声源的声环境强度,潜在危险声源包括推进系统噪声、紊流区和分离流动的气动噪声,外露空腔的共振及局部振动而引起的噪声。分析目的应保证在整个设计使用寿命期内,机体结构能抵抗声疲劳开裂,同时控制噪声水平(量值)使人员和设备可正常可靠工作。最终应通过地面振动试验和飞行振动试验予以验证。

地面振动试验包括飞机或机体部件的固有频率、振型、广义质量以及结构阻尼测试,以及部件,组件的结构振动疲劳试验,主要是验证气动弹性,振动特性计算,以及动力响应分析结果,或考核特定结构件的振动疲劳强度如副油箱等。飞行振动试验应在装有振动测试仪器并标定完好的飞机上进行,通过试验以验证振动分析和气动弹性分析的准确性,验证飞机上所采取的防振防噪声措施,以防止飞机在设计使用寿命期内的结构开裂,以及保证机载设备不至于因振动而发生失效或使人员降低工作效能。

飞机在起飞、着陆、滑跑过程中,起落架和机体结构均会受到撞击载荷,因此作为起落架必须具有缓冲性能,前起落架还必须具有防止摆振的阻尼系统,因此在起落架设计中要考虑如何在较短的时间间隔内,尽可能多地将机械能转换成热能。

飞机结构的动态特性取决于结构的刚度、质量与阻尼的分布情况,对于承受动载荷为主的结构,应按结构动力学设计要求进行,或按振动设计准则来设计,即以结构的动态性能指标作为设计准则来设计结构,如设计时应使结构的固有频率不落在发动机的工作频率上,以避免共振现象的出现,这就是频率设计原则。

如果根据理论与经验,具体提出结构固有频率的差值应符合的标准,则这项频率设计原则就可以看成设计准则了,但目前对不少的振动问题,往往还无法提出定量的准则。另外,还有刚度和变形设计原则、振动响应设计原则、振动耐久性设计原则、振动稳定性余度设计原则、静动力质量平衡设计原则等等。结构动力学设计是近年来方兴未艾的一门学科,随着航空技术的不断发展,结构动力学正在不断地发展与完善。

3.2.4 耐久性和损伤容限设计准则

飞机的设计思想来源于飞机的使用实践,长期的大量实践表明,只按静强度和刚度要求设计的飞机并不能很好地保证飞机的使用安全。在第二次世界大战后的10 年中,世界各国的军用机和民用飞机,出现了多起疲劳破坏事故,其中尤以 1954英国彗星号客机因客舱疲劳开裂而引起的灾难性事故给飞机设计人员提出了新的课题,即必须在飞机结构设计中引入抗疲劳设计概念和损伤容限设计概念。

3.2.4.1 安全寿命设计阶段

自 20 世纪 50 年代起,抗疲劳设计开始成为一个重要的设计准则,即安全寿命设计准则,它以结构无裂纹寿命为设计目标,即要求

$$N_e \leqslant N_{sa} = N_{ey}/n_f \qquad (3.2.7)$$

其中:N_e 为使用寿命;N_{sa} 为安全寿命;N_{ey} 为试验寿命;n_f 为分散系数。

分散系数一般取 $4 \sim 6$,在结构设计时主要通过控制结构应力水平,改善结构细节设计,减少应力集中以保证结构有足够的寿命。结构的安全寿命主要通过全尺寸结构疲劳试验来确定,最后通过飞行载荷谱的监控予以修订。

图 3.2.2 给出飞机结构疲劳载荷的形式;大致分为等幅载荷(图(a)～(c))和变幅随机载荷(图(d)～(e));图中 $R=\dfrac{P_{\min}}{P_{\max}}$ 为载荷比。图 3.2.3、图 3.2.4 给出军机疲劳分析的历程框图。

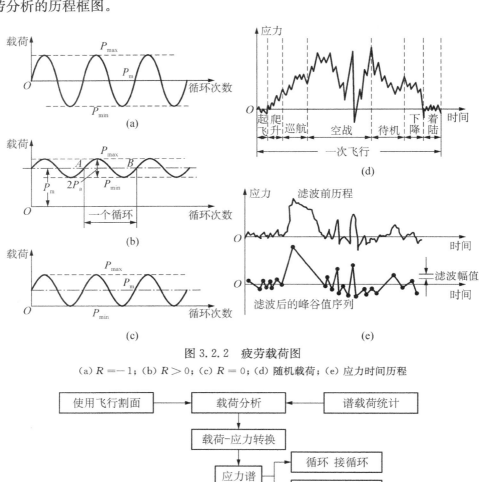

图 3.2.2　疲劳载荷图

(a) $R=-1$; (b) $R>0$; (c) $R=0$; (d) 随机载荷; (e) 应力时间历程

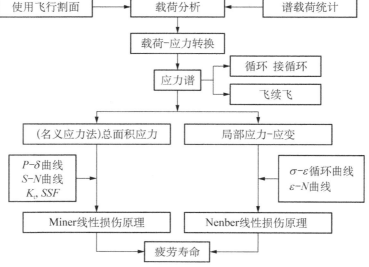

图 3.2.3　军机疲劳寿命估算的主要流程

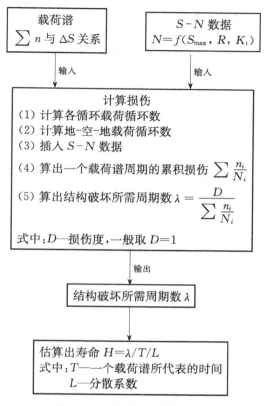

图 3.2.4 疲劳寿命估算框图

图 3.2.3 中,名义应力法又称应力疲劳分析法;它包括应力严重系数法和 DFR 法;军机大多用应力严重系数法,民机大多用 DFR 法(本图未表示)。图中,P-δ 曲线为连接件载荷-位移曲线;SSF 为连接件的应力严重系数;K_t 为应力集中系数;S-N 曲线为材料、元件或构件的应力-寿命曲线。

局部应力-应变法又称为应变疲劳分析方法;分析步骤是:首先用弹塑性分析和材料的 σ-ε(应力~应变)循环曲线计算出应力集中部位的真实应力-应变;经过当量处理后,利用 ε-N(应变~寿命)曲线,计算累计损伤,然后算出寿命。当被计算部位的应变水平较高时,这种方法计算结果与试验比较吻合。

疲劳分析的详细理论与方法见第 10 章"飞机结构疲劳强度计算"。

安全寿命设计准则,美国空军一直沿用到 20 世纪 70 年代,俄罗斯和欧洲其他各国也不同程度地沿用。但 20 世纪 60 年代末、70 年代初,在使用中发现原按疲劳安全寿命设计的多种美国空军飞机出现了结构断裂事故,如 F111 飞机地面疲劳试验寿命达到 40 000 飞行小时,但使用中不到 100 飞行小时,机翼轴接头发生断裂。又如 F-4 飞机(鬼怪式战斗机)地面疲劳试验寿命达到 11 800 飞行小时,但在使用中约 1 200 飞行小时后,机翼、机身接合处的机翼下耳片发生断裂。

实践证明安全寿命设计不能确保飞机安全,经过研究发现,在安全寿命设计中,特别是对于一些疲劳薄弱部位的关键件、重要件,没有考虑到结构中的初始裂纹存在,没有考虑到裂纹扩展速率和临界裂纹的概念。而实际上,由于飞机结构材料在冶金中存在的初始缺陷,在加工制造中形成的微裂纹,或由于使用中各种损伤(如划伤、碰伤),使飞机结构在服役中这个裂纹不断扩展而导致破坏。因此在1974年美国颁布了第一部飞机损伤容限设计规范MIL-A-83444,提出耐久性与损伤容限设计概念。但是对于单通道传力、裂纹快速增长结构,通常仍旧采用安全寿命方法设计,如起落架结构。

3.2.4.2 耐久性与损伤容限设计

1) 耐久性与损伤容限设计的概念

(1) 损伤容限——当结构存在未预期的疲劳裂纹、缺陷或意外损伤时,在这些损伤被检测出来,并修理之前,结构仍能安全使用的能力;

损伤容限设计的目的是:使结构因漏检缺陷或损伤所引起的结构破坏概率减至最小。通过断裂控制(缓慢裂纹增长速率情况下),保证在损伤使结构强度降至规定值(最大使用值)之前,能以高概率及时检测损伤,使结构修复后能回到原有强度,从而确保飞机的使用安全。

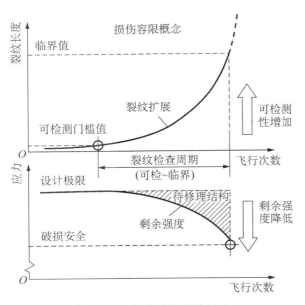

图 3.2.5 示出飞机损伤容限设计的概念。由图可见,在极限设计应力情况,零件存在的裂纹长度为可检测门槛值;裂纹扩展到临界值情况,对应的应力为破损安全应力。

(2) 耐久性——结构具有在使用寿命期间承受重复载荷谱作用,抵抗开裂(含应力腐蚀和氢引发的裂纹)、腐蚀、热退化、脱层、磨损和外界物损伤,而不产生功能性损坏或引起不经济维修等问题的特性。

2) 损伤容限设计结构

我国现行规范规定,对危及飞机机体的安全的重要结构应采用损伤容限设计,按损伤容限设

图 3.2.5 损伤容限设计概念

计的结构应该是破损安全结构或缓慢裂纹扩展结构,或是这两种结构的组合。

(1) 破损安全结构——适用于可检测结构,当结构中某个部件破损后,其残余结构仍能承受使用载荷,并在规定的间隔周期内,不会出现结构破坏。

$$\eta_{fa} \geqslant \eta_e = \eta_d / f \quad (f = 1.5) \tag{3.2.8}$$

式中：η_{fa} 为破坏安全的剩余强度系数；η_d 为设计剩余强度。

$$N_{ex,fa} / 4 = H \tag{3.2.9}$$

式中：$N_{ex,fa}$ 为破坏安全的试验寿命；H 为规定的检查间隔周期。

当在规定检查间隔期内，检查出已破损后，能予以维修或更换。

（2）缓慢裂纹扩展结构——适用于不可检测结构，要求在整修使用寿命期内，裂纹要缓慢扩展，以使不会达到临界裂纹长度。

$$N_{a_b \to a_{cr}} \geqslant N_e \tag{3.2.10}$$

式中：N_e 为使用寿命；$N_{a_b \to a_{cr}}$ 为扩展到临界裂纹长度时的寿命。

3）飞机结构损伤容限设计步骤

飞机结构损伤容限设计技术是在总结以往的飞机设计、使用经验和断裂力学理论的发展基础上，以设计规范形式确定下来的一种设计准则，这一设计方法是对传统设计方法的补充和发展。它涵盖了设计、分析、试验、使用维修四大方面的技术，其主要工作步骤如下：

（1）确定设计使用载荷谱。根据疲劳损伤的统计分析理论，基于"累计损伤理论"，把实际使用中的复杂载荷简化成能在设计和试验中使用的计算谱和试验谱。然后根据使用载荷谱算出危险部位的应力谱及其相应的应力强度因子。

（2）选择关键件。如图 3.2.6 所示，根据设计、使用经验和结构的应力分析，确定结构关键件和关键件的危险部位，进行损伤容限的裂纹扩展和剩余强度分析，以确定临界裂纹长度和检查间隔。

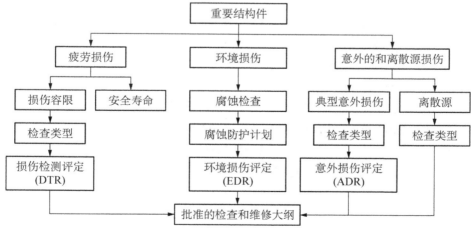

图 3.2.6　重要件损伤容限设计流程

（3）合理地选材。兼顾静强度、刚度和疲劳，抗断裂性能好的材料，并依据重量、加工性,成本、抗腐蚀等各种因素综合研究确定。

(4) 进行结构分类。依照飞机结构不同部位对飞机的重要性进行分类:如关键件、重要件等,其裂纹的发生与发展与可检查度密切相关,对不同的可检查度结构采取不同设计概念。损伤容限设计要求亦应按结构分类加以规定。

(5) 进行结构细节设计。机体结构在使用和疲劳试验中出现的结构损伤表明,机体结构的疲劳破坏,几乎都起源于不合理的结构细节处。为保证飞机具有预期的设计使用寿命,必须对结构细节实施抗疲劳设计,以改善结构抗疲劳的固有品质。在设计时,要特别注意消除和减少使结构细节疲劳开裂的因素:应力集中、偏心传载和附加应力、截面和刚度突变、腐蚀环境等。同时选用抗疲劳开裂、抗腐蚀性能好的材料。并采用恰当的加工制造工艺、热处理方法、表面处理及抗疲劳强化措施来提高结构的抗疲劳能力。

(6) 确定初始缺陷尺寸。按飞机损伤容限要求的规范规定,对不同的关键部位,不同的结构设计类型确定初始缺陷尺寸、位置和方向。

(7) 损伤容限分析。如图 3.2.7 所示,根据结构材料的断裂特性、结构形式、可损度和受载情况确定的危险部位,用断裂力学基本原理和方法进行分析,确定这些危险部位的临界裂纹尺寸、剩余强度裂纹扩展速率和裂纹扩展寿命,并进行必要的试验验证,反复改进设计直到满足设计要求。

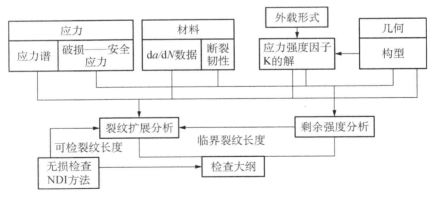

图 3.2.7　损伤容限分析流程

(8) 损伤容限试验。损伤容限试验的目的是验证机体结构是否满足损伤容限规范规定的设计要求,可以采用设计试验的试验件进行全尺寸试验。

(9) 制定使用维护大纲。根据分析与试验结果给出检查方法、检修周期和允许的最大初始损伤尺寸等。

4) 耐久性设计

飞机结构耐久性是从安全寿命设计和损伤容限设计发展而来的,是在考虑疲劳、损伤容限后引入结构的维修性和环境对寿命的影响。疲劳分析是耐久性分析的重要内容,其关键是在结构设计时要赋予结构高的抗疲劳品质,使结构具有对抗疲劳、腐蚀(包括应力腐蚀)和意外损伤的高度阻力,从而确保飞机以低维修成本达到其经济寿命。

为了提高设计的精确性,降低寿命的分散性,确保安全的可靠性。在耐久性设计中的各个环节中,尽可能地用量化指标作为对比或控制目标,例如,为了能够定量地评估和控制飞机结构材料和生产工艺等复杂因数,提出了描述结构原始疲劳质量的当量初始缺陷尺寸(EIFS)分布,并以 EIFS 分布的形状和尺寸参数作量化控制指标,用以控制设计和生产质量。

通过结构细节的耐久性设计,有效地控制结构应力水平和应力集中;通过严格的材料、工艺选择准则有效地控制初始缺陷尺寸;通过检测和断口定量显微分析以便较准确地确定这些初始缺陷尺寸;通过裂纹扩展控制曲线来确定细节群中裂纹超过指定尺寸的细节数,定量地表示结构的损伤度,以便能够进行经济寿命修理。

经济寿命是耐久性设计的总的控制指标,耐久性设计是运用量化指标的形式对结构的强度、刚度以及功能性损伤予以评定、分析和设计。在方法上注重设计分析结构的概率特征,并从经济寿命观点,通过合理地选择材料、工艺、控制应力水平、设计细节、检查和防护、试验验证等设计分析手段,来达到满足经济修理要求和降低使用维护费用,提高飞机备用性,提高寿命和可靠性的目标。

耐久性设计与损伤容限设计在技术方法上有紧密的联系,但有各自不同的设计对象与目标,耐久性设计分析是研究典型生产结构必然具有的初始缺陷的扩展,确定达到损害功能的时间(经济寿命)。损伤容限设计主要研究由于各种意外因素在结构中造成的缺陷或损伤扩展时不至于危害飞行安全,其任务是确定保证安全的检修周期,两者是相容而互补的。

耐久性设计(安全寿命设计)中,应在保证静强度要求的同时,主要应提高结构件的抗疲劳品质,采取各种措施以提高结构的抗疲劳持性。在进行疲劳寿命分析时,主要做两项工作:①编制设计使用载荷谱(环境谱)和估算结构疲劳危险部位的安全寿命;②在估算和元件疲劳试验的基础上,从中找出最危险部位的寿命,进而确定全机的暂定寿命。

疲劳破坏是一个损伤累积过程,因此疲劳分析必须关心在整个使用过程中结构承受载荷随时间变化的历程——载荷谱。设计部门应该根据使用方规定的设计使用寿命和设计使用方法编制设计使用载荷谱来进行疲劳设计。疲劳载荷一般用五个参数来描述(P_{max}, P_{min}, P_m, P_a, R),其中仅有两个是独立的。即

$$\left.\begin{array}{ll} \text{平均载荷} & P_m = \dfrac{P_{max}+P_{min}}{2} \\[2mm] \text{载荷幅值} & P_a = \dfrac{P_{max}-P_{min}}{2} = \dfrac{P_r}{2} \\[2mm] \text{载荷比} & R = \dfrac{P_{min}}{P_{max}} \end{array}\right\} \qquad (3.2.11)$$

R 是一个表征循环载荷的特征量,当 $R=-1$ 时,称为对称循环;$R=0$ 时称为脉动循环;R 为任意值时,为非对称循环(见图 3.2.2)。

飞机在使用过程中遇到的各种重复载荷都属于飞机的疲劳载荷,其主要有以下几种:①机动载荷;②突风载荷;③地-空-地载荷;④着陆撞击载荷;⑤地面滑行载荷;⑥其他载荷,如舱压,进气道,油箱的载荷等。

(1)设计使用载荷/环境谱。

编制耐久性设计的飞-续-飞载荷/环境谱,是一件十分重要而复杂的工作,在设计阶段编制设计载荷谱,主要依据飞机的战术技术要求,并参照同类飞机的载荷/环境谱。应恰当考虑载荷谱和环境谱的叠加方法并计及由于作战使命变化对谱的影响。

飞-续-飞载荷谱的典型任务剖面,任务组合比例及载荷值要代表飞机的服役使用情况,特别应仔细考虑非对称机动载荷和相关的状态参数,在某些飞行情况,非对称机动在谱中所占比例可能会超过对称机动。

环境谱由化学/热/气候环境谱组成,包括地面环境、空中环境、人为环境和服役使用环境,应根据飞机的设计、用途作战使命,来确定对机体结构耐久性有较大影响的环境条件,如海水、盐雾、油液、积水、潮湿空气,瞬时或持续加热、噪声等。

(2)确定结构危险部位。

确定结构危险部位是一个反复的筛选过程,在设计阶段可通过对结构材料的疲劳分析,结构连接形式分析,载荷环境分析,结构响应分析,应力分析和元件的疲劳试验等手段,来确定若干结构危险部位(50~100 个)作为关键疲劳件,估算其寿命,并对不满足耐久性设计准则(或安全寿命准则)的结构部位进行改进设计,并将经济寿命与该危险部位的维修综合考虑,以备设计后期的疲劳试验验证和生产阶段的质量重点控制以及使用阶段的监控。

(3)耐久性分析。

耐久性分析应验证对于典型生产质量的机体结构,在经受设计使用载荷谱/环境谱的两倍寿命期内,假设的初始缺陷不会扩展到可能引起的功能损害尺寸,则认为结构满足耐久性设计准则。所谓损害功能的裂纹尺寸,主要包括以下几个方面:

① 在整体油箱和气密座舱等增压区域,这个尺寸是造成泄漏或有碍于维持要求压力的裂纹尺寸。

② 对有刚度要求的结构,该尺寸是发生有害变形的裂纹尺寸;对受压结构,该尺寸是引起失稳或变形导致功能失效的裂纹尺寸。

③ 在其他可达区域,该尺寸是利用标准维修方法可以再修复的最大裂纹尺寸。

④ 在裂纹存在会影响附近结构载荷或应力重新分布的区域内,该尺寸是不会使邻近结构的经济寿命或安全限度下降到要求以下的最大允许裂纹尺寸。

⑤ 对于不影响飞行安全的结构,该尺寸是临界裂纹尺寸。

(4)耐久性关键件的选取。

耐久性关键件一般是选取昂贵的,或更换不经济的,影响飞机功能和战备状态的零件或部件。

（5）耐久性试验。

耐久性试验的目的是预示或验证机体结构的薄弱环节和危险部位，作为确定经济寿命的基础。

① 先期耐久性试验：

先期的在设计阶段进行的研究性试验，其目的是对关键件的耐久性进行早期验证，提供充足的试验数据，以验证在耐久性分析中所使用的准则和假设的正确性，并评估和分析对这些假设的敏感性。主要包括：

- 材料特性和接头的许用值试验；
- 材料选取性试验；
- 验证分析方法；
- 验证应力水平；
- 研究载荷谱对裂纹扩展的影响；
- 研究环境和制造容差对寿命的影响；
- 关键件的早期耐久性验证；
- 低能量冲击损伤对复合材料结构件耐久性的影响。

图 3.2.8 示出飞机耐久性的基本要求。由图可见，经济寿命必须超过一倍的使用寿命。在经济寿命内结构不能产生功能性损伤，例如：裂纹穿透引起渗漏等。另外在经济寿命内结构不应产生过度或昂贵的维修。

② 全尺寸机体结构耐久性试验：

全尺寸耐久性试验件应是完整的全尺寸机体结构，并尽可能与实际生产的服役飞机机体相同。全尺寸耐久性试验的目的是：

a. 验证试验件在承受设计使用飞-续-飞载荷/环境谱的情况下，经济寿命应等于或大于设计使用寿命。

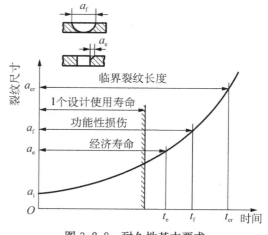

图 3.2.8　耐久性基本要求

b. 通过试验发现以前分析和试验中未发现或暴露的关键部位。

c. 为确定部队飞机的特殊检查和维护修理要求提供可靠依据。

一般应在飞机正式投入批生产之前完成一个设计寿命期的全尺寸耐久性试验并进行一次关键结构部位的检查；在第一架批生产/飞机交付之前完成两倍设计寿命期的耐久性试验并进行一次关键结构部位的检查。如果在完成两倍设计寿命期的耐久性试验前，试验件已达到了经济寿命，则应根据检查结果和试验数据分析，以估计进行生产更改和返修的范围,并评估设计更改对生产进度和成本的影响。

因此耐久性试验应在实际可能条件下尽早完成,以减少和避免由于试验期间发现重大缺陷而导致在外场对结构进行修改。

试验的飞-续-飞载荷/环境谱一般由设计使用载荷/环境谱导出,应根据先期试验结果和根据实际飞机性能特征编制尽可能真实的试验谱,并根据对耐久性限值的影响来确定高载、低载截取的水平。

在完成两倍设计使用寿命的耐久性试验后,原则是应安排进行剩余强度试验,并进行最终拆毁检查。

3.2.5　可靠性设计准则

飞机结构可靠性设计是近年来提出的新的设计准则。可靠性设计的主要任务是确定发生故障的模式和规律性;研究各种外因和内因对可靠性的影响;确定可靠性的数量特征、评判方式及计算方法。

结构可靠性设计,现属于试用阶段,它以随机设计变量代替原来确定值设计变量,即

$$\left.\begin{array}{ll} \text{静强度} & R_{s,\,st} \geqslant R_{s,\,st}^* \\ \text{动强度} & R_{s,\,k} \geqslant R_{s,\,k}^* \\ \text{损伤容限} & R_{s,\,t} \geqslant R_{s,\,t}^* \\ \text{经济寿命} & R_{s,\,ec} \geqslant R_{s,\,ec}^* \end{array}\right\} \tag{3.2.12}$$

式中:左侧 R_s 表示所设计结构体系的可靠度,由分析和试验得到;

右侧 R_s^* 表示结构体系的可靠度要求;

下角标表示各种设计原则。

经验表明,在各种影响可靠性的因素中,设计质量是主导因素(占40%),而且设计的合理性决定了全部研制费用的95%,因此在研制初期应进行可靠设计,使可靠性设计思想贯穿于设计、生产、试验、使用、修理的全过程。

同时在进行静强度、动强度、损伤容限/耐久性准则设计后,再按可靠性理论进行可靠性分析和评估,包括故障检测分析,失效概率分析等等。

3.3　飞机设计规范

3.3.1　军用飞机设计规范简介

1) 我国军机规范的历史

规范是飞机设计的依据,关系飞机结构的载荷、强度、重量;规范是否合理关系到飞机性能和安全。因此是飞机设计员必须掌握的设计工具。建国初期飞机设计主要依据苏联规范——53年飞机设计指南;至20世纪60年代末,编写了我国《飞机设计强度规范(试用本)》,该规范基本依据苏联53年飞机设计指南,并参考了苏联60年飞机强度规范;至70年代,国内开始对美国军用飞机设计标准(MIL)研究,至

80 年代编写出《军用飞机强度刚度规范(GJB67—85)》,以后飞机强度规范基本紧跟美标,相继编写了《GJB2750—96》系列的舰载机强度和刚度规范;GJB775.1—89 军用飞机结构完整性大纲,以及直升机的和相关飞机附件(液压、起落架、机轮等)专业标准(规范);最近依据美国 JSSG—2006《美国国防联合使用规范指南、飞机结构》编写了 GJB67A—2008《军用飞机结构强度规范》。

飞机强度规范是政府与权威研究机构组织制定,也可与设计主管部门共同制定,我国目前归口在中航工业综合技术研究所,由其组织强度、试飞、设计等部门编写和研究规范。

飞机设计规范不是统一的,而是针对不同的飞机类型制定不同的设计规范,因为飞机的任务与技战术要求不同。

2)飞机的分类及其相应的载荷系数(结构设计规范)

(1)按用途分:

歼击机(J);强击机(Q);歼击教练机(JJ);

多用途机(DY);教练机(JL);轰炸机(H);

大型运输机(YH)。

(2)按机动性分:

机动类(歼击机,强击机及相应的教练机)$n_y = -3 \sim 8$;

半机动类(战术轰炸机,多用途飞机) $n_y = -2 \sim 4$;

非机动类(战略轰炸机,运输机) $n_y = -1 \sim 3$。

3)美国军用飞机规范发展及对应的国军标

表 3.3.1 给出了美国军用规范的发展历程和内容变迁,1960~1971 年后的美国规范,我国都有对应版本。

表 3.3.1 美国军用规范更新一览表

年代	代 号 【对应国军标编号】	名 称	说 明
1938	X-1803-A	应力分析规范	规定了各类飞机的过载,规定了安全系数为 1.5
1957	MIL-S-5700	有人驾驶飞机的结构规范	
1960	MIL-A-8860(ASG)	空海军共用,飞机强度和刚度规范	
1971	MIL-A-008860A 【GJB67—85 系列】	空军用,飞机强度和刚度规范	除刚度强度外还规定了可靠性要求重复载荷和疲劳
1971.3	MIL-A-008866A 【GJB67.6—85】	飞机强度与刚度/重复载荷与疲劳	增加了破损安全和安全裂纹扩展的原则性要求
1971.3	MIL-A-008867A 【GJB67.4—85】	地面试验	增加了破损容限试验和安全裂纹扩展的原则性要求

（续表）

年代	代 号 【对应国军标编号】	名 称	说 明
1972.12	MIL－STD－1530 【GJB775.1—89】	飞机结构完整性大纲	增加了裂纹分析和损伤容限分析，相应的疲劳试验和损伤容限试验等要求
1974.7	MIL－A－83444 【GJB776—89】	飞机损伤容限要求	同 MIL－A－008866B，MIL－A－008867B，MIL－STD－1530 结合使用
1975.8	MIL－A－008866B 【GJB2754—96】	空军用，飞机结构强度与刚度、可靠性要求、重复载荷与疲劳	经济寿命取代安全寿命
1975.8	MIL－A－008867B 【GJB2758—96】	空军用，飞机结构强度与刚度、地面试验	耐久性试验和损伤容限试验取代疲劳试验，分散系数由 4 降为 2
1975.9	MIL－STD－1530A 【GJB775.1—89】	飞机结构完整性大纲	去掉疲劳分析和疲劳试验，突出损伤容限分析和耐久性分析，明确规定损伤容限试验和耐久性试验。明确部队管理内容
1985	MIL－A87221 【GJB2876—97】	飞机结构通用规范	
1985	MIL－A－8860B(AS) 【GJB2750—96 系列】	海军用（舰载机）飞机强度与刚度规范	海空军共用规范，取代 MIL－A－8860(ASG)，经济寿命加损伤容限
1998.10 2000.5	JSSG－2006 JSSG－2006 第二版 【GJB67A—2008】	美国国防联合使用规范指南、飞机结构	空海军通用的飞机强度规范规定了新的结构、新材料、新工艺设计方法
2002.7	MIL－HDBK－1530B	飞机结构完整性大纲 B 版	

3.3.2 民用飞机适航性

1）适航管理条例

飞机在进行运输及其他航空作业时，须适应各种气象、地形、距离、载荷、飞行高度、空中交通规则程序等项要求，才能安全、及时和经济地运送旅客或完成其他飞行作业。为了保证飞行安全，飞机首先要具备相应的适航性能，为此世界各国民航当局对飞机的设计、生产、使用和维修等都制定了适航标准，规定或审定发证以及实施检查监督。

主要内容有：

（1）制定各类适航标准和审定监督规则；

（2）民用航空器设计的型号合格审定；

（3）民用航空器制造的生产许可审定；

（4）民用航空器的适航检查；

（5）民用航空器的持续适航管理。

2）适航标准

适航标准是一类特殊的技术标准。它是为保证实现民用航空器的适航性而制定的最低安全标准。适航标准是通过长期工作经验的积累，吸取了历次飞行事故的教训，经过必要的验证或论证不断修订完善而形成的，它具有法规性质和强制性要求。只有满足适航标准所规定的这些要求后，才能被认为适合航行而被批准放飞、载客营业。

国际上有：

美国 FAR、英国 BCAR、欧洲联合航空局 JAA 制定的 JAR、俄罗斯 HJITC。

现欧洲航空安全局（EASA）管理的 CS（适航审定条例）已经代替英国 BCAR、欧洲联合航空局 JAR。

我国参照美国 FAR 制定有：

《正常类/实用类/特技类和通勤类飞机适航标准》CCAR—23

《运输类飞机适航标准》CCAR—25

《一般类旋翼航空器适航标准》CCAR—27

我国适航当局是 CCAR，我国民航飞机要走向世界，除应满足 CCAR 外，还应满足 FAA 的 FAR，和 EASA 的 CS。

3）适航标准的内容

（1）对飞行性能、操稳特性、飞行载荷、地面载荷、操纵系统载荷、应急着陆情况等都作了详细规定；

（2）对飞机结构、操纵面、操纵系统、起落架及各种设施（载人和装货设施、应急设施、通风和加温、增压设施、防火设施等）的设计与构造要求；

（3）对动力装置的燃油系统、滑油系统、冷却、进气系统、排气系统、动力装置的防火等提出了具体指标及要求；

（4）对设备，包括仪表安装、电气系统和设备、警告装置，安全设备的规定，并提出使用限制要求。

3.4　飞机结构设计现代理论与先进技术

● 现代结构设计理论包括结构优化设计、结构抗疲劳设计、结构防断裂设计和结构耐久性可靠性设计。

● 先进设计技术主要包括计算机结构辅助工程分析（CAE）、计算机辅助设计（CAD），与飞机制造计算机管理（CAM）的集成（CAD/CAM）、结构优化和主动控制技术（ACT）、智能材料技术、隐身技术等。

● 飞机结构设计主要指机体结构设计。机体结构包含机翼、尾翼、机身、发动机短舱、起落架、操纵系统（指机械操纵系统部分）等。

3.4.1 飞机结构设计过程

结构设计过程,一般分为方案设计阶段、初步设计阶段(打样阶段)、生产图阶段、定型阶段(见3.1节)。每个阶段在通过阶段评审后,方能进入下一阶段。好的设计需要不断完善。图3.4.1为现在的结构设计过程。在选定结构方案至强度校核之间需要经过几个循环,经过细致分析,最终达到结构重量最轻,强度、刚度、寿命、成本最为合理。

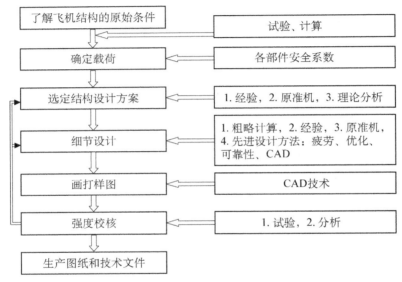

图 3.4.1 飞机结构设计的过程

3.4.2 飞机结构设计的方法

飞机结构设计的方法通常分为:①"原准法"即按照原准型号布局设计。这一方法稳妥可靠,但缺少创新;②"分析法"即根据受力情况和其他要求通过分析进行设计,这种方法可以得到更优化的结构设计,但风险较大。

飞机结构设计经历了如下发展阶段:

● 定性设计:定性分析+粗略估算+强度校核;

● 定量设计:定性选取结构方案,精确计算元件尺寸;

● 智能设计:采用计算机辅助设计(CAD)和计算机辅助工程分析(CAE)技术进行综合结构设计,并采用优化设计和 CAD/CAM 集成实现设计、生产、售后统一的信息流联动。

1) 定性设计——1950 年以前

(1) 一般根据所设计对象的具体要求、条件,结合已有经验与设计原理、知识进行定性分析,选出合理的设计方案;

(2) 选择结构的主要截面尺寸进行粗略强度计算,并进行刚度校核;

（3）结构强度的计算方法是以工程梁理论为基础，元件的计算方法主要是根据材料力学。

2）定量设计——1960 年以后

（1）用于计算大展弦比直机翼与梁式机身的工程梁理论，已不再适合应用于三角机翼、小展弦比的结构；

（2）强度、刚度计算采用结构有限元法与工程梁理论相结合；

（3）结构设计采用 CAD，计算机辅助设计；建立和绘制结构的几何和运动设计图；图 3.4.2 为 CAD 设计的三维结构图；

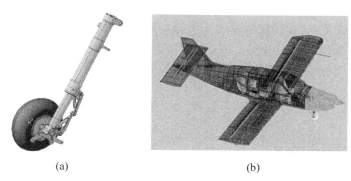

（a）　　　　　　　　　　　　　　　（b）

图 3.4.2　计算机辅助设计（CAD）图

（a）主起落架三维图；（b）飞机三维图

（4）应力和变形分析十分重要；它是分析和评估结构承载能力、使用寿命、可靠性和进行优化设计的基础；又是修改设计和制定试验方案的依据。特别对按疲劳、损伤容限设计的关键部件，其应力和变形的分析精度要求更高，需要有合适的模型和计算方法才能满足要求。计算模型关系到分析结果的准确性，而计算方法则影响到分析结果的精确度；

（5）定量设计（有限元、CAD）需要建立数学计算模型计算，有些无法用数学描述的还需要人的经验判断和解决。

3）智能设计和 CAD/CAM 集成

CAE 是指计算机辅助工程分析，包括：结构有限元设计、结构优化设计、结构疲劳寿命分析、结构损伤容限分析、结构可靠性分析等。

CAM 是指利用计算机对制造过程进行规划、管理和控制。

智能设计是将人的经验、知识形成专家系统，根据用户提供的计算数据，事实进行推理，判断，并且进行 CAD＋CAE 叠加综合分析，得出结论。

CAD/CAM 集成是在设计、制造、生产管理、售后服务等环节采用统一的产品信息模型，通过数据库和网络技术组织相关单位协同工作，达到提高生产效率和速度的目的。

结构智能设计尚处于初级阶段，许多课题有待我们去研究。

4）有限元法基本概念

有限元法是求解复杂工程问题的一种近似数值分析方法,其基本概念是将一个形状复杂的连续体(如整个结构)的求解区域离散化,分解为有限个形状简单的子区域(单元),即将一个连续体简化为由若干个单元组成的等效组合体。然后求得位移、应力、应变的近似数值解。解的近似程度取决于所采用的单元模型、数量以及对单元的插值函数。

建立模型主要有三个方面:

(1)抓住结构的力学特征给以模型化,选取合适的单元;

(2)载荷模拟;

(3)支承模拟:它在计算中反映为边界条件,是求解的重要基础。

图 3.4.3 给出有限元分析过程框图。图 3.4.4 是某飞机全机有限元模型。图 3.4.5 给出某机机翼-机身联合求解模型。

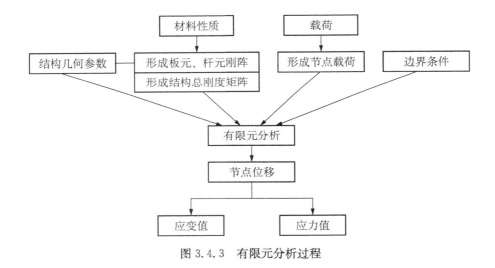

图 3.4.3　有限元分析过程

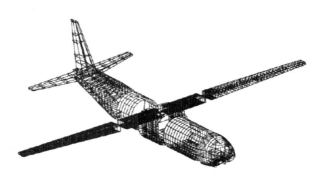

图 3.4.4　全机有限元模型

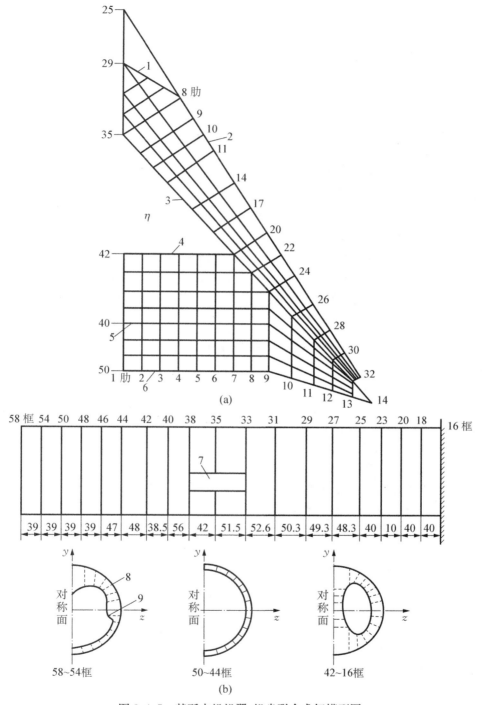

图 3.4.5 某歼击机机翼-机身联合求解模型图

（a）机翼模型：1—小梁；2—前墙；3—前梁；4—主梁；5—次梁；6—后墙；7—起落架舱开口；

（b）机身模型：8—表示此节点纵向有蒙皮和长桁相连；9—表示此节点纵向无蒙皮和长桁相连

5) 结构优化设计方法

有限元法虽然大大提高了应力、应变分析的精度,但面对得到的大量计算结果,在需要对结构参数进行调整、修改时,往往由设计人员凭直观判断、调整,"人为"的因素很大,与设计人员本人的设计经验和设计水平关系很大,很难取得满意的结果,而且设计过程周期长,效率低。

结构优化设计方法通常从任意一组设计变量的初始值开始,按一定的规律,逐步趋向优化解。

优化过程如下:

(1) 将要调整确定的结构参数,如杆元截面积、板的厚度等尺寸,作为设计变量,它可以有 i 个。

(2) 将结构在外力作用下必须满足的一系列条件:如变形协调方程以及对强度、刚度、寿命的限制作为约束条件。

(3) 将反映结构最重要性能的指标,如重量最小或成本最低,作为目标函数。优化设计即是在所要求的约束条件下,确定出能满足目标函数的设计变量值。例如最常见的结构优化问题,即在应力、位移和最小尺寸限约束下的结构最小重量设计 $W_{\min}$,就可用以下数学公式表达:

目标函数
$$W_{\min} = \sum \rho_i A_i l_i \tag{3.4.1}$$

约束条件
$$\left.\begin{array}{l} \sigma_i / [\sigma_i] \leqslant 1 \\ \delta_i / [\delta_i] \leqslant 1 \\ A_i \geqslant A_{\min} \end{array}\right\} \tag{3.4.2}$$

式中:σ 为应力;δ 为位移;A 为面积;ρ 为密度;l 为长度;下标 i 为件号。

求解有约束的优化问题:

(1) 数学规划法。第一种方法可用解析法直接求解。但由于结构设计问题的复杂性,一般不可能用解析方法处理。第二种是用数值解,或称迭代解,即根据当前设计方案提供的信息,按照某些规定的步骤进行搜索,一步一步逼近优化点。

(2) 优化准则法。其要点是对规定的某类设计条件建立起相应的准则和使这些准则能够得到满足的一组迭代式,按这组迭代式修改设计,直到收敛。目前已导出了应力、位移、失稳、屈曲等约束条件下的结构优化准则。满应力设计准则是解应力约束优化问题用得较多的一种最直观的优化准则。即认为所有元件的设计变量若满足强度约束条件时,则重量为最轻。

上述方法的局限性:

(1) 局部最优解,不一定是真正的最优方案。

(2) 上述优化方法应用于确定构件的截面尺寸等比较成熟,但对于布局方案优化尚不很成熟。

优化设计方法的发展：

（1）遗传算法；

（2）神经网络法；

（3）多目标优化设计；

（4）结构模糊优化设计；

（5）基于可靠性的结构优化设计；

（6）多学科优化。

6）飞机主动控制技术（ACT）

伴随计算机发展和电传操纵实现，20世纪70年代提出和发展的主动控制技术，在飞机设计初始就考虑了飞行控制系统，实现了飞机气动布局、飞机结构设计、发动机选型和飞行控制四方面的协调配合。放宽飞机的静安定性，保证飞机获得最优飞行性能，和实现一些非常规机动。在结构强度方面，带来的效益有：降低了飞机的配平载荷，使结构受力更合理（如减小合力的力臂等）。特别是动强度方面，通过操纵控制，实现减缓气动弹性响应、减缓抖振或突风响应、从而提高飞机的颤振临界速度，在相同速度下降低载荷或载荷谱，实现提高飞机寿命。

飞机着陆系统也可以进行主动控制，通过液压伺服控制，降低地面载荷，降低震动频次，使飞机着陆滑行乘员更舒适，提高相关结构寿命。

7）智能材料

20世纪80年代，随着材料技术和电子技术发展，提出了智能材料在结构上应用的设想和概念。智能材料结构是将微电子传感器、处理机、作动器集成到结构中，具有自检测、自诊断、自修复等功能的仿生结构。

智能材料在飞机上的应用：包括控制气动外形、结构减震，调谐、降噪，自诊断强度、自适应强度弹性等。

3.5 结语

飞机结构设计中除了必须贯彻上述设计准则，满足静强度、动强度、动刚度、损伤容限、耐久性以及可靠性要求外，同时还必须考虑重量、费用、工艺性、维护性、互换性、生存力、相容性等要求，如结构与机载设备的物理相容性，结构与热源物体（发动机）的相容性，结构与化学性质（特种冷却液）相容性，结构的电磁兼容性，防雷击、防静电特性以及座舱环境与乘员的相容性等。

总之，结构设计工作是一项综合各种专业要求的创造性工作，是一项复杂的系统工程，特别是新的设计方法CAD/CAM集成化无纸设计技术的应用，通过数据库和网络技术在设计研制部门之间建立畅通的信息流。它革新了各个学科（如疲劳、断裂、振动）、各个专业（如结构、气动、动力装置、功能系统、武器系统、航电系统等）自行其是的传统设计思想和设计方法，向着不同层次的综合设计的方向发展。

随着交叉学科、边缘学科和新技术的大量涌现，飞机结构设计技术愈加表现出综合性的显著特征，在设计初期就强调各个专业的交流，设计与工艺的交流，设计与使用的交流。

飞机设计方法是不断发展的，相信今后还将不断有新的发展，飞机结构设计技术也将随之日益提高，达到新的水平。

4 飞机的外载荷

4.1 飞机的外载荷

飞机外载荷是指飞机在起飞、飞行、着陆和地面滑行等使用过程中,作用在飞机各部位上的空气动力、重力、惯性力、地面反力的总称。外载荷的大小取决于飞机的重量,飞行性能,外形的气动特性,起落架的缓冲和减摆特性以及使用情况等诸多因素。

确定飞机的外载荷比较复杂,需要通过风洞试验、理论计算和实测等方法决定。正确地确定飞机外载荷是飞机设计的重要内容,是由总体、气动设计转向结构强度设计的桥梁,是结构设计、强度校核的依据,十分重要。

飞机结构是飞机能够承受并传递载荷的系统,包括机翼、机身、尾翼、起落架等,有数以千计的零件和数以万计的连接件组成,强度是指结构在承受载荷、振动、温度等工作环境下,在全寿命周期内保持安全工作的能力。因此从强度的观点来分析结构时,首先应该知道作用于结构的载荷的环境。

本章主要介绍飞机在飞行中的外载荷,结构设计和强度校核必须考虑的重要受载情况(设计情况),简要介绍飞机在着陆和地面运动时的载荷,为分析结构的受力和强度计算提供依据。

4.1.1 飞机运动方程的建立

图 4.1.1 所示为飞机坐标轴及运动定义。图 4.1.1(a)中 $Oxyz$ 是飞机机体坐标系,以重心为原点,通过重心沿飞机

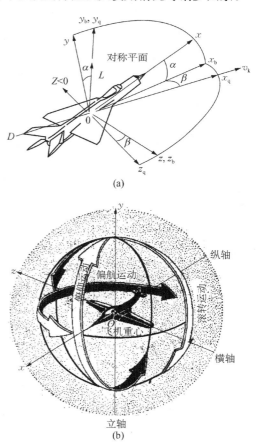

图 4.1.1 飞机的坐标轴和运动定义

(a)飞机坐标定义;(b)穿过重心的三个轴

轴线向前为 x 向纵轴,向上为 y 向立轴,向右为 z 向横轴。$Ox_{\mathrm{q}}y_{\mathrm{q}}z_{\mathrm{q}}$ 为气流坐标系;$Ox_{\mathrm{b}}y_{\mathrm{b}}z_{\mathrm{b}}$ 为半机体坐标系(本书没有用到)。

飞机作为在空间运动的物体,既有质点的相对运动,又有刚体的牵连运动,其 6 个自由度(三个直线运动,三个转动)运动方程式为

$$
\left.
\begin{aligned}
&m\left(\frac{\mathrm{d}V_x}{\mathrm{d}t} + \omega_y V_z - \omega_z V_y\right) = F_x \\
&m\left(\frac{\mathrm{d}V_y}{\mathrm{d}t} + \omega_z V_x - \omega_x V_z\right) = F_y \\
&m\left(\frac{\mathrm{d}V_z}{\mathrm{d}t} + \omega_x V_y - \omega_y V_x\right) = F_z \\
&I_x \frac{\mathrm{d}\omega_x}{\mathrm{d}t} + (I_z - I_y)\omega_y\omega_z + I_{xy}\left(\omega_z\omega_x - \frac{\mathrm{d}\omega_y}{\mathrm{d}t}\right) = \sum M_x \\
&I_y \frac{\mathrm{d}\omega_y}{\mathrm{d}t} + (I_x - I_z)\omega_z\omega_x - I_{xy}\left(\omega_y\omega_z + \frac{\mathrm{d}\omega_x}{\mathrm{d}t}\right) = \sum M_y \\
&I_z \frac{\mathrm{d}\omega_z}{\mathrm{d}t} + (I_y - I_x)\omega_x\omega_y + I_{xy}(\omega_y^2 - \omega_x^2) = \sum M_z
\end{aligned}
\right\}
\tag{4.1.1}
$$

式中:V_x,V_y,V_z 为飞机速度分量;I_x,I_y,I_z 为飞机惯矩分量;I_{xy} 为惯性积;ω_x,ω_y,ω_z 为飞机角速度分量;m 为飞机质量。

考虑飞机发动机推力以及气动力特性,基于平衡方程,上述方程整理为如下形式:

$$
\left.
\begin{aligned}
&\frac{\mathrm{d}V_x}{\mathrm{d}t} = V_y\omega_z - V_z\omega_y + (P\cos\varphi_p - D\cos\alpha\cos\beta + L\sin\alpha + Z\cos\alpha\sin\beta)/m - g\sin\theta \\
&\frac{\mathrm{d}V_y}{\mathrm{d}t} = V_x\omega_z - V_z\omega_x - (P\sin\varphi_p + D\cos\alpha\cos\beta + L\cos\alpha - Z\sin\alpha\sin\beta)/m - g\cos\theta\cos\gamma \\
&\frac{\mathrm{d}V_z}{\mathrm{d}t} = V_y\omega_x - V_z\omega_y + (D\sin\beta + Z\cos\beta)/m - g\cos\theta\sin\gamma \\
&\frac{\mathrm{d}\omega_x}{\mathrm{d}t} = -B_{xy}\omega_x\omega_z - B_y\omega_y\omega_z + A_x I_z \sum M_x - A_x I_{xy} \sum M_y \\
&\frac{\mathrm{d}\omega_y}{\mathrm{d}t} = B_x\omega_x\omega_z + B_{xy}\omega_y\omega_z - A_x I_{xy} \sum M_x + A_x I_x \sum M_y \\
&\frac{\mathrm{d}\omega_z}{\mathrm{d}t} = \frac{I_y - I_x}{I_z}\omega_x\omega_y - \frac{I_{xy}}{I_z}(\omega_y^2 - \omega_x^2) + \frac{1}{I_z}\sum M_z
\end{aligned}
\right\}
$$

$$\tag{4.1.2}$$

式中:

$$
A_x = \frac{1}{I_x I_y - I_{xy}^2}
$$

$$
B_x = \frac{I_x^2 - I_x I_z + I_{xy}^2}{I_x I_y - I_{xy}^2}
$$

$$
B_y = \frac{I_y^2 - I_y I_z + I_{xy}^2}{I_x I_z - I_{xy}^2}
$$

$$
B_{xy} = \frac{I_{xy}(I_x + I_y - I_z)}{I_x I_y - I_{xy}^2}
$$

$$\sum M_x = M_x + M_{xp} - H_p \sin \varphi_{P} \omega_z$$

$$\sum M_y = M_y + M_{yp} - H_p \cos \varphi_{P} \omega_z$$

$$\sum M_z = M_z + M_{zp} + (H_p \sin \varphi_{P} \omega_x + H_P \cos \varphi_{P} \omega_y)$$

D，L，Z 分别为气流坐标系下的阻力、升力和侧力；P 为发动机推力；M_{xP}，M_{yP}，M_{zP} 分别为发动机推力产生的力矩分量；M_x，M_y，M_z 分别为气动力产生的力矩分量；φ_P 为发动机推力线在飞机对称面上的投影与机体坐标轴 Ox 之间的夹角，当推力线向上方偏斜时为正；H_P 为发动机转子的动量矩。

根据几何关系得到下面三个辅助方程：

$$\left. \begin{aligned} \frac{\mathrm{d}\vartheta}{\mathrm{d}t} &= \omega_y \sin \gamma - \omega_y \cos z \\ \frac{\mathrm{d}\varphi}{\mathrm{d}t} &= (\omega_y \cos \gamma + \omega_z \sin \gamma)/\cos \vartheta \\ \frac{\mathrm{d}\gamma}{\mathrm{d}t} &= \omega_x - \mathrm{tg}\, \vartheta(\omega_y \cos \gamma + \omega_z \sin \gamma) \end{aligned} \right\} \tag{4.1.3}$$

式中：α 为飞机迎角；β 为飞机侧滑角；γ 为飞机倾斜角；θ 为飞机俯仰角；φ 为飞机偏航角。

飞机在垂直平面飞行受载情况简化见图 4.1.2；根据牛顿第三定律有

$$\left. \begin{aligned} P - D &= ma_x = N_x \\ L_w - L_t - G &= ma_y = N_y \\ -L_w c + L_t(d + c) &= I_z \omega_z \end{aligned} \right\} \tag{4.1.4}$$

式中：P 为发动机推力；D 为空气阻力；m 为飞机质量；I_z 为飞机绕 z 轴转动惯量；a_x 为 x 向加速度；a_y 为 y 向加速度；ω_z 为绕 z 轴角速度；L_w，L_t 为机翼和平尾升力。

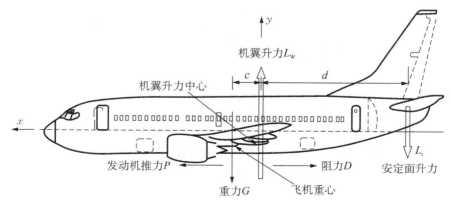

图 4.1.2　飞机受载示意图

飞机空中及地面载荷见图 4.1.3；飞机匀速平飞载荷见图 4.1.4。

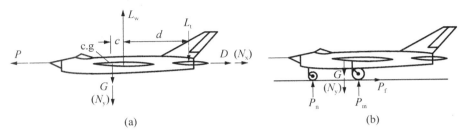

(a)　　　　　　　　　　　　　　　(b)

图 4.1.3　飞机的基本载荷

（a）空中飞行情况；（b）地面运动情况

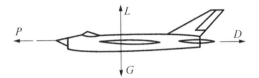

图 4.1.4　平直飞行时的受载情况

4.1.2　飞机的载荷系数（过载）

1）典型飞行姿态和载荷系数

俯冲拉起：对称面内作曲线机动飞行情况（纵向飞行），见图 4.1.5。

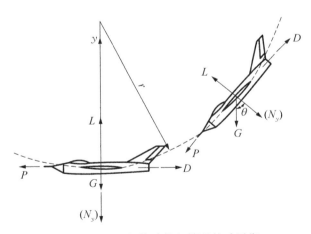

图 4.1.5　飞机俯冲拉起情况的动平衡

飞机的升力使飞机保持向心曲线运动。动平衡关系（机体坐标系 y 向）为

$$\frac{L}{G} \neq 1$$

表现了运动的变速特征（曲线运动），即

$$L = G\cos\theta + N_y = G\cos\theta + \frac{G}{g}\frac{V^2}{r}$$

$$\Rightarrow \frac{L}{G} = \cos\theta + \frac{V^2}{gr}$$

升力等于 G 乘上一个系数,该系数称为载荷系数,又称为过载系数(这里是指飞机重心处的过载)。表示式为

$$n_y = \frac{L}{G} = \cos\theta + \frac{V^2}{gr} \qquad (4.1.5)$$

分析该曲线运动中 n_y 的特性:

(1) $n_{y\max} = 1 + \dfrac{V^2}{gr}$　　$\theta = 0°$

(2) $n_{y\max}$ 与曲线航迹半径成反比,与切线运动速度的平方成正比,这表明:

若 $n_{y\max}$ 一定,V 一定,则运动半径就规定了;太小,则结构承载发生问题;

若 $n_{y\max}$ 一定,r 一定,则速度就要受到限制。

(3) 由此看来,n_y 对结构设计是一个重要的无量纲系数。

2) 载荷系数的定义

除重力外,作用在飞机某方向上的所有外力的合力与当时飞机重量的比值,称为该方向上的载荷系数(过载)。

$$\boldsymbol{n} = n_x\boldsymbol{i} + n_y\boldsymbol{j} + n_z\boldsymbol{k}$$

$$n = \sqrt{n_x^2 + n_y^2 + n_z^2} \qquad (4.1.6)$$

例如:平直匀速飞行: $n_y = 1$;

平直匀速倒飞: $n_y = -1$($-L/G$,L 与机体坐标系相反)。

3) 载荷系数的物理意义

(1) 表示了作用于飞机重心处的实际外力与飞机重力的比值关系。

(2) 飞机的过载来源于加速度,如果平飞飞行加速度为 0,则 $\boldsymbol{n}_y = 1$。

(3) 飞机沿 x 方向有变速运动时,x 方向惯性力为

$$N_x = -ma = -\frac{G}{g}\frac{\mathrm{d}V}{\mathrm{d}t}$$

x 向加速度　　　　　$$n_x = a = \frac{N_x}{G} = \frac{1}{g}\frac{\mathrm{d}V}{\mathrm{d}t}$$

(4) 若俯冲拉起的曲线运动中,切向是加速运动,则

$$n_x = (P - D)/G = \frac{N_x - G\sin\theta}{G} = \frac{1}{g}\frac{\mathrm{d}V}{\mathrm{d}t} - \sin\theta$$

(5) $n_z = 0$(飞机沿展向平移有困难,且变速也困难),但在大机动飞行中有可能出现较小的 n_z。

4）载荷系数实用意义

（1）作为飞机结构设计时重要原始载荷系数。

（2）n 的大小实际反映了飞机的机动性能。

（3）结合过载 n 和已知的气动力分布，可获得实际作用于结构上载荷的大小，从而进行设计与校验。

（4）可通过在飞机重心处安装加速度计来获取。

4.1.3　不同飞行情况下的机动过载

4.1.3.1　匀速直线飞行（图 4.1.6）

$$\sum F_x = 0 \quad P = D \quad n_x = \frac{P-D}{G} = 0 \left.\right\}$$
$$\sum F_y = 0 \quad L = G \quad n_y = \frac{L}{G} = \pm 1 \left.\right\} \tag{4.1.7}$$

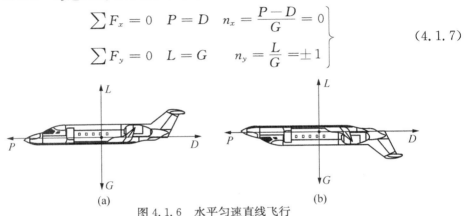

图 4.1.6　水平匀速直线飞行

（a）匀速水平飞行；（b）等速平直倒飞：$n_y = -1$

4.1.3.2　垂直平面内的曲线飞行

1）进入俯冲

$$\sum F_x = 0 \quad P - D + G\sin\theta = N_x$$
$$\sum F_y = 0 \quad L + N_y - G\cos\theta = 0$$
$$N_y = ma_y = \frac{G}{g}\frac{V^2}{r}$$

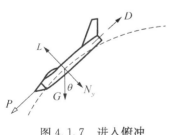

图 4.1.7　进入俯冲　　得

$$n_y = \frac{L}{G} = -\frac{1}{g}\frac{V^2}{r} + \cos\theta = \cos\theta - \frac{V^2}{gr} \left.\right\}$$
$$n_x = \frac{P-D}{G} = \frac{N_x}{G} - \sin\theta = \frac{1}{g}\frac{\partial V}{\partial t} - \sin\theta \left.\right\} \tag{4.1.8}$$

过载有可能为负，说明过载有正负之分。

2）俯冲后拉起

$$\sum F_y = 0 \qquad L = N_y + G\cos\theta = \frac{V^2}{gr}G + G\cos\theta$$

$$n_y = \cos\theta + \frac{V^2}{gr} \tag{4.1.9}$$

当 $\theta = 0, n_y \rightarrow n_{y\max}$

$$n_{\max} = 1 + \frac{V^2}{gr};$$

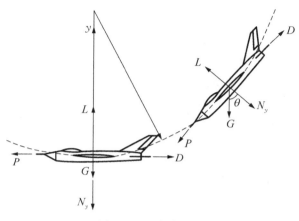

图 4.1.8 俯冲拉起

【例 4.1】 已知某飞机所受重力 $G = (7\,000 \times 9.807)\text{N}$,俯冲攻击时的飞行速度为 $1\,100\,\text{km/h}$,航迹曲率半径为 $1\,500\,\text{m}$,求飞机升力大小及过载值。

解:

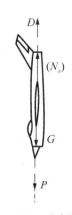

$$L = G\left(1 + \frac{V^2}{gr}\right) = 7\,000 \times 9.807\left[1 + \frac{(1\,100/3.6)^2}{9.807 \times 1\,500}\right]$$

$$= 51\,427.41 \times 9.807\,\text{N}$$

$$n_y = L/G = \frac{51\,427.41 \times 9.807}{7\,000 \times 9.807} = 7.35$$

3) 垂直俯冲情况

由图 4.1.9 知

$$\left.\begin{array}{l} n_x = \dfrac{P - D}{G} \\[2mm] L = 0 \\[2mm] n_y = \dfrac{L}{G} = 0 \end{array}\right\} \tag{4.1.10}$$

图 4.1.9 垂直俯冲

4.1.3.3 水面内的曲线飞行

水平面曲线飞行一般依靠飞机倾斜角 γ,由图 4.1.10 可知

$$n_y = \frac{L}{G} = \frac{1}{\cos\gamma} \tag{4.1.11}$$

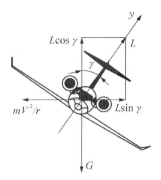

图 4.1.10　等速水平转弯

盘旋时离心力 mV^2/r_b，与升力分量 $L\sin\gamma$ 平衡。

$$L\sin\gamma = \frac{G}{g}\frac{V^2}{R}$$

盘旋时水平方向过载

$$n_b = n_y\sin\gamma = \frac{L\sin\gamma}{G} \tag{4.1.12}$$

【**例 4.2**】　已知：某飞机所受重力 $G=(6\,500\times 9.807)\mathrm{N}$，水平转弯倾斜角 $\gamma=60°$。求：飞机升力与过载。

解：$L = G/\cos\gamma = 6\,500\times 9.807/\cos 60°$

$$= 13\,000\times 9.807\,\mathrm{N}$$

$$n_y = \frac{1}{\cos\gamma} = \frac{1}{\cos 60°} = 2$$

4.1.4　突风过载

1）水平突风 ΔV 引起升力增加

$$V = V_0 + \Delta V$$

$$L = C_L\,\frac{1}{2}\rho(V_0+\Delta V)^2 S$$

式中：V 为飞机速度；ΔV 为水平突风增量；L 为升力；C_L 为升力系数；ρ 为空气密度；S 为机翼面积。

略去二阶微量 ΔV^2 得

$$L = C_L\,\frac{1}{2}\rho V_0^2\left(1+\frac{2\Delta V}{V_0}\right)S = L_0 + \Delta L$$

突风过载

$$n_y = \frac{L}{G} = \left(1+\frac{2\Delta V}{V_0}\right) \tag{4.1.13}$$

通常 $\dfrac{\Delta V}{V_0}\ll 0.15$，水平突风过载增量不大，总过载不大于 $1.3\sim 1.5$，可以忽略不计。

2）垂直突风（在航迹运动坐标系中分析）

垂直突风是各种方向突风中最严重的情况（图 4.1.11）。

突风还可能引起振动，特别是在重型飞机上引起周期性的载荷（甚至共振）。

（1）计算突风引起的升力变化：

当飞机以速度 V_0 平飞时，遇到速度为 u 的垂直突风，则合成气流速度 V 不仅在数值上大于 V_0，而且方向也发生变化，相当于迎角有一增量 $\Delta\alpha$，考虑突风作用时间，

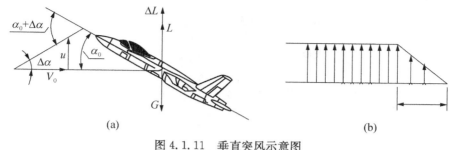

图 4.1.11　垂直突风示意图

(a) 垂直突风飞行情况迎角变化(运动坐标系);
(b) 突风作用时间

引入突风衰减因子 $K(K<1)$。

$$\Delta\alpha=\frac{u}{V_0}\quad\Delta C_L=C_L^\alpha\Delta\alpha$$

$$q=\frac{1}{2}\rho_HV_0^2$$

$$\Delta L=K\Delta C_LSq$$

$$\Delta L=KC_L^\alpha\frac{u}{V_0}\frac{1}{2}\rho_HV_0^2S=KC_L^\alpha\frac{\rho_HuV_0}{2}S$$

(2) 计算载荷系数:

$$n_y=\frac{L_0\pm\Delta L}{G}=1\pm KC_L^\alpha\frac{\rho_HuV_0}{2p}\qquad(4.1.14)$$

式中:$p=\dfrac{G}{S}$;G 为飞机重力;S 为机翼面积;ΔC_L 为升力系数增量;$\Delta\alpha$ 为迎角增量;C_L^α 为升力线斜率;ρ_H 为高度 H 的空气密度;K 为离散突风减缓系数。

3) 斜突风载荷

当飞机以速度 V_0 等速直线平飞时,如果遇到斜突风 W,假设斜突风倾斜角为 φ(见图 4.1.12 (a)),对于这种情况可以将 W 分解为 $W\cos\varphi$ 和 $W\sin\varphi$,则由水平分量引起的升力增量为

$$\Delta L_1=C_L\rho V_0SW\cos\varphi$$

由垂直分量引起的升力增量

$$\Delta L_2=\frac{1}{2}C_L^\alpha\rho V_0SW\sin\varphi\quad(K=1)$$

斜突风引起升力增量为

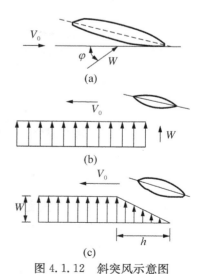

图 4.1.12　斜突风示意图

(a) 斜突风;(b) 陡边突风　$K=1$;
(c) 过渡突风　$K<1$

$$\Delta L = \Delta L_1 + \Delta L_2 = C_L \rho V_0 SW \cos\varphi + \frac{1}{2} C_L^\alpha \rho V_0 SW \sin\varphi \qquad (4.1.15)$$

载荷增量 ΔL 是风向 φ 的函数,若求 ΔL 最大值,则有

$$\frac{\mathrm{d}(\Delta L)}{\mathrm{d}\varphi} = -C_L \rho V_0 SW \sin\varphi + \frac{1}{2} C_L^\alpha \rho V_0 SW \cos\varphi = 0$$

$$\tan\varphi = \frac{C_L^\alpha}{2C_L}$$

载荷增量 ΔL 最大风向角 $\qquad \varphi_0 = \arctan\dfrac{C_L^\alpha}{2C_L} \qquad (4.1.16)$

4.1.5　考虑飞机转动(升降)时的过载

4.1.5.1　飞机转动时的过载

前面在研究飞机的过载时,把飞机当成一个质点来看,实际上飞机是一物体,可以绕重心转动,此时飞机各部分的过载并不相同。由图 4.1.13 可见:

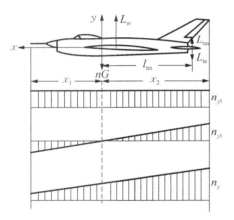

图 4.1.13　考虑飞机转动时的过载情况

(1) 运动分析可以分解为旋转+平移。

(2) 载荷分析:当平尾产生机动载荷时,飞机产生平移与旋转;该载荷克服了飞机原有的平飞状态,使飞机在上述两个运动中产生加速度。从动平衡角度,平尾机动载荷与它克服的惯性力及力矩相平衡。

1) 平移速度载荷系数(质点)(外载分析法)

$$n_{\mathrm{yt}} = \frac{L}{G} = \frac{L_{\mathrm{w}}}{G} \pm \frac{L_{\mathrm{te}}}{G} \pm \frac{L_{\mathrm{tm}}}{G}$$
$$(4.1.17)$$

式中:L_{w} 为机翼升力;L_{te} 为平尾的平衡载荷;L_{tm} 为平尾的机动载荷;G 为飞机重力。

2) 绕中心转动的载荷系数(质量力分析法)

$$n_{\mathrm{yr}} = \frac{N_{iy}}{G_i} = \frac{m_i a_i}{G_i} = \frac{m_i \varepsilon_z x_i}{G_i} = -\frac{1}{g} \frac{L_{\mathrm{tm}} l_i}{J_z} x_i \qquad (4.1.18)$$

式中:N_{iy} 为点 i 处因飞机旋转而承受的 y 向惯性力;G_i,m_i 为坐标 x_i 处的重力和质量;l_i 为平尾机动载荷合力作用点到飞机重心的距离;a_i 为 i 点转动线加速度;ε_z 为绕 z 轴转动角加速度。

3) 飞机任意处的总过载为叠加值

$$n_y = n_{\mathrm{yt}} + n_{\mathrm{yr}} \qquad (4.1.19)$$

4.1.5.2 转动时非质心处质量的过载

当飞机有绕重心的角加速度时，i 点总过载应考虑旋转过载，按式（4.1.20）考虑平移与旋转过载叠加值。装载物体如此，部件过载也如此（见图 4.1.14）。

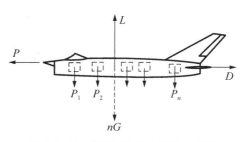

图 4.1.14 装载，设备的质量力情况

如果飞机在飞行中，部件对重心处有角速度（绕重心俯仰的加速度转动），则位于重心以外的各个部件都要产生一个附加加速度和惯性力，部件上的过载与飞机重心过载不同。

如飞机作曲线飞行时，部件 A（前起落架）除了具有与整个飞机相同的向心加速度（V^2/r）外，还要产生一个向上的附加加速度 $\Delta a_{\mathrm{A}} = \varepsilon_z x_{\mathrm{A}}$，因而产生一个附加的惯性力

$$\Delta N = \frac{G_{\mathrm{pa,\,A}}}{g}\varepsilon_z x_{\mathrm{A}}$$

部件 A 的叠加惯性力

$$P_{\mathrm{pa,\,A}} = G_{\mathrm{pa,\,A}}\left(\cos\theta + \frac{V^2}{gr}\right) + \frac{G_{\mathrm{pa,\,A}}}{g}\varepsilon_z x_{\mathrm{A}} \tag{4.1.20}$$

部件 A 的过载

$$n_{\mathrm{pa}} = \cos\theta + \frac{V^2}{gr} + \frac{1}{g}\varepsilon_z x_{\mathrm{A}} = n_y + \Delta n_y \tag{4.1.21}$$

【例 4.3】 已知某飞机在飞行中重心过载 $n_y = 5$，飞行员处的过载为 $n_{\mathrm{pa,\,1}} = 7$，飞行员重心到飞机重心的距离为 5.5 m，又知机身后部油箱的重量为 $G = (135 \times 9.807)\mathrm{N}$，油箱重心离飞机重心距离 $x_2 = 3.5\,\mathrm{m}$。试求油箱过载 n_{bj2} 及固定点所承受载荷是多少？

解：由 $n_{\mathrm{pa,\,1}} = n_y + \dfrac{1}{g}\varepsilon_z x_1$

得

$$\varepsilon_z = \frac{n_{\mathrm{pa,\,1}} - n_y}{x_1}g$$

$$n_{\mathrm{pa,\,2}} = n_y + \frac{1}{g}\frac{n_{\mathrm{pa,\,1}} - n_y}{x_1}gx_2 = 5 + \frac{1}{9.807}\times\frac{7-5}{5.5}\times(-3.5)\times 9.807 = 3.73$$

$$R = n_{\mathrm{pa,\,2}}G_{\mathrm{pa,\,2}} = 3.73 \times 135 \times 9.807 = 503.6 \times 9.807\,\mathrm{N}$$

特别要注意，装载物较长的情况，如发动机、大油箱、导弹等，当做集中点处理误差太大，此时，绕飞机重心的惯性力矩应按下式计算：

$$I_{zG_i} = \frac{G_i}{g}x_i^2 + I_{z_0G_i}a_z \tag{4.1.22}$$

绕自身重心轴的质量惯性矩为

$$I_{z_0G_i} = \int_L \overline{x}^2 \rho \, \mathrm{d}\overline{x} \tag{4.1.23}$$

因此,它本身重心处将出现一个集中的惯性力矩

$$\Delta M_{z_0G_i} = I_{z_0G_i}a_z \tag{4.1.24}$$

4.1.6　飞机设计时最大载荷系数的选取

4.1.6.1　影响选择最大载荷系数的因素

（1）载荷系数实际反映了飞机的机动性能,因此对战斗机来说,在人体可承受范围内越大越好,但对运输机或客机则没有太大的必要。

（2）载荷系数又反映了对结构的载荷作用,载荷系数越大,表明飞机结构的承载越大,要有足够的刚度、强度,则结构重量大。

（3）载荷系数的载荷作用,不仅对结构有作用,而且对机载设备及乘员也有载荷作用。载荷系数越大,对他们的作用越强,设计时要考虑他们的承受能力。

（4）飞行时的载荷系数大,结构要重,这样就要求发动机的加力性能要好,即剩余推力要大。

（5）载荷系数的影响因素众多,要依据技术性能要求综合选定,并不是越大越好。

4.1.6.2　人对过载的反应及抗过载措施

人在短时间承受较大过载尚可,特别是正过载。但较长时间承受过载的能力很差,特别是负过载。人员承受过载能力与承受时间的关系见图4.1.15。

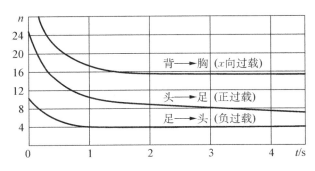

图 4.1.15　人员所能承受的过载值

战斗机的过载一般为 $-3 \sim 8$,民机则无必要。

提高人抗过载的能力可采用抗过载服。图4.1.16给出抗过载服系统示意图。其原理是,当出现大过载时,由发动机引来压缩空气通过气体过滤和调压进入抗过

载服,并鼓起气囊,压住飞行员腹部和腿部,阻止血液远离心脏向下半身流动,减缓人体生理反应的发生。

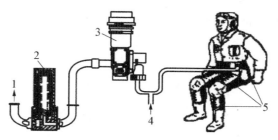

图 4.1.16 抗过载服系统

1—发动机引来的压缩空气;2—气滤;3—调压器;
4—通信号灯;5—胶囊

规范中的过载系数也考虑人体承受能力和飞机结构强度刚度,可供选择,图4.1.17飞行包线上给定了飞机的过载限制值。

对于歼击机、强击机来说,要求机动性越来越高,即希望尽可能大,但由于受到飞行员生理条件决定,一般最大使用过载取+7~+9,最小取-4~-3。

对于轻型、中型轰炸机,最大使用过载由战术技术要求确定,一般最大使用过载为+4~+6,最小使用过载为-3。

对于大型轰炸机或运输机,其最大使用过载由飞行中可能遇到的最大突风来确定,一般为3~4,最小使用过载为-2~-1.5。

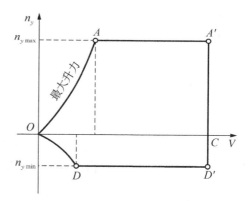

图 4.1.17 机动飞行速度-过载
包线示意图

4.1.6.3 最大允许速度的确定

飞行速度的大小,决定了飞行速压的大小,而飞行速压的大小,反映了飞机表面所承受的局部气动载荷大小。因此最大允许速压也是考核飞机强度、刚度要求的重要指标。由于发动机推力不断增加,飞机能够达到的速度也不断增大,速度指标主要是根据飞机在执行作战中所必须具有的速度要求来确定,但也要考虑人和飞机结构的承受能力,因此提出对各种飞机的最大允许速度加以限制。结构的承受能力包括强度(静力和疲劳),刚度(变形对性能的影响,振动、静气动弹性和颤振),以及材料的耐热温度,因为飞机气动加热温度与飞行速度成正比,飞机速度随飞行高度限制关系取决过载、速压($q_{Hmax} = \frac{1}{2}\rho_H V_{Hmax}^2$)和温度。

歼击机在平飞时,可根据飞机在不同高度的需用推力和发动机的可用推力的关系来确定,飞行高度不同,最大平飞速度 V_{max} 也不同。

歼击机低空大表速可以提高突防能力,但受到气动弹性,特别是颤振速度边界的限制,通常根据飞机的设计要求和气动弹性特性限制来确定最大速压值 q_{max},然后按最大速压 q_{max} 计算 8 km 高度而允许的最大平飞当量速度 $V_{e,\,max}$。

$$V_{e,\,max} = \sqrt{\frac{\rho_8}{\rho_0}} V_{8max} \qquad (4.1.25)$$

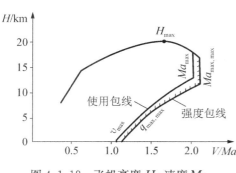

图 4.1.18　飞机高度 H-速度 Ma
飞行包线示意图

允许飞行的高度速度范围飞行包线见图 4.1.18,使用限制速压是根据 $H = 8$ km 的最大平飞速度确定,在 8 km 以下,飞行不允许超过限制速压。强度包线是考虑飞机在俯冲时可能达到的速压产生的气动弹性限制,对应的极限速度 $V_{max,\,max}$ 比 V_{max} 大 50～100 km/h。

各型飞机的最大允许速压,在飞机的技术说明书上可查到。如某飞机不带副油箱的最大允许速压为 75 000 N/m²,此时对应的速度 $V_{max} = 1250$ km/h,带副油箱允许速压为 48 300 N/m²,对应的速度 $V_{max} = 1000$ km/h。

4.2　飞机在飞行中的严重受载情况

从强度分析的观点,往往是关注飞机在飞行中受载最严重的一些情况,飞机的最大允许过载和最大允许速度的情况,决定了飞机上的载荷大小。但还未讨论载荷在飞机部件上是如何分布的。

飞机载荷的分布主要取决于迎角 α 和飞行 Ma 数。而迎角与升力系数有对应函数关系,因此确定飞机的严重受载情况,需要同时考虑过载、速度和升力系数的变化。

飞机在飞行过程中可以做各种各样机动飞行动作,在这千变万化的飞行状态中,过载、速度、升力系数都在随时变化,如何于这千变万化的飞行状态中选取严重受载情况呢? 依据飞行包线及设计情况。

4.2.1　设计情况

具有代表性的最严重的各种飞机载荷情况,使飞机结构易遭到破坏、人员设备易受损伤的载荷情况都应入选设计情况:

(1) 最大的正向和反向载荷情况;

（2）对主要结构件将产生危险损坏的载荷情况；

（3）对飞行战术技术性能将产生严重影响的载荷情况；

（4）对人员将产生损伤的载荷情况；

（5）总载荷不大，但载荷作用的具体情况特殊，影响严重，也应作为设计情况考虑；

（6）对称机动飞行包线的各情况；

（7）非对称机动中的滚转机动、滚转改出各情况；

（8）对称着陆情况、偏航着陆、单个起落架着陆情况等。

4.2.2　飞行包线

（1）设计规范对全机和各主要部件的设计情况作了规定，对全机而言，将这些设计情况反映在飞机包线上，包括机动飞行包线、突风包线和机动突风包线。

（2）依据飞机飞行性能、操纵性、稳定性以及技战术要求，结构强度要求等综合确定的飞机飞行极限（$n_y - V_e$图）。

（3）典型飞行载荷工况：

① 对称机动飞行下的使用载荷；

② 急剧俯仰机动；

③ 襟翼放下拉起状态；

④ 滚转与滚转改出机动等。

（4）应考虑设计重量：

① 最小飞行重量。空机重＋5％燃油＋最少乘员。

② 最大设计重量。携带最大机内及机外装载。

③ 基本飞行设计重量。空机重＋50％燃油＋基本武器重量＋乘员、滑油、氧气重量。

④ 着陆设计重量。最大设计重量－50％机内及机外燃油。

（5）强度的严重受载情况的确定：

为了确定严重受载情况，首先要确定飞机可能的飞行状态，飞行员操纵飞机进行机动飞行，虽然可作各种飞行，但其仍受到各方面的限制，以歼击机为例说明，并取设计变量以飞机进行机动动作时的强度计算重量为代表。

① 由于飞行员生理条件限制，飞机的机动飞行只能在 $n_{y\max, r}$ 和 $n_{y\min, r}$ 之间。

② 飞机水平飞行的当量速度不能超过平飞最大当量速度，俯冲时当量速度不能超过最大限制当量速度 $V_{e, \max, \max}$。

③ 飞机升力系数也是有限制的，因为飞行迎角超过正负临界迎角后，飞机就要失速，所以升力系数只能在 $C_{L\max}$ 与 $C_{L\min}$ 之间变化。

根据这些限制条件，可以绘出飞机的机动飞行包线和轨迹，见图4.2.1和图4.2.2。

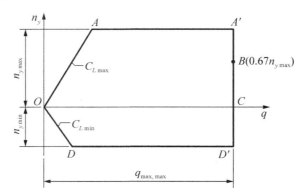

图 4.2.1　以速压与过载关系描述对称机动飞行包线

图中：n_y 与 V_e 成正斜率抛物线关系，如 OA 段；以 C_{Lmin} 代入可得 OD 段。

其中 AA' 表示 $n_{ymax,r}$；DD' 表示 $n_{ymin,r}$，$A'D'$ 表示俯冲终止时的最大允许当量速度为 $V_{e,max,max}$

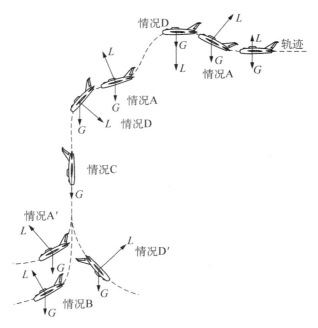

图 4.2.2　飞机的严重受载情况及其对应的飞行轨迹

因 $$L = n_y G = C_L \cdot \frac{1}{2} \rho V^2 S$$

用当量速度 V_e 表示　$n_y G = C_L \cdot \frac{1}{2} \rho V_e^2 S;　V_e = \sqrt{\frac{\rho_H}{\rho_0}} V_H$

将 C_{Lmax} 代入上式，可得 $n_y = C_{Lmax} \cdot \frac{1}{2} \rho V_e^2 S/G$　　　　(4.2.1)

现在来分析各严重受载情况时的特点，主要注意三个方面问题：载荷大小、方向和分布规律。

（1）情况 A：飞机以临界迎角作凹曲线飞行，其过载达到最大使用过载。此时

$$C_{LA} = C_{Lmax}$$

$$n_{yA} = n_{ymax, r}$$

$$V_{e, A} = \sqrt{\frac{2n_{ymax, r}G}{\rho_0 C_{Lmax}S}}$$

当飞机以大迎角作急跃升时，可能出现 A 情况，见图 4.2.3(a)，图 4.2.4 所示。

（2）情况 A′：飞机以较小迎角和最大允许速度作凹曲线飞行，其过载达到最大使用过载。

此时

$$n_{yA'} = n_{ymax, r} \quad V_{e, A'} = V_{e, max, max}$$

$$C_{L, A'} = \frac{2n_{ymax, r}G}{\rho_0 SV_{e, max, max}^2}$$

当飞机从高速仰冲中攻击时，可出现 A′情况。

情况 A 和 A′中，作用在机翼上的总载荷大小和方向是相同的，但两种情况的压力重心不同，即载荷与分布不同。情况 A 属于大迎角，一般为亚声速飞行，其压力重心靠近前缘，约在 0.25～0.33 弦长处，机翼前梁受力严重，见图 4.2.3(a)。

而情况 A′属于小迎角，大速度飞行（通常为超声速），其压力重心靠后，约在 0.5 弦长处，同时在小迎角下，机翼外段的升力贡献较大，因此使 A′情况较 A 情况对机翼根部弯矩更大，更严重。见图 4.2.3(b)，图 4.2.4 所示。

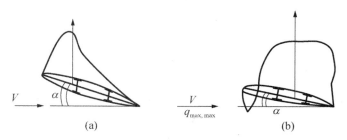

图 4.2.3　情况 A 和情况 A′弦向气动力分布

（a）情况 A；（b）情况 A′

（3）情况 D：飞机以负的临界迎角作凸曲线飞行，其过载达到负的最大值，此时

$$C_{LD} = C_{Lmin} \quad n_{yD} = n_{ymin} \quad V_{e, D} = \sqrt{\frac{2n_{ymin, r}G}{\rho_0 SC_{ymin}}}$$

飞机猛然进入俯冲时，可发生 D 情况，见图 4.2.5(a)所示。

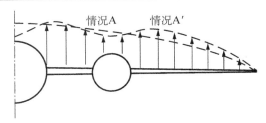

图 4.2.4 情况 A 和情况 A′展向气动力分布

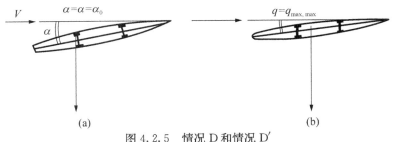

图 4.2.5 情况 D 和情况 D′

(a) 情况 D; (b) 情况 D′

(4) 情况 D′:飞机以负的小迎角和最大允许速度飞行,作凸曲线飞行,过载达到负的最大值,此时

$$n_{yD'} = n_{ymin,r} \quad V_{e,D'} = V_{e,max,max} \quad C_{yD'} = \frac{2n_{y,D'}G}{\rho_0 S V_{e,max,max}^2}$$

飞机以倒飞拉起时,可发生 D′情况,见图 4.2.5(b)所示。

这两种情况的载荷分布也不相同,与 A、A′相似,D′情况下压心偏后,机翼负弯矩较大,此时机翼下翼面受压,蒙皮和桁条可能失去稳定性。

(5) 情况 B:飞机以小迎角和最大允许速度作曲线飞行,并偏转副翼作滚转动作,此时

$$n_{yB} = 0.5n_{ymax,r} \quad V_{e,B} = V_{e,max,max} \quad C_{L,B} = \frac{2n_{yB}G}{\rho_0 S V_{e,max,max}^2}$$

飞机在俯冲攻击,并偏转副翼时会出现 B 情况,此时由于副翼偏转造成压力中心更加后移,机翼后缘受力更重,机翼还要受到较大的扭矩。

(6) 情况 C:在飞机垂直俯冲,达到最大允许速度时,偏转副翼,在这种情况下升力过载为零,即

$$C_{L,c} = 0 \quad n_{y,c} = 0 \quad V_{e,c} = V_{e,max,max}$$

此时虽然升力为零,但因大速压下偏转副翼,机翼受到严重的扭矩作用。

(7) 情况 L:飞机以最大平飞速度飞行,并急剧偏转副翼进行滚转,此时

$$n_{y,L} = 0.6n_{ymax,max} \quad V_{e,L} = V_{e,max} \quad C_{L,L} = \frac{1.2n_{y,L}G}{\rho_0 S V_{e,max}^2}$$

此种情况下,由于急剧偏转副翼,使副翼上的载荷增加很大,对机翼造成很大扭矩和弯矩。

若此时飞机边滚转边拉起,则过载加大,即形成著名的 L_A 严重设计情况。

以上给出的是对称载荷情况,在很多情况下非对称载荷是严重的设计情况,如尾翼的非对称载荷常常是严重情况。

上述这些严重受载情况,基本上概括了战斗机各种受载情况,俄罗斯《飞机强度设计指南》明确了这些情况的条件,在结构初步设计时,可以按飞行包线的各个顶点(即严重受载情况)进行设计和强度校核(图 4.2.6)。

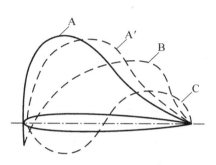

图 4.2.6 各种受载情况下气动载荷的弦向分布

按照国军标规定,飞行载荷计算必须根据飞机运动方程,舵面操纵规定,在给定的高度、速度范围内,对各种机动过程如稳定俯仰机动、急剧俯仰机动、平飞滚转 180°、平飞改出、稳定侧滑、高速急蹬方向舵、反蹬方向舵等进行解算。根据舵面偏转输入得出各种机动过程的运动参数(如攻角、角速度、角加速度、滚转角等)。

在确定造成严重载荷的各种构形的重量后,还必须确定相应各种重量状态的重量分布及重心位置。由于飞机所有实际对称和非对称有效装载分布、飞机姿态、加速度、耗油顺序和飞机柔性均对重心有影响,因此必须考虑飞机重心可能达到的实际最前位置和最后位置,考虑容差后可使设计重心前于实际最前位置和后于实际最后位置。

根据计算的运动参数及飞机的高度、速度等在风洞试验结果中选取相应状态的各部件的气动压力分布和气动载荷,并根据质量分布计算相应状态的惯性载荷。必要时,还要考虑离散阵风和连续阵风的影响,然后进行全机载荷平衡计算,并计算机身、机翼、各部件控制切面的弯矩、扭矩和剪力。根据各控制剖面的弯矩、扭矩、剪力分布图来选取严重载荷情况,并决定设计载荷情况。

在用刚体模型进行风洞试验得到的测力、测压数据进行协调修正后,还必须对全机气动力数据进行纵向、横向和侧向的弹性修正计算,最后得到全机弹性气动力特性和全机弹性压力分布。

1985 年前,我国的军用飞机强度规范,基本是沿袭苏联的 53 年出版的《飞机强度设计指南》(规范),在该规范中对各类飞机各个部件,进行静强度校核的各设计载荷情况都已作了明确规定,不需要像美国军标或我国军标那样由承包方自行来解算设计载荷情况。

1993 年国内在某型飞机设计时,首次按国军标 GJB67.85 对全机飞行载荷进行计算,当时选取 4 种飞机重量、12 个重心位置,每个重量、重心对应飞机包线中的 8 个马赫数、14 个高度,总共计算了 2 940 个机动过程,14 754 个计算点,通过控制切面的弯、扭、剪绘制了载荷包线,通过包线的分析选取了 152 个载荷设计情况,其中纵向 57 种,

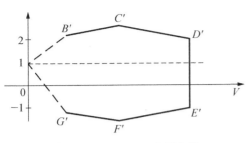

图 4.2.7 MD-82 突风包线

横向 67 种,侧向 20 种,离散阵风 8 种。

根据对 152 种设计载荷情况的分析,并与苏联强度规范规定的载荷情况对比分析来看,按"国军标"计算的载荷比"苏联规范"略小,但量级相当,载荷分布比"苏联规范"合理、可行。

民机规范除给出机动飞行包线外,还给出突风包线,图 4.2.7 即为民机 MD-82 的突风包线。

4.3 地面载荷

4.3.1 着陆载荷

影响飞机着陆载荷大小最主要的因素是飞机着陆重量(质量)m 和重心位置 $\bar{x}_T$,下沉速度 V_y,飞机着陆速度,机场高度和温度,地面风向和风速,飞机着陆姿态,地面摩擦系数,缓冲器的功能等,其中前五项更为重要。

1) 着陆重量(质量)和当量质量

着陆重量一般分正常着陆重量和最大着陆重量,对每一种着陆重量要考虑前重心位置和后重心位置。强度规范有规定。

当量质量用于计算着陆载荷,主起落架两点着陆时取飞机质量的一半,前起落架取停机质量加飞机转动的附加质量。国军标规定:

两点着陆主起落架当量质量 $M_{m,e} = G/2g$ (4.3.1)

三点着陆前起落架当量质量 $M_{n,e} = \dfrac{a+0.4h}{a+b}(G/g)$ (4.3.2)

式中:a 为飞机重心到主轮距离;b 为飞机重心到前轮距离;h 为缓冲器伸展飞机重心到轮轴中心距离;G 为飞机着陆重量力。

2) 下沉速度和着陆速度

下沉速度根据飞行概率统计或气动力计算获得,由强度规范给出。表 4.3.1 给出军机的着陆下沉速度。

表 4.3.1 国军标 GJB67.4—85 及 GJB2753—96 中规定的军用飞机使用下沉速度 V_y

机种/重量	正常着陆重量情况	最大着陆重量情况
陆基教练机	3.6~4.0 m/s	2.6 m/s
歼击教练机和其他陆基飞机	3.0 m/s	1.8 m/s
舰载飞机	7 m/s*	6 m/s*

* 为折算后的近似值。

俄罗斯规范(飞机强度设计指南)规定除考虑飞机的飘落或在水平跑道接地下沉速度 V_{y_0} 以外,还要考虑水平速度 V_x 撞击在斜跑道上的垂直分量 $\Delta V_y = V_x \tan\gamma$,见图 4.3.1。

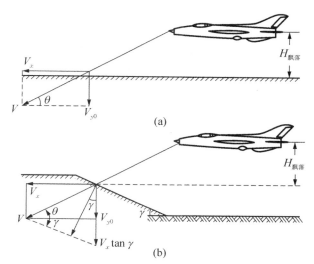

图 4.3.1　当跑道有倾斜度时,接地垂直速度

(a) 飞机在平跑道着陆;(b) 飞机在斜跑道着陆

$$V_y = V_{y_0} + V_x \tan\gamma = V_x \tan\theta + V_x \tan\gamma = V_x \tan(\theta + \gamma)$$

式中: $\theta + \gamma$ 为着陆时接地角; θ 为着陆下滑角; γ 为接地跑道倾斜角。若超过允许接地角,就是粗暴着陆, n_y 可达 $2.6 \sim 3.5g$。

下沉速度分为使用下沉速度(限制下沉速度),最大下沉速度(极限下沉速度),分别对应使用(限制)功和最大(极限)功。

3) 着陆姿态

飞机着陆姿态,归纳起来有下列几种(适用于前三点式布局):

(1) 对称着陆:

① 三点着陆:主轮与前轮同时接触地面;

② 两点水平着陆:主轮与地面接触,前轮稍离开地面,不承载;

③ 机尾下沉着陆:主轮与地面接触,飞机处于最大的迎角,若飞机有尾橇,则尾橇完全压缩。

(2) 非对称着陆:

① 单轮着陆:飞机倾斜以单个主起落架着陆;

② 侧撞击着陆:飞机偏航受侧向载荷;

按规定的着落姿态和使用下沉速度计算着陆载荷。

4) 起落架的外载荷

(1) 停机载荷:飞机停放时,作用在起落架上的地面反作用力叫做停机载荷。

各个起落架停机载荷的总和等于飞机重力 G。此时升力为零(图 4.3.2)。即

$$2P_{m,s} + P_{n,s} = G$$

其中,主起停机载荷
$$P_{m,s} = \frac{b}{a+b}G/2 \tag{4.3.3}$$

前起停机载荷
$$P_{n,s} = \frac{a}{a+b}G \tag{4.3.4}$$

(2)着陆垂直载荷:飞机着陆时起落架的垂直载荷,其大小取决于飞机的重力、下沉速度和飞机的升力,以及缓冲器效率。飞机着陆接地时,飞机的升力约为飞机重力的 75% ~ 100%(国军标取 100%),飞机三点着陆时接地功量为(设 $L=G$):

主起落架
$$A_m = \frac{1}{2}M_{m,e}V_y^2 \tag{4.3.5}$$

前起落架
$$A_n = \frac{1}{2}M_{n,e}V_y^2 \tag{4.3.6}$$

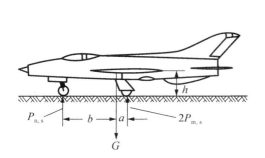

图 4.3.2　停机时时起落架的外载荷

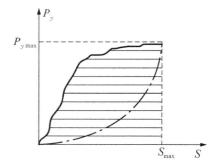

图 4.3.3　起落架着陆载荷-位移曲线图

图 4.3.3 为起落架着陆的载荷-位移曲线,阴影面积为最大着陆功量(A_m 或 A_n);图中:S 为缓冲器加轮胎压缩总行程变量(重心位移);S_{max} 为 S 最大行程;P_{ymax} 为最大载荷。

最大垂直载荷
$$P_{ymax} = \frac{A}{S_{max}\eta} = \frac{\frac{1}{2}M_eV_y^2}{S_{max}\eta} \tag{4.3.7}$$

式中:A 为最大着陆功(不同重量,前或主起落架);M_e 为着陆起落架当量质量;η 为缓冲系统效率系数,等于图 4.3.4,阴影面积与($P_{max}S_{max}$)面积之比。其值根据缓冲器计算或落震试验确定;近似计算取 0.6 ~ 0.7。

着陆垂直载荷的最大过载定义为

主起落架
$$n_{m,ymax} = \frac{P_{m,ymax}}{M_{m,e}g} \tag{4.3.8}$$

前起落架 $$n_{\mathrm{n,ymax}}=\frac{P_{\mathrm{n,ymax}}}{M_{\mathrm{n,e}}g} \tag{4.3.9}$$

式中：$M_{\mathrm{m,e}}g$ 为主起落架当量载荷；$M_{\mathrm{n,e}}g$ 为前起落架当量载荷。

图 4.3.4 给出两点着陆机尾下沉示意图。

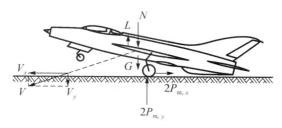

图 4.3.4　两点机尾下沉着陆接地时起落架的外载荷

简化的两点着陆载荷为（设 $L=G$）

$$2P_{\mathrm{m}}=G+N_y-L=N_y$$

式中：P_{m} 为作用在主轮上的载荷。

对起落架垂直载荷影响最大的是垂直方向的惯性力 N_y，它与下沉速度有关：

$$N_y=M_{\mathrm{e}}\frac{\mathrm{d}V_y}{\mathrm{d}t}$$

主起落架着陆过载为 $$n_{\mathrm{ym}}=\frac{P_{\mathrm{m}}}{G/2}$$

精确的着陆载荷计算，通过建立着陆动力响应计算模型，考虑缓冲器的气体弹簧和油液阻尼并考虑计及机体结构弹性影响的动力运动特性、气动特性、飞机的速度特性、质量分布（双质量、多质量）建立非线性微分方程组，解方程组后得到起落架载荷。

（3）起转和回弹载荷。当飞机着陆轮胎接触地面瞬间，由原来的不旋转变成旋转，由于与跑道的摩擦会产生一个向后的力。轮胎与地面的滑动摩擦系数约为0.55。当机轮接地后以正常速度旋转时，向后的力消失。起落架向后变形过程中储存的变形能使起落架支柱"回弹"向前，越过原来位置，并产生一个等于或大于起转载荷的回弹载荷。起转和回弹载荷均作用于轮轴中心。

最大垂直载荷 $$F_{\mathrm{ymax}}=n_yM_{\mathrm{e}}g$$

起转和回弹载荷计算时，假定机轮的垂直载荷随时间成正弦变化，起转期间的平均滑动摩擦系数取 0.55，则起转载荷为

当 $t_{\mathrm{run}}<t_y$ 时，
$$\left.\begin{aligned}F_y&=F_{\mathrm{ymax}}\sin\left(\frac{\pi}{2t_y}t_{\mathrm{run}}\right)\\F_x&=-0.55F_y\end{aligned}\right\} \tag{4.3.10}$$

式中：t_y 为起转完毕所需时间(s)；t_{run} 为从触地瞬时到最大垂直反力的时间(s)。

当 $t_{run} > t_y$ 时，
$$\left. \begin{array}{l} F_y = F_{ymax} \\ F_x = -0.55 F_{ymax} \end{array} \right\} \tag{4.3.11}$$

将起转载荷分解成垂直支柱轴线与平行支柱轴线两个分量，并考虑由于机轮惯性力的动态放大后为

$$\left. \begin{array}{l} P_y = F_y \cos\theta - F_x \sin\theta \\ P_x = K_{run}(F_x \cos\theta + F_y \sin\theta) \end{array} \right\} \tag{4.3.12}$$

其中：θ 为起落架支柱与铅垂线夹角；K_{run} 为起转动态放大系数，一般取 1.4。

到支柱达到最大向前变形时，产生最大回弹载荷，此时地面垂直反力已达到最大值。回弹载荷为

$$\left. \begin{array}{l} P'_y = P_{ymax} \cos\theta \\ P'_x = -K_{spr}(F_x \cos\theta + F_y \sin\theta) + F_y \left(0.9 + \dfrac{F_{ymax}}{F_y} \right) \sin\theta \end{array} \right\} \tag{4.3.13}$$

式中：K_{spr} 为回弹载荷动态放大系数，$K_{spr} = 1.25$。

（4）偏航着陆：飞机在接近地面时，遇到侧风或强侧风情况下，飞行员为了克服侧向气流对飞机影响，常常轻压杆使飞机稍微倾斜（与气流使飞机倾斜方向相反），并用航向偏角来维护飞机的正常着陆状态，称为偏航着陆。

以向右偏航为例：（左边侧风）

右侧主起落架的载荷为
左侧主起落架的载荷为
$$\left. \begin{array}{ll} P_y = 0.5 P_{ymax} & \\ F_z = -0.4 P_{ymax} & （指向翼根） \\ P_y = 0.5 P_{ymax} & \\ F_z = -0.3 P_{ymax} & （指向翼尖） \end{array} \right\} \tag{4.3.14}$$

4.3.2　地面机动载荷

地面机动以飞机最大起飞重量计算，并考虑重心的前后限变化，取最大停机载荷值计算。

1）地面滑行

地面滑行时，作用起落架上的载荷，应该通过动态滑行分析得到，分析时应考虑到飞机重量、重心、质量分布、地面速度、起落架缓冲特性和道面扰动输入等。通常只考虑作用起落架上的垂直载荷，因为此时水平载荷和侧向载荷较小。

对于铺砌跑道：

主起滑行载荷
前起滑行载荷
$$\left. \begin{array}{l} P_y = \dfrac{0.5a}{a+b} 2G \\ P_y = \dfrac{b}{a+b} 3G \end{array} \right\} \tag{4.3.15}$$

2) 转弯情况

该情况是指飞机处于三点滑行时所做的稳定转弯和急剧转弯,往往使一侧起落架受载严重,称为设计情况。

飞机转弯时,其平衡方程为

$$
\left.
\begin{aligned}
\sum x = 0 &\qquad n_x G - F_x = 0 \\
\sum y = 0 &\qquad n_y G - (P_{yn} + P_{ym1} + P_{ym2}) = 0 \\
\sum z = 0 &\qquad n_z G - (F_{zn} + F_{zm1} + F_{zm2}) = 0 \\
\sum M_x = 0 &\qquad n_x G H - (P_{ym1} - P_{ym2})\frac{t}{2} = 0 \\
\sum M_y = 0 &\qquad 0.5 F_x t + F_{zn} a - (F_{zm1} + F_{zm2}) b + M_y = 0 \\
\sum M_z = 0 &\qquad P_{yn} a - (P_{ym1} + P_{ym2}) b - F_x H = 0
\end{aligned}
\right\}
\tag{4.3.16}
$$

式中:H 为重心距地面的高度;t 为主轮距;M_y 为重心处惯性力矩;下标 m1,m2 表示左、右起落架,下标 n 表示前起落架,下标 m 表示主起落架;F 表示机轮接地点载荷,P 表示机轮中心载荷。

通过联立求解,并考虑 $F_x = \mu P_y$(前轮 $\mu = 0.4 \sim 0.62$),$n_x = 0$,$n_z = 0.5$ 可求解转弯载荷。

对于使用主轮刹车实现转弯时,各起落架上的载荷表示如下。

外侧主轮:

$$
\left.
\begin{aligned}
P_y &= \left[\frac{a}{2(a+b)} - \frac{0.5H}{t} \right] G \\
F_x &= -0.4 P_y \\
F_z &= 0.5 P_y
\end{aligned}
\right\}
\tag{4.3.17}
$$

内侧主轮:

$$
\left.
\begin{aligned}
P_y &= \left[\frac{a}{2(a+b)} + \frac{0.5H}{t} \right] G \\
F_x &= 0 \\
F_z &= -0.5 P_y
\end{aligned}
\right\}
\tag{4.3.18}
$$

前轮:

$$
\left.
\begin{aligned}
P_y &= \frac{bG}{a+b} \\
F_x &= 0 \\
F_z &= \mp 0.5 P_y
\end{aligned}
\right\}
\tag{4.3.19}
$$

当飞机在原地或小速度滑行中急转弯时,在推力作用下绕内侧起落架转动,此时推力矩由地面反作用力矩平衡,因此内侧起落架要受到较大的扭矩。转弯越急,起落架受到扭矩越大,是起落架受扭的严重情况。

起落架所受载荷还有刹车载荷,牵引载荷等,不再一一分析。

4.3.3 起落架受载的情况

在强度规范中,规定了起落架受载时必须要分析考核的典型情况,这些典型情况就是:

1) 主起落架八种典型受载情况

E 情况:三点粗暴着陆,机轮受较大的垂直载荷;

E' 情况:两点粗暴着陆,主轮受较大的垂直载荷;

G 情况:即两主轮受到撞击情况,机轮上同时受有垂直载荷和水平载荷;

$E'+G'$ 情况:两主轮不旋转着陆情况,机轮同时受有垂直载荷和水平载荷;

R_1 情况:两主轮受侧向撞击着陆情况,机轮上同时受有垂直载荷和侧向载荷;

R_2 情况:即滑行中急转弯情况,机轮上同时作用垂直载荷,水平载荷和侧向载荷;

S 情况:即着陆和起飞刹车情况,机轮同时受有垂直载荷和水平载荷;

N 情况:即打地转情况,主轮受扭,受有平行地面并通过轮轴中心的扭矩。

2) 前起落架典型受载情况

E 情况:三点粗暴着陆,机轮受到较大的垂直载荷;

E+G 情况:即前轮受到撞击情况,前轮上同时受有垂直载荷和水平载荷;

$E'+G'$ 情况:即机轮滑行受阻不旋转着陆情况,前轮上同时受有垂直载荷和水平载荷;

R_1 情况:即偏航着陆,前轮受侧向撞击载荷,前轮上同时受有垂直载荷和水平载荷;

S 情况:即着陆和起飞刹车情况,前轮同时受有垂直载荷和水平载荷;

E_B 情况:三点起飞滑行。

飞机起落架是飞机的主要部件,担负着滑跑,起飞,着陆,停放的重要使命,因此起落架的强度和工作可靠性直接影响飞机的安全,必须高度重视。

4.4 疲劳载荷

4.4.1 疲劳载荷

飞机在载荷长期反复变化作用下,可能会导致结构的"疲劳"破坏,因此这种载荷历程一般称为"疲劳"载荷。

(1) 疲劳破坏在远小于材料的原有静强度情况下就可能发生,因而更具有危险性。

(2) 载荷的作用顺序对材料的损伤有影响。

(3) 因此,在疲劳强度分析中需确定结构中所承受的载荷随时间变化的历程——载荷谱。

4.4.2 疲劳载荷的来源

1) 突风重复载荷

（1）突风产生一个攻角增量。

（2）大气湍流的作用,现已有规范给出了大气环境的统计值,如大气湍流的强度以及作用的次数统计。

（3）突风载荷是运输机类飞机的重要疲劳载荷。

2）机动重复载荷

（1）飞机机动(变速)飞行中升力变化载荷。

（2）是军机的主要疲劳载荷,如机动飞行的种类(盘旋、俯冲等),飞行次数等。

3）着陆撞击载荷

（1）飞机着陆时有一接地速度,使起落架受到一撞击而产生振动,导致重复载荷的产生。

（2）着陆撞击载荷对机体的疲劳损伤影响较小,但对起落架有较大影响。

4）地面滑行机动载荷

（1）指地面滑行飞机颠簸所受到的载荷,与飞机跑道的质量、飞机的重量等有关,对不同类型的跑道已有统计结果。

（2）地面滑行对军机机体影响较小,主要用于构成地-空-地循环。地面机动载荷对起落架寿命影响很大,是疲劳试验的重要载荷情况。

5）地—空—地循环载荷

飞机地面滑行时的 $1g$ 载荷变化到空中飞行的 $1g$ 载荷,这种均值载荷的变化也是疲劳载荷。

6）增压载荷

气密压舱一个飞行起落中,压力的变化,增压载荷的变化规律,作用次数等的统计。

7）发动机动力装置的热反复载荷

8）其他

机翼尾流对尾翼的周期性作用。

4.4.3　疲劳载荷谱类型

疲劳载荷谱根据实测数据整理统计后编排为:

（1）地空地随机谱:将实测和分析得到的载荷按结构服役过程中的受载特点进行随机编排。如图 4.4.1 所示。

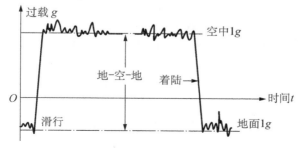

图 4.4.1　一次飞行受到的载荷时间历程示意图

（2）常幅谱：图 4.4.2 所示载荷按等幅加载。

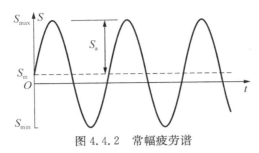

图 4.4.2　常幅疲劳谱

（3）程序块谱：图 4.4.3 所示将若干等幅载荷按高低排列，并循环出现。

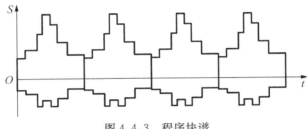

图 4.4.3　程序块谱

（4）随机谱：将飞行实测或分析得到的载荷按结构服役过程中的受载特点进行随机编排。

4.4.4　疲劳载荷的作用

疲劳载荷将引起设备工作的失效，导致疲劳裂纹，最终导致断裂；疲劳载荷还引起人员的不适；疲劳破坏将引起空难，飞机的空难后果比地面和水面严重得多。飞机疲劳载荷是飞机设计中最重要的考虑因素，是定寿的基本依据。

4.5　热载荷

温度效应及其载荷来源：

（1）高速气流运动（一般）在机体表面的摩擦生热，与环境温度及飞行速度有关，飞机表面的驻点温度为 $T = T_H(1 + 0.2Ma^2)$

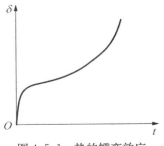

图 4.5.1　热的蠕变效应

（2）发动机燃烧及其尾部热气流对结构的加热。

热载荷的作用：

（3）一般降低结构材料的强度、刚度。

（4）产生热变形/热应力；均匀温度对静定结构产生热变形而无热应力；温度梯度产生热变形和热应力。

均匀温度对静不定结构产生热应力。

（5）热的蠕变效应。在高温常载荷情况下，发生缓慢变形情况,变形随时间自动增加,见图4.5.1。

4.6 噪声(声振)载荷

噪声来源:

动力装置噪声:螺旋桨、压气机、喷气的噪声。

空气动力噪声:附面层压力波动、尾流、激波振荡。

武器发射噪声:机炮、导弹、火箭发射。

声压场测量:

预测声载荷大小、分布、作用时间,声振结构疲劳分析。

问题:

造成声疲劳,乘员身体不适应。

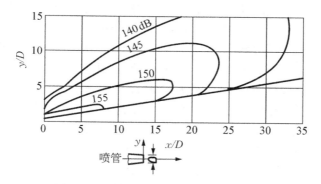

图 4.6.1 某发动机喷口附近的声压情况

4.7 瞬时响应载荷

来源:核武器爆炸、空中导弹发射,炮击、起飞助推、外挂物投放、弹射等对飞机结构作用的载荷。

4.8 特殊情况的载荷

1) 非正常状态载荷

单发停车、尾旋、单轮着地、打地转、机头碰地、飞机翻倒、强迫着陆等情况。

2) 鸟撞载荷

飞机起飞着陆经常遇到鸟撞。鸟撞试验要求2km以下以最大飞行速度飞行时风挡承受1.8kg的鸟撞击而不穿透。

3) 冰雹载荷

结冰破坏气动外形,影响性能;对结构和发动机产生破坏。考虑防冰、破冰措施,及承受冰雹撞击(密度、直径、速度等)的能力。

5 飞机结构传力分析与设计基础

5.1 飞机结构传力

飞机结构通常由几千个零件组合在一起构成无相对运动的整体,它能承受飞机的外载荷,满足规定的强度、刚度、寿命和可靠性等要求。通常飞机结构包括机身、机翼、尾翼、发动机吊舱、起落架、操纵系统等受力部件。

飞机在使用过程中,所受的外载荷以各种分布形式作用在结构的各个部分。作用在某一结构的载荷要传向另一部件,与另一部件上的外载荷平衡实现全机载荷平衡。例如左右机翼上的气动载荷通过机翼和机身的连接结构传到机身上,与机身的惯性力平衡。又如将一个机翼分离出来,则支持机翼的结构基础就是机身、机翼的结合接头和机身的各承力框,而分析机翼所受的各种载荷如何通过机翼结构的各元件逐步传向结构的支持基础,这就是结构的传力分析。载荷在结构中的传递过程实际上就是作用力和反作用力这一对力相互依存,相互转化的过程。

每部分结构在其外载荷下作用下都处于平衡状态,满足平衡条件:

$$\left.\begin{array}{ll} \sum F_x = 0 & \sum M_x = 0 \\ \sum F_y = 0 & \sum M_y = 0 \\ \sum F_z = 0 & \sum M_z = 0 \end{array}\right\} \tag{5.1.1}$$

在结构设计时,首先要搞清该结构在使用过程中受哪些外载荷,这些外载荷是如何平衡的,在平衡时,载荷是如何传递的,即是按哪些结构元件传递的。在结构设计时,就尽量按各自的受力特性来承载,使传力路线最短。

5.1.1 传力路线

机翼上作用有分布气动载荷和各接头传来的集中载荷(图 5.1.1),这些外载通过机翼的各受力构件相继受载产生内力来传递(图 5.1.2),最后到达机翼机身对接处(图 5.1.3),由支承机翼的机身提供支反力与之相平衡。图中:q 为分布载荷;Q 为剪力;M 为力矩。下标:b 表示气动力;W 表示质量力;t 表示扭矩;h 表示沿航向;n 表示沿法向。

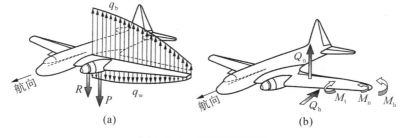

图 5.1.1 机翼的外载荷

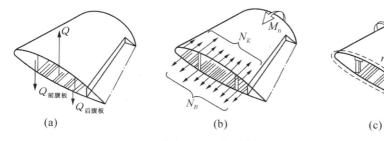

图 5.1.2 机翼剖面的内力

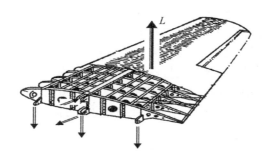

图 5.1.3 机翼安装接头传力

5.1.2 传力分析的方法

按以下步骤进行传力分析：

（1）从结构的外载荷作用处开始，依次取出各个构件部分或元件为分离体。

（2）按它们各自的受力特性合理简化为典型的受力特性、如盒式梁、平面梁、板、杆等。

（3）由静力平衡条件求出各级分离体上的作用力和支反力，并画出各构件的内力图。

（4）通过各级分离体图既可了解力在结构中的传递过程，又能了解构件的内力分布，为强度计算做好准备。

5.1.3 传力分析中结构简化原则

实际飞机结构都是高度静不定的复杂结构，传力分析主要以工程梁理论为基础

（即以理论力学、材料力学、结构力学为基础），在对结构的传力规律进行以定性分析为主的分析工作，从受力角度看，结构有主承力构件（如翼梁、盒段、后缘、肋等）。因此在传力分析时应该进行必要的简化以便抓住主要矛盾。

（1）略去次要构件或次要结构部分。如双梁式直机翼前后缘闭室的抗扭力较小，若仅占整个盒段扭转刚度的 10% 以下，即可略去。使结构简化成只有两根梁之间的单闭室翼盒结构来承受机翼的总体载荷，既降低了结构静不定度，又抓住了结构传力的主要部分。

（2）简化集中连接接头为铰支或固支，简化分散的铆接、螺接为连续连接。这种简化可使传力分析在一个理想的力学模型中进行，使结构分析简明清晰。

（3）在传力分析时必须了解各构件能承受哪种载荷（如剪力、弯矩、轴力等）；其次必须掌握结构中各构件的连接能否传递该种载荷，即该种载荷能否在这个结构中传递；第三还要检查该载荷能否传到支承结构的基础上，三个条件缺一不可。如一个平面梁，虽然它本身能承受作用于自身平面内的弯矩，但如果根部与基础是铰接，那么弯矩就不能从根部传出去，这样这根梁实际上不能承受此弯矩。

（4）要掌握结构传力特性，如力求从最短路径传递载荷，力的传递是按刚度分配比例传递，力的传递扩散角通常为 30°等，这样能做出合理的简化。

5.1.4　静不定结构受力时的刚度分配原则

在静定结构中，力在各元件中的分配原则是确定的，根据静力平衡条件即可确定各元件的内力。而静不定结构，除去静力平衡方程外，还必须同时根据变形协调条件才能求出各元件内力，即力的分配还与各元件本身的刚度和支撑条件有关。由于飞机结构都是高度静不定结构，在一定条件下（如假设结构变形符合平剖面假设），则结构中的各个元件可直接按照本刚度大小比例来分配承担的载荷，这称为刚度分配原则。

刚度是指材料和结构抵抗变形的能力。这里所说的刚度是指元件（构件）的结构刚度，它的度量是指元件在载荷作用下抵抗变形的能力，即元件产生单位变形所需的外载值。结构有各种变形，如伸长、转角或扭角等，对应的就有拉伸刚度、弯曲刚度和扭转刚度。

5.1.4.1　简化元件的受力特性

例如认为长桁在受总体力时，被看成只受轴向力的杆，而略去其受弯能力。但在局部载荷下，又可作为梁考虑，承受垂直于杆的力。

在传力分析时，一般以偏安全简化为原则。

分清不同平面——具体情况具体分析。如图 5.1.4 所示，垂直平面内是固支（轴足够长时，但如果轴很短，那么能否承受弯曲就成问题），水平面内，则应简化为铰支。

如图 5.1.5(a)所示，拉伸变形协调条件为 $\Delta l_1 = \Delta l_2$

$$\frac{p_1 l_1}{E_1 F_1} = \frac{p_2 l_2}{E_2 F_2} \xrightarrow{K = EF/L} \frac{P_1}{K_1} = \frac{P_2}{K_2} \longrightarrow \frac{P_1}{P_2} = \frac{K_1}{K_2}$$

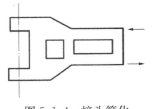

图 5.1.4　接头简化

刚度分配法:静不定结构中每个元件所分配承担的载荷与它们的刚度大小成正比。注意刚度分配法要满足"平剖面"假设。

在各种形式载荷作用下,静不定结构中各元件分担的载荷均可按下式计算:

$$P_i = \frac{K_i}{\sum K_i} P \tag{5.1.2}$$

式中:K 为与广义力 P 对应的刚度。

图 5.1.5(a)中的构件,广义力 P,广义位移 $\Delta l = \delta$,$K = \dfrac{EF}{l}$;

图 5.1.5(b)中的构件,广义力 M,广义位移 θ,刚度 $K = \dfrac{EJ}{l}$;

图 5.1.5(c)中的构件,广义力是 Q,广义位移 f,刚度 $K = \dfrac{3EJ}{l^3}$;

图 5.1.5(d)中的构件,广义力是 Mt,广义位移 φ,刚度 $K = \dfrac{GJ_p}{l}$。

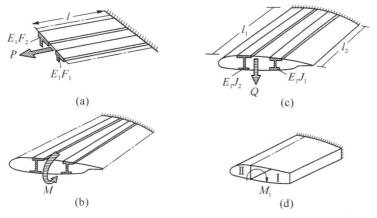

图 5.1.5　静不定结构中力按刚度分配

常用典型结构元件的广义力、广义位移和广义刚度见表 5.1.1 所示。

表 5.1.1　常用典型结构元件的广义力、广义位移和广义刚度

元件	广义力	广义位移	广义刚度
二力杆	拉伸力 P	拉伸量 δ	拉伸刚度 $K = \dfrac{EF}{L}$
直梁	剪力 Q	转角 θ	挠曲刚度 $K = \dfrac{2EJ}{L^2}$
		挠度 f	弯曲刚度 $K = \dfrac{3EJ}{L^3}$

（续表）

元件	广义力	广义位移	广义刚度
直梁	弯矩 M	转角 θ	挠曲刚度 $K = \dfrac{EJ}{L}$
		挠度 f	弯曲刚度 $K = \dfrac{2EJ}{L^2}$
受扭杆梁	扭转 M_t	扭转角 φ	扭转刚度 $K = \dfrac{GJ_P}{L}$

表中：E 为拉伸弹性模量；F 杆横截面积；L 为杆长（梁长）；J 为剖面惯性矩；

G 为剪切模量；J_P 为扭转剖面系数：$J_P = \Omega^2 \Big/ \oint \dfrac{ds}{\delta}$；$L$ 为受扭杆长；

Ω 为二倍闭室面积；δ 为闭室壁厚。

5.1.4.2　评价结构传力合理性的三条标准

（1）结构传力路线短；

（2）结构材料利用率高；

（3）结构综合利用性好。

以上三条标准往往是互相影响的，应该综合考虑。

5.1.4.3　结构中的传力规律

（1）静定结构——力在各元件上的分配只与元件外载荷的相对几何位置有关，而与元件的自身刚度无关。仅由平衡条件可唯一确定元件的内力（图 5.1.6(a)）。

（2）静不定结构——力的分配不仅与元件的相对几何位置和外载荷作用位置有关，而且与各元件的刚度和支承刚度有关。需由力的平衡条件和变形协调条件，才能确定载荷在各元件上的分配（图 5.1.6(b)）。

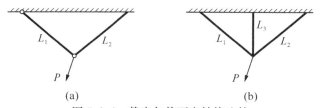

图 5.1.6　静定与静不定结构比较

(a) 静定结构；(b) 静不定结构

静不定结构中，支持条件对传力有影响。

规律 1：其他条件相同时，力向限制变形多（支持刚度大）的支点传得多。

如图 5.1.7(a)所示，力作用在中点，A 点限制变形多，于是 A 点载荷大于 B 点载荷。

$$R_A = \frac{11}{16}P = 0.69P, \quad R_B = \frac{5}{16}P = 0.31P$$

规律 2：力的传递与支持点的刚度有关，向刚度大的支持点传递得多。

如图 5.1.7(b)所示，B 点刚度弱，A 点刚度强，所以载荷向 A 点传得多，B 点传得少：

$$R_B = \frac{5P}{16\left(1 + \frac{3EJ}{L^3}C\right)} < \frac{5}{16}P$$

如图 5.1.7(c)所示,当 A, B 两点支承刚度一样时,两点处的支反力和弯矩相同;若 A 点刚度大,则因为要保证 D 点位移相等,因此向 A 边传力必须大些。

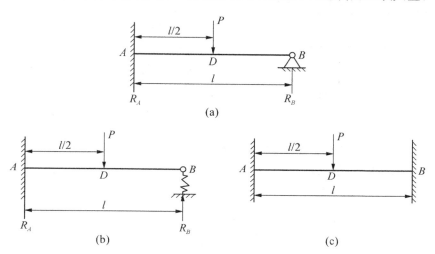

(a)

(b)　　　　　　　　　　　　(c)

图 5.1.7　静不定结构传力规律比较

5.2　元件受力分析

5.2.1　杆

杆——受轴向载荷(集中力或分布剪流)。

如长桁、翼梁缘条等(图 5.2.1)。

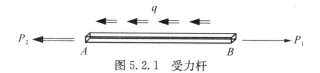

图 5.2.1　受力杆

1)拉伸杆的比强度

杆中应力(图 5.2.2):

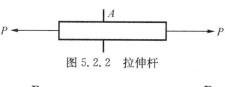

图 5.2.2　拉伸杆

$$\sigma = \frac{P}{A} \leqslant \sigma_b \Rightarrow P_{cr} = \sigma_b A, \quad A = \frac{P_{cr}}{\sigma_b}$$

重量
$$W = LA\rho \Rightarrow W = L\rho \frac{P_{cr}}{\sigma_b} = \frac{LP_{cr}}{\left(\dfrac{\sigma_b}{\rho}\right)} \qquad (5.2.1)$$

因为对于同一零件,在给定的外载下 $LP_{cr} = \mathrm{const}$,所以,材料的 $\dfrac{\sigma_b}{\rho}$ 决定了元件的重量特性,称为比强度。

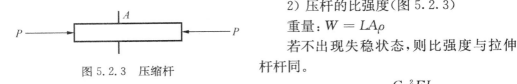

图 5.2.3　压缩杆

2)压杆的比强度(图 5.2.3)

重量:$W = LA\rho$

若不出现失稳状态,则比强度与拉伸杆杆同。

失稳载荷:$P_E = \dfrac{C\pi^2 EJ}{L^2}$

式中:C 为与支持条件有关的系数,如二端铰支,$C = 1$;二端固支,$C = 4$;J 为惯量,因为量纲为长度的四次方,所以 $J = KA^2$;

K 为与剖面形状有关的量;

$$P_E = \frac{C\pi^2 EKA^2}{L^2} \Rightarrow A = \sqrt{\frac{P_E L^2}{C\pi^2 EK}} \qquad (5.2.2)$$

为使压杆欧拉应力不失稳情况下,外载

$$P \leqslant P_E \quad \Rightarrow \quad A \geqslant \sqrt{\frac{PL^2}{CK\pi^2}\frac{1}{E}}$$

压杆的重量为

$$W = \rho L \sqrt{\frac{PL^2}{CK\pi^2}\frac{1}{E}} = \frac{C'}{\left(\dfrac{\sqrt{E}}{\rho}\right)} \quad \left(C' = L\sqrt{\frac{PL^2}{CK\pi^2}}\right) \qquad (5.2.3)$$

因为 C' 只与元件的几何形状和边界条件有关,所以 $\left(\dfrac{\sqrt{E}}{\rho}\right)$ 表征了压杆的重量综合特征,称为压杆的比强度。

3)拉压杆的比刚度

变形量(位移)为

$$\Delta L = \frac{PL}{EA}$$

由 $\Delta L \leqslant [\delta] \quad \Rightarrow \quad \dfrac{P_\delta L}{EA} = [\delta] \quad \Rightarrow \quad A = \dfrac{P_\delta L}{E[\delta]}$

杆重量为

$$W = LA\rho = L\rho \frac{P_\delta L}{E[\delta]} = \frac{C}{\left(\dfrac{E}{\rho}\right)} \quad \left(C = \frac{P_\delta L^2}{[\delta]}\right) \tag{5.2.4}$$

因为 C 只与元件的几何形状和边界条件有关,所以 E/ρ 表征了拉压杆的重量综合特征,称为拉压杆的比刚度。

5.2.2　薄板

薄板——适合承受在板平面内的分布载荷,如机翼的墙、翼梁和翼肋的腹板等。

(1) 薄板受剪:如图 5.2.4,只有三边支持才能传力,通过剪流传剪切力,这时要考虑板稳定性(图 5.2.4)。

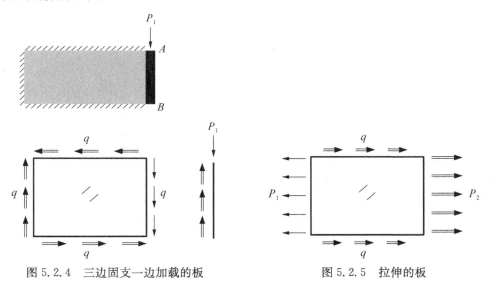

图 5.2.4　三边固支一边加载的板　　　　　图 5.2.5　拉伸的板

(2) 薄板受拉,只能通过均布力承受(图 5.2.5)。

(3) 薄板不能受集中力。只有通过附加构件扩散为分布力。

板如能受拉,则要注意:

(1) 不能受集中力;

(2) 不能使板变弯;

(3) 计算时常把板受拉能力归入杆中。

薄板宜受板平面的载荷(周边剪流或拉应力)即分布载荷,不宜受集中力。所以计算时必须通过杆把它转换成分布载荷。

5.3　构件受力分析

5.3.1　平面板杆结构

(1) 原则上可承受该平面中的任何载荷,包括集中力、分布剪流。但板、杆有分工：

　　杆——承受轴向力；

　　板（薄板）——只受剪力。

所以板、杆之间只传递剪流，否则杆就要受弯，与受力特性不符（图5.3.1）。

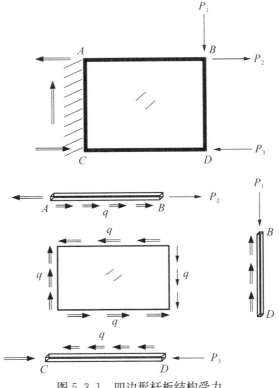

图 5.3.1　四边形杆板结构受力

（2）由薄板与杆组成的板杆结构中，三角形板不受载（图5.3.2）。

图 5.3.2　板杆结构中的三角形板不受载

（3）剪切的比强度

一长度为 l 的梁在剪力 P 作用下破坏，质量

$$m = \frac{Pl}{\tau_\mathrm{b}/\rho} \tag{5.3.1}$$

称比值 τ_b/ρ 为材料的剪切比强度。

（4）厚板是可以承受正应力的。此时,虽然板能直接受拉,但并不把此力以横向载荷形式传给杆。为了计算方便,往往把板的抗拉能力折算到杆上去,结构仍然简化成受剪板和受轴力杆。见图 5.3.3 所示。

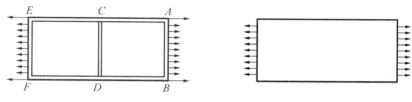

图 5.3.3　AB,CD,EF 杆不受板内的法向载荷

5.3.2　壁板、厚壁

壁板:即板加很多杆(如蒙皮＋长桁),板受拉能力并入杆中,所以只有杆上受正应力(图 5.3.4)。

图 5.3.4　壁板照片

厚壁:板加厚可受正应力(拉、压均可),可受板平面内任意方向的剪应力和正应力。

5.3.3　平面薄壁梁(组合梁或整体梁)

可受梁平面内力或力矩。但实际上由板、杆构成,属于平面板杆结构的一种,但它有特点(上、下缘条＋腹板),所以仍有分工。

Q 由腹板承受;

M,N 由杆承受(缘条)。

可为直梁,也可为曲梁(图 5.3.5)。

5.3.4　承弯曲元件的比刚度

梁的弯曲位移为 $\delta=\dfrac{M_0L^2}{2EJ}=\dfrac{M_0L^2}{2EKA^2}$

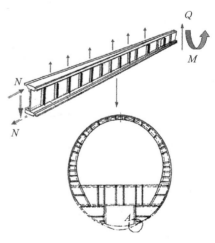

图 5.3.5

由 $\delta \leqslant [\delta] \Rightarrow \dfrac{M_0 L^2}{2EKA^2} \leqslant [\delta] \Rightarrow A \geqslant \sqrt{\dfrac{M_0 L^2}{2EK[\delta]}}$

梁的重量为 $W = LA\rho = L\rho \sqrt{\dfrac{M_0 L^2}{2EK[\delta]}} = \dfrac{C}{\left(\dfrac{\sqrt{E}}{\rho}\right)}$ （5.3.2）

因为 C 只与元件的几何形状和边界条件有关：$C = L\sqrt{\dfrac{M_0 L^2}{2K[\delta]}}$；所以 $E^{1/2}/\rho$ 表征了拉压杆梁的重量综合特征，称为弯曲元件的比刚度。

综上所述，由于飞机结构多为薄壁结构，所以它的受力特点为：

（1）不宜受集中力（要有扩散件）；

（2）宜受板平面内的载荷；

（3）板杆结构为多，且板、杆是有所分工的。

不同情况下的比强度、比刚度不同：

表征材料重量和强度综合性能的指标称为比强度，将比强度定义为 σ_b/ρ；表征材料重量和刚度综合性能的指标称为比刚度，将比刚度定义为 E/ρ；稳定性问题是一个刚度问题，工程实际中应区别不同情况。

不同变形情况下，比强度的表达式是不一样的：

- 拉伸——σ_b/ρ；
- 压缩总体失稳——$E^{1/2}/\rho$；
- 受剪切——τ_b/ρ；
- 剪切总体失稳——$\sqrt[3]{E}/\rho$；
- 弯曲——$\sigma_b^{2/3}/\rho$；
- 扭转——$\tau_b^{2/3}/\rho$；
- 重复受载——σ_{max}/ρ。

结构形式决定了结构中载荷的传递方式。结构形式大体可分为集中面积、分散面积和集中分散面积形式，其平面结构的典型代表是梁、桁架和板杆结构。结构形式的选择取决于作用在结构上的载荷和结构的几何尺寸，同时也与结构的材料特性有关。

5.4　结构材料选取的基本方法

材料有很多属性，与结构设计直接相关的属性主要有：

（1）强度属性：强度极限、弹性极限、疲劳强度、断裂韧性、疲劳裂纹扩展门槛值等。

（2）刚度属性：拉伸弹性模量和剪切弹性模量。

（3）质量属性：材料密度。

除此之外，材料还有经济属性、加工属性等。各种材料特性比较见表5.4.1。

表 5.4.1　航空金属结构材料的特性比较

材料	ρ /(kg/m³)	σ_b /MPa	E /GPa	σ_b/ρ /10^{-3}(m/s)²	E/ρ /10^{-6}(m/s)²
变形铝合金	2 700	400～550	72	148～204	26.5
铸造铝合金	2 700	200～500	72	74～185	26.5
变形镁合金	1 800	200～340	45	110～187	25
铸造镁合金	1 800	200～270	45	110～150	25
锻造钛合金	4 500	500～1 300	120	110～290	26.8
铸造钛合金	4 500	630～860	120	140～190	26.8
碳钢	7 800	420～650	210	54～83	27
合金钢	7 800	800～1 600	210	54～206	27
高强钢	7 800	1 600～2 400	210	203～306	27

在选择材料时,必须要考虑结构工作的温度条件,见图 5.4.1。

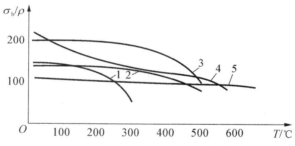

图 5.4.1　几种材料的比强度随温度的变化关系

1—LY12；2—30CrMnSiA；3—30CrMnSiNi2A；
4—TC4；5—1Cr18Ni9Ti

在结构中采用复合材料后可以大大地减轻结构重量。见表 5.4.2。

表 5.4.2　几种典型复合材料的基本力学性能

材料	ρ /(kg/m³)	σ_b /MPa	E /GPa	σ_b/ρ /×10^{-3}(m/s)²	E/ρ /×10^{-6}(m/s)²
玻璃/环氧	1850～2120	1200～1700	45～70	755～800	28～35
碳/环氧	1280～1500	1000～1200	160～180	780～800	107～123
硼/环氧	2000	1400～1800	200～270	700～900	100～135

所有材料的强度在重复载荷作用下会急剧下降,但各种材料强度的下降程度是不一样的(图 5.4.2)。

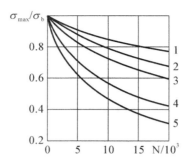

图 5.4.2　材料的破坏应力与载荷重复作用次数的关系

1—LY12；2—30CrMnSiA：$\sigma_b = 1\,200\,\text{MPa}$；

3—LC4；4—30CrMnSiNi2A：$\sigma_b = 1\,800\,\text{MPa}$；

5—30CrMnSiNi2A：$\sigma_b = 1\,800\,\text{MPa}$，有应力集中

静强度设计问题可以用如图 5.4.3 所示的材料强度-重量特性图进行选材。

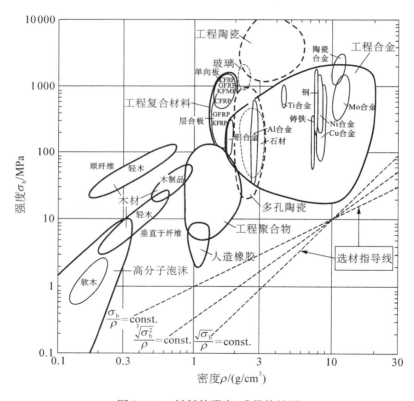

图 5.4.3　材料的强度-重量特性图

对于刚度问题(包括稳定性问题)，可以采用如图 5.4.4 所示的材料刚度-重量特性图进行选材。

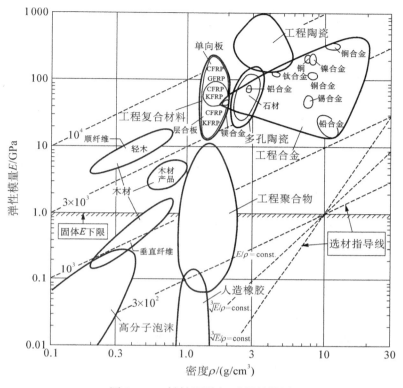

图 5.4.4　材料的刚度-重量特性图

5.5　结构设计基本理论和典型算例

5.5.1　相对载荷和有效高度

图 5.5.1(a)表示受弯曲的梁;(b)表示 $A—A$ 剖面受弯曲情况凸缘的简化;

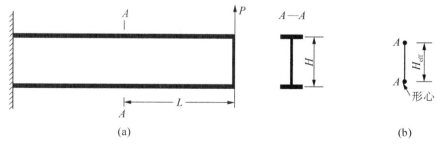

图 5.5.1　受弯曲的梁

弯矩　　　　　　　　　　　　　$M = PL$

相对载荷定义为　　　　　　　$\overline{M} = \dfrac{M}{H_{\text{eff}}}$　　　　　　　　　　(5.5.1)

相对载荷实际上表征了梁中正应力的大小。其中 H_{eff} 常选择为上下结构的形心位置距离。

相对有效高度定义为

$$\overline{H}_{eff} = \frac{H_{eff}}{H} \tag{5.5.2}$$

其中:H 为计算剖面的外缘距离。

相对有效高度越接近于1,材料的利用率就越高。

结构形式选择:

结构受载严重时,一般采用梁式结构形式比较适合;结构受载很轻时,一般采用桁架式结构比较适合。进行定性分析,可以参照相对载荷选取结构形式,见表5.5.1。

表 5.5.1　结构形式与有效高度和相对载荷的关系

相对载荷 M	有效高度 H_{eff}	结构形式
大	小	梁
大	大	板杆
小	大	桁架

5.5.2　静定和静不定结构重量特性三定理

如下所述三定理可以帮助结构布局设计。

定理1:静定结构在只有强度约束时,满应力解为最轻解。

定理2:一个静不定结构,在受到一组外载荷作用且只有强度约束时,必定可以找到一个最合适的静定子结构为最轻解。在罕见的情况下,也可能存在静不定子结构,它与静定子结构同为最轻解。

定理3:一个静不定结构在一组以上外载荷非同时作用,且在强度约束时,一般情况下最轻解为静不定结构,在一组外载荷作用,且在强度和位移约束同时存在时,一般情况下最轻解也为静不定结构。

5.5.3　结构布局设计的细分析、粗定量方法

结构布局设计包括如下内容:

(1)结构布局——结构方案选择;

(2)主、次元件及元件数量的选择;

(3)元件的几何位置。

目前这一问题主要依赖于经验和思维,人们也试图从理性的角度解决这一问题:人工智能、神经网络、布局优化等。

结构形式和布局设计目前尚不能像结构元件设计那样进行定量设计,在很大程度上取决于设计者的分析和综合能力。结构布局设计的细分析粗定量方法是进行结构布局的一种有效方法。

现回顾一下已学的定理、设计原则、准则:

三准则：①结构传力路线越短越好；②材料的利用率越高越好；③结构综合利用越高越好。

两参数：相对载荷；相对高度。

三定理：见 5.5.2 节所述。

载荷分配两要点：①结构中载荷按刚度分配（静不定结构中）；②静不定支撑中载荷向支持刚度大的地方传递。

材料选择"二比"：强度比；刚度比。

细分析、粗定量方法是指：运用已有的结论、原则、定理、经验等知识对设计对象作细致全面的分析，对每一种设计方案的性能指标进行粗略的定量估算，然后确定一、二个设计方案作精细分析。

5.5.4 例题

【例 5.1】 Michell 桁架见图 5.5.2。设计一个结构使载荷 P 传到两个活动支座上如图示。已知 $P = 1$，$L = 2$，$\theta = 30°$，材料密度 $\rho = 1$，许用应力 $[\sigma] = 1$。

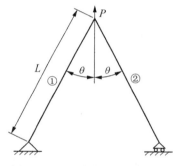

图 5.5.2 要求的 Michell 桁架

解：至少有三种结构形式可以选用：桁架结构、厚板结构和框架结构。

桁架结构：图 5.5.3 中，杆①和②传力直接，受力符合元件的特性，但杆③的受力方向与外载的方向垂直，与"结构传力路线越短越好"准则不符。

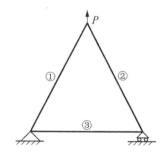
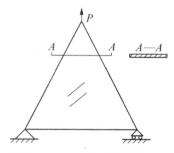
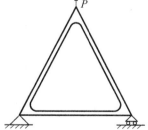

图 5.5.3 三种预选结构

厚板结构：传力不太直接，存在参与区。

框架结构：是一个静不定结构，存在局部弯矩，与结构重量特性定理不符。

三种形式相比之下，以桁架结构较合适。因为只有强度约束，最轻结构应该是静定结构。

仔细分析一下，此桁架结构还可以设计成如图 5.5.4 所示的布局。

作为一名结构设计人员应该很容易看到，实际结构中不会设计成活动支座，应该设计成固定支座。那么其结构最小最重的为 2.309（图 5.5.5）。

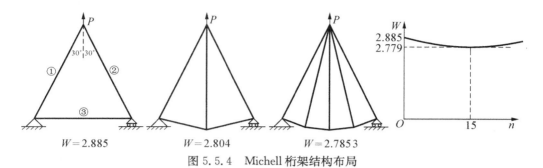

图 5.5.4　Michell 桁架结构布局

【例 5.2】　悬壁梁设计问题。设计一个悬臂梁结构（图 5.5.6），将载荷 P 传到基础上。已知 $P=1$，且可以在垂直方向移动，材料密度 $\rho=1$，许用应力 $[\sigma]=1$。

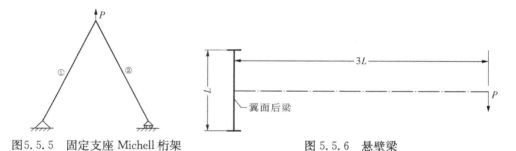

图 5.5.5　固定支座 Michell 桁架　　　　　图 5.5.6　悬壁梁

解：悬壁梁可能的结构形式见图 5.5.7 所示。

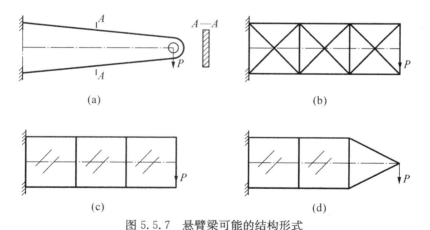

图 5.5.7　悬臂梁可能的结构形式

（a）变剖面梁；（b）桁架结构；（c）板杆结构；（d）混合结构

图 5.5.8（a）中，载荷 P 产生的弯矩由梁的上下边处的材料传递，P 产生的剪流由梁腹板传递。此布局形式悬臂梁的材料利用率不高，因为悬臂梁中间部位的材料没有充分利用。

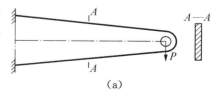

（a）

图5.5.8(b)中,去掉材料利用率很低的中间部分,在各剖面传剪力的截面积基本相等。

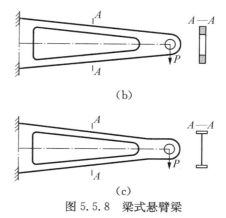

(b)

图5.5.8(c)中,使传递弯矩的面积集中于最大高度处,提高材料的利用率。

(c)

图5.5.8　梁式悬臂梁

如图5.5.9所示,两杆布局十分简单,但是由于载荷 P 的作用方向和杆的轴线方向角度较大,传力并不有利。还存在压杆稳定性问题,这一布局形式不可取。但是当悬臂梁的跨度与高度相当时,这种形式就可取了。

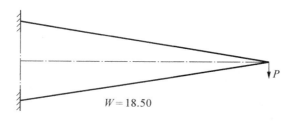

$W = 18.50$

图5.5.9　两杆布局

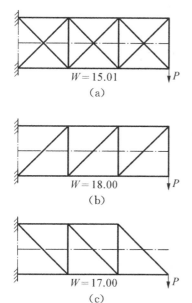

$W = 15.01$

(a)

$W = 18.00$

(b)

$W = 17.00$

(c)

对图5.5.10中各桁架结构分析如下:

图(a)所示是一个15杆静不定结构,经过尺寸优化后重量较轻。但是按照结构重量特性定理2,这一布局肯定不是最轻解。

图(b)所示是从15杆静不定结构布局中取了一个12杆静定结构,由于这一布局中的元件并不在最短的传力路线上,所以结构重量较大。

图(c)所示是去掉某些远离载荷传递路线上的元件,得到10杆静定结构,结构重量有所下降。

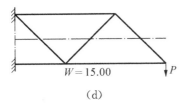

(d)

图(d)所示是按照最短传力路线在15杆静不定结构中找出一个 6 杆静定结构,其结构重量比静不定结构的略轻。

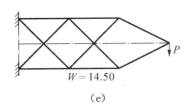

(e)

图(e)所示是考虑结构的对称性,从15杆静不定结构中演化出此 10 杆静定结构。

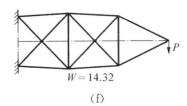

(f)

图(f)所示是考虑结构的对称性,从15杆静不定结构中演化出此 12 杆静不定结构。优化此结构的纵向节点坐标值,得到此结构。

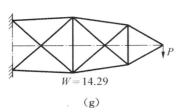

（g）

图(g)所示是同时优化此结构的纵向节点坐标值和横向节点坐标,得到此结构。

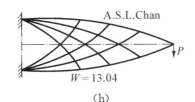

(h)

图 5.5.10　桁架结构

图(h)所示是通过拓扑优化获得的最佳结构布局。

5.6　结构元件强度与刚度设计要点

5.6.1　强度设计

强度设计准则为 $\sigma \leqslant \sigma_b$。　　　　　　　　　　　　　　(5.6.1)

强度设计过程:

(1) 获取结构元件上的设计载荷,这一载荷可能由飞机结构总体有限元分析给出。

(2) 设计结构元件的截面形式。

（3）计算元件在设计载荷作用下的应力。

（4）查取材料的破坏强度，按照式（5.6.1）$\sigma \leqslant \sigma_b$，确定元件的截面尺寸。

5.6.2　刚度设计

刚度设计准则为 $\delta \leqslant [\delta]$。　　　　　　　　　　　　　　　　　　　　（5.6.2）

式中：δ 为结构变形；$[\delta]$ 为许用变形。

对翼面、舵面的变形，要求不影响飞机的气动特性；对某些支持点，刚度不够将影响其运动的精确性；飞机翼面刚度不够将引起气动弹性问题；变形太大，引起附加弯矩，会导致破坏，或疲劳损伤；在某些情况下，刚度不能太大，如突风缓和要求。因此对刚度有一定的要求。

许用变形$[\delta]$是按照设计要求和有关设计规范、经验等确定的。结构元件的变形 δ 可以采用材料力学、结构力学或有限元分析获得。

$[\delta_i]$不是一个结构特性参数，它是人们对结构的一个要求；目前$[\delta_i]$的确定在理论和实践上均未很好地解决。

获得$[\delta_i]$的途径：

（1）查阅指定性文件"飞机设计指南"、"飞机设计规范"、"飞机强度规范"、"军用飞机强度规范"、CCAR23、CCAR25。

（2）参照初始设计的位移分布，再依此提出一个刚度指标。

（3）参照原准机、同类飞机，用动相似法给出的$[\delta_i]$不一定最优。

（4）风洞吹风和飞机试验。

5.6.3　刚度设计与强度设计的区别

刚度设计与强度设计有不同的设计原则和方法：

1）选择材料的准则不同

强度设计：主要是材料强度极限 σ_b、比强度等，可以参考图 5.4.3。

刚度设计：主要是材料的弹性模量 E、比刚度等，可以参考图 5.4.4。

2）元件尺寸的分布与几何布局选择

强度设计：满应力设计。

刚度设计：主要取决于稳定性和气动弹性设计。

【例 5.3】　对图 5.6.1 所示的板杆结构进行强度设计和刚度设计。

解：强度设计：$\sigma = \dfrac{M_0}{hA(x)} \leqslant [\sigma] \Rightarrow A(x) \geqslant \dfrac{M}{h[\sigma]} = \text{const}\,|_x$

刚度设计：$\delta = \displaystyle\int_0^s \int_0^l \dfrac{M_0 \mathrm{d}s\mathrm{d}x}{EJ(x)}$；　　　　$\delta = \displaystyle\int_0^s \int_0^l \dfrac{2M_0 \mathrm{d}s\mathrm{d}x}{Eh^2 A(x)} \leqslant [\delta]$

梁重量：$W = W_0 + \displaystyle\int_0^l A(x)\mathrm{d}x$

问题变为在 $W \to \min$ 时求 $A(x)$，这是一个泛函问题。

问题的解为 $A(x) \propto x^{1/2}$（图 5.6.2）

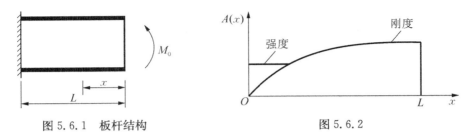

图 5.6.1　板杆结构　　　　　　　　　　　图 5.6.2

【例 5.4】　对图 5.6.3 所示的梁结构进行强度设计和刚度设计。

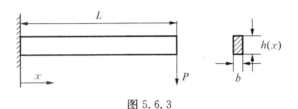

图 5.6.3

解:对同一个设计问题,强度要求和刚度要求求出的结构方案是不同的。

问题是 b 不变,有强度和刚度约束,设计 $h(x)$ 使悬臂梁最轻。

$$M(x) = (L-x)P$$

强度设计:　　$$\sigma(x) = \frac{M(x)\frac{h(x)}{2}}{J(x)} = \frac{6P(L-x)}{bh^2(x)} \leqslant [\sigma]$$

$$h^2(x) \geqslant \frac{6P(L-x)}{b[\sigma]}$$

即　　　　　　　　　　　　$$A(x) \propto x^{1/2}$$

刚度设计:$$\delta \big|_{x=L} = \int_0^s \int_0^L \frac{M(x)\mathrm{d}s\,\mathrm{d}x}{EJ(x)} = \int_0^s \int_0^L \frac{12P(L-x)}{6Eh^3(x)} \leqslant [\delta]$$

梁重量:$$W = \rho \int_0^L bh(x)\mathrm{d}x \to \min$$

泛函问题,其解按 $A(x) \propto x^{1/3}$ 变化(图 5.6.4)。

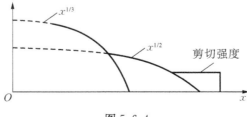

图 5.6.4

5.6.4　结构刚度设计方法

基本方程为 $W = \sum\limits_{i=1}^{n} \rho_i L_i A_i$ ，当 W 为最小时，得

$$\delta_i \leqslant [\delta_i] \quad (i \in m)$$

拉格朗日函数为 $L(A) = W + \lambda(\delta_i - [\delta_i])$，对 $L(A)$ 取约束，得

$$\frac{\partial L}{\partial A_i} = \frac{\partial W}{\partial A_i} + \lambda \frac{\partial \delta}{\partial A_i} = 0$$

$$\frac{\left(\dfrac{\partial W}{\partial A_i}\right)}{\left(\dfrac{\partial \delta}{\partial A_i}\right)} = -\frac{1}{\lambda} = \text{const}$$

6 飞机机翼尾翼结构设计

机翼、尾翼是飞机的重要部件,飞机能够飞行主要靠机翼的升力,飞机的发展多从翼面变化开始,从原始的双层机翼、带撑杆的机翼,到单层平直机翼、后掠翼、三角翼、边条翼、变后掠翼、前掠翼、鸭翼、无尾,以及飞翼布局等。机尾翼选材也从木布材料发展为全金属铝、耐高温材料、复合材料、陶瓷、涂层及隐身材料。机翼的结构设计最能体现先进结构强度技术的应用,并凝结了现代航空、航天有关的各种先进技术与科学。本章主要介绍正常式飞机机翼、尾翼、增升装置,横向操纵系统副翼等的结构设计。

6.1 机翼尾翼的典型布置与结构

6.1.1 机翼布置与结构

典型运输机和歼击机的机翼结构及布置见图6.1.1。由图可见运输机机翼包括缝翼、襟翼、副翼、翼刀、扰流片、发动机吊挂等,而歼击机机翼包括的组件相对少些,但由于空间小也增加了设计的难度。

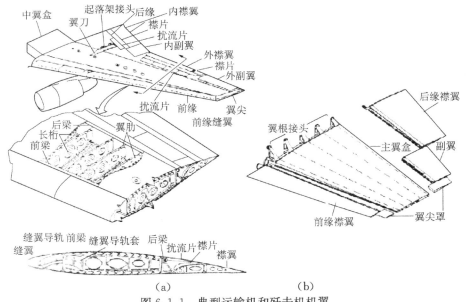

图 6.1.1 典型运输机和歼击机机翼

(a) 典型运输机机翼; (b) 典型歼击机机翼

图 6.1.2 示出波音 707 - 320C 机翼布置图,其结构布置是大型飞机的典型布局。图中还示出,在机翼翼盒安排了许多油箱,充分利用了机翼内的结构空间,并有在飞行中可以起到减少机翼弯矩的作用。

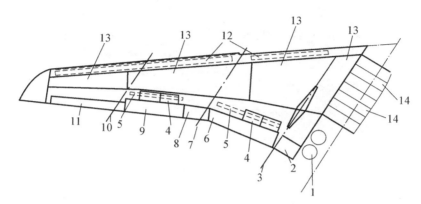

图 6.1.2　波音 707 - 320C 机翼布置

1—主起落架机轮;2—填角襟翼;3—主起落架收放轴线;4—扰流板;5—扰流板;
6—内襟翼;7—内发吊舱轴线;8—内副翼;9—外襟翼;10—外发吊舱轴线;11—外副翼;
12—前缘襟翼;13—整体油箱;14—中央翼内软油箱舱

图 6.1.3 示出波音飞机的结构解剖照片,照片包括机身前段,机翼、尾翼等。

图 6.1.3　波音飞机结构

图 6.1.4 示出歼 6 飞机机翼解剖照片,歼 6 机翼为后掠式,照片为机翼的外侧(包括副翼的部分),内测襟翼部分没有示出。

图 6.1.5 示出 J7 飞机三角机翼解剖照片。照片为去除蒙皮的机翼全结构。

图 6.1.6 示出某飞机机翼机身对接的接头照片。

图 6.1.4　歼 6 飞机机翼

图 6.1.5　歼 7 飞机机翼

图 6.1.6　机翼机身接头

6.1.2 尾翼结构

图 6.1.7 为解剖的歼 6 平尾照片，后掠式平尾的翼尖有像炮弹一样探出的配重，用于提高颤振速度。

图 6.1.7 歼 6 平尾

图 6.1.8 示出 RF-101 平尾的残骸。是平尾的一部分。

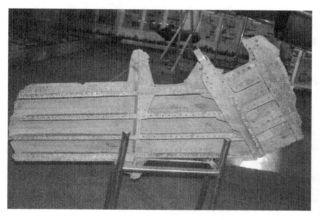

图 6.1.8 RF-101 平尾

6.1.3 机翼构造元件

机翼的典型结构元件见图 6.1.9。

（1）纵向构件：梁、桁条、纵墙见图 6.1.10～图 6.1.13。

（2）横向构件：普通翼肋、加强翼肋见图 6.1.14～图 6.1.15。

（3）蒙皮：图 6.1.16～图 6.1.17 给出几种蒙皮的结构。

（4）接头：耳片方向不同，受力有所不同。图 6.1.18～6.1.20 给出几种典型接头形式。

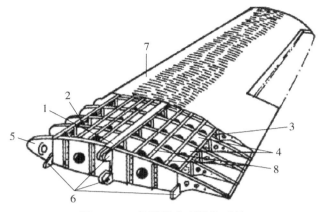

图 6.1.9　机翼的典型结构元件

1—翼梁；2—前纵墙；3—后纵墙；4—普通翼肋；
5—加强翼肋；6—对接接头；7—硬铝蒙皮；8—长桁

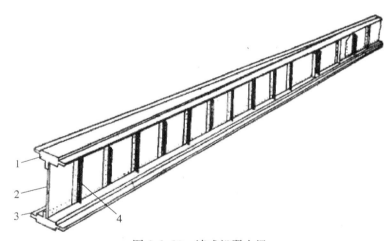

图 6.1.10　墙式机翼大梁

1—上缘条；2—腹板；3—下缘条；4—支柱

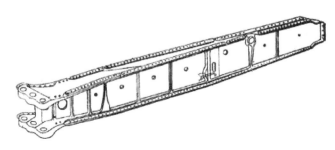

图 6.1.11　机翼主梁

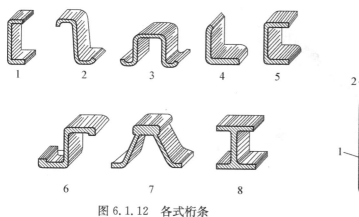

图 6.1.12 各式桁条

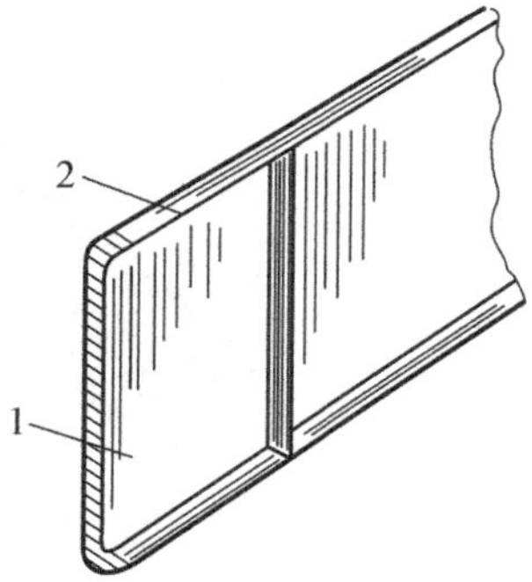

图 6.1.13 纵墙

1—腹板；2—很弱的缘条

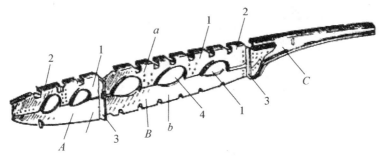

图 6.1.14 墙式翼肋

1—腹板；2—周缘弯边；3—与翼梁腹板连接的弯边；4—减轻孔；
A—前段；B—中段；C—后段；a—上部分；b—下部分

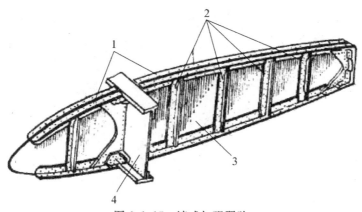

图 6.1.15 墙式加强翼肋

1—缘条；2—支柱；3—腹板；4—翼梁

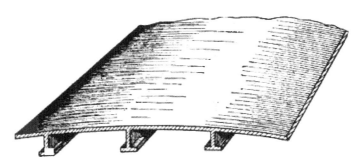

图 6.1.16　整体蒙皮壁板

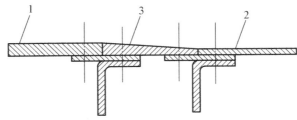

图 6.1.17　蒙皮结合处用过渡蒙皮

1—厚蒙皮；2—薄蒙皮；3—过渡蒙皮

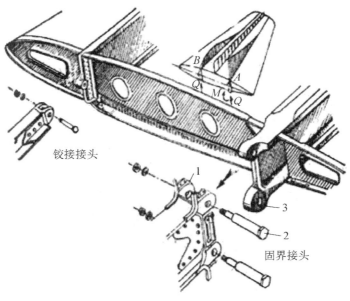

图 6.1.18　叉式接头

1—双耳片（叉式）；2—螺栓；3—单耳片

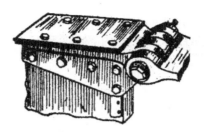

图 6.1.19　梳式接头

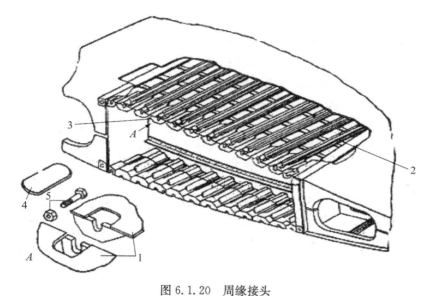

图 6.1.20　周缘接头

1—蒙皮；2—桁条；3—桁条接头；4—盖板；5—螺栓和螺帽

典型元件总结：

综上所述，机翼包括以下元件：

（1）纵向：翼梁、长桁、墙（腹板）；

（2）横向：翼肋（加强肋　普通肋）；

（3）蒙皮：通常将加筋条与蒙皮组成加筋板；

（4）接头。

6.2　机翼的功用、设计要求与外载

6.2.1　机翼的功用

（1）机翼的主要功能是产生升力，以支持飞机在天空飞行。同时它的上反角和后掠角还可增加横侧向的安定性。

（2）增升装置：襟翼、缝翼。可以减小飞机的起飞着陆速度，缩短滑跑距离；在飞行中，有些机动科目需要用到增升装置。

（3）操纵面：副翼、扰流片横向操纵。

（4）外挂装载：发动机吊挂、武器外挂、内部燃油，现今旅客机大多将燃油装在机翼中。

（5）连接其他部件：主起落架、发动机等。

6.2.2　设计要求

除满足飞机总体要求外（见第 2 章，第 3 章），还应满足以下要求：

（1）由于机翼的主要功用是产生升力，为保证气动性能，机翼的形状、尺寸和参数应相互配置，使之在动力消耗最小情况下，得到所规定的飞机技术性能，同时，要求有好的失速特性和力矩特性。要合理选择机翼的平面形状（展弦比 λ，后掠角 χ，上反角 θ）和剖面（翼型、相对厚度），保证一定的升阻比；减小动力消耗；由机翼增升装置产生的升力系数增量值要尽可能地大，减小起飞着陆速度；从亚声速飞行转到超声速飞行时飞机的稳定性、操纵性和气动性能的变化要尽可能地小；这些一般由飞机总体和气动专业确定，对于飞机结构强度专业主要满足以下要求。

（2）要满足刚度要求：总刚度要求，弯\扭变形应防止颤振；局部刚度保证表面光滑，减小凸凹不平，使得阻力更小，避免破坏气动布局；由于飞机结构是薄壁结构，其受压的稳定性承载能力远远低于材料强度，所以应合理进行刚度设计，保证高的结构稳定性承载能力。

（3）要满足强度要求（动强度、静强度、疲劳及损伤容限强度）、结构设计合理、选材合适，争取重量最轻。机翼的结构重量一般占全机结构重量的 30%～50%，占全机重量的 8%～15%。由它产生的阻力是全机阻力的 30%～50%；

（4）如果机翼有整体油箱，则燃油系统的可靠性十分重要，为保证其安全，必须保证绝对可靠，必要时可牺牲重量。

（5）热量要尽可能少地传入结构；热的来源包括气动加热，多发生在突破声障时机翼表面加热，前缘驻点温度更高；再者是发动机加热；因此结构应采取相应的耐热隔热措施。

（6）放置各种装载物的容积要尽量大。应满足起落架收藏、油箱的安排等空间。

6.2.3　机翼的外载

机翼外载包括以下三方面：

（1）分布气动力：以吸力和压力形式直接作用在蒙皮上。

（2）机翼结构的质量力：分布在机翼整个体积上。

（3）集中力：与机翼连接的其他部件（如起落架、发动机）、装载物（油箱、炸弹）以及各类增升翼面从它们的连接接头上传给机翼。

6.2.3.1　分布气动力

整个翼面都有吸力或压力，合力 R 可按机体坐标轴分为升力 Y 和阻力 X，Y 与 X 之比约为 10∶1。

机翼盒段弦向长度 B 与高度 H 之比约 10∶1。

影响受力主要是 Y 的因素，讨论一般以 y 向力为例。

x,y 方向的弯矩 M_x 与 M_y 之比约为 $10:1$,但 σ_x 与 σ_y 之比可能远大于 $10:1$（如双梁式翼盒的情况）。

各种飞行情况下气动载荷的弦向分布见图 6.2.1；亚声速气动力沿机翼弦向分布见图 6.2.2,图中气动力垂直于翼面。

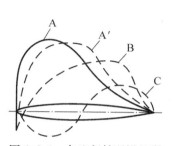

图 6.2.1　各飞行情况沿机翼
弦向气动力分布

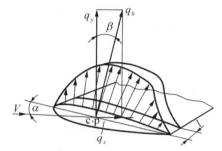

图 6.2.2　亚声速气动力沿
机翼弦向分布

副翼不偏转时的超声速飞行时,可以认为载荷沿翼弦为均匀分布。

β 角很小,取 $\cos\beta=1$,机翼产生的升力

$$q_\mathrm{b}l=n_\mathrm{d}GK_\mathrm{s} \tag{6.2.1}$$

式中:K_s 为气动力沿机翼展向的分布不均匀系数;n_d 为过载系数;G 为飞机重量;l 为翼展长度。

假定气动力分布沿机翼翼展不变 $(K_\mathrm{s}=1)$,于是,沿展向线载荷为

$$q_\mathrm{b}=\frac{n_\mathrm{d}G}{S}b \tag{6.2.2}$$

式中:S 为机翼面积;b 为机翼弦长。

图 6.2.3 给出三角翼的强度力分布,对于三角形机翼:

当 $Ma<1$ 时:系数 K_s 等于 1,

$$q_\mathrm{b}=nG/l=常数 \tag{6.2.3}$$

当 $Ma>1$ 时:

$$q_\mathrm{b}\approx(nG/S)b \tag{6.2.4}$$

压力中心在翼弦上的相对位置:

$$\overline{x}_\mathrm{p}=\frac{x_\mathrm{p}}{b}=-\left(\frac{\partial m_z}{\partial C_L}+\frac{m_{z0}}{C_L}\right)_\mathrm{sec} \tag{6.2.5}$$

式中:m_{z0} 为在 $C_L=0$ 时,相对于 z 轴的升力矩系数。

对于对称翼型,$m_{z0}=0$,并且机翼的压力中心与焦点重合,即 $x_\mathrm{P}=x_\mathrm{F}$。图 6.2.4 给出机翼焦点与飞行 Ma 数的变化关系。

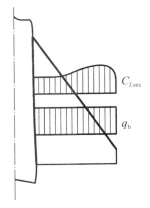

图 6.2.3　三角机翼上的展向气动力分布

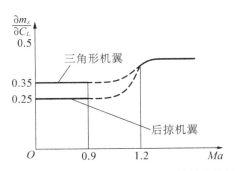

图 6.2.4　机翼焦点位置与飞行 Ma 数的变化关系

6.2.3.2　机翼结构的质量力

机翼结构质量力为分布载荷,大约为气动载荷的 8%～15%,它们按与气动载荷同样的规律分配:

$$q_{w} = \frac{n_{d}G_{w}}{S}b \tag{6.2.6}$$

工程计算中,它的分布规律可近似认为与弦长成正比。

质量力 q_{w} 的作用点 x_{m} 就是剖面的质心,一般位于距前缘 40%～50% 的弦长处。

6.2.3.3　其他部件(操纵面)传来的力

机翼上其他部件,如:起落架、发动机、副翼、襟翼等载荷,通过接头传给机翼,大多为集中力;起落架上本身受的力;地面撞击力;其他装载如:发动机－推力＋质量力;以集中力、力矩形式传递。

结构油箱的油,主要是分布力(质量力＋内压力),内压力＝0.1～0.02 MPa,在高度 $H = 6\,\text{km}$ 时,$p = 0.05\,\text{MPa}$;$H = 11\,\text{km}$ 时,$p = 0.02\,\text{MPa}$。

6.2.3.4　机翼的总体受力

机翼受力的简化模型,可以看成:

(1)悬臂梁——两半机翼侧面固定在机身边;

(2)双支点外伸梁——全机翼固定在机身(可以是中、上、下单翼)。

飞机做各种飞行时飞机的载荷分为两种状态:

(1)等速直线水平飞行为静平衡状态;

(2)机动飞行时为动平衡、静不平衡状态,包括非对称载荷情况的平衡。

对机翼本身进行受力分析时均可用静力学;因为,以升力为例——机翼升力传到机身上,由机身带起全机。或说扣除机翼上自己那部分,其他部分给机身。所以如果把机翼拿出来进行受力分析,即研究对象就是机翼和机身之间的关系。机身作为支持,而它们相互之间固定不动,故研究它们之间力的传递时,可用静力平衡方法分析。

机翼是一个薄壁盒段,当机翼受载时,一般升力 L 不在其刚心上,有垂直向上的趋势,且有弯和转动趋势。其所以没有动,是因为机身限制了它,也即提供了约束(提供了支反力)。所以可认为机身是机翼的支持,机翼把载荷传给机身,最后达到总体平衡。

机翼的总体载荷见图 6.2.5:坐标为:x 为沿航向的飞机轴线;y 为垂直飞机平面向上;z 为右手定则决定的飞机侧向。总体载荷有:

Q_y 为垂直方向剪力;M_x 为沿航向的弯矩;M_t 为绕机翼展向的扭矩;Q_x 为沿航向的剪力;M_y 为沿垂直轴 y 向的弯矩。

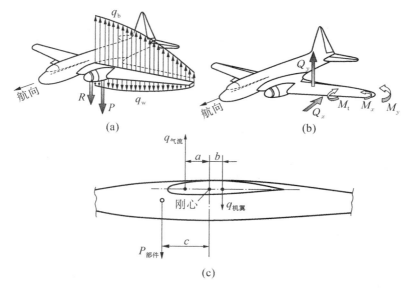

图 6.2.5　机翼上所受的各种载荷

(a) 机翼受的各种载荷;(b) 机翼受的力矩与剪力;(c) 载荷力臂示意

由于机翼的 $M_x \gg M_y$,且机翼的弦长 B 与厚度 H 比 $B/H = 10/1$,因此 M_x 引起的应力远高于 M_y 引起的应力,所以一般只讨论 $Q(Q_y)$,$M(M_x)$,M_t,在承受和传递 $Q(Q_y)$,$M(M_x)$,M_t 中起作用的受力的元件叫做参加总体受力(研究重点);只承受局部气动载荷的为非主要构件。图 6.2.6 表示机翼的剪力、弯矩、扭矩图。图 6.2.7 表示机翼剖面的内力图。

图 6.2.8 显示机翼上的载荷,图中:c.g 为剖面刚心,c.p 为压心;S_{sec} 为切割的局部机翼面积;Q_{sec} 为切割的局部机翼面积气动合力;由于 Q_{sec} 不通过 z-z 轴和 a-a 轴;所以在 a-a 切面上产生了限制位移的内力——剪力 Q 和弯矩 M,相对于 z-z 轴,产生了扭矩 M_t。

剪力 Q 使翼梁腹板或墙腹板受剪;弯矩 M 作用下机翼承受弯曲变形;扭矩 M_t 的作用下机翼承受总体扭转变形(图 6.2.9)。

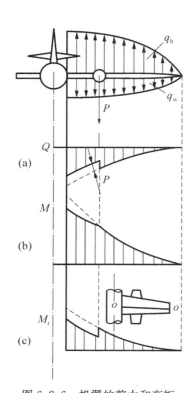

图 6.2.6 机翼的剪力和弯矩

（a）翼面剪力图；（b）翼面弯矩图；（c）扭矩图

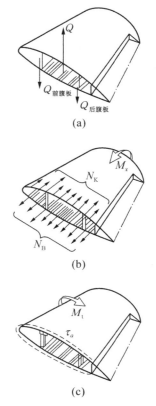

图 6.2.7 与外载相平衡的总体内力

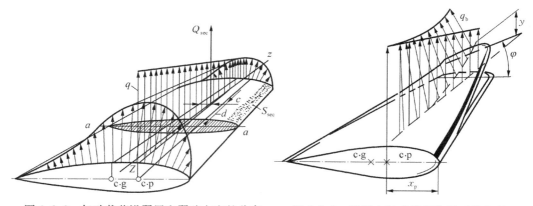

图 6.2.8 气动载荷沿翼展和翼弦方向的分布　　图 6.2.9 机翼在气动载荷作用下的变形

机翼上的展向分布载荷近似为

$$q = q_{\mathrm{b}} - q_{\mathrm{w}} = \frac{G - G_{\mathrm{w}}}{S} nb = \frac{nG}{S}(1 - \overline{m_{\mathrm{w}}})b \tag{6.2.7}$$

机翼的 Q 和 M 值分别为

$$Q = \int_{1/2}^{z} q\mathrm{d}z + \sum P_{\mathrm{p}} \tag{6.2.8}$$

$$M = \int_{1/2}^{z} Q\mathrm{d}z \tag{6.2.9}$$

图 6.2.10 给出直机翼的剪力 Q 弯矩 M 图。图 6.2.11 为转直后的后掠机翼各剖面上的 Q 和 M（近似值）。

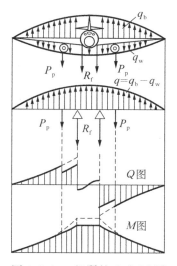
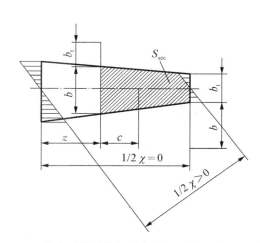

图 6.2.10　机翼的 Q 和 M 图　　图 6.2.11　转直后的后掠机翼各剖面上的 Q 和 M（近似值）

6.2.4　机翼剖面上的 Q，M 和 M_{t} 值的近似求法

如果载荷沿机翼翼展与翼弦长成比例,则在 z 剖面处剪力

$$Q = \int_{\substack{(l/2) \\ \chi=0}}^{z} q\mathrm{d}z = \frac{nG(1 - \overline{m_{\mathrm{w}}})}{S} S_{\mathrm{sec}} \tag{6.2.10}$$

而弯矩为

$$M = QC \tag{6.2.11}$$

式中:

$$C = \frac{(l/2)_{\chi=0} - z}{3} \frac{b + 2b_{\mathrm{t}}}{b + b_{\mathrm{t}}}$$

分布力 q_b 和 q_w 相对于 z 轴产生的分布扭矩

$$m_z = q_b(x_z - x_p) + q_w(x_m - x_z) \quad\quad (6.2.12)$$

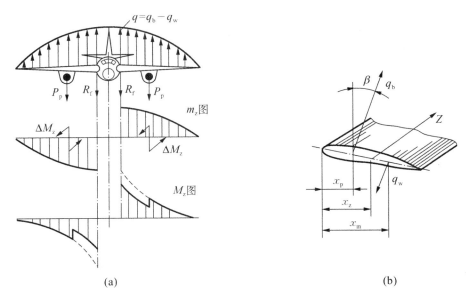

图 6.2.12　分布力 q_b 和 q_w 相对于 z 轴产生的分布扭矩

部件的集中力产生的相对于 z 轴的力矩（图 6.2.13）

$$\Delta M_{zp} = P_p x_p - Ph \quad\quad (6.2.13)$$

z 轴力矩

$$M_z = \int_{l/2}^{z} m_z \mathrm{d}z + \sum \Delta M_{zp} \quad\quad (6.2.14)$$

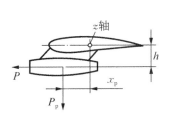

图 6.2.13　集中力加载示意图

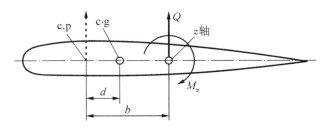

图 6.2.14　扭　矩

得到 M_z 和 Q 图以后，可以对任一剖面求出力 Q 作用点到 z 轴的距离，如图 6.2.14。若已知刚性轴的位置（距离 d），对它的扭转为 $M_t = Qd$。

6.3　机翼典型受力形式与传力

6.3.1　机翼剖面的"三心"和一点

重心：机翼剖面上，重力与弦线的交点，通常在距前缘 45% 左右。

刚心：当剪力作用于该点时，机翼只弯不扭，或机翼受扭时，将绕其旋转。

刚心位置约在 $(35\% \sim 40\%)b$（见图 6.3.1）。

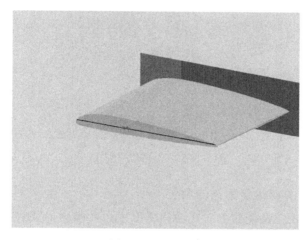

图 6.3.1　刚　心

焦点：也称为空气动力中心，焦点可看为在迎角变化时，升力增量的作用点。约在 $28\% b$ 处（图 6.3.2）。

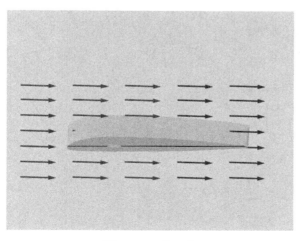

图 6.3.2　焦　点

压心:空气动力 R 与机翼弦线的交点,即空气动力合力作用点。它的位置随着 α 角(C_L)而变化。α 增加→C_L 增加→压心前移,接近焦点(见图 6.3.3)。

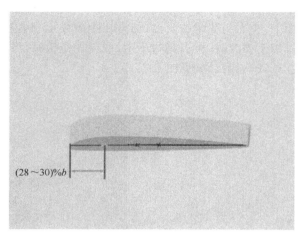

(28~30)%b

图 6.3.3　三心的总体位置

6.3.2　蒙皮的初始受力与传力

蒙皮:支持在桁条和翼肋上。气动载荷以压力和吸力形式直接作用在其上,蒙皮由于自身的曲率(图 6.3.4),或受载变形(图 6.3.5),此时,蒙皮受拉伸(如果是厚蒙皮也受横向弯曲)。

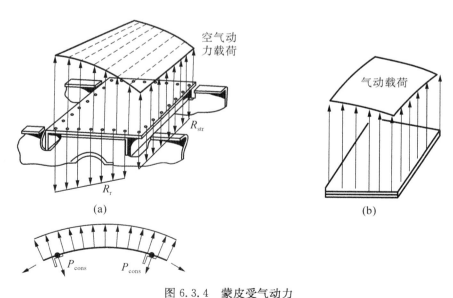

(a)　　　　　　　　(b)

图 6.3.4　蒙皮受气动力

(a)蒙皮、桁条及翼肋载荷传递;(b)蒙皮上的气动力

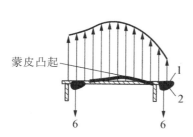

图 6.3.5 蒙皮受载变形凸起

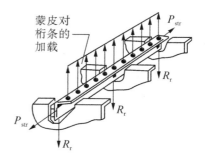

图 6.3.6 蒙皮对桁条加载

蒙皮的局部气动载荷通过连接件传给长桁和翼肋(图 6.3.6),近似按对角线划分分配。有横线的三角形线载荷由长桁承受,无横线的三角形载荷由翼肋承受(图 6.3.7)。

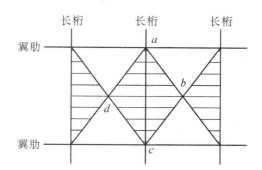

图 6.3.7 局部气动载荷传给长桁和翼肋的载荷分配

6.3.3 桁条将载荷传到翼肋上

长桁是蒙皮的支持,本身由翼肋支持,长桁与翼肋通过角片或间接通过蒙皮与翼肋连接(图 6.3.8)。它是多支点梁(图 6.3.6)。桁条载荷传到翼肋(图 6.3.9)。长桁承受机翼弯曲产生的轴向力,还承受蒙皮局部气动力的剪力。长桁蒙皮组成的加筋板的在受压情况下,要校核稳定性问题。

蒙皮、桁条和翼肋之间的互相连接形式见图 6.3.10。

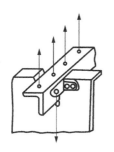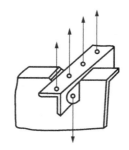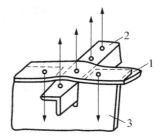

图 6.3.8 长桁与翼肋连接形式

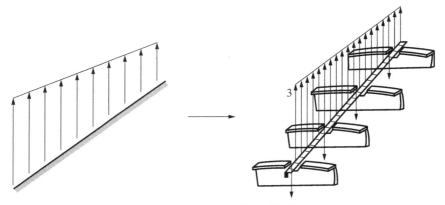

图 6.3.9　长桁载荷传到翼肋

　　蒙皮、桁条和翼肋之间的互相连接形式见图 6.3.10。图(a),(b),(c),(d)表示在翼肋缘条腹板开口,以便长桁通过。图(e),(f),(g),(h)表示翼肋外表面高于或低于长桁以便长桁通过;图(i),(j)表示整体壁板与翼肋的连接通过角撑 5,以提高长桁承载能力。另外图(i)示出翼肋腹板 7 与翼梁腹板固定;图(j)示出正体壁板的对接。

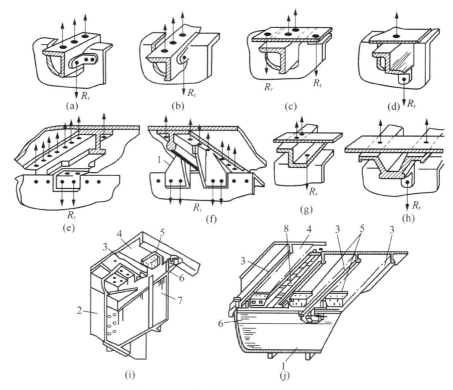

图 6.3.10　蒙皮、桁条和翼肋之间连接

1—补偿片;2—梁;3—壁板筋条;4—整体壁板;
5—角撑;6—翼肋缘条;7—翼肋腹板;8—对接接头

6.3.4 翼肋将载荷传到蒙皮和翼梁腹板上

图 6.3.11 示出桁条和蒙皮传到翼肋的载荷。翼肋的载荷如何传递见图 6.3.12。

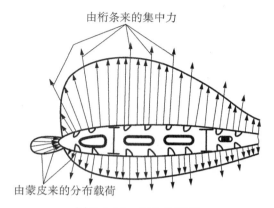

由桁条来的集中力

由蒙皮来的分布载荷

图 6.3.11 翼肋的载荷

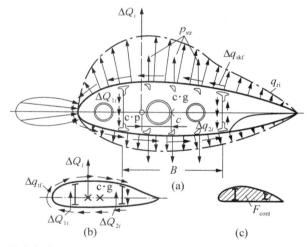

图 6.3.12 翼肋由蒙皮和桁条加载并将剪切和扭转载荷分配到翼梁腹板和蒙皮上
（a）翼肋载荷及翼梁距离 B；（b）翼梁腹板载荷；（c）机翼截面闭室面积 F

翼肋通过腹板用胶接或铆接与翼梁腹板连接，而缘条与其周边外形的蒙皮连接，这就是它的支点。翼肋受剪，加筋板受拉压。

翼肋传递到蒙皮上的载荷为

$$\Delta q_{ti} = \frac{\Delta M_{ti}}{2F_{cont_i}} = \frac{\Delta Q_i C_i}{2F_{cont_i}} \tag{6.3.1}$$

式中：F_{cont} 为闭室面积；C_i 为剖面上刚心和压心之间的距离。

剪力 Q 同两个翼梁共同承受，它们承受与其抗弯刚度成比例的力 ΔQ_{1i} 和 ΔQ_{2i}：

$$\frac{\Delta Q_{1i}}{\Delta Q_{2i}} = \frac{(EJ)_1}{(EJ)_2} \tag{6.3.2}$$

$$\left.\begin{aligned}\Delta Q_{1i} &= \Delta Q_i \frac{(EJ)_1}{(EJ)_1 + (EJ)_2} \\ \Delta Q_{2i} &= \Delta Q_i \frac{(EJ)_2}{(EJ)_1 + (EJ)_2}\end{aligned}\right\} \tag{6.3.3}$$

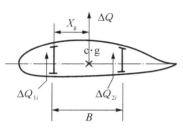

图 6.3.13　剖面刚心位置图

刚心相对于前翼梁腹板的位置 x_g 可以按以下公式求出：

$$X_g = B \frac{(EJ)_2}{(EJ)_1 + (EJ)_2} \tag{6.3.4}$$

剖面上相对于刚心的扭矩

$$\Delta M_{ti} = \Delta Q_i (x_p - x_g) = \Delta Q_i C \tag{6.3.5}$$

式中：X_p 为压心到前梁距离。图 6.3.13 表示剖面刚心位置。

6.3.5　翼梁的受力

翼梁由缘条、腹板和立柱组成(图 6.1.10,图 6.1.11),立柱为了增加腹板的剪切稳定性,缘条承受弯矩产生的拉压载荷,剪力由腹板承受。

梁腹板受来自于上下缘条连接铆钉的剪流 q_f 的作用,根据翼梁腹板的平衡情况,可知

$$q_f = \Delta q_{1i} \tag{6.3.6}$$

缘条在 q_f 的作用下产生轴向力流 S_f,如图 6.3.14(a)所示,向机翼根部累积,在机翼根剖面由前梁固定接头的反力 S_1 和后翼梁固定接头的反力 S_2 平衡,如图 6.3.14(d),(e)所示。

6.3.6　蒙皮的总体受载

由翼肋传递到蒙皮闭室上的剪流形成沿翼肋阶梯式累积的扭转力矩,该扭矩由蒙皮和后墙形成的闭室承受。扭矩从翼梢向翼根累积,在机翼根部剖面外的扭矩

$$M_{tr} = \sum \Delta M_{ti} \tag{6.3.7}$$

这一力矩在机翼根部剖面由力臂为 B 的力偶 R_t 来平衡：

$$R_t = M_{tr}/B \tag{6.3.8}$$

由于扭矩 M_t 的作用,机翼蒙皮如同翼梁腹板一样受剪(图 6.3.15)。

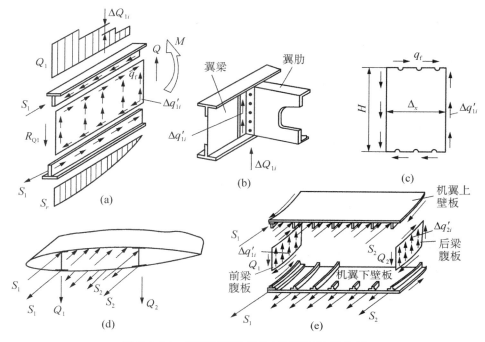

图 6.3.14　翼梁腹板和缘条(机翼壁板)受载图

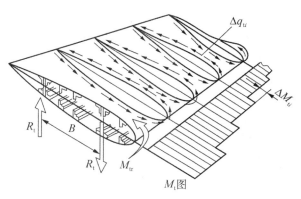

图 6.3.15　机翼受扭

蒙皮以剪切形式承受扭矩 M_t。为使扭矩能以闭环剪流 q_t 的形式沿蒙皮传递,必须满足以下条件:

(1) 蒙皮应是封闭的,周边不应有开口,切向应力沿闭室周边传递。

(2) 在机翼根部,蒙皮应支持在根部加强肋上,该翼肋能将 M_{tr} 转换为力偶 R_t。

(3) 在使用载荷作用下,蒙皮不应失稳。

(4) 蒙皮应有足够的厚度,以防止在飞行中由于机翼扭转变形大,引起颤振。

直机翼蒙皮的传力见 6.5 节所述。

6.4　机翼主要受力构件的用途和结构形式

6.4.1　蒙皮

蒙皮用途：

（1）形成良好的气动外形；

（2）传递局部气动载荷；

（3）薄蒙皮与前后梁（墙）组成闭室传扭；

（4）厚蒙皮与前后梁（墙）组成闭室传扭，与长桁、缘条组成壁板传弯；

（5）依据飞机的受力分析，蒙皮的质量占机翼质量的 25%～40%。

结构：蒙皮连接见图 6.4.1。

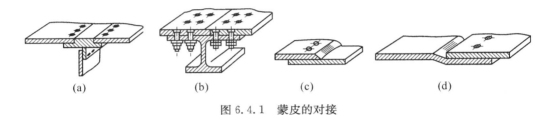

|　　（a）　　　　　　　　　（b）　　　　　　　　（c）　　　　　　　　（d）

图 6.4.1　蒙皮的对接

6.4.2　桁条

桁条用途：

（1）是蒙皮纵向支撑构件，支持蒙皮形成外形，并与蒙皮组成加筋板承受拉压载荷，其主要参数是由受压稳定性要求确定的。

（2）传递局部气动载荷；

（3）参与总体受力（承受机翼弯矩引起的轴向力，这些力的大小取决于机翼的结构受力形式、桁条横截面的形状和面积）；

（4）桁条质量与机翼质量之比为从梁式机翼的 4%～8% 到单块机翼的 25%～30%。

桁条结构：桁条形状见图 6.4.2。

6.4.3　翼梁

翼梁的用途：

（1）传递总体剪力（由支柱加强的腹板）；

（2）总体弯矩（缘条）；

（3）腹板与机翼周边形成闭室，参与承受扭矩 M_t；

（4）支持处固接；

（5）翼梁质量与机翼质量之比从单块式机翼的 7%～11% 到梁式机翼的 23%～28%；

（6）根据腹板的结构形式，翼梁有腹板式和桁架式。

梁式和桁架式结构的翼梁见图 6.4.3 所示。

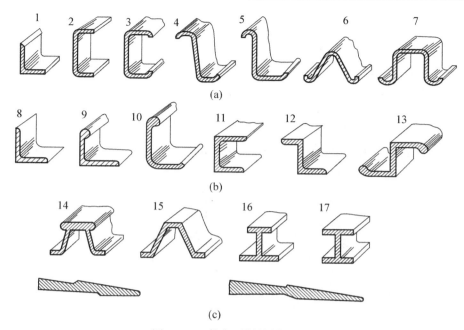

图 6.4.2 桁条型材的剖面形状

（a）弯曲型材（1～7）；（b）挤压型材（8～17）；（c）后缘型材

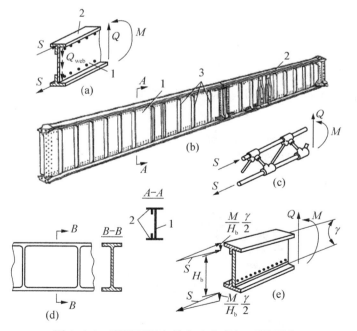

图 6.4.3 翼梁切面上剪力 Q 和弯矩 M 的平衡

（a）铆接纵梁，1—腹板、2—缘条；（b）带加强肋条的梁，3—加强肋；（c）桁架梁；
（d）锻造整体梁；（e）缘条不平行的梁力图

6.4.4 纵墙

用途：

（1）传递总体剪力；

（2）局部弯矩；

（3）缘条较弱，支持处铰接；

（4）纵墙处于受扭的横切面之中，承受扭矩 M_t 引起的剪切；

（5）纵墙还把机翼翼盒与前后增升装置分开，可与翼肋共同固定连接增升装置的支臂。

结构见图 6.4.4 所示。

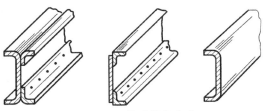

图 6.4.4 纵墙结构方案

6.4.5 翼肋

翼肋按其功用和结构形式可分为：①普通肋；②加强肋。

6.4.5.1 普通肋

用途：

（1）形成机翼剖面所需的形状；

（2）给长桁和蒙皮支持，将原始气动载荷（从蒙皮和桁条）传到翼梁和蒙皮上，并将局部扭矩传给闭室；

（3）翼肋对蒙皮和桁条及其组成的壁板提供支持，并提高它们的失稳临界应力。通常等距分布；

（4）翼肋又受翼梁和蒙皮的支持。

结构见图 6.4.5～图 6.4.7。

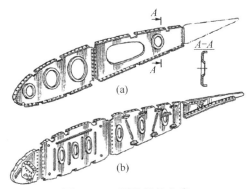

图 6.4.5 翼肋结构方案

（a）分为两段板弯模压件；（b）分为四段的翼肋

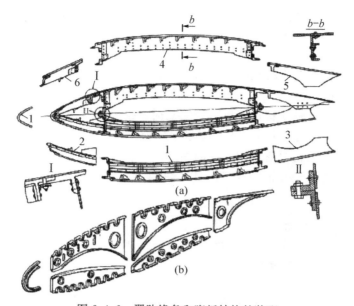

图 6.4.6 翼肋缘条和腹板结构的装配

（a）按数字顺序装配壁板的翼肋,剖面 *b−b* 表示双缘条；
（b）腹板切开的翼肋

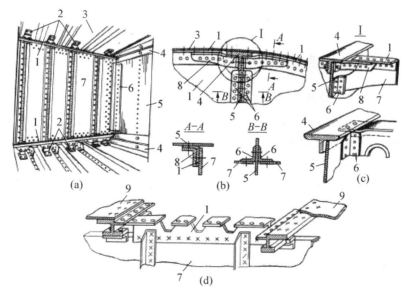

图 6.4.7 翼肋的缘条和腹板与翼梁及机翼的壁板对接结构方案

1—翼肋后段和翼梁中段的缘条；2—连接翼肋缘条和蒙皮的角撑；3—蒙皮；
4—翼梁缘条；5—翼梁腹板；6—连接翼肋和翼梁腹板的角材；7—翼肋腹板；
8—连接翼肋缘条与翼梁缘条的角板（接头）；9—壁板

沿翼弦平面分为两半的翼肋结构见图 6.4.6(a)所示。

6.4.5.2　加强翼肋

用途：

（1）承受与机翼相连的其他部件（起落架支柱、发动机、副翼及机翼其他活动部分悬挂接头）传来的集中力和力矩，并将它们传递到机翼的大梁和闭室上；

（2）在纵向构件轴线转折处重新分配壁板和腹板上的载荷；

（3）在机翼对接处和在大开口两边将 M_t 转变为一对力偶；

（4）提供整体油箱等密封或承受油箱压力。

加强翼肋的结构受载和平衡见图 6.4.8。图 6.4.9 给出翼根翼肋的结构和受载。

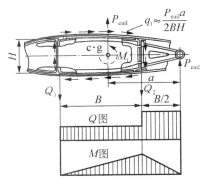
图 6.4.8　根肋的结构受载和平衡

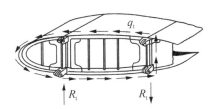
图 6.4.9　翼根翼肋的结构和受载

6.5　直机翼的结构受力形式

6.5.1　机翼结构分类及特点

能承受剖面上总体载荷（剪力、弯矩和扭矩）的机翼构件的总和形成了机翼的基本承力系统（主要元件的组成形式）。

弯矩 M 是机翼横剖面上的主要载荷（用于承受它的结构质量占机翼总质量的 50%）。根据蒙皮、桁条和翼梁缘条参与承受弯矩的程度，把机翼分为梁式机翼和整体式机翼。

6.5.1.1　梁式机翼

梁式机翼特点：纵向的梁很强（单梁、双梁、多梁机翼）；蒙皮较薄；长桁较少且弱；有时有纵墙。

弯矩主要由翼梁缘条承受；剪力由翼梁腹板承受；扭矩由蒙皮和后梁（后墙）腹板形成的闭室承受。

6.5.1.2　整体式机翼

整体式机翼（分散式）：单块式、多腹板式。

弯矩主要由蒙皮及其加强桁条或波纹形壁板承受。这种机翼的蒙皮较厚、桁条较强，而梁（墙）较弱。

　　单块式机翼:腹板较少,且腹板缘条承受弯矩的能力较弱。长桁较多且强;蒙皮较厚;纵梁较弱;有时无纵梁而只有纵墙。

　　多腹板式机翼:有较多的纵向梁和墙(一般多于 5 个);厚蒙皮;无长桁;少翼肋,弯矩由缘条和蒙皮共同承受。多用于小展弦比的声速薄翼飞机。

　　应注意:

　　(1) 这些受力形式在同一机翼上混合存在;

　　(2) 从现代飞机的翼面结构来看,薄蒙皮梁式结构已很少采用;大型高亚声速的现代运输机和有些超声速战斗机采用多梁单块式翼面结构;而 Ma 数较大的超声速战斗机,很多采用多墙(或多梁)式机翼结构,间或采用混合式结构。

6.5.2　梁式机翼

　　梁式机翼可分为单梁、双梁和多梁几种。

6.5.2.1　单梁式机翼

　　翼梁布置在翼剖面结构高度最大的部位刚心处;为形成具有抗扭刚度的闭室,在单梁机翼上布置一个或两个纵墙;在加强肋(它们与后墙的对接处)上固定有悬挂襟翼和副翼的连接支臂。图 6.5.1 示出单梁式机翼。

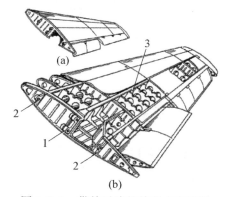

图 6.5.1　带前后墙的单梁式直机翼

(a) 俯视图;(b)仰视图;1—固定接头;2—铰接接头;3—翼梁

　　单梁(单、双)墙直机翼的传力分析如图 6.5.2 所示。

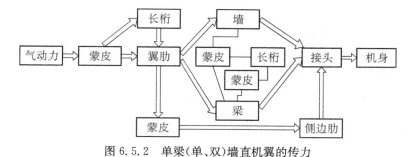

图 6.5.2　单梁(单、双)墙直机翼的传力

6.5.2.2 双梁式机翼

前梁布置在 20%～30%弦长处；后梁布置在 60%～70%弦长处；相对于后梁，前梁的横截面面积、剖面高度和惯性矩要大些，它分担大部分的剪力 Q 和弯矩 M。

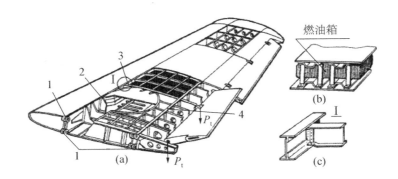

图 6.5.3　双梁式直机翼结构

（a）仰视图；（b）整体油箱；（c）翼肋腹板连接
1—铰接接头；2—前墙；3—加强翼肋；4—后墙

双梁机翼传力见图 6.5.4。

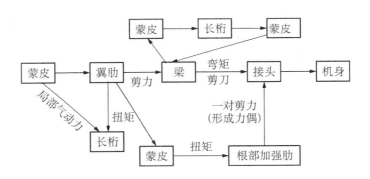

图 6.5.4　双梁机翼传力综述

6.5.2.3 多梁（多墙）式机翼

对于高速歼击机采用薄翼结构，翼剖面高度低造成蒙皮加厚，当蒙皮有足够的刚度时，这样的结构中可以不用翼肋，而用较密的翼梁或纵墙（或两者）来加强蒙皮。机翼不仅刚度大、生存力强，而且重量也轻，由于墙的支持，且无需普通翼肋；多墙式机翼（在小后掠角时）扭矩的传递需由多个闭室分别承扭，并通过静不定求解。

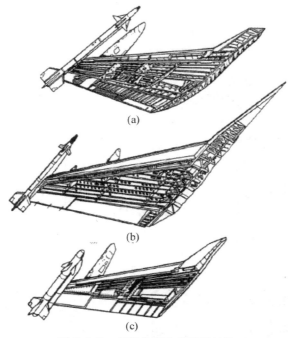

图 6.5.5 多梁式带边条机翼结构

(a) 三角翼机翼,有翼肋;(b),(c) 中等后掠机翼,没有翼肋

6.5.3 整体式机翼

6.5.3.1 单块式机翼

单块式机翼经常有中央翼,也有采用围框式连接。

(1) 实例

见图 6.5.6 各图。

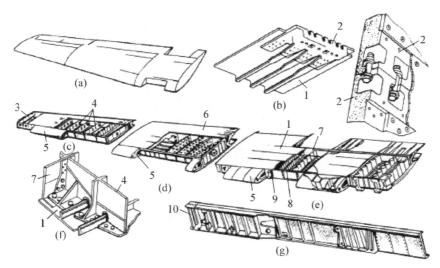

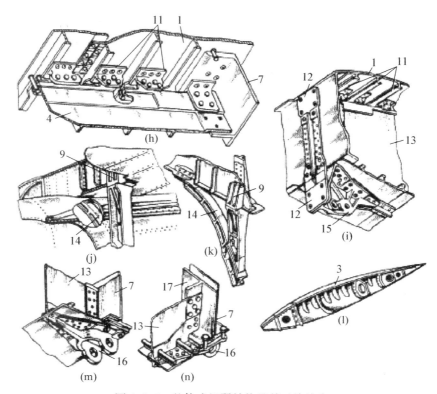

图 6.5.6　整体式机翼结构及其对接接头

(a) 单块式机翼；(b) 壁板；(c) 外翼；(d) 中外翼；(e) 中央翼；
(f) 蒙皮、梁、肋连接；(g) 梁；(h) 中央翼结构；(i) 加强肋；
(j)，(k) 中央翼与机身的连接；(l) 翼尖 ；(m)，(n)起落架的固定接头
1—中央翼壁板；2—对接型材；3—整流翼尖；4—普通肋；5—机翼前缘；
6—机翼后缘；7，8—梁；9—接头；10—支柱；11—角撑(托架)；12—连接接头；
13—加强肋；14—机身加强框；15，16—飞机主起落架支柱接头；17—锻造的丁字形材

(2) 单块式机翼传力分析

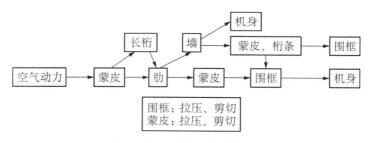

图 6.5.7　单块式机翼传力

弯矩主要的部分将由长桁和蒙皮组成的壁板来承受；一般将蒙皮承受正应力的能力折算到桁条上。

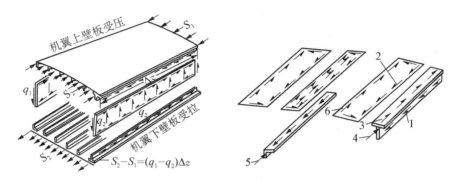

图 6.5.8 机翼壁板总体受弯和载荷在元件中的传递

1—梁腹板传给缘条的剪流；2—缘条传给蒙皮的剪流，缘条的支反力；3—蒙皮对梁
4—梁缘条内的轴向力；5—长桁内的轴向力；6—蒙皮上的剪流

机翼、机身由集中连接变为分散连接，参与区很小——重量轻。

6.5.3.2 多腹板式机翼

图 6.5.9 示出多腹板式机翼，多用于小展弦比的声速薄翼飞机上。

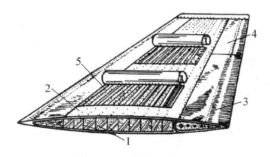

图 6.5.9 多腹板式机翼

多腹板式机翼的受载如图 6.5.10 所示。

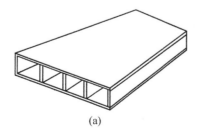

(a)

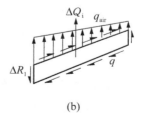

(b)

图 6.5.10　多腹板式机翼的受力

(a) 简化模型；(b) 腹板受载后的平衡；(c) 上、下蒙皮上的载荷；
(d) 侧边翼肋受载后的平衡

6.6　各种结构受力形式机翼的对接原则

机翼各部分之间的对接原则、对接接头的位置和数量取决于机翼的结构受力形式和机翼的尺寸。铰接接头只传递力；固接的接头传递力和力矩；围框式接头传递力和力矩。

分离面的缺点：重量大；连接处应力集中。

图 6.6.1 示出梁式机翼连接接头结构与受载。

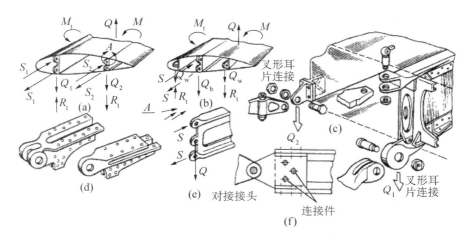

图 6.6.1　梁式机翼连接接头的结构和受载情况

(a) 双梁式机翼；(b) 单梁双墙式机翼；(c) 机翼上的接头；
(d)，(e) 梁耳片；(f) 墙耳片

6.6.1　梁式机翼与机身的对接

图 6.6.2 示出梁式机翼与机身的对接。

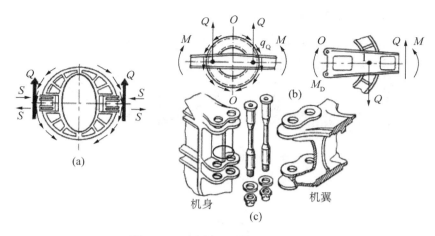

图 6.6.2　梁式机翼与机身的对接

（a）无中央翼的机翼机身对接；（b）加强框的受载和平衡；
（c）机翼连接接头的结构方案

6.6.2　整体式机翼与中央翼的对接

整体式机翼与中央翼的对接为围框式梳状接头分散连接,如图 6.6.3 示。外翼上对称弯矩 M 由翼盒壁板和翼梁缘条承受并可在中央翼上自身平衡;剪力 Q 和扭矩 M_t（包括不对称弯矩）传到机身,中央翼梁的腹板应与机身隔框相连,用于传递剪力 Q 和扭矩 M_t 形成的力偶 R_t。

螺栓分散受力更有利力的传递。

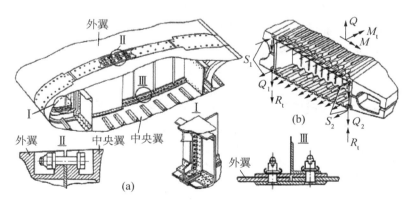

图 6.6.3　整体式机翼的围框式结构方案

（a）对接机构方案；（b）对接结构载荷传递与平衡

图 6.6.4 所示为安-124 飞机中央翼与机身的对接结构;图 6.6.5 所示为梁-围框式机翼机身对接。

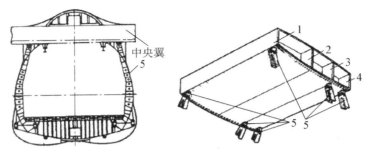

图 6.6.4　安-124 飞机中央翼与机身的对接结构

1，2，3，4—中央翼梁；5—加强框

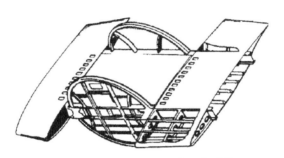

图 6.6.5　梁-围框式机翼机身对接

6.6.3　对接接头的特点及其对机翼受载的影响

　　单梁式机翼为三点固定,图 6.5.16(a)示出梁和墙受力变化;翼根梁接头弯矩大,墙接头铰接弯矩为零;图 6.5.16(b)示出机翼翼梁缘条轴力和壁板正应力变化规律。壁板正应力翼根为零,先增加后减小。图 6.5.16(c)示出双梁机翼受力 Q 的力传递(耳片均为上下双耳,固支)。

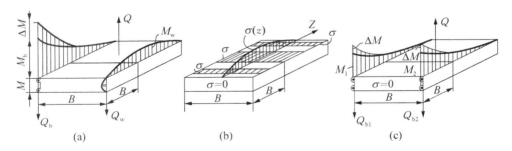

图 6.6.6　机翼连接接头形式对受力构件的受力特性的影响

6.7　机翼开口处的结构形式

　　为使用、维护要求需要开口;结构受力形式要加强;开口的位置和尺寸根据使用要求;开口区结构需加强,为此要付出重量代价,取决于作用载荷的性质和大小。

小开口:如油箱注油口,要加盖快卸口盖,而开口周围用围框式垫板或冲压框加强。

稍大些的开口:例如,位于机翼上的飞机燃油及其他系统的定期检查开口,要加承力口框和用螺钉固定的承力口盖,使口盖能像蒙皮一样承受剪力,就像没有开口一样。

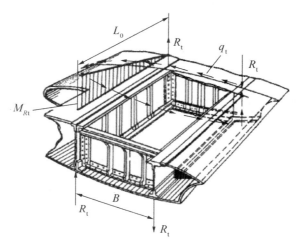

图 6.7.1 开口处的结构

开口很大时(用于安装燃油箱或用作起落架轮舱),在开口两端要布置加强翼肋。当整体式机翼有大开口时,需要在开口边缘两端用螺栓连接壁板和口盖上的蒙皮和桁条。

盒段式(整体)机翼在大开口情况下,要保证口盖不仅承受扭矩引起的剪力,而且要承受弯矩引起的轴力。盒段开口边缘要安装一圈螺栓固定口盖,增重较大,因此最好用梁式机翼。

6.8 后掠机翼结构及受力

6.8.1 后掠机翼的结构受力形式和根部受载特点

6.8.1.1 后掠机翼根部的结构受力形式

与直机翼一样,结构分为梁式机翼和整体式机翼。按根部结构分为:

(1) 机翼纵向受力件转折(图 6.8.1(a),(b),(c));

(2) 机翼纵向受力件不转折(图 6.8.1(d))。

6.8.1.2 后掠机翼根部的结构受力特点

受力特点取决根部剖面 2-3 剪力、弯矩、扭矩如何向机身传递与根部结构有关。

(1) 必须布置能传递弯矩的构件,图 6.8.2(c)所示为不转折梁的内撑杆 2-4,梁转折时在转折处布置的加强侧边肋 1-2(图 6.8.1)。

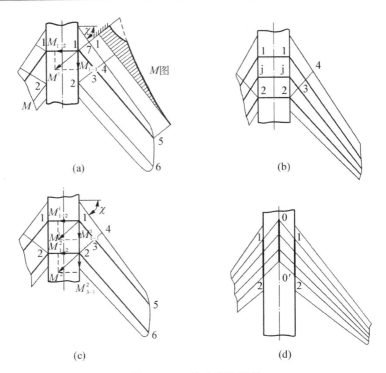

图 6.8.1 梁式后掠机翼

（a）单梁机翼；（b）双梁机翼；（c），（d）多梁机翼

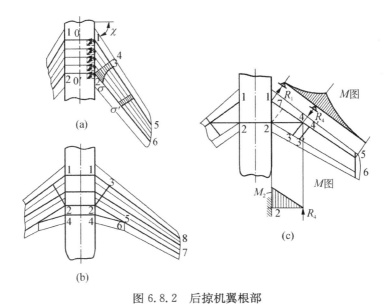

图 6.8.2 后掠机翼根部

（a），（b）机身侧壁带有纵向承力构件转折的盒段式后掠翼；
（c）带有内支承梁的机翼

（2）对于梁式机翼（图6.8.1(a)，(b)，(c)），为了以点2和点3传递扭矩，必须有根部翼肋2-3-4；因为根部三角形1-2-3不能承受剪流q_t机身侧面上的正应力$\sigma=0$，侧边无法平衡剪流（图6.8.3(a)）。

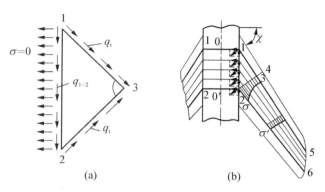

图6.8.3　梁式机翼和整体式机翼根部受力对比

(a) 梁式后掠机翼根部三角区不承受剪力；
(b) 整体式后掠机翼根部传力

整体式后掠机翼的根部三角区1-2-3可以承受剪力，所以这种机翼可以没有加强肋（图6.8.3(b)）。

（3）梁式机翼中由于翼梁长度不同，翼梁的刚度也不一样，整体式机翼的前、后墙腹板上壁板的长度1也不同，在翼梁之间沿壁板上单位宽度的正应力σ要重新分配。梁式机翼前梁卸载，后梁加载；整体式机翼，前梁处壁板卸载，后梁处壁板加载；称为后掠效应。

6.8.1.3　刚度变形特点

后掠机翼，实际翼长增长，弦长减小，刚度下降，如图6.8.4所示，后掠机翼比直机翼刚心线要长。翼尖弯曲变形大；扭转变形大。

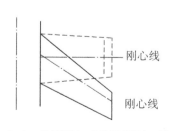

图6.8.4　直机翼与后掠机翼刚心线对比

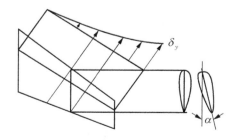

图6.8.5　后掠机翼变形特点

高速飞机为了减小阻力，翼型减薄。这样机翼的刚度问题突出。

后掠机翼变形特点：

因为刚心线为一斜线，且靠前，顺气流方向的翼剖面沿刚心线弯曲时，后缘的挠度大于前缘的挠度(图 6.8.5),变形有一扭转角 α。更易于发生副翼反效。

6.8.1.4　后掠翼和三角翼中翼肋的布置

(1) 顺气流方向布置;

(2) 垂直于某一翼梁或刚性轴布置;

(3) 垂直于机翼中线布置。

受力特点:无太大的影响。

翼肋顺气流方向布置,较易维持机翼外形,但因为有斜角,翼肋较长、较重,翼肋与翼梁腹板和蒙皮的连接工艺较为复杂,而且费料。

在翼肋间距相同的情况下,顺气流翼肋和桁条之间的蒙皮对角线较长,蒙皮的失稳临界应力值较小,但数量少。

图 6.8.6 示出后掠翼翼肋的布置方案。

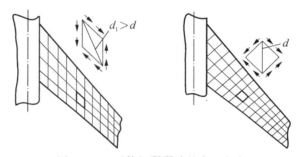

图 6.8.6　后掠机翼翼肋的布置方案

6.8.2　纵向受力构件轴线转折的后掠机翼

6.8.2.1　单梁机翼

单梁机翼见图 6.8.7,受力见图 6.8.8。

结构:图 6.8.8 所示,前梁 1-3-5;后墙 2-6;机翼根部区域加强肋(侧肋 1-2,根肋 2-3-4,根肋 1-7);桁条支持的蒙皮;外翼段的一系列普通肋和加强肋等构件。

传力分析:

外翼部分,根部剖面 2-3-4 之前的外翼部分,载荷的传递与单梁直机翼一样。

机翼根部,剪力 Q:由翼梁 1-3 段受剪和受弯的形式传递到接头 1(由剪力 Q 在翼梁上产生的附加弯矩 M_Q)。

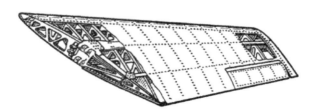

图 6.8.7　单梁式后掠机翼

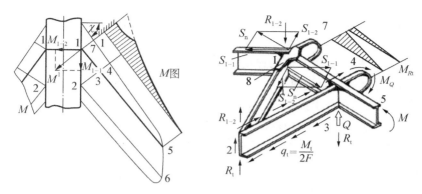

图 6.8.8 梁式后掠翼根部三角区结构及其受载

点 1 处的弯矩 M：$M_{1-1}=M\sin\chi$ 传递到机身部分的翼梁(加强框)1-1 上,并在左边梁上对应的力矩平衡(在对称受载时),见图 6.8.9(a)。

$M_{1-2}=M\cos\chi$(力偶 S_{1-2})由侧肋 1-2 承受,并以力偶 R_{1-2} 的形式传递到机翼与机身的连接接头 1 和 2 上(这时侧肋承受横向弯曲),见图 6.8.9(b)。

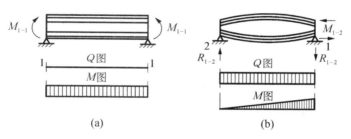

(a) (b)

图 6.8.9 机身部分翼梁 1-1,弦侧翼肋 1-2 受载

扭矩 M_t：一部分由根肋 2-3-4 的支点 2,3 处的支反力平衡。传到点 3 的力 R_t 以 1-3 段翼梁剪切和弯曲形式传到结点 1。见图 6.8.10(a)。

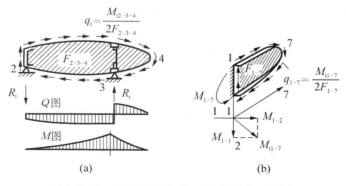

(a) (b)

图 6.8.10 根部翼肋 2-3-4 和翼肋 1-7 受力

扭矩 M_t：一部分由前缘闭室传到 $1-7$ 短肋。见图 6.8.10(b)。翼肋 $1-7$ 作为悬臂梁承受弯曲和剪切。该肋在接头 1 处固支，它的腹板用角片同翼梁腹板相连，而缘条用加强垫板同翼梁及侧肋连接。

6.8.2.2　双梁后掠机翼

双梁后掠机翼有两个翼梁：$1-5$ 和 $2-6$；见图 6.8.11。侧肋 $1-2$ 在点 1 和点 2 处与翼梁固接（在缘条上用连接板）；根肋 $2-3-4$ 铰接在点 2 的点 3 处的翼梁上（侧肋腹板与翼梁腹板是连接的）。双梁后掠机翼解剖图见图 6.8.12。

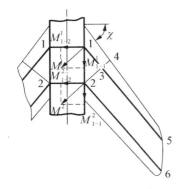

图 6.8.11　双梁后掠翼

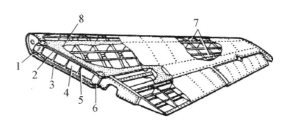

图 6.8.12　双梁式后掠机翼的结构

1—前梁接头；2—侧边肋上缘条；3—侧边肋下缘条；
4—侧边肋腹板；5—支柱；6—后梁接头；
7—前、后梁；8—加强带板

外翼段同直机翼。

根部剖面附近，后梁较短，刚性较大，因此承受更多的剪力 Q 和弯矩 M，而前梁上的载荷较少。

剪力 Q_1 加到接头 3 上，使翼梁 $1-3$ 段上受到附加的弯矩。剪力 Q_2 将直接传到接头 2 上。

在接头 1 和接头 2 处，翼梁 1 和 2 上的力矩由侧肋 $1-2$ 和加强框或机身翼梁段 $1-1$ 和 $2-2$ 承受，而侧肋 $1-2$ 将承受横向弯曲。图 6.8.13 示出双梁式后掠机翼的侧肋受力。

扭矩 M_t 的传递与单梁机翼上的情况一样。

6.8.2.3　多梁机翼

传力分析：

如图 6.8.14 所示，多梁形成多个闭室，扭矩分配要按闭室扭转刚度分配，各个闭室的扭矩传给对应的梁腹板，再传到根肋 $2-3-4$ 上的剪力 Q_i 将传递到固定该翼梁的连接接头上，同时在该翼梁上产生附加弯矩，翼梁腹板由于力 Q 的作用而受剪。

在连接翼梁与侧肋 $1-2$ 的接头处，翼梁上的弯矩将对侧肋有分弯矩 M_{1-2}，由于该力矩的作用，侧肋将承受横向弯曲。扭矩 M_t 以闭室剪流 q_t 的形式传到根肋

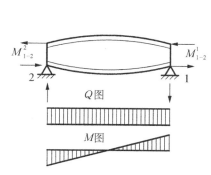

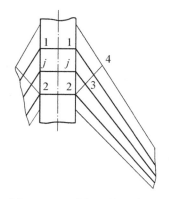

图 6.8.13　双梁式后掠机翼的侧肋受力　　　　图 6.8.14　多梁后掠机翼示意图

$2-3-4$ 上，与翼肋 $1-2$ 类似，M_t 以力矩 $R_t B$ 的形式在该翼肋的支点上平衡。

图 6.8.15(a) 给出三梁后掠机翼解剖图；图 6.8.15(b) 给出侧肋受载图。

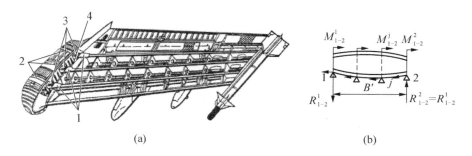

(a)　　　　　　　　　　　　　　　　　(b)

图 6.8.15　多梁式后掠机翼结构

（a）三梁式后掠机翼结构；（b）侧肋受载情况

1—梁；2—机身加强框；3—梳状固定接头；4—侧肋

6.8.2.4　单块式机翼

　　这种机翼通常将每个中央翼翼梁连接在机身加强框 $1-1$ 和 $2-2$ 上（图6.8.16）。然而，它的中央翼可以嵌入机身中，这时，中央翼的壁板和腹板利用接头和加强带板同机身侧边（框）连接起来。外翼沿翼盒周缘和翼梁缘条同中央翼相连。

　　上图中翼盒沿周缘在机身侧边固定在中央翼上。图 6.8.17 给出了盒段式机翼载荷传递。

　　由于壁板上正应力 σ 分布的不均匀性，轴向分布力 q_σ 沿壁板宽度也呈现不均匀性。侧肋 $1-2$ 基本上只承受剪力。侧肋的弯矩是由于 $q_{\sigma1-2}$ 的不均匀性而产生的，所以数值不大。如果不需要通过侧肋将外翼

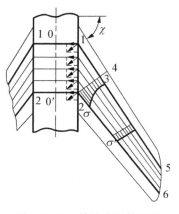

图 6.8.16　单块式后掠机翼

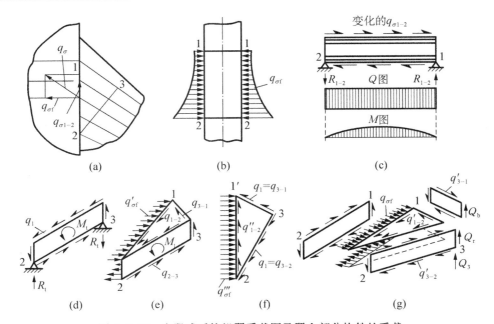

图 6.8.17　盒段式后掠机翼受载图及翼盒部分构件的受载

（a）力 q_σ 分解；（b）$q_{\sigma f}$ 分布力；（c）侧肋 1-2 力图；（d）弦侧肋 2-3 受力；
（e），（f）根部 1-2-3 的剪切；（g）承受剪切的壁板 1-2-3 的平衡

壁板同中央翼对接，翼肋 1-2 的缘条可以做得弱一些。

扭矩 M_t 通过两条路线传递：根肋 2-3 的弯曲和根部三角区 1-2-3 的剪切。如果根部三角区壁板的刚度较大，这种结构中也可以没有翼肋 2-3。因为三角区 1-2-3（与梁式机翼中的不同）可以受剪，同时，一部分扭矩以 2，3 点的支反力平衡，3 点的支反力使前梁受剪（弯）。

远离根部剖面（$z > l_{2\text{-}3}$）的外翼段，剪力 Q 根据弯曲刚度的量按比例分配。在接近根部截面（$z < l_{2\text{-}3}$）处，剪力进行重新分配，后梁腹板加载，前梁腹板卸载。力 Q_2 传到支点 2 上，而力 Q_3 分两路传递：$Q_{3\text{-}2}$ 部分将以肋翼 2-3 上的剪力传递到接头 2，而 $Q_{3\text{-}1}$ 部分将以梁腹板的剪力传递到接头 1。根据剪应力互等定律可以得出：$Q_b = Q_r = Q_3/2$，机翼根部的总应力是 Q，M，M_t 引起的应力之和。由于力的传递总是走最短路径，机翼后缘蒙皮承受的弯曲载荷总是较大，且后缘结构高度较小，造成受力不合理，设计中需要通过调整刚度，使其向前传递。

6.8.2.5　纵向受力构件轴线在机身对称面发生转折的后掠机翼

如图 6.8.1（d）所示，其机身部分可以是梁式受力形式，也可以是整体式受力形式。在这两种情况下，都应该有中央加强肋 0-0。

当机身部分有双墙式中央翼时，受力情况如图 6.8.18（a）。如中央翼部分为单块式结构，0-0 肋的缘条承受机翼壁板正应力产生的分布剪力 q_σ，如图 6.8.18（b）；如果机身部分为单块式结构时，受力情况如图 6.8.18（c）。

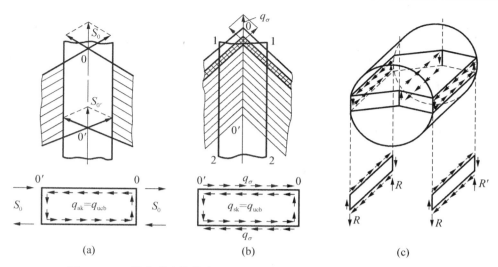

图 6.8.18 纵向受力构件在机身对称面转折的后掠式机翼的受载情况

6.8.3 纵向受力构件轴线不转折

6.8.3.1 带内撑梁的单梁后掠机翼

图 6.8.19 示出带内撑梁的后掠机翼的结构及受力形式。

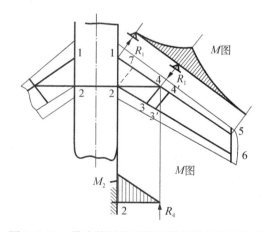

图 6.8.19 带内撑梁的后掠机翼的结构受力形式

特点：

前后梁与机身铰支，不传弯矩给机身，不存在由于梁转折引起的分弯矩。

内撑梁/主梁与机身垂直，承受弯矩，用很强的侧边肋。

优点：可以取消侧加强肋，有利于改善根部受力情况，提高结构刚度，便于布置起落架的支点和收藏起落架。

机翼的承扭能力取决于下壁板上有无破坏剖面闭室的开口 1-2-4。根肋 3-4

可以在点 3 和点 4 处铰支在腹板 2 - 6 和内撑梁 2 - 4 上,或者在点缀处固支在内撑梁和翼梁上。

（1）没有开口 1 - 2 - 4,且只有根肋 2 - 7。

（2）有开口 1 - 2 - 4,根肋铰支在点 3 和点 4 处。

（3）根肋固支在点 4 的悬臂梁（翼肋 3 - 4,内撑梁 2 - 4 和翼梁的缘条用加强板相连）。

图 6.8.20 示出内撑梁和根肋的对接接头结构,图 6.8.21 示出带内撑梁的后掠机翼结构简图。

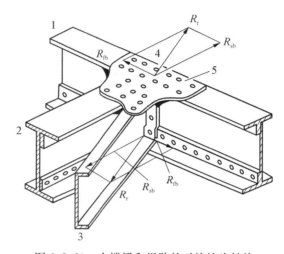

图 6.8.20　内撑梁和根肋的对接接头结构

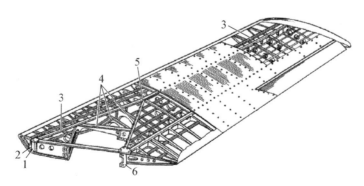

图 6.8.21　带内撑梁的后掠机翼结构简图

1—前梁根部;2—前梁接头;3—前梁;4—加强肋;
5—前梁、根肋、内撑杆交点;6—后接头

1) 结构

结构见图 6.6.22 所示。2 - 4 主梁根部固接;1 - 4 前梁双铰支;2 - 3 后梁双铰支;3 - 4 - 5 根肋在前梁处固支;1 - 6 短肋在根部固支;1 - 2 - 3 三角区为起落架舱。

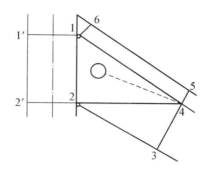

图 6.8.22 带内撑梁的后掠机翼结构示意图

2）传力分析

（1）剪力 Q 传递见图 6.8.23。

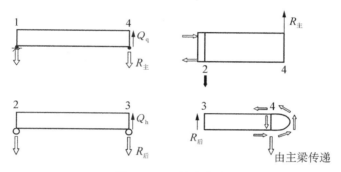

图 6.8.23 剪力传递

（2）弯矩 M 传递见图 6.8.24。

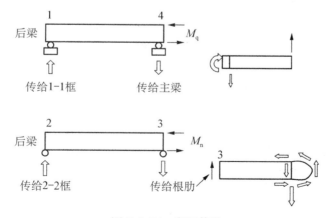

图 6.8.24 弯矩传递

（3）扭矩 M_q 传递见图 6.8.25。

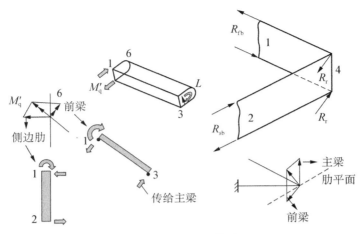

图 6.8.25　扭矩传递

3）内撑梁式结构连接关系分析

前梁与机身最好铰接，否则产生分弯矩，加重侧边肋的负担，同时因为前梁处结构高度不高，距离远，固接会增重。

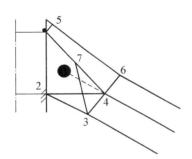

图 6.8.26　加一根 3 - 7 纵梁
支持后梁

前梁与主梁可铰接，也可固接，固接可分担一部分根肋的扭矩，但使主梁受扭，不符合其传力特性。

后梁与主梁可铰接，也可固接。因后梁处结构高度小，固接增加后梁的刚度，加重后掠效应，但传力直接。

短肋与侧边肋和前梁必须固接，方能传递前缘闭室的扭矩。

根肋在主梁处最好固接，以提供对后梁的支持。

J - 5：梁布置见图 6.8.26。

J - 6：梁布置见图 6.8.27。

Q - 5：梁布置见图 6.8.28。

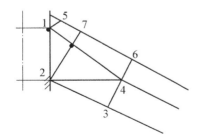

图 6.8.27　加一根 2 - 7 纵梁支持机翼根部
结构，提高三角区局部刚度，加厚
根部区蒙皮——局部刚度

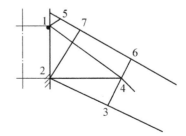

图 6.8.28　后梁与主梁固接，提高
后梁承弯能力

6.8.3.2　混合结构受力形式的多梁后掠翼

图 6.8.29 是 MIG-29 机翼,它有三个内撑杆,在内撑杆端部布置一个加强肋。外挂固定在加强肋上。与机身连接为梳状接头。

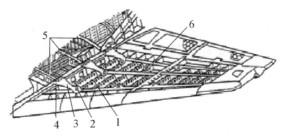

图 6.8.29　MIG-29 机翼结构

1—加强翼肋；2—支座；3—内撑梁；4—梳状固接接头；5—加强框；6—翼梁

剪力 Q 和扭矩 M_t 从外翼到翼肋 1 的承受与传递情况与上述的相同(翼梁腹板受剪切承受 Q,上、下壁板和前、后翼梁腹板形成的闭室以蒙皮受剪的形式承受 M_t)。从翼肋 1 处的切面开始,Q 以最短的路径通过内撑梁 3 以内撑梁受剪(腹板)和受弯(缘条)的形式传递到将内撑梁连接到加强框上的梳状接头 4 上。翼肋 1 上的扭矩 M_t 转换成将与翼肋相连的前、后翼梁上连接处的力偶,并通过内撑梁 3 以最短路径传递到接头 4 上。

6.9　前掠翼的结构

前掠翼的特点:

(1) 结构受力形式与后掠翼相同；

(2) 前梁根部和靠近前梁的根部壁板时承受的载荷较大；

(3) 机身内部布置容易；

(4) 符合面积律要求；

(5) 升阻比高；

(6) 由于机翼压心在结构支持部位刚心的前面,造成气动弹性发散临界速度 $V_{cr,d}$ 较低(图 6.9.1)。

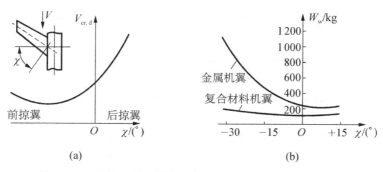

图 6.9.1　后掠机翼和前掠机翼的重量和发散临界速度比较

(a) 发散临界速度；(b) 机翼结构重量

　　图 6.9.1 示出后掠机翼和前掠机翼的重量和发散临界速度比较。可见如采用复合材料可减小前掠翼重量;对金属材料前掠翼比直翼和后掠翼增加重量。在出现复合材料结构之前,金属机翼几乎无法设计出高速前掠翼飞机。

　　图 6.9.2 示出了机翼弯曲时前、后掠机翼剖面的攻角改变。可见后掠翼使机翼攻角减小,后掠翼使攻角加大。

　　图 6.9.3 示出了前掠翼的结构及受力形式。

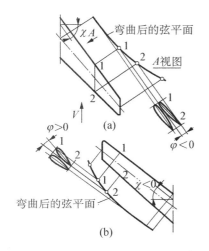

图 6.9.2　机翼弯曲时前、后掠机翼
剖面的攻角改变

(a) 后掠翼弯曲引起的扭矩;
(b) 前掠翼弯曲引起的扭矩

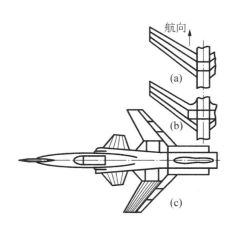

图 6.9.3　前掠翼的结构受力形式

(a) 双梁式前掠翼;(b) 带内撑杆双梁式前掠翼;
(c) 带前掠翼和前置平尾的 X‐29 飞机

6.10　回转翼结构与传力

回转翼包括可变后掠翼、可变安装角机翼和折叠翼。

6.10.1　变后掠角机翼

1) 变后掠角机翼结构

变后掠角机翼结构包括:不动的根部—中央翼(图 6.10.2(a));机翼可旋转部分(图 6.10.2(b));机翼旋转接头(图 6.10.2(c));机翼旋转操纵系统。

　　图 6.10.1 介绍 B‐1 重型飞机($G=180\,t$)的可变后掠翼。图 6.10.3 介绍 $G=30\,t$ 飞机的变后掠翼。图 6.10.4 介绍 F‐14 飞机的可变后掠翼。

　　图 6.10.2 所示机翼的结构特点是:载荷 Q、M 和 M_t 从机翼回转部分向机翼固定根部(中央翼)传递时不是靠若干个承力构件(如在梁式机翼中)或是整个剖面的闭室(如在整体式或多梁机翼中),而是只(或仅仅)借助 1 个枢轴来实现的。

　　枢轴接头布置在距机身侧壁 l_{pi} 处,l_{pi} 越小,可转动部分的面积 S 就越大:效率高;但枢轴接头载荷大(见图 6.10.5)。

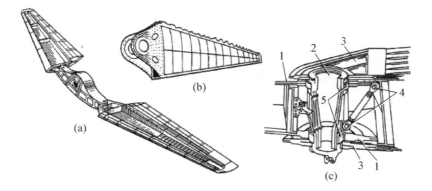

图 6.10.1 B-1 飞机的可变后掠机翼及其枢轴的结构

（a）变后掠翼；（b）活动机翼；（c）机翼主活动节
1—外翼；2—衬套；3—中央翼；4—螺栓；5—轴承

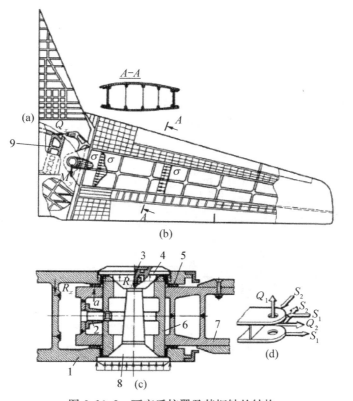

图 6.10.2 可变后掠翼及其枢轴的结构

（a）中央翼；（b）可旋转机翼；（c）旋转接头；（d）接头耳片受力
1—中央翼耳片；2—定位销；3—压紧螺栓上可拆卸法兰盘的定位螺钉；
4—压紧螺栓上部可拆卸法兰盘；5—滑动轴承；6—与机翼旋转部分连接的衬套；
7—机翼旋转部分的耳片；8—压紧螺栓；9—加强肋

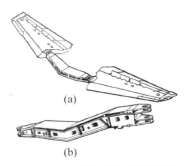

(a)

(b)

图 6.10.3　可变后掠机翼及其
根部连接结构

(a) 机翼；(b) 中央翼

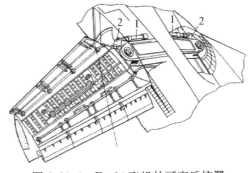

图 6.10.4　F-14 飞机的可变后掠翼

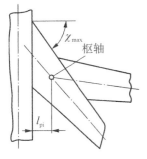

图 6.10.5　枢轴的位置图

转动引起的焦点位置移动大；枢轴位置 $l_{pi} = (0.1 \sim 0.25)l/2$，$l$ 为翼展（图 6.10.5）。

两种不同的结构受力形式：

所有载荷（Q，M 和 M_t）只通过枢轴传递，要求机翼回转部分有整体壁板，该整体壁板在旋转接头区域内变成很强的耳片。

弯矩 M 由安装在主梁上的枢轴接头传递，而剪力 Q 和扭矩 M_t 不仅由枢轴传递，而且还借助于安装在辅助翼梁 3 上的，在滑轨 1 上滑动的辅助滑块 2 来传递。见图 6.10.6。

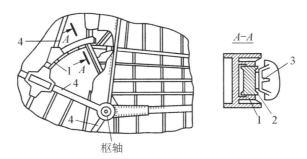

图 6.10.6　带承受剪力 Q 和扭矩 M_t 的辅助支点的可变后掠翼

1—滑轨；2—滑块；3—支点；4—辅助承力构件

2）枢轴的受载和承载

图 6.10.7 示出作用在枢轴上的力和力矩。图中

$$M_x = M\cos\chi \qquad M_z = M\sin\chi$$

图 6.10.8 示出最大容许使用过载随机翼后掠角 χ 的变化关系，因为气动力压心变化，后掠角小则许用载荷小；后掠角大则许用载荷增加。

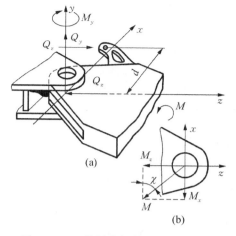

图 6.10.7 作用在枢轴上的力和力矩

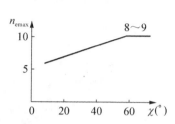

图 6.10.8 最大容许使用过载随机翼后
掠角 χ 的变化关系

6.10.2 可变安装角的机翼

可变安装角的机翼可对飞机进行直接控制,改善机动性能。

民用飞机的尾翼通常采用可变安装角设计,为起飞着陆提供更大控制力矩,结构与全动平尾结构相似。

如果发动机位于机翼上,并同机翼一起转动,以便在起飞和着陆时产生垂直推力,实现垂直起落。

由于结构复杂,目前很少应用。

6.10.3 折叠机翼

基本上用在舰载飞机上,为了减小其外形尺寸,方便在甲板上或舰舱内停放。典型机型有美国海军舰载机 F-18、俄罗斯舰载机 Su-27K。

折叠方式:翼尖部分通过液压作动筒绕机翼旋转轴向上旋转。

图 6.10.9(a)示出带折叠翼 F-18 飞机的前视图,图 6.10.9(b)示出带回转轴 1—1 的俯视图;图 6.10.9(c)示出机翼折叠原理;图 6.10.10 示出俄罗斯 Su-27K 可折叠机翼。

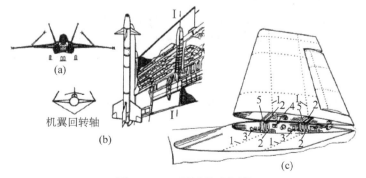

图 6.10.9 可折叠式机翼

1—翼梁;2—下接头耳片;3—锁销液压传动装置;4—折叠操纵液压传动装置;5—上接头耳片

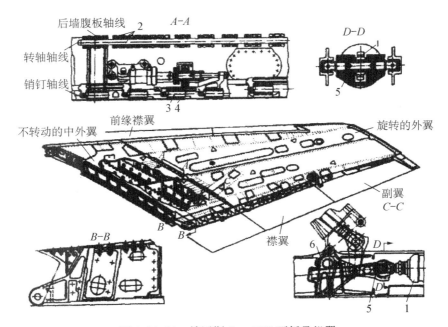

图 6.10.10　俄罗斯 Su－27K 可折叠机翼

1—折叠操纵液压传动装置；2—通条；3—锁定机构活塞杆；
4—下壁板耳片；5—连杆；6—支臂

6.11　三角翼的传力

　　飞机速度的提高（超声速）要求更大的后掠角、更薄的翼型，气动性能要求与结构强度和刚度矛盾更突出，很自然地发展三角翼飞机结构。见图 6.11.1。

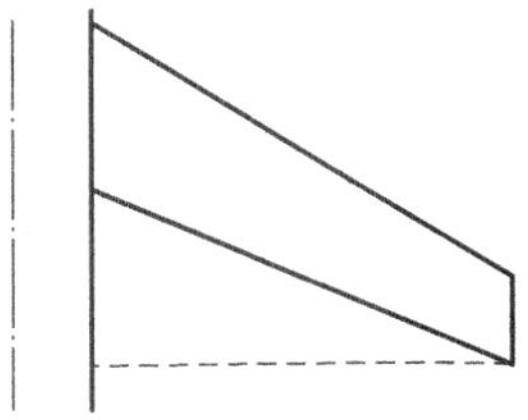

　　结构特点：

　　（1）大后掠角在 55°～75°之间；小展弦比为 1.5～2.5；根弦长：尽管相对厚度小（$c=3\%～5\%$），但厚度 b 很大。

　　（2）根梢比大，机翼面积靠近机身，压心中心离机身较近，机翼根部的弯矩小，刚度大，重量轻。

　　（3）翼尖和前后缘薄，局部刚度弱，影响襟翼、副翼气动性能，起飞着陆性能不易提高。

图 6.11.1　飞机的三角翼

　　（4）根部结构高度大，一般采用梁式结构。因根弦长，一般采用多点连接多接头；需要协调。

　　（5）由于根弦长，机身遮挡部分占整个机翼的比例较大，为提高飞机的性能，应设计成翼身融合体。

　　存在的问题：

由于前缘后掠角大,前缘增升装置效率降低,而机翼后缘的翼展不大,限制了机翼后缘增升装置的能力,降低了机翼的升力特性。

图 6.11.2 示出常见的三角机翼的结构受力形式。

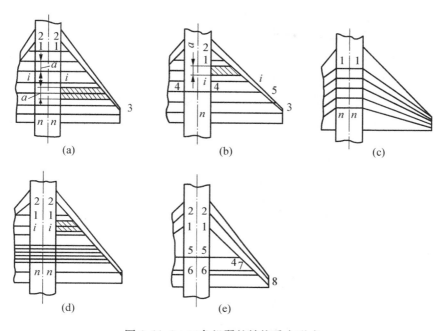

图 6.11.2　三角机翼的结构受力形式

（a）带有平行翼梁的多梁三角翼；（b）带有辅助翼梁的单梁三角翼；（c）带有等百分比布置的三角翼；（d）带有辅助翼梁的整体式三角翼；（e）带有辅助翼梁的梁式三角翼结构

6.11.1　带有平行翼梁的多梁三角翼

由图 6.11.2(a)所示结构组成:包括 $1\sim n$ 个翼梁,这些梁垂直对称面,与加强框连接;前腹板 $2\text{-}3$;弦侧翼肋 $2\text{-}n$;蒙皮将气动力传递到翼梁。

三角翼气动力分布见图 6.11.3;翼梁的受载见图 6.11.4。

结构特点:

梁在机身侧边处缘条面积最大;梁腹板较多(多梁);侧肋有实心腹板;蒙皮相对较薄;重量轻;梁缘条沿长度方向的外形是曲面,与之连接的蒙皮也是曲面,工艺困难。

图 6.11.5 示出带平行翼梁的三角翼结构("协和号")。

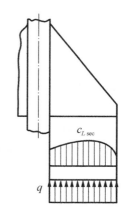

图 6.11.3　三角机翼上的气动力分布

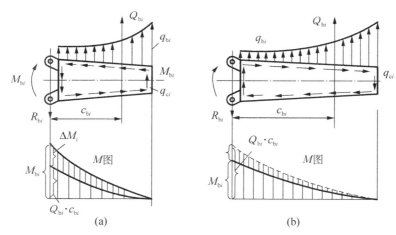

图 6.11.4 带平行梁的三角机翼上翼梁的受载图

（a）靠近前缘翼梁的受载；（b）靠近后缘翼梁的受载

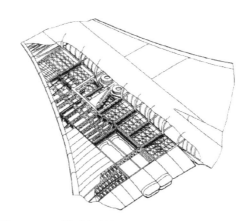

图 6.11.5 带平行翼梁的三角翼结构（"协和号"）

6.11.2 带有辅助翼梁的单梁三角翼的结构特点

这种结构如图 6.11.2(b)所示。

结构组成：主梁 $4-5$；若干个辅助翼梁 $i-i$；侧肋 $2-n$；前墙 $2-3$；蒙皮及其加强翼肋；墙在机身侧边与机身铰接。

第 i 个墙上的分布剪力 $q_{\mathrm{b}i} = q_{\mathrm{a}}/b$，它使梁的连接接头上产生的支反力为

$$R_{\mathrm{b}i} = Q_{\mathrm{b}i} = \int_0^{l_{\mathrm{b}i}} q_{\mathrm{b}i}\,\mathrm{d}z$$

同时，沿翼梁周缘上有支反剪流

$$q_{\mathrm{c}i} = Q_{\mathrm{b}i}c_{\mathrm{b}i}/(2F_{\mathrm{b}i})$$

该反剪流由侧肋腹板、蒙皮和前隔板构成的闭室承受。各翼梁的 Q 图和 M 图如图 6.11.6 所示。根据内力图,可判断出缘条面积在中部应最大。侧肋只承受剪切,因此,也不需要加强缘条。这种机翼的蒙皮较厚,因为作用在蒙皮上的总剪流是由各辅助翼梁的剪流 q_{ci} 之和。

图 6.11.6 示出三角翼上主梁和辅助梁上的受载图。

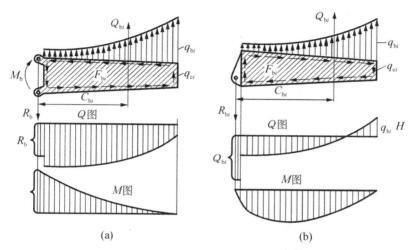

图 6.11.6　三角翼上主梁和辅助梁上的受载图

(a) 主翼梁载荷;(b) 辅助翼梁载荷

6.11.3　带有聚交翼梁(等百分比布置)的三角翼结构

带有聚交翼梁的三角翼结构见图 6.11.2(c),图 6.11.7。结构特点:
需要有加强侧肋;工艺性好;梁多,刚度好,生存性好。

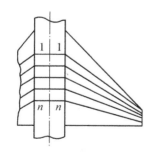

图 6.11.7　等百分比布置的多
梁式三角翼结构

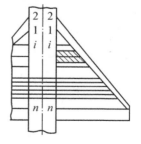

图 6.11.8　带辅助翼梁的单块
式三角翼结构

6.11.4　带有辅助翼梁的整体式(单块式)三角翼结构

带辅助翼梁的单块式三角翼结构见图 6.11.8。结构特点:

翼盒代替翼梁,提高了刚度;翼盒中段用铰接接头与机身隔框相连。垂直于机身布置了一根内撑梁;刚度大,生存力强,重量轻;内撑梁使前梁卸载;机翼内布置油箱。

6.11.5 带有辅助翼梁的梁式三角翼结构

图 6.11.9 示出这种结构。图 6.11.10 示出带内撑梁的三角翼结构。

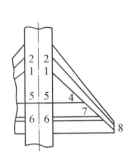

图 6.11.9 带内撑翼梁的梁式三角翼结构　　图 6.11.10 带内撑梁的三角翼结构

6.12 机翼的增升装置

6.12.1 增升装置的功用

改善飞机的起飞—着陆性能;

提高轻型声速飞机的机动性能;

部分增升装置(如前缘缝翼)还用于改善飞机大迎角下飞行时的横向稳定性的操纵性,特别是后掠翼飞机。

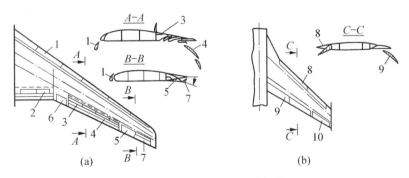

图 6.12.1 机翼上的活动部分

1—前缘缝翼;2—减速板;3—扰流板;4—单缝、双缝或三缝式襟翼;
5—外侧副翼;6—内侧副翼;7—调整片;8—前缘襟翼;
9—偏转式或后退式襟翼;10—襟副翼

6.12.2 对机翼增升装置的要求

在飞机处于着陆攻角且增升装置偏至着陆状态时,升力增加最大;

当增升装置处于收起位置时的阻力增加最小；

增升装置可以改善大攻角、大弯度情况下的机翼气流分离特性；

当飞机以小推重比进行加速滑跑时，气动性能要处于最佳状态，而对于推重比大的飞机，当增升装置偏转到起飞位置时，要能提供较大的升阻比增量；

当增升装置偏转至工作状态，m_z 的变化（机翼压心的移动）要尽可能小；

左、右翼上的增升装置作用要同步，结构要简单，工作要可靠。

6.12.3　机翼增升装置的种类

分为前缘襟翼、缝翼、后缘开裂、后退开裂、后退开缝和多段后退式襟翼：增大了翼型的有效弯度和增大机翼面积（后退式）。图 6.12.2 示出了襟翼结构。

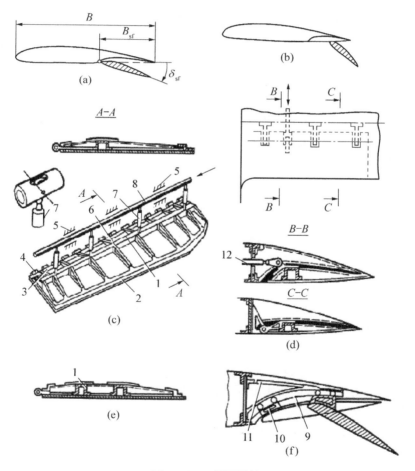

图 6.12.2　襟翼结构

（a）固定转轴式；（b）后退式；（c）固定轴开裂襟翼的操纵；（d）后退开裂襟翼的安装操纵；
（e）Ⅱ型大梁Ⅰ和骨架上下的蒙皮；（f）滑轨 9、托架 10、11 对滑轨进行加固
1—梁；2、3—后前桁条；4—通条和铰链；5—支座；6—肋；7—松紧螺杆；
8—拉杆；9—滑轨；10—托架；11—撑杆

襟翼弦长 b_{sf} 占机翼弦长的 $25\%\sim30\%$；起飞时的偏转角 δ_{sf} 达 $20°$；着陆时偏转角 δ_{sf} 为 $50°\sim60°$，使飞机大大减速，从而可增大下滑斜率并减小 L_{ld}。

图 6.12.2(c) 示出固定轴开裂襟翼的操纵：4 为通条和铰链；拉杆 8 沿其支座 5 轴向移动；通过拉杆 8 和松紧螺杆 7 实现操纵。

图 6.12.2(d) 示出后退开裂襟翼的安装操纵；

图 6.12.2(e) 示出 Ⅱ 型大梁 Ⅰ 和骨架上下的蒙皮，以此形成能承受扭转的闭室；

图 6.12.2(f) 示出滑轨 9、托架 10、撑杆 11 对滑轨进行加固。

襟翼分类见图图 6.12.3。

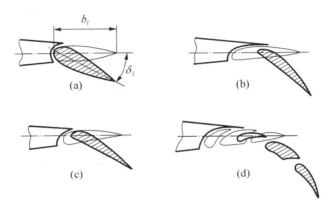

图 6.12.3　襟翼分类

(a) 转动式襟翼；(b) 后退式襟翼；(c) 开缝式襟翼；(d) 多缝式襟翼

转动式襟翼：襟翼弦长 b_f 与机翼弦长 b 的比值约为 $b_f/b=0.3\sim0.4$，$\delta_f=40°\sim50°$

多缝襟翼：$\delta_f=50°\sim60°$，面积比 $S_f/S_w=0.15\sim0.25$。

襟翼结构中有骨架和蒙皮。骨架通常由一个大梁（有时是管形大梁，以便承受 M_t)、几根桁条和翼肋组成。

大梁上安装了襟翼悬挂和操纵接头。操纵接头上固定着作动筒拉杆以使襟翼偏转。

襟翼的后缘部分可以采用蜂窝结构来提高刚度并减轻重量。

图 6.12.4 是转动式襟翼和后退式襟翼的结构。是单轨和支架的结构。

图 6.12.4(a) 所示为转动式襟翼，襟翼利用安装在机翼加强肋和后大梁（后壁板）接头上的支臂 2 来悬挂。

图 6.12.4(b)，(c) 所示为带有导流板的开缝襟翼：襟翼 1 本身、导流板 4、滑板 5 和收放机构 8。

图 6.12.4(c)，(d) 所示为单轨结构，单轨 10 是钢制弧形工字型材。

图 6.12.4(e) 所示为后退式襟翼：10 滑轨；19，21 支臂；18，20 滑轮；23 衬套；24 专用槽；25 轴承；20 轨迹；17 襟翼大梁上的支臂与收放作动筒推杆 9 连接。

图 6.12.4(f) 所示为滑板 5 由两个模压框架用螺栓连接起来，框架之间有滚针

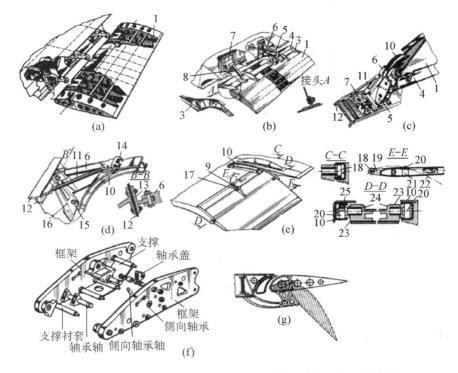

图 6.12.4　转动襟翼和滑动式襟翼的结构,单轨和支架的结构

1—襟翼;2—支臂;3—支座;4—导流板;5—滑板;6—固定支撑;7—固定接头;
8—收放机构;9—作动筒推杆;10—单轨;11—固定支撑;12—翼后大梁;
13—支撑 6 的耳片;14—接头;15—螺栓耳片;16—支臂;17—襟翼大梁上的支臂;18—滑轮;
19、21—支臂;20—轨迹、滑轮;22—轨迹支臂;23—衬套;24—专用槽;25—轴承

轴承,当襟翼伸出,沿单轨 10 缘条滚动。

图 6.12.4(g)所示为单轨缘条的表面进行了磨削和镀铬处理。

图 6.12.5 示出滑轨及其固定接头的结构。

结构上最简单的方法是将襟翼和导流板悬挂在外置支臂上,但附加的阻力(甚至在支臂上有整流罩时)会降低飞机在巡航状态的经济性。

三缝式后退襟翼结构见图 6.12.6 所示。

图 6.12.6(a)示出三缝式后退襟翼的结构由主要段 2、尾段 1 及导流板 4 组成。

图 6.12.6(b)示出襟翼主段的结构是由两根梁 5 和 7、蜂窝夹层壁板 6、翼肋 8 和前后缘蒙皮板形成的翼盒。

图 6.12.6(c)示出悬挂尾段用的支臂 13 和导轨 14;滑板 11;尾段 1 由骨架(大梁和前缘翼肋)和蒙皮组成;可以采用蜂窝结构来提高刚度和降低重量;

图 6.12.6(d)示出螺杆收放机构的肩轴 12 与主要结构段 2 的连接;

图 6.12.6(e)示出固定滑板 11 用的支承接头 9;

图 6.12.6(f)示出导轨 18 的安装。

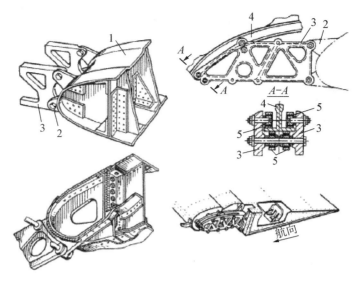

图 6.12.5　滑轨及其固定接头的结构

1—襟翼；2—滑板固定的支臂；3—滑板框；4—导轨；5—滚针轴承

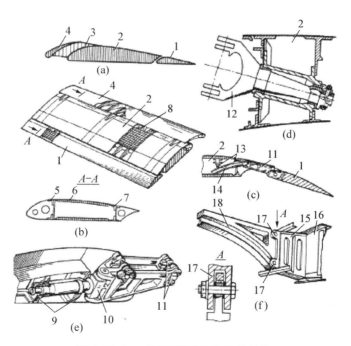

图 6.12.6　三缝襟翼及其构件的结构

1—尾段；2—主段；3—导流板支座；4—导流板；5、7—梁；6—蒙皮壁板；
8—肋；9—支承筒；10—接头；11—滑板；12—肩轴向销；13—支臂；
14—导轨；15、16、17—固定导轨

6.12.4 减速板和扰流板

放出时向上偏,引起气流分离,使升力下降,阻力增加,而在收起位置时,埋入机翼中。

减速板,它们在左右机翼上对称地向上偏转。

扰流板,只需要使往其倾斜的那一边机翼上的扰流板偏转。因此,扰流板与副翼组成飞机横向的操纵机构。

为了提高飞机相对于纵轴的操纵效率,扰流板应远离该轴布置,通常,放在外侧襟翼的前面,增大力矩 M_x 的力臂。

减速板放在内侧襟翼前面,在减速板偏转不对称时可减小力矩 M_x 的力臂。

联合使用扰流板和副翼。扰流板的主要缺点是在其开始偏转时,升力变化有滞后效应,这就降低了飞机的机动性能;但飞机着陆时可以起到减速的作用。

图 6.12.7(b),(c),(d)示出伊尔-86飞机减速板和扰流板的典型结构,图 6.12.7(e)示出一种轻型飞机的减速板。机翼上下表面的减速板用同步拉杆 13 连接,并用作动筒推放到气流中。

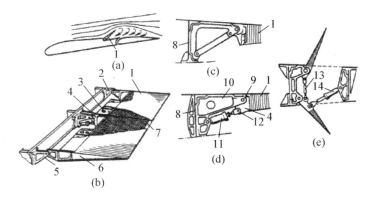

图 6.12.7 减速板、扰流板及其悬挂接头和操纵接头的结构

(a)扰流板引起气流分离;(b),(c),(d)伊尔-86飞机减速板及结构;(e)轻型飞机减速板
1—扰流板的壁板;2,5—接头;3—前墙;4—支臂;6—端肋;7—尾部桁条;
8—机翼后大梁;9—耳片;10—支臂;11—作动筒;12—耳片;13—同步拉杆;14—作动筒

6.12.5 机翼前缘的增升装置

机翼前缘的增升装置通过延迟机翼绕流在大迎角下的分离来提高值。

机翼前缘增升装置中应用最广的是前缘缝翼和前缘襟翼。

1)前缘缝翼

前缘缝翼是机翼前缘特殊的活动部分,放出时,前缘缝翼与机翼形成特殊的缝隙(图 6.12.8(a)),使得大迎角下有稳定的扰流,提高升力。图 6.12.8(b)示出前缘缝翼结构。图 6.12.8(c)表示机动飞机整体结构的前缘缝翼及操纵机构。前缘缝翼通常只有放出和收上两个位置。

前缘缝翼 1 的结构:大梁 3、桁条、隔板报、蒙皮、导轨 5、带滑轮 8 的滑板、固定

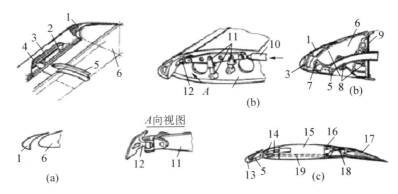

图 6.12.8　前缘缝翼结构

1—前缘缝翼；2—隔板；3—梁；4—肋；5—导轨；6—机翼前部；7—导轨支臂；8—滑轮；
9—机翼前梁；10—拉杆；11—摇臂机构；12—支臂；13—前缘缝翼；14—滑板；15—机翼；
16—扰流板；17—转动式襟翼；18—摇臂机构；19—拉杆

螺杆收放装置和导轨的支臂 7；导轨和螺杆机构、摇臂机构 11。

2）前缘襟翼

图 6.12.9 示出前缘襟翼。它用在相对厚度小、前缘薄、难以布置增升机构的飞机机翼上。前缘襟翼比前缘缝翼增升小。对于高机动飞机的前缘机动襟翼将在飞机机动过程中按照飞行要求，可偏转相应的偏度，改善机翼的升力特性。图 6.12.9 示出前缘襟翼的结构方案。

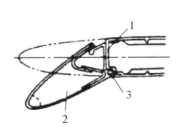

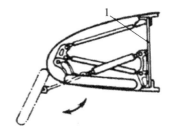

图 6.12.9　前缘襟翼

1—机翼前梁；2—前缘襟翼；3—铰链

图 6.12.10　克鲁格襟翼

3）克鲁格襟翼

图 6.12.10 示出克鲁格襟翼。它是有效提高机翼升力的襟翼，它通常布置在机翼根部，与后掠翼外部的前缘缝翼配合使用以防止飞机进入过失速攻角。克鲁格襟翼只能保证在小于某一迎角时机翼绕流不分离，超过该迎角后，气流开始急剧分离。因此，当后掠翼翼尖气流尚无分离，而其翼根部气流的提前分离会产生使迎角减小的低头力矩，提高了飞行安全。

6.12.6　增升装置的受载

增升装置承力构件（开裂式襟翼、襟翼等）的受力情况同机翼各受力构件的受力情况是类似的。

由大梁传来的载荷将以通条上的剪力经襟翼的铰链 4 传递到机翼大梁（壁板）的铰链上。由图 6.12.4 可见，作为开裂襟翼支持点的松紧螺杆 7，将承受压力，并将自身的载荷经操纵杆 8 的支座 5 传递到机翼加强肋上。

对于后退式开裂襟翼，支持点是滑板和操纵拉杆的滑轮。滑板的滑轮经滑轨的固定接头将来自襟翼的载荷传递到加强肋上，进而传递到机翼大梁的腹板和蒙皮上。来自操纵拉杆的载荷传递到固定作动筒的那些机翼承力构件上。

6.13　副翼

6.13.1　副翼的用途

副翼是位于机翼后缘外部并在左右翼上同时反向偏转以产生滚转力矩的机翼活动部分。它对飞机实现横向控制。

1）基本要求

（1）避免在飞行中由于机翼弯曲使副翼卡死；

（2）对副翼进行质量配平；

（3）减小铰链力矩；

（4）减小偏转和收起状态下的附加阻力；

（5）减小副翼偏转时的偏航力矩等。

副翼的上偏角为 25°，下偏角为 15°～25°。副翼向下偏转引起攻角增大，这在大攻角飞行时会导致该半机翼上的气流分离和反效。因此，要限制副翼的下偏角。机翼上表面的弯度较大，当副翼向上、向下偏转同样角度时，机翼上的阻力不同，会导致产生不期望的偏航力矩 M_y，因此要求的上偏角度要大些。

2）襟副翼

改善飞机的起降性能，它既可以当作副翼使用，也可以当作襟翼使用。

为避免横向反操纵——副翼反效现象的发生，开始采用内、外副翼和扰流板。而且外副翼仅用于起飞、着陆时飞行速度不大的状态，而内副翼位于机翼刚度较大的部分，在整个飞行期间均被使用。

扰流片偏转时升力变化的滞后效应（气流不立即分离），将扰流片与副翼联合使用，从而提高横向操纵效率。

3）升降副翼

无水平尾翼的飞机上，为保证横向和纵向稳定性，机翼上的操纵机构既当副翼，又当升降舵，其面积和偏角比常规布局飞机的要大，因为从飞机质心到升降副翼的力臂小一些。

6.13.2　副翼的结构

副翼的结构由骨架和蒙皮组成。骨架由大梁、桁条、肋、隔板以及为加强副翼前缘悬挂接头开口处和安装在大梁上的操纵系统通道开口处的加强板组成。

图 6.13.1 示出副翼及其悬挂接头的结构。

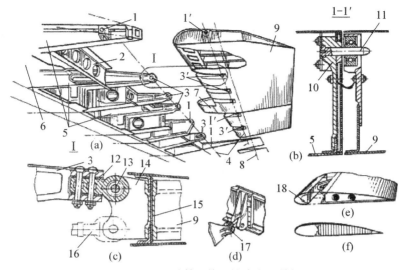

图 6.13.1　副翼及其悬挂接头的结构

1,3—支点;2—机翼后墙;4—副翼转轴;5—加强肋;6—机翼后梁;7—前缘(配重);
8—压力中心线;9—副翼;10—支臂;11—外伸螺栓;12—过渡接头;13—副翼上耳片;
14—耳片支臂;15—副翼大梁;16—作动筒;17—万向接头;18—配重

重量平衡:

防止机翼弯曲—副翼偏转颤振;

集中配重7;

沿副翼前缘沿翼展布置分散配重(金属棒);

后缘采用蜂窝夹芯结构,以此减轻副翼后缘的重量。

6.13.3　气动补偿

减小副翼(舵面)操纵系统中的铰链力矩;减小驾驶杆力;

轴式补偿:将副翼转轴向后移动,使其距压心更近(图 6.13.2(a))。

内补偿:利用 A 腔和 B 腔中的压差来获得附加力矩 ΔM_h(图 6.13.2(b))。

伺服补偿:利用各种伺服补偿器减小操纵铰链力矩(图 6.13.2(c),(d))。

6.13.4　调整片

调整片位于副翼(舵面)5 的后部,它用于在改变飞行状态时减小(消除)飞机操纵摇臂上的杆力(对于带无回力助力器的操纵系统,不需调整片)。

6.13.5　副翼的受载

副翼是一变刚度的多支点梁,承受垂直于弦平面的分布气动载荷 q_{ail} 和操纵拉杆的操纵力。

图 6.13.4 是副翼的受载及内力剪力 Q,弯矩 M,扭矩 M_t 图。

6.13.6　操纵面前缘缺口补强

操纵面扭矩一般由前缘闭室承受。然而在悬挂接头处,前缘要开口,破坏了扭

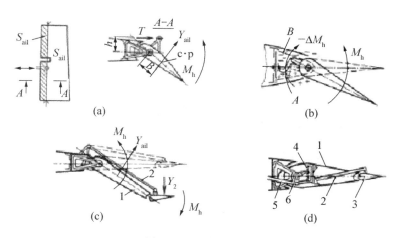

图 6.13.2　气动补偿

（a）轴式补偿；（b）内补偿；（c）伺服补偿；（d）带弹性元件的伺服补偿器
1—副翼；2，5—拉杆；3—伺服补偿器；4—弹簧；6—摇臂

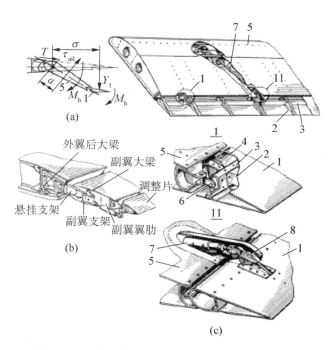

图 6.13.3　调整片及其悬挂接头和操纵接头的结构

1—调整片；2—翼肋；3—大梁；4—隔板；
5—副翼（舵面）；6—悬挂接头；7—支臂

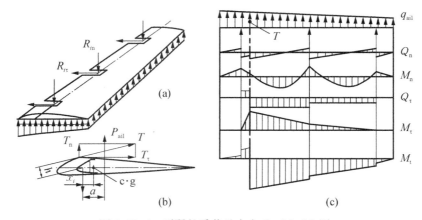

图 6.13.4　副翼的受载及内力 Q, M, M_t 图

矩的传力路线,因此需在缺口处补强。如图 6.13.5 所示。

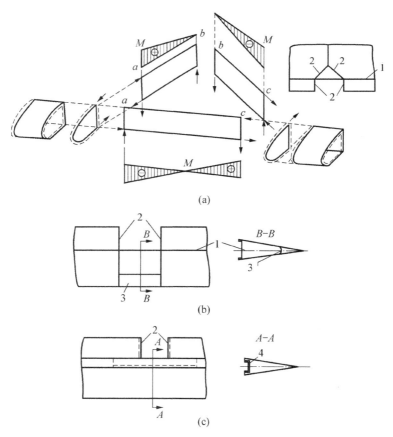

图 6.13.5　操纵面前缘缺口补强
1—梁;2—加强肋;3—短墙;4—加强梁

（1）加一对斜加强肋，与梁构成三角架。扭矩由斜肋和梁传递（图 6.13.6(a)）；

（2）加一短墙，与缺口两端的加强肋构成一局部闭室；扭矩在缺口段由该闭室传递（图 6.13.5(b)）；

（3）对某些小型低速飞机，载荷很小时，可直接对梁进行局部加强，由梁本身承扭（图 6.13.5(c)）。

6.14　尾翼

6.14.1　尾翼的用途和对尾翼的要求

尾翼是保证飞机安定性和操纵性的升力面；

水平尾翼用于保证飞机的纵向安定性和操纵性；

垂直尾翼用于保证飞机的航向安定性和操纵性。

图 6.14.1 示出尾翼布局。

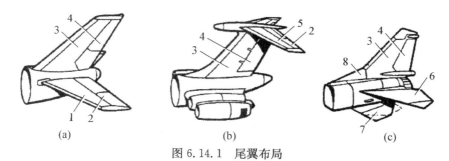

图 6.14.1　尾翼布局

（a）常规布局；（b）T 形尾翼布局；（c）全动平尾布局

1，5—水平安定面；2—升降舵；3—垂直安定面；4—方向舵；

6—全动平尾；7—腹鳍；8—背鳍

图 6.14.2 示出水平尾翼上的流场扰动图。

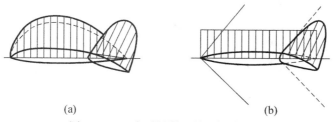

图 6.14.2　水平尾翼上的流场扰动图

（a）亚声速 $Ma<1$；（b）超声速 $Ma>1$

采用全动式水平尾翼能明显提高水平尾翼的效率，特别是在超声速时（对于大型飞机为增加起飞着陆时的尾翼效率，通常采用可调安装角设计，如波音 737 飞机水平尾翼设计）。

较少采用全动式垂直尾翼，因为在大多数情况下，方向舵的剩余效率足以保证飞机的正常操纵。

垂直尾翼基本要求：保证飞机具有所要求的安定性和操纵性；合理选择尾翼的形状、参数和布局，可以提高垂尾效率。

采用腹鳍7(图6.14.1(c))对机身可起稳定作用。采用这种垂直安定面，可以在大攻角飞行时降低由于机翼和机身对垂尾的遮挡对航向安定性的影响。

T形尾翼(水平尾翼在上)，也可以提高垂尾的效率，因为平尾起到挡流板作用。

垂尾布置在平尾端部(双垂尾)，可以提高平尾和垂尾效率。

图6.14.3示出各种飞机尾翼的布局及与气动力关系。

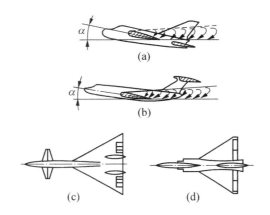

图6.14.3 不同气动布局时水平尾翼的位置

(a) 正常布局(水平尾翼在机身轴线)；(b) T形尾翼(水平尾翼在上)；
(c) 鸭式布局(水平尾翼在前)；(d) 飞翼(无水平尾翼)

T形尾翼可以避开机翼尾流，提高尾翼效率；但要防止高平尾深失速情况和垂尾平尾连接处结构复杂，制作困难。

鸭式布局机翼不能形成阴影区，对平尾有利。平尾升力与机翼升力方向一致，减小了机翼面积和质量。但平尾尾流影响机翼，起飞着陆配平损失大，降低这种平尾优点。解决办法是放宽静安定性或增加后平尾。

无尾(飞翼)飞机可以减小飞机质量，因为没有机翼尾翼的相互干扰。但由于配平困难，升降副翼面积大，力矩大，操纵困难，同时向上偏转损失机翼升力。特别在起飞着陆情况严重。克服办法为在飞机前增加"胡子"(收放前翼)，起飞着陆打开，正常飞行收起。

6.14.2 尾翼上的载荷和尾翼的承力结构

6.14.2.1 水平尾翼的受载

气动载荷：

气动载荷根据吹风结果和"强度规范"要求给出；载荷沿翼展的分布大约与弦长成正比。

气动载荷包括:平衡载荷、机动载荷、在扰动气流中飞行时阵风作用下的升力增量。

质量载荷:

来自结构质量,较小,可忽略。

气动平衡载荷见图6.14.4。沿弦向分布见图6.14.4,图6.14.5。

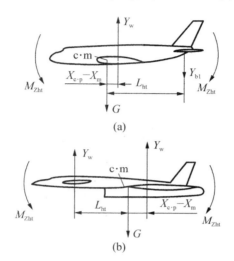

(a)

(b)

图6.14.4　水平尾翼位置不同时作用在飞机上的力

气动载荷沿弦向的分布

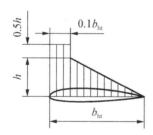

图6.14.5　水平安定面和升降舵组成的水平尾翼

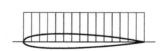

图6.14.6　全动式水平尾翼

6.14.2.2　垂直尾翼上的载荷

垂直尾翼上的载荷的计算与水平尾翼的载荷计算相似。

多发动机飞机,一侧发动机停车造成飞机偏离对称平面,相对y轴产生的力矩M_y基本上要被垂直尾翼抵消。

6.14.2.3　尾翼各部分的受力情况

左右两半水平安定面,垂直安定面:相当于悬臂梁;

左右两半连为一体的整体式水平安定面:相当于双支点外伸梁;

受力型式与机翼结构受力型式基本相同。

6.14.3 尾翼的结构布局

1）可分离的平尾和垂尾结构布局

图 6.14.7 示出这种典型水平尾翼及其结构。

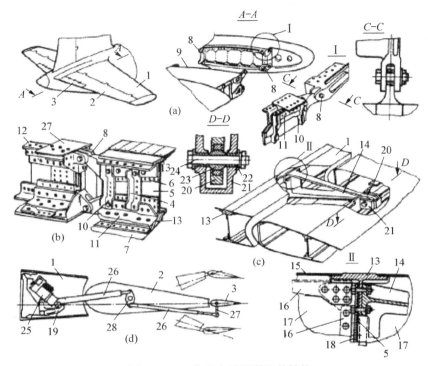

图 6.14.7 典型水平尾翼及其结构

(a)可分离平尾和垂翼；(b)加强肋及传力；(c)升降舵及悬挂接头；
(d)用电器结构控制的升降舵调整片

1—双梁式水平安定面；2—单梁式升降舵；3—调整片；4,6,10,18—垫板；
5,17—腹板；7,27—蒙皮；8,11,21—接头；9—加强肋；12,13—梁缘条；
14—支臂；15—肋缘条；16—角材；19,28—摇臂；20—耳片；22—衬套；
23—球面轴承；24—螺栓；25—电机；26—拉杆

2）带整体水平安定面的水平尾翼结构布局

平尾是矩形的,固定在机身上。图 6.14.8 示出 A-10 飞机的双垂尾尾翼结构。

3）T 形后掠尾翼

图 6.14.9 示出典型 T 型尾翼的结构,垂直安定面与机身固定接头,水平安定面与垂直安定面固定接头机构,舵与悬挂支臂固定接头机构。

6.14.4 垂直尾翼的结构

以下介绍常规布局、T 型布局、后掠垂直尾翼以及发动机在后机身的垂尾结构。

1）常规布局的垂直安定面结构。

图 6.14.10 示出常规布局垂直安定面结构。

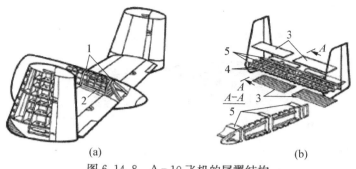

(a)　　　　　　　　　　　　　　　　(b)

图 6.14.8　A-10 飞机的尾翼结构

（a）垂尾承力结构；（b）平尾承力结构
1—框；2—角材；3—壁板；4—肋；5—梁

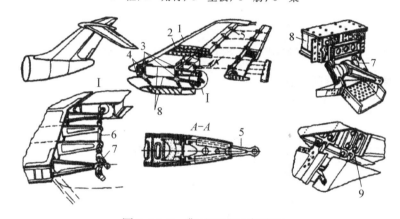

图 6.14.9　典型 T 型尾翼结构

1—前缘；2—前梁；3—垫板；4—耳片；5—支臂；6—万向轴；
7—摇臂；8—侧边支持肋；9—后梁耳片

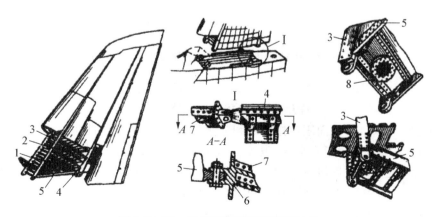

图 6.14.10　常规布局垂直安定面结构

1—根肋；2—普通肋；3—前梁；4—后梁；5—侧肋；
6—框上的接头；7—加强框；8—角材

2）T 型布局的垂直安定面连接结构

图 6.14.11 示出 T 型布局垂直安定面连接结构。

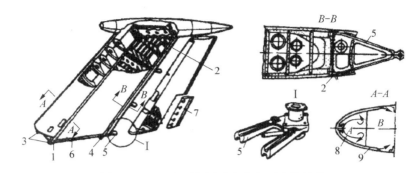

图 6.14.11　T 型布局垂直安定面连接结构

1—前梁；2—后梁；3—前梁接头；4—后梁接头；5—悬挂支臂；
6—侧边肋；7—调整片；8—隔膜；9—波纹板

3）后掠垂直尾翼的结构

图 6.14.12 示出后掠垂直尾翼结构。

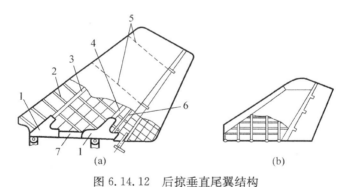

图 6.14.12　后掠垂直尾翼结构

（a）双梁垂直尾翼；（b）内撑梁式垂直尾翼
1—垫板；2—根肋；3—前梁；4—后梁；5—加强肋；6—后墙；7—侧肋

　　由于来自水平尾翼附加载荷的作用,在 T 型尾翼的垂直安定面上,垂直安定面上的所有承力构件都应加强(增大梁缘条的面积,整个梁的腹板用垫板和支柱加强等)。

　　因为梁与垂直安定面固定接头之间的角度比较大,侧肋因此承受着大部分由梁传来的弯矩,所以侧肋通常很强,腹板上不开孔,并且用支柱加强,侧肋缘条用垫板 1 同梁缘条和连接接头连接在一起。

　　带有一个或数个内撑梁的结构受力形式,非常适合用在双垂尾上,它可以减小垂直安定面的重量。对于高度不大的垂尾(短梁),多梁式结构受力形式也是较为合理的。

　　4）发动机在后机身的垂尾结构

图 6.14.13 示出尾翼和布置在后机身或后机身上方的发动机的结构。

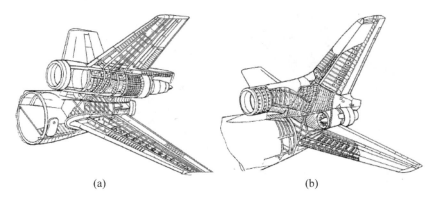

图 6.14.13　尾翼和布置在后机身或后机身上方的发动机

(a) 发动机在上；(b) 发动机在下

6.14.5　全动平尾

1) 全动平尾形式

定轴式全动平尾：转轴轴承位于平尾，机身与轴固定（图 6.14.14）。

转轴式全动平尾：转轴轴承位于机身加强框，平尾与轴固定（图 6.14.15）。

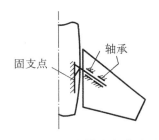

图 6.14.14　定轴式全动平尾

图 6.14.15　转轴式全动平尾

2) 转轴式全动平尾及受力分析

图 6.14.16 示出转轴式全动水平尾翼的结构。全动平尾的承力主要取决转轴轴承的位置。转轴式全动水平尾翼，各种形式的载荷，包括剪力 Q，弯矩 M 和扭矩 M_t，都只通过轴 10 传递到机身上（图 6.14.16）。

与平尾连接的形式见图 6.14.17。

受力分析：

弯矩：外侧机翼壁板上的分散轴力由加强蒙皮、加强板通过结构参与逐步集中到加强板上，由四个垂直螺栓传给转轴使之受弯。

剪力：由前、后墙传到 B，C 点上，再由 AB，AC 肋通过水平螺栓传给转轴，使转轴受弯矩。

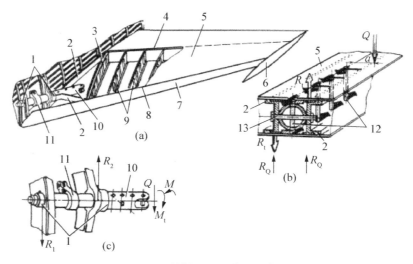

图 6.14.16 转轴式全动水平尾翼的结构

(a) 全动平尾解剖；(b) 大轴与梁连接；(c) 平尾转轴及传力
1—轴承；2—承力梁肋；3—根肋；4—后腹板；5—蒙皮；6—配重；7—前缘；
8—前腹板；9—肋；10—大轴；11—接头；12—梁；13—销

图 6.14.17 转轴式全动式水平尾翼结构

1—机身轴承处的轴；2—平尾翼梁；3—加强翼肋

扭矩：一部分由 BC 肋将外侧传来的分布剪流转换成一对方向相反的垂直力。然后以同样的路线由水平螺栓和垂直螺栓传给转轴，但均是对转轴产生扭矩；一部分由壁板受剪力形式作用到垂直螺栓上，另一部分扭矩形成的剪力由前后短梁传给水平螺栓。

零件的合成载荷：由轴力、剪力、弯矩、扭矩分别计算，然后叠加得到。

图 6.14.18(a)与(b)，(c)对应关系：A 点对应"0"点；B 点对应"1"点；C 点对应"2"点。力的关系：$Q_B = Q_C = R_Q$；$|R_B| = |R_C| = |R_t|$。

当采用转轴式全动平尾时，最容易布置传动装置。现代歼击机上，如 Su-27，F-15，F-16 等飞机上都采用了转轴式结构。

当采用转轴式结构时，为了降低操纵力矩 M_h，水平尾翼的平面形状是小展弦比的三角形或梯形。

图 6.14.19 示出 J-6 全动平尾照片。

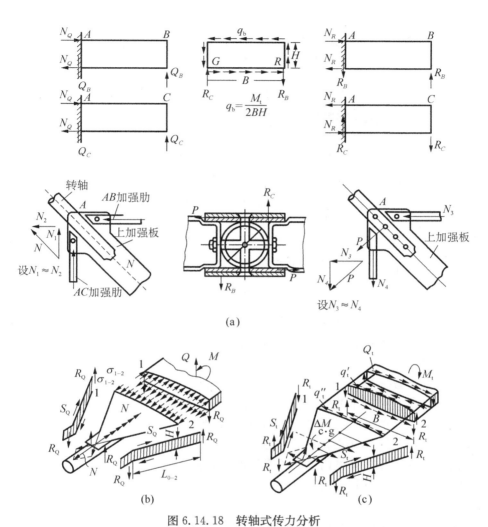

图 6.14.18 转轴式传力分析

(a) 平尾转轴载荷综合分析；(b) 平尾载荷弯矩 M 和剪力 Q 的传递；
(c) 平尾载荷扭矩 M_t 的传递

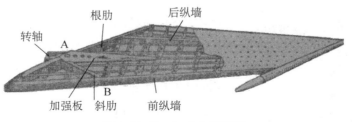

图 6.14.19 J-6 全动平尾

3）定轴式全动平尾

图 6.14.20 示出定轴式全动水平尾翼的结构和受力分析。

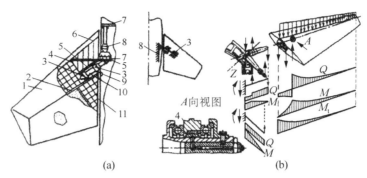

图 6.14.20 定轴式全动水平尾翼的结构和受力分析

（a）定轴式水平尾翼结构；（b）受力分析

1—壁板；2—大梁；3—支座；4—根肋；5—短梁；6—前墙；
7—加强框；8—纵梁；9—操纵杆；10—轴；11—加强肋

在定轴式结构中，轴在剪力 Q 和弯矩 M 的作用下受剪切和弯曲，而扭矩 M_t 被操纵杆力产生的操纵力矩平衡，而轴不承受扭转，这样，就可将它做成适合承受 Q 和 M 的工字梁。

一般，轴与尾翼的壁板、前、后墙均无直接连接，为此要布置两个纵向短梁和两个加强肋，以便把壁板上的已在根部逐渐集中起来的轴力通过两纵向短梁传到两加强肋上，再由肋传给轴；剪力也通过加强肋传给轴；当为斜定轴时，需在机身上布置一构件构成 x 向力臂，用以传递分弯矩。

缺点：在尾面结构高度内要同时安放轴和轴承，减小了轴的结构高度，对轴的受力不利；需在机体上开弧形槽，对机体有所削弱。

4）转轴的位置

图 6.14.21 示出全动水平尾翼转轴及压心的位置，图中 χ_{axi} 为轴的后掠角；14 为侧翼肋与翼展上的最大结构高度区的位置。

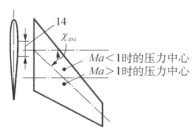

图 6.14.21 全动水平尾翼
转轴的位置

直轴（$\chi_{axi}=0$）与压力中心较远，在全动式水平尾翼操纵时，铰链力矩 M_h 较大。但转轴位置主要取决于颤振要求。

斜轴（$\chi_{axi}>0$）能使 M_h 值减小，特别是当轴位于 $Ma<1$ 的压力中心点和 $Ma>1$ 的压力中心点之间时更是如此。

随着轴后掠角 χ_{axi} 的增大，尾翼效率会降低，升阻比也会降低，因为当 χ_{axi} 值较大时，尾翼的偏转方向可分解为与来流平行的方向和与来流垂直的方向,这就使尾翼上的升力降低,阻力增加。当 χ_{axi} 增大后,在水平安定面左右段上布置操纵传动装置的难度也随之增加。

5) 直轴式全动平尾和带有双垂尾的全动平尾结构

图 6.14.22(a)示出转动轴为直轴的全动式水平尾翼结构(单垂尾)。平尾平面形状为梯形,为减小铰链力矩,展弦比和后掠角不大,一般情况直轴平尾铰链力矩较大。直轴的优点操纵系统比较好安排。

图 6.14.22(b)为斜轴全动平尾(双垂尾)结构。特点是垂尾分为安定面悬臂段和下根部段,根部安装在尾梁 16 上,单靠尾梁 16 是难以承受尾翼载荷的,为了承受载荷,根部加高加厚与尾梁成为一体承载。

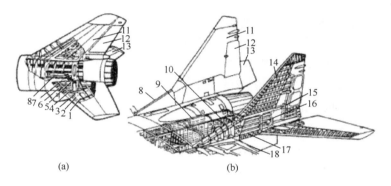

(a)　　　　　　　　　　　　　(b)

图 6.14.22　带全动式水平尾翼的单垂尾和双垂尾结构

(a)直轴式全动平尾结构;(b) MIG-29 飞机带斜轴的全动平尾的双垂尾结构
1—前梁纵轴线;2—根部翼肋;3—支座,轴承;4—平尾转轴;5—框;6—拉杆;
7—摇臂;8、9—机身蒙皮;10—框;11—垂直安定面;12—方向舵;
14—垂尾安定面悬臂;15—组合接头;16、17—尾梁;18—背鳍

7 飞机机身结构设计

7.1 机身的功用、设计要求及参数

机身的构成、要求、分析设计方法与机翼基本相同。特殊性是因为功用与机翼尾翼不同,因此设计有不同的侧重。飞机类型及使用要求在设计中占有重要地位,对结构布置影响较大,如:运输机要求机身必须满足装载要求,民航机要求结构满足旅客安全舒适,战斗机要求满足乘员驾驶方便灵活,机身阻力小,隐身好等。机身设计的外载荷主要是集中力。气动载荷较小。机身要装载各种设备、系统、连接各部件,协调关系多。

7.1.1 飞机机身的功用

机身作为飞机结构的基础,通过受力关系,把飞机的所有部件联成一个整体。

功用:装载乘员、设备和有效载荷;装载燃油;布置起落架;放置发动机;机身的相对质量占飞机总质量的 $8\% \sim 15\%$ 。图 7.1.1 示出了两种飞机机身的解剖图。

(a)   (b)

图 7.1.1　机身的结构和布局

7.1.2 对机身结构的基本要求

飞机结构设计的一般性要求适用于机身结构设计。

1)总体设计阶段

要满足装载的使用要求,可能在一些气动要求和重量要求上作出让步。它是协调机身、机翼、尾翼等相连部件的主要受力构件;机身结构为满足使用的各种技术要求措施在总体设计时已基本解决。

2）零部件设计阶段

应满足结构的强度、刚度和工艺性要求：具有足够的刚度。变形引起阻力增大，直接影响尾翼的效率和尾翼颤振特性；足够的强度，足够的开敞性，相对机翼、尾翼等，对机身结构的影响更突出；最小的结构重量；最好的工艺性、成本低。

机身结构受力形式和与之相连的部件的结构受力形式相协调（总体设计阶段）。将来自机翼、尾翼、起落架、动力装置的载荷传递到机身的承力构件上（零部件设计阶段）。能承受有效装载、设备和机身结构的质量力以及作用在机身上的气动载荷和密封舱内的压差载荷（零部件设计阶段）。

3）其他要求

合理选择机身的外形和参数，使在给定的外形尺寸下迎面阻力最小，有效容积最大。

在翼身融合飞机上采用能产生较大部分升力的升力机身，这样可减小翼面积，降低机翼重量。

合理使用机身的有效容积，就要布局紧凑，将货物尽量靠重心附近布置，这能够降低惯性矩并改善飞机的机动特性；在各种装载情况、燃油和弹药消耗的情况下，减少重心的变化范围，可保证飞机具有更理想的稳定性和操纵性。

4）特殊要求

空降人员和武器装备能保证容易跳伞和投放；对运输的货物能方便地装载、系留和卸载；高空飞行时能保证乘客和乘员具有必要的生活条件，要具备一定的舒适标准，采用增压座舱设计；旅客机迫降时保证乘员生命，能迅速安全地应急撤离；机组人员要有良好的视野。

5）维护性要求

军用飞机强调开口率，第三代战斗机的开口率达到 60%，以缩短再次起飞时间和维护时间。这给传力路线设计带来很大的挑战。

7.1.3　机身的外形和参数

7.1.3.1　机身的横剖面形状

取决于飞机的功用、使用条件和飞机的总体布局。圆形机身的表面面积较小，摩擦阻力也较小，在内压作用下，只受拉伸，而不受弯曲。最常用的机身横剖面是圆形和两个不同直径的圆相交的形状。图 7.1.2(a)，(d) 示出了机身的不同剖面形状。

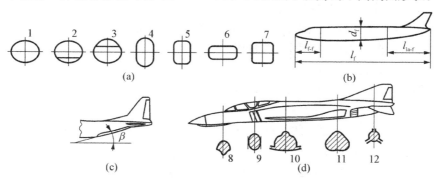

图 7.1.2　机身的横剖面形状，前、后机身的参数和形状

7.1.3.2 机身的侧面形状

机身的侧面形状与飞机用途、最小阻力要求、机身中乘员、设备和有效装载的具体布置以及机翼平面形状、尾翼、动力装置的形状和位置等有关。

前机身和后机身是均匀收敛的,轴对称形式的机身符合最小阻力的要求。长而细的前机身能减小阻力。机翼后掠使机身延长,同时也使前机身缩短,此时后机身上的弯矩增大,因此机身质量随之增加。延长前机身时要求考虑前起落架布置条件,以保证起落架具有必要的轮距,还要考虑把发动机移到后机身。图7.1.2(c)示出 C-130E 的后机身侧面形状,β 角处是装卸口,为减小阻力,后机身均匀过渡。

7.1.3.3 机身参数

机身可以看作是双支点外伸梁。图 7.1.2(b)示出了机身的基本参数:长细比

$$\lambda_f = l_\varphi / d_\varphi$$

式中:l_φ 为机身长度;d_φ 为机身直径;非圆形机身可以用等效直径 $d_{\varphi,e} = 2\sqrt{S/\pi}$,$S$ 表示机身面积。

增大 λ_f 的(前机身 λ_{ff} 或后机身 λ_{af})的同时增大机身长度会导致机身上弯矩的增大,也就使机身质量增大;但机身阻力会下降。

靠减小 l_f 或增大 d_f 的方法来减小 λ_f 会降低机身的载荷和机身承力件上由弯矩产生的应力,但是在 d_f 增大的同时,由于压差的作用,密封舱的应力会迅速增大。圆形机身最适宜密封舱增压承载。

7.2 机身上的载荷及其平衡

前后机身上的质量力、尾翼、起落架等部件传给机身的集中力,在机身中段上与机翼传给机身的集中力平衡。机身可以看作支承在机翼上的梁。

7.2.1 机身上的主要载荷

(1)与机身相连的飞机其他部件(机翼、尾翼、动力装置及起落架等)传给机身的力,在飞行、着陆、滑行时作用到机身结构上。

前机身:前轮载荷是主要外载;

后机身:尾翼载荷、发动机推力和陀螺效应产生的集中力;

水平和垂直尾翼载荷是同一数量级。

(2)机身中受到的质量力(包括货物及部件质量),取决于质量大小和过载的大小和方向;是机身总体载荷的主要部分;运输机装载一般以分布压力的形式表示。

(3)分布在机身表面上的气动力,相当于一个小展弦比机翼,空气动力较小;在机身的突出部位,气动力的值可能很大。

(4)机身密封舱、进气道和专用舱内的压差,是机身局部强度的设计载荷。

（5）特殊载荷：迫降等情况产生。

7.2.2　机身载荷的平衡和力图

图 7.2.1(a) 和 (b) 示出了飞机在 xOy 平面和 zOy 平面的力。R_1 和 R_2 表示机翼机身接头反力，R_1'，R_2' 表示尾翼接头反力。

特点：机身在连接接头处对机翼和尾翼的支反力的值可能比机翼升力 L_w 和尾翼升力 L_{ht} 和 L_{vt} 本身要大。

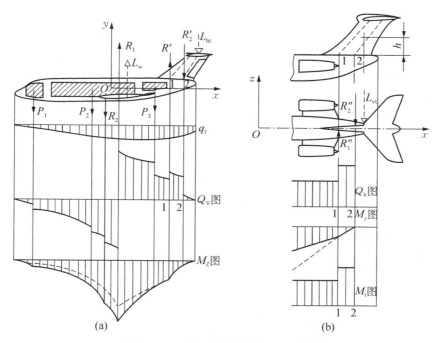

图 7.2.1　机身的受载 Q 和 M 内力图

图 7.2.1 给出了机身的剪力、弯矩、扭矩图。当发动机布置在后机身上下时会使 M_z 明显增大，图 7.2.1(a)，弯矩 M_z 图实线表示发动机在后机身，虚线表示发动机不在后机身；当质量沿 x 轴分散较大时或机身较长时，也会使 M_z 增大；增加垂尾高度会使扭矩 M_t 增大。

与机翼比较：载荷基本种类相同，包括集中载荷、质量力是主要载荷。水平（横向）和垂直方向载荷是同一数量级。因此，机身截面横向尺寸与垂直方向尺寸接近，刚度接近。

7.3　机身的结构受力形式及其受载情况

机身结构最初是桁架式（图 7.3.1(a)），以后发展成梁式（图 7.3.1(c)，(d)，(e)），图 7.3.1(b) 表示在桁架外有一整流包皮。

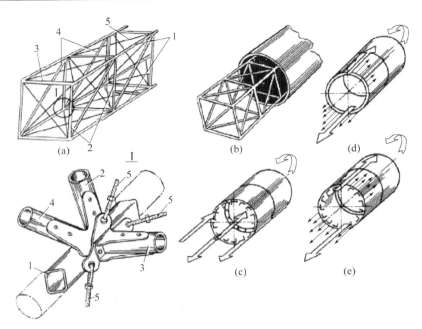

图 7.3.1　机身受力结构形式

1—纵向梁；2—支杆；3—支承；4—斜撑；5—拉索

7.3.1　构架式结构的机身

空间桁架机身见图 7.3.1(a)，(b)。桁架承受拉压力，蒙皮承受气动力。图(b)的下面为桁架接头。

优点：

桁架可以是静定的(轻)；在空间飞行器上也采用桁架式箭体，因为桁架接头采用铰接，使得结构在受热状态下能保持良好的工作状态。

缺点：

桁架的重量、整流罩的重量、受力蒙皮的重量和固定接头的重量累加起来，使它的重量特性已经不如薄壁式机身；桁架式机身在利用内部空间方面潜力较差；桁架式机身的战斗生存性也差。

传力：

弯矩产生的轴向力(受 M_z 和 M_y 的作用)基本上靠大梁的缘条来承受；剪力 Q_y 和 Q_h 由垂直(侧向)和水平(上和下)的桁架构件来承受，这些构件是支柱、横撑杆和斜撑杆。

扭矩 M_t 由 4 个平面桁架形式的闭合的空间构架来承受。

7.3.2　梁式机身

梁式机身包括：桁梁式；桁条式；硬壳式。

7.3.2.1　桁梁式机身

图 7.3.1(c)，图 7.3.2(a)为桁梁式机身。它有较强承弯能力的桁梁，没有腹

板;桁梁是用模压和锻造方法制造的,其横截面比桁条要大。桁梁多半是 T 型截面;梁式机身还有较薄的蒙皮、桁条、隔框。

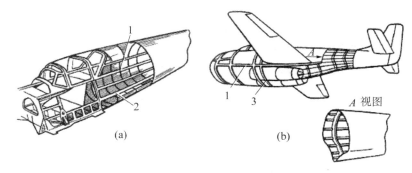

图 7.3.2　桁梁式机身

（a）桁梁式;（b）桁梁和桁条的混合式

传力:弯矩 M_z 和 M_y 引起的轴向力主要由桁梁承担,蒙皮与桁条作用不大;蒙皮承受剪力 Q_v 和 Q_h 的以及扭矩 M_t,蒙皮受剪切。

桁梁布置:早期桁梁:沿整个机身长度布置,布置在±45°处,图 7.3.2(a)中,1,2 为大梁。

混合受力形式机身桁梁布置（图 7.3.2(b)）,其后机身是桁条式的,而机身下方,发动机载荷通过大梁 1 传力;在机身上的开口部位(座舱盖开口、密封舱开口、设备舱开口、起落架开口、油箱开口、发动机舱开口等),对机身进行受力补强的部位,用桁梁(纵向梁)来承受纵向集中力(来自发动机推力、武器反作用力等),此外还需要横梁或加强口框。

7.3.2.2　桁条式机身

随着载荷的增大(主要是弯矩增大),机身的结构受力形式就由梁式改成了整体桁条与蒙皮组成的加筋板形式。桁条式机身由桁条、隔框和蒙皮组成,桁条较密、较强,桁条间距在 $100\sim200\,\mathrm{mm}$ 之间,蒙皮较厚,在 $0.8\sim2.5\,\mathrm{mm}$ 之间,框的间距大约在 $200\sim500\,\mathrm{mm}$ 之间(见图 7.3.3),减小框距离,可以提高桁条的抗失稳能力。蒙皮与桁条一起承受弯矩 M_z 和 M_y 引起的轴向力(拉-压);承受剪力 Q_v 和 Q_h 的以及扭矩 M_t,蒙皮受剪切。图 7.3.1(e)是桁条式机身受力特点。

图 7.3.3(a)给出了客机桁条式机身的分离面部位,沿轴线分为:

(1) 1—前机身:包括驾驶舱 2 和电子舱门及前货舱门 3。

(2) 8—中机身:有前厅、厨房、乘客舱、货舱、餐厅和前起落架,包括客舱门 11,应急舱门 9,机翼对接接头 10。

(3) 6—后机身:有减速伞舱 6,尾翼接头 5。

机身由地板 4 分为上下两部分,上部是客舱,驾驶舱;下部是电子雷达舱,货舱;中间有操纵系统,起落架接头,各种设备等。

图 7.3.3(b)表示中后机身对接部位,16 为普通框,18 为加强框,17 为对接桁条,其他为连接角片,垫板等。

图 7.3.3(c)示出了重型轰炸机安－14 承力机身为桁条式结构,很大的货舱有一个后装货口 48,装货地板 47,通过框、螺栓和桁条连接;框 22,43,40,37,38,39,33,35;中央翼下大梁 23、中央翼增高部分 24、其他为开口和接头。

图 7.3.3(d)示出轻型机动飞机的桁条式后机身。框 1,4,5 承受平尾和垂尾载荷,前后机身对接框架 10,减速伞舱 3,整流罩 6,视图Ⅰ,Ⅱ,Ⅲ表示前后机身对接接形式和零件等。

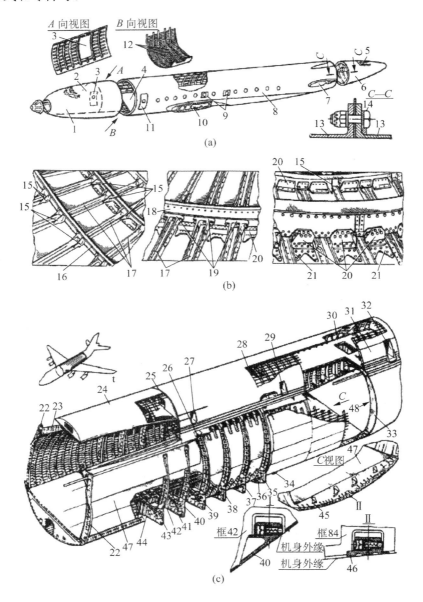

(a)

(b)

(c)

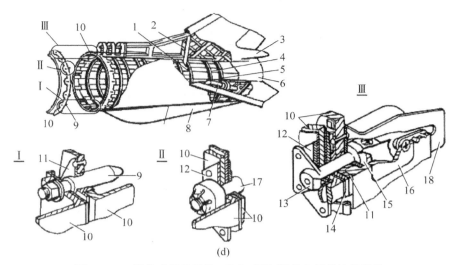

图 7.3.3　桁条式机身结构、蒙皮、框和桁条之间的连接结构

7.3.2.3　硬壳式机身

由普通框和加强框支持的蒙皮组成,没有纵向构件,蒙皮厚,隔框少,很强的战斗生存性,重量特性不好(图 7.3.1(d))。

蒙皮承受所有形式的剪力和弯矩,所以,它既承受正应力,又承受剪应力。隔框是为了维持机身截面形状和承受垂直机身轴线的集中力。

这种机身结构的蒙皮必须具有足够的受压、受剪稳定性,所以夹层结构板是硬壳机身结构的较理想蒙皮。

现代机身相对载荷小,开口多,这样需要在开口处加强,加厚,必然增加重量,因此一般部位应用少,常用于机身的头部、尾部(见图 7.3.3(d)整流罩),集中载荷小,没有开口的部位,局部刚度要求高,进气道在前机身的部位。

7.4　机身基本承力构件用途和构造形式

机身上基本受力构件的用途与机翼上相对应的受力构件的用途是类似的。

7.4.1　机身蒙皮

机身蒙皮用来维持机身外形,蒙皮和加强它的桁条组成加筋板共同承受由于弯矩引起的拉—压(法向应力)应力,其承载能力将取决于加筋板的稳定性;承受由于横向力和扭矩作用而引起的剪力(切向应力);密封舱(座舱)蒙皮还要承受相当大的压差。图 7.4.1 表示蒙皮对接形式。

7.4.2　桁条和桁梁

桁条和桁梁用挤压型材制造(见图 6.1.12)。它的作用:承受正应力、将集中力扩散。

简单式的桁条,横剖面只有一个结构元件;组合式桁条(桁梁),从横剖面看,有几个结构元件,见图 7.4.2 和图 7.4.3。

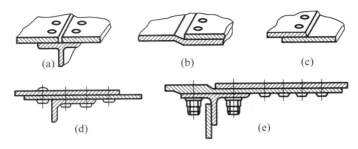

图 7.4.1　板材蒙皮的对接

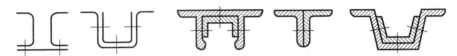

图 7.4.2　组合式机身桁条和桁梁的剖面

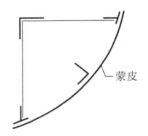

图 7.4.3　薄壁梁式组合式桁梁用于货舱、
舱盖等大开口处的纵向边缘

7.4.3　机身的框

机身框的功能类似机翼的翼肋,见图 7.4.4。机身框的典型剖面见图 7.4.4 (c),剖面有内外缘和腹板,缘条承弯曲,腹板承剪切。为提高生存力和工艺性,常常制成组合式。框分为普通框和加强框。

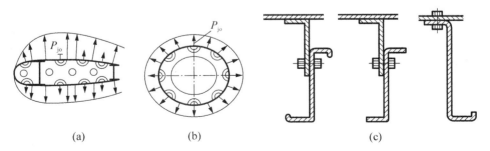

图 7.4.4　框和翼肋的受载和剖面形状
(a)机翼翼肋受载;(b)框受载;(c)机身框典型剖面

1）普通框

承受气动力：用于维持飞机外形和固定蒙皮、桁条，在有限元分析中，一般简化为平面梁元。圆形框有环向拉力，通过剪流来承受；非圆形框，局部有弯曲应力。

机身弯曲变形引起的压力，一般不存在强度问题。大型飞机变形可能大，需检查弯曲刚度，图 7.4.5 为机身弯曲引起框平面的应力。

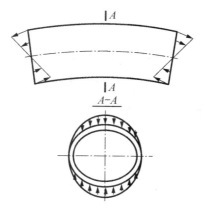

图 7.4.5　机身弯曲引起框平面应力

2）加强框

承受来自机翼、尾翼、起落架、发动机和货物的集中力并把这些力传到蒙皮上。有较强的缘条和较厚的腹板，承弯矩、剪切载荷，有限元一般简化为杆板结构。分为环形框，腹板框。

腹板框：不承受弯曲，结构简单，重量轻，一般放在后机身或是布置在大开口的两端，它影响机身内部空间的利用。图 7.4.6 示出腹板框。图(a)中，8 为角材，增加腹板的稳定性；11 为腹板，支杆 10，9 为垂尾大梁接头。图(b)为腹板框的力图，剪力 Q 与剪流 q_Q 平衡。

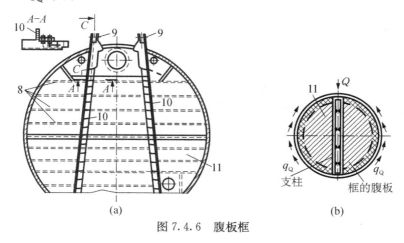

(a)　　　　　　　　　　　　　　　　　　(b)

图 7.4.6　腹板框

　　环形框:图7.4.7(a)为承受机翼大梁力矩的环形框,2,3为机翼连接耳片螺栓,框分为4个零件,通过1连接;图7.4.7(d),(e)为(a)框的受力图。图7.4.7(b)给出了结构如何解决承力框受辅助撑杆4和支承5上 Q 力承受,以及蒙皮剪流 q_Q 平衡情况。图7.4.7(c)为环形框 Q 力与剪流 q_Q 平衡情况。

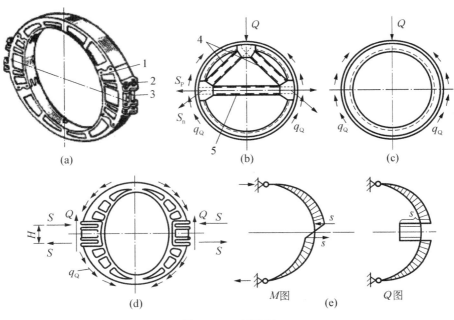

图 7.4.7　环形框

图 7.4.8 为安-14 机身典型截面。

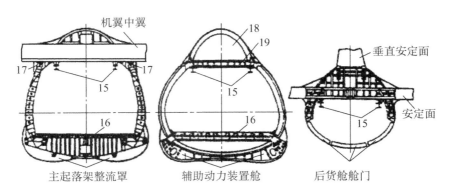

图 7.4.8　安-14 机身典型截面

15—装卸滑轨;16—地板横梁;17 中央翼固定接头;
18—第二层舱面板;19—二层梁

7.4.4 机身上骨架元件与蒙皮的连接

连接方式包括螺接、铆接、焊接与胶接。对于密封舱情况,对连接有较高的密封要求。

1) 蒙皮只与桁条相连

图 7.4.1(d),(e)示出了蒙皮与桁条的连接,(e)为螺接,(d)为铆接。由于蒙皮没有横向支持,承剪能力变差,就需要通过增加蒙皮厚度来对其进行加强。

2) 蒙皮与普通框相连、又与桁条相连

为保证桁条的连续及实现整体壁板,一般不切断桁条。如果普通框不开口与蒙皮连接需借助补偿片,见图 7.4.9。

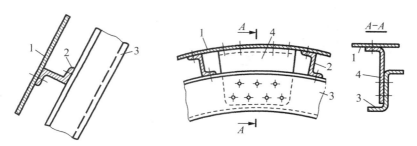

图 7.4.9 框借助补偿片同蒙皮的连接

1—蒙皮;2—桁条;3—框;4—补偿片

框与蒙皮直接连接,需要在普通框上开缺口,以便桁条通过,见图 7.4.10。

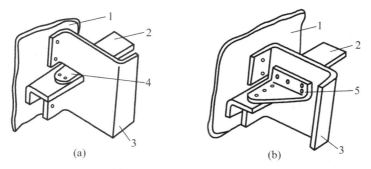

(a)   (b)

图 7.4.10 框与桁条的连接

1—蒙皮;2—桁条;3—框;4—弯边;5—角片

3) 加强框与蒙皮连接,蒙皮又与桁条连接

为保证加强框的强度、刚度,一般加强框不开口。如果加强框直接与蒙皮连接,需要切断桁条,桁条垂直框腹板,通过接头连接到加强框(图 7.4.11(b),(c))。

如果长桁与加强框都不断开,加强框则需要通过补偿加强片与蒙皮连接(图7.4.11(a))。

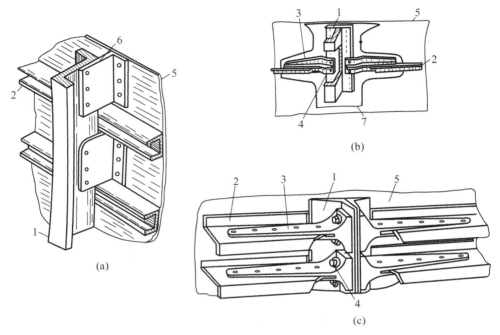

图 7.4.11　加强框与桁条相接处的连接

(a) 长桁与加强框均不断开；(b) 长桁断开，又用框外缘连接；(c) 长桁断开，用接头连接

1—加强框；2—长桁；3—长桁对接角盒接头；4—连接螺栓；5—蒙皮；6—补偿连接片；7—加强盖板

7.4.5　机身的工艺分离面和使用分离面

分离面包括使用分离面和工艺分离面。

使用(设计)分离面：可以拆卸，根据便于维修、运输、更换的要求确定。

工艺分离面：不可拆卸，根据生产、工艺需要确定；图 7.3.3(a)给出了机身的工艺分离面。

采用工艺分离面原因：将复杂机身外形零件简化；满足原材料规格的限制、机床设备的加工能力；使加工过程开敞性好，提高工作效率。

典型二级工艺分离面：机身段分离面(前、中、后)。

组合件工艺分离面包括：

横向组合件：如每个加强框是单独装配件。

纵向组合件：如壁板沿纵向一般分为 3～4 个组合件，即上壁、中壁、下壁。

分离面对接：为了能传递作用在桁条上的轴向力，就要布置特殊的对接接头。

桁梁机身：接头少，重量不利但安装方便；用铰接接头。

桁条机身：围框接头，接头多，其中有 3 个以上的导向销。

7.5 其他部件与机身的连接

7.5.1 机身与机翼的连接

对于盒段式整体机翼,其中央翼与机身连接,采用铰接接头,不要求机身框布置力矩接头。

无中央翼梁式机翼:机翼机身连接用固接。固定有机翼悬臂梁的加强环形框的结构、载荷和平衡情况见图 7.4.7(a),(d),(e)。图 7.5.1 给出了带斜梁的三角机翼与机身的连接方案,其中视图Ⅲ为斜梁与机身加强框连接固定接头。

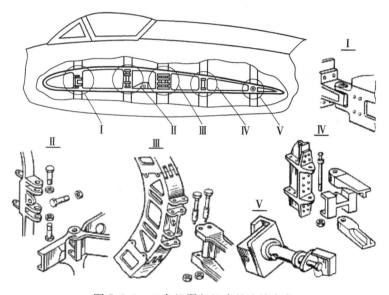

图 7.5.1　三角机翼与机身的连接方案

图 7.5.2(a)示出客机机身中间部分,1 为中央翼,2 为加强框,剪力 Q 与扭矩 M 由机翼传到加强框,中间通过中央翼前后大梁。图 7.5.2(b),(c)为其他机种的加强框 2 的形式,拱形框有中央翼大梁 1,齿形接头 5,对接接头 3,模压件 4。图 7.5.2(f)给出了中央翼与加强框 2 相似的对接方案。图 7.5.2(d),(e)给出利用靴形接头 7,大梁 6 与加强框 2 连接。

7.5.2 尾翼与机身的连接固定

同机翼与机身的连接固定没有根本的区别。现代飞机垂尾多为后掠式,垂尾安定面可通过梁、墙根部耳片接头与机身加强框连接;如图 7.5.3 所示,侧向载荷 P 在机身接头处产生力矩 M,并分解为 M_y、M_x。加强框只能承受分力矩 M_x,而 M_y 传递需要通过在后机身上壁板设置一水平加强板,加强板位于 1、2 框之间,两侧装有型材,见图 7.5.4,型材承受轴力,加强板(或加厚蒙皮)承受剪力。侧力 P 形成的剪力 P_z 和扭矩 M_t 传递通过叠加得到(图 7.5.3(c),(d),(e))。

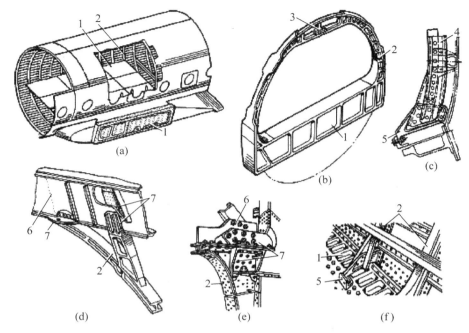

图 7.5.2　机身的对接结构方案

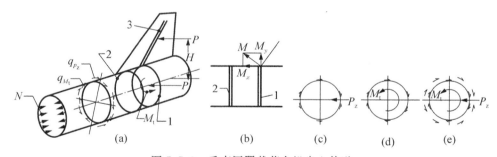

图 7.5.3　垂直尾翼载荷在机身上传递

（a）垂尾加载模型；（b）力矩 M 在 1 框加载和分解；（c）剪力平衡；
（d）扭矩平衡；（e）总叠加平衡
1—垂尾安装加强框；2—加强框；3—垂尾大梁

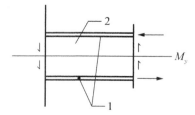

图 7.5.4　水平加强板的作用原理

1—型材；2—机身蒙皮（适当加强）

7.5.3 起落架与机身的连接

起落架通常固定在机身加强框和(或)纵梁上,可以采用起落架舱,它由垂直腹板、水平加强板和两端的加强框形成。起落架支点的开口周围用加强构件(开口小时用型材、开口大时用梁或强度高的横梁)加强。图 7.5.5 给出前起落架与机身连接及传力。

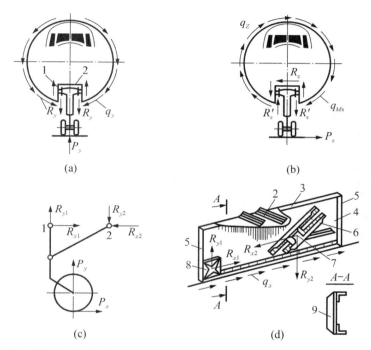

图 7.5.5 前起落架在前机身中的固定接头结构方案;作用在机身上的起落架载荷及其平衡

(a)前起落架受垂直载荷传力;(b)受侧向力传力;(c)受水平力传载;(d)纵向梁1的结构

1—前起落架安装纵梁固定在加强框上;2—水平加强版;3—上下缘条;

4—腹板;5—垂直型材;6—对角型材;7—起落架撑杆接头;

8—起落架外筒接头;9—垂直支杆

7.6 机身开口处的结构形式

为满足飞机的使用性和维护性要求,需要在机身开口。

开口的结构形式取决于:机身结构受力形式;开口的尺寸;是否要切断机身上的承力构件;根据使用条件能否使用受力口盖等(盖在开口上)决定。

开口的结构形式

用于观察窗、加油口等处的小开口:如果这种小开口不破坏承力结构的完整性,以框架形式沿开口周围加上刚性垫板(如同在机翼上)。这种开口采用快卸螺钉将口盖盖上。

中型开口,它破坏了机身受力构件的完整性,需要采用与机身上总体受力构件联成一体的承力口盖。这种口盖用螺钉沿开口周边固定在机身承力构件上来保证口盖与蒙皮共同受剪(受扭时)或受拉压(受弯时)。

用于驾驶舱盖、舱门、起落架舱、货舱等处的大型开口,因为使用条件的限制而不能采用同机身受力结构连成一体的承力口盖,在开口端部用腹板式加强承力框来加强,在开口两边布置桁梁(加强桁条)或加强横梁。图 7.6.1(a)示出了机身大开口的结构,1 为腹板框,2 为加强横梁;图 7.6.1(b)、(c)、(d)表示在剪力 Q_v 和 Q_h、弯矩 M_z 和 M_y 和扭矩作用下机身大开口区的受力图,载荷传递与平衡。

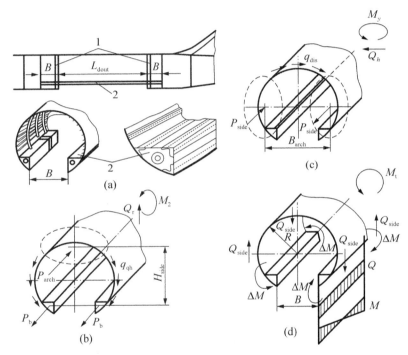

图 7.6.1　机身大开口处的结构与受力形式

典型大开口前机身传力分析

图 7.6.2 示出某轻型歼击机的前机身结构。这是一机头进气的前机身,根据需要,从唇口到 6 框为大开口,上为设备舱,下为前起落架舱;6 到 11 框大开口上为飞行员舱,下为电瓶舱。整个前机身为上下大开口,上下舱由水平地板隔开,成"H"形剖面,左右为进气道。该前机身结构为桁梁式,四根桁梁沿四个角点(进气道内蒙皮)布置,向后延伸到 11 框后的桁条式中机身,载荷通过厚蒙皮分散到桁条。

前起落架载荷通过 6 号加强框承载,其垂直剪力通过进气道内蒙皮传递,横向剪力通过地板剪流传递。轴力通过桁梁传递。由于加强框不易承受垂直框平面的载荷,所以设计支座(图 7-24(e)、(f))及纵向构件传递 x 向载荷到地板及内蒙皮。

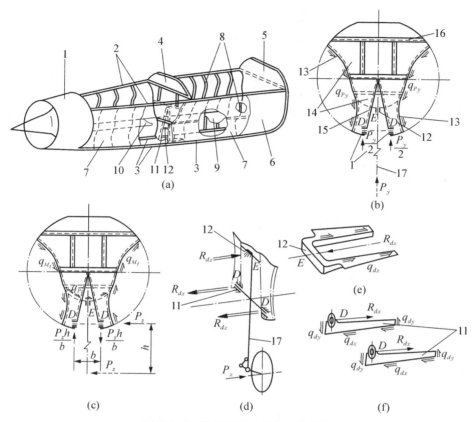

图 7.6.2   某轻型歼击机前机身结构

（a）前机身主要受力结构；（b）力 P_y 作用下加强框的平衡；（c）力 P_z 作用下加强框的平衡；

（d）力 P_x 的传递过程；（e）力 R_{dx} 作用下挡块沿 x 向的平衡；

（f）力 R_{dx} 作用下轴承座及纵向加强件的平衡

1—进气道唇口；2—上桁梁；3—下桁梁；4—6 号加强框；5—11 加强框；6—进气道外蒙皮；
7—进气道内蒙皮；8—进气道内蒙皮加强筋；9—座舱地板；10—设备舱底板；
11—转轴轴承座及纵向加强件；12—挡块；13—框缘条；14—框腹板；15—竖型材；
16—横向型材；17—前起落架轴线

7.7   机身舱段主要结构的受力分析

机身舱分为乘员舱、客舱和货舱。为满足乘员，乘客工作及生命要求，除满足强度刚度外，还应保压，隔音、隔热；高度变化需要加压、加热；常用涡轮喷气发动机或涡轮螺旋桨发动机的压气机引入压缩空气。使用密封舱及生命保障系统。

密封舱段，都承受附加的压差载荷 Δp：通常为正压差，飞行高度急剧下降可能是负压（座舱压力小于外界压力）。

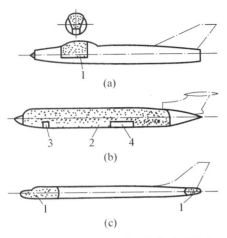

图 7.7.1　各类飞机增压舱分布及形状

(a) 两侧进气歼击机增压座舱;
(b) 旅客机增压座舱;
(c) 轰炸机空勤组增压座舱
1—空勤人员增压座舱;
2—旅客及空勤人员增压座舱;
3—前起落架舱(不气密);
4—中央翼及主起落架舱(不气密)

7.7.1　气密舱

歼击机气密舱主要是驾驶舱;客机的气密舱包括除起落架舱以外的舱段。各类飞机的气密舱见图 7.7.1。气密舱最佳形状为球形或圆筒两端为半球面;实际结构很难实现。旅客机一般后面为球面框,前面为平面腹板框。

图 7.7.2 示出了密封舱构件内压下的受载。图 7.7.2(a),(b)为单座飞机密封舱及截面;图 7.7.2(d)为带有球面框的密封舱机身;图 7.7.2(c),(e),(f)为内压引起的各部位内力。由于余压的作用(由于应力 σ_r)将引起机身截面外压,见图 7.7.2(f)。

纵向截面上产生周向应力:

$$\sigma_r = \Delta p f R / \delta \qquad (7.7.1)$$

半球形气密框在蒙皮上引起轴向应力:

$$\sigma_x = \Delta p f \pi R^2 / (2\pi R \delta) = \Delta p R f / (2\delta) \qquad (7.7.2)$$

式中:Δp 为密封舱内外压差;f 为安全系数;R 为半径;δ 为蒙皮厚度。

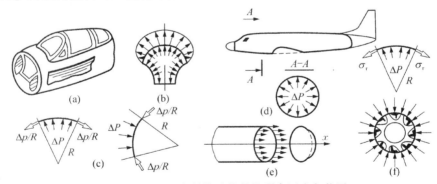

图 7.7.2　飞机密封舱及构件的剩余压力负载图

由式(7.7.2)可知,球面气密框的轴向应力 σ_x 是周向应力 σ_r 的两倍。σ_x 需与机身总体弯曲应力叠加。由于内压作用,框还要承受径向力。如果密封舱为圆筒形,这些力在框上可以自身平衡。

图 7.7.3(a)表示圆筒机身与底部交界处 1、2,载荷较大,安装加强框 3;桁条 4 与接头 5 连接形式见图 7.7.3(b)。

受载荷作用,球面框边缘径向变形 δ_1 与机身壳体径向变形 δ_2 不同。图 7.7.4 示出球面框与机身结构变形不协调会产生局部内力。为减小或消除这一内力,设计

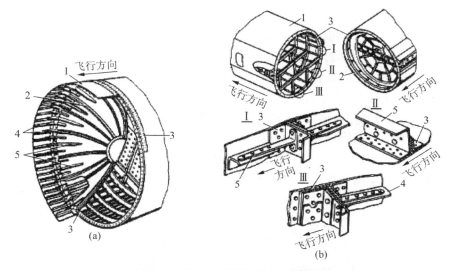

图 7.7.3　密封舱球面底部的密封结构

应考虑刚度匹配。

平面腹板框的传力与连接：

增压载荷均布作用在腹板上，由腹板集中起来传到横、竖加强型材上。型材相当于连续梁；横、竖型材互相支持，最好分别布置在腹板的前后两面上，避免型材断开。若布置在一侧，断开的型材需要通过合适的连接方式保证连续。

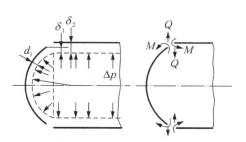

图 7.7.4　球面框与机身结构变形
不协调会产生局部内力

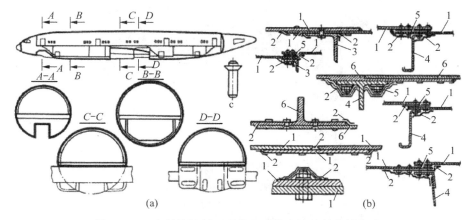

图 7.7.5　密封舱的剖面形状和对接连接处的密封方式

1—蒙皮；2—密封胶；3—纵向加强构件；4—横向加强构件；
5—密封胶带；6—铣切壁板

气密舱内需要密封：

图 7.7.5(a)示出客机机身密封舱及截面；各骨架构件与蒙皮的对接处、蒙皮与壁板之间，铆接和螺接采用过盈密封连接(图 7.7.5(b))；铆接缝处一般不少于双排铆钉。

飞机和发动机操纵系统的拉杆和钢索在座舱内的出口处；飞机动力系统(液压系统和冷却系统)和空调系统的导管、电缆束、座舱盖口和应急出口、舱口和窗口也应进行密封，通常采用液体的密封胶、密封胶带、密封油进行密封。

图 7.7.6 示出了操纵系统构件密封出口方案。其中图(a)，(b)给出两种操纵杆密封方案；图(c)为操纵杆下端的密封；图(d)为系统导管密封；图(e)中方向舵与升降舵为转动的操纵系统。考虑操纵杆轴线移动摩擦力大，转动比移动好。

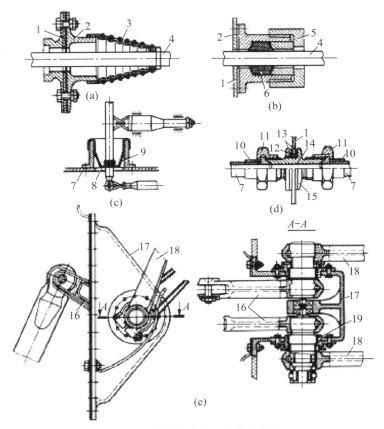

图 7.7.6　操纵杆系出口处的密封方案

1—壁板；2—凸缘接头；3—波形橡胶软管；4—操纵杆；5—外套螺帽；6—密封填料；7—导管；
8—凸缘；9—密封长袜；10—管接头；11，12—螺帽；13—弹性密封圈；14—转接装置；
15—凸缘；16—摇臂；17—密封出口壳体；18—密封区外的摇臂；19—密封垫

7.7.2　舱盖结构

图 7.7.7(a)示出一种歼击机座舱盖结构，这种结构前风挡有金属横梁；有些飞

机是水滴形舱盖,没有金属横梁,玻璃流线过度,减小了气动阻力。图7.7.7(a)截面视图示出金属骨架安装的玻璃用弹性的橡胶垫、胶带和密封胶连接,玻璃在骨架上不应成刚性固定,以便保持玻璃完整性。

座舱盖由前风挡和滑动部分组成,滑动部分顺航向打开,保证飞行员进出及应急跳伞。滑动部分与风挡及机身中间由充压胶带密封,由舱盖锁固定。舱盖风挡需承受高的气动力、鸟撞及子弹射击;为此安装了由有机玻璃加硅酸盐玻璃制成的防弹玻璃。

舱盖锁结构见图7.7.7。图(b)为锁关闭;图(c)为锁打开;图(d)示出客机飞行员舱盖结构。

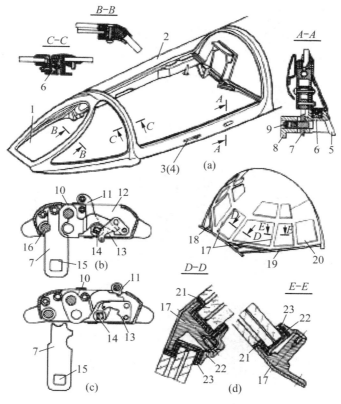

图 7.7.7　座舱盖、舱盖固定锁和玻璃固定连接的结构

1—风挡;2—滑动部分;3,4—内外控制手柄;5—加强版;6—胶带;7—环;8—舱盖锁;
9—销子;10—杆;11—摇臂轴;12—锁壳;13—摇臂;14—轴;15—环孔;16—轴;17—框架;
18—框;19—梁;20—玻璃;21—密封胶;22—通风口;23—橡胶垫

舱盖强度特殊问题,需要考虑高低温、增压加载以及非金属有机玻璃、密封胶、胶带等老化问题以及鸟撞冲击载荷。

舱盖的设计需要考虑结构强度、应急救生、环控(生命保障系统)、机构系统(锁)的可靠性等。

7.8　地板结构

地板由形成地板骨架的纵梁、横梁和布置在骨架上的、也就是装在支架上的壁板组成。横梁由模压型材组成,纵梁同时作为安装座椅的导轨,地板板材由夹层材料制成。

图 7.8.1(a),(b)示出客机机身地板的结构组成方案。图(c),(d)为地板横梁组成及连接;图(e)为地板骨架与框的连接(铰接)。

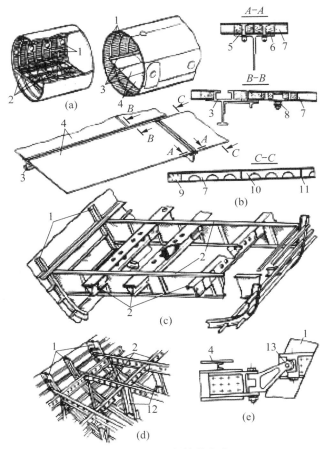

图 7.8.1　地板结构方案

1—机身框;2—横梁;3—纵梁;4—地板板材;5—螺栓;6—橡胶条;7—泡沫塑料;
8—接口;9—板条;10—填料;11—层板肋条;12—立柱;13—铰接接头

7.9　结语

机翼,尾翼,机身的传力分析是强度计算的基础,力流的传递犹如水的流动,具有自己的规律,需要用心领悟。掌握了传力分析就是掌握了结构分析的要领,掌握了强度计算的方向。掌握传力路线也为新飞机结构布局设计打下基础。

8　结构力学基础知识

8.1　结构力学基础与假设

任何一门科学必须是以客观规律为依据的。可变形的固体受力时,客观规律是:所有力(包括惯性力)必须是平衡的。固体在力的作用下会产生变形,应变与应力之间存在一定的反映物理性质的关系,物体是连续的。这就是结构力学的三个规律:①平衡条件;②应力应变关系;③连续条件。

在工业产品中,物体大多只会产生微小变形,因此结构力学中采用的基本假设就是"小位移(变形)假设":结构变形很小,可以假设它不影响结构的几何形状,平衡条件只需根据结构变形前的几何形状来建立。

8.2　结构力学的基本方法

1) 虚功原理

要使某一可变形系统在某一位置形状时处于平衡,其必要和充分条件是:该位形时所有外力和内力在任何虚位移上所作的虚功总和为零。

即
$$\sum x\delta u + \sum y\delta v + \sum z\delta w = 0 \tag{8.2.1}$$

因为虚位移是任意的,δu,δv,δw 彼此独立无关,且不一定等于零,由上式可得

$$\begin{cases} \sum x = 0 \\ \sum y = 0 \\ \sum z = 0 \end{cases} \tag{8.2.2}$$

若以 W 表示全部外力的虚功,以 A 表示全部内力的虚功,则虚功原理可以写成

$$W + A = 0 \tag{8.2.3}$$

虚位移是假想的,任意,满足约束条件的无限小位移,但对可变形系统,虚位移是满足变形协调条件的位移。按结构力学的基本假设(小位移假设),结构真实位移满足虚位移的要求,因此,可以把真实位移取作虚位移。按虚功原理外力功与内力功总和为零,于是为求内力功,只要求出外力功即可,即

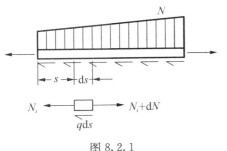

图 8.2.1

$$A = -W$$

因此,内力功等于负外力功。

如图 8.2.1 所示杆受力情况,为求内力功,取微段 ds,则作用在此微段上的外力在虚位移上作的外力功为(略去二阶微量)

$$dW = N_i \varepsilon \, ds \qquad (8.2.4)$$

内力功　$dA = -dW = -N_i \varepsilon \, ds \qquad (8.2.5)$

因此,整个杆子的内力功为　　　$A = -\int_0^L N_i \varepsilon \, ds \qquad (8.2.6)$

如果虚位移产生的应变 ε 是杆受轴力 N_R 而产生的真实应变,则

$$A = -\int_0^L \frac{N_i N_R}{Ef} \, ds \qquad (8.2.7)$$

虚功原理也可以用下式表示:

$$\sum p_i \delta_i - \sum s_i v_i = 0 \qquad (8.2.8)$$

其中: $p_i \delta_i$ 代表全部外力所做的功;而 $s_i v_i$ 是全部内力功的负值。

虚功方程的优点:

(1) 一个方程代替了静力学中几个平衡方程;

(2) 它既表达平衡条件,又表达变形协调条件;

(3) 由于它既含有力,又含有位移,所以既可以用它求未知力(当位移已知时),又可以用它来求未知位移(当力已知时)。

2) 单位载荷法

当已知元件各点满足变形协调条件的应变,可利用虚功原理求出较为复杂结构的弹性位移,即所谓的单位载荷法。

虚功原理可以改写为:结构满足平衡条件的内外力,在满足变形协调条件的位移上所做的功的总和为零。

为了方便起见,我们用 $<i>$ 来表示一结构满足平衡条件的内外力状态,其中外力为 $\overline{P_i}$,内力为 $\overline{S_i}$,用 $<R>$ 表示该结构满足变形协调条件的位移状态,位移为 Δ_R,变形为 v_R,则虚功原理可表示为

$$\sum P_i \Delta_R - \sum S_i v_R = 0 \qquad (8.2.9)$$

【例 8.1】　一静定结构如图 8.2.2 所示,已按平衡条件求出内力 N_R,q_R,与此内力对应的应变 ε_R,γ_R 已知,欲求某点 i 垂直向下位移 Δ_R,设基础是刚硬的。

解:对于静定结构按平衡条件求出内力,其对应的变形是满足变形协调条件的,

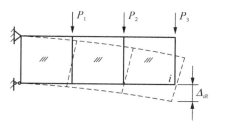 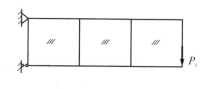

图 8.2.2

所以可以为 <R> 状态。

设想在结构上 i 点上有一外力 P_i，其大小为 1，方向垂直向下（与所求 i 点的位移方向相对应），在此单位载荷作用下，求出满足平衡条件的内力 $\overline{S_i}$，因此得到 <$\overline{i}$> 状态。

现将 <R> 状态的位移 Δ_R 和应变 v_R 作为虚位移，这位移和应变是满足变形协调条件的。而 <$\overline{i}$> 状态的内外力 $\overline{S_i}$ 及 P_i 在 <R> 状态的位移上做功，用 <$\overline{i}$>×<R> 表示。

按虚功原理：<$\overline{i}$>×<R> $1 \times \Delta_{iR} - \sum S_i v_R = 0$

　　　　　　　　　　　　　外力功　内力功

由此得到
$$\Delta_{iR} = \sum S_i v_R$$

这就是著名的单位载荷法。

其中 $\overline{s_i}$ 可按平衡条件求出，而 v_R 是已知的，故 Δ_{iR} 可求出。（因假设基础是刚性的，故 <$\overline{i}$> 状态中基础给结构的支反力不做功）。所以称单位载荷法。因为我们在结构中只加一个与所求广义位移相对应的广义力。

各种常用结构元件的广义力、广义位移、内力功负值 $\overline{s_i} v_R$ 见表 8.2.1 所示。

表 8.2.1   常用结构元件的广义力、广义位移、内力功负值

元件	广义力 S_i	广义位移 V_R	负内力功 $S_i V_R$
杆	轴力 N_i $N_i \longleftarrow \square \longrightarrow N_i$	$\varepsilon_R \mathrm{d}s = \dfrac{N_R}{Ef}\mathrm{d}s$	$\displaystyle\int_0^l N_i \varepsilon_R \mathrm{d}s = \int_0^l \frac{N_i N_R}{Ef}\mathrm{d}s$
梁	弯矩 M_i $M_i \big($ ⎯⎯⎯ $\big)$ $\mathrm{d}s$	$\mathrm{d}\varphi_R = \dfrac{M_R}{EJ}\mathrm{d}s$	$\displaystyle\int_0^l M_i \mathrm{d}\varphi_R = \int_0^l \frac{M_i M_R}{EJ}\mathrm{d}s$

（续表）

元件	广义力 S_i	广义位移 V_R	负内力功 S_iV_R
长方形板	剪流 F q_i	$\gamma_R F = \dfrac{q_R F}{Gt}$	$q_i \gamma_R F = \dfrac{q_i q_R}{Gt}F$
平行四边形板	剪流 q_i θ q_i	$\gamma_R F = \dfrac{q_R F}{Gt}(1+1.538\tan^2\theta)$	$q_i \gamma_R F = \dfrac{q_i q_R F}{Gt}(1+1.538\tan^2\theta)$
梯形板	平均剪流 $\overline{q}$ h_1 $\overline{q}\dfrac{h_2}{h_1}$ h_2 $\overline{q_i}$	$\overline{\gamma_R}F = \dfrac{\overline{q_R}F}{Gt}$	$\overline{q_i}\,\overline{\gamma_R}F = \dfrac{\overline{q_i}\,\overline{q_R}}{Gt}F$

总结应用单位载荷法求结构弹性位移的具体步骤如下：

（1）求出系统在外载荷作用下的真正内力和真实应变，即得<R>状态；

（2）在结构上加上与所要求的广义位移相对应的单位广义力（单位载荷），求出任意一种满足平衡条件的内力，即状态$<\bar{i}>$；

（3）根据$<\bar{i}>\times<R>$，求出

$$\Delta_{\bar{i}R} = \sum s_i v_R \tag{8.2.10}$$

对于桁架结构

$$\Delta_{\bar{i}R} = \sum \frac{N_{\bar{i}}N_R L}{Ef} \tag{8.2.11}$$

对于梁架结构

$$\Delta_{\bar{i}R} = \sum \int_0^L \frac{M_{\bar{i}}M_R}{EJ}\mathrm{d}s \tag{8.2.12}$$

对于壁板结构　　$\Delta_{\bar{i}R} = \sum \int_0^L \frac{N_{\bar{i}}N_R}{Ef}\mathrm{d}s + \sum \dfrac{\overline{q_i}q_R}{Gt}F$

$$\tag{8.2.13}$$

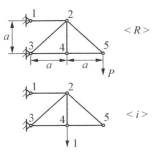

图 8.2.3　例 8.2 题图

【例 8.2】　试求图 8.2.3 所示桁架的节点 4 在垂直向下方向的位移，设各杆的 Ef 均相同。

解：先求出梁架在 P 作用下各杆内力 N_R <R> 及应变值。在节点 4 上加一单位力（垂直向下）求得$<\bar{i}>$状态下各杆内力 $N_{\bar{i}}$。然后按 $\Delta_{\bar{i}R} = \sum \dfrac{N_{\bar{i}}N_R L}{Ef}$ 求出节

点 4 的位移值。计算结果见表 8.2.2。

表 8.2.2 例 8.2 杆内力计算表

杆	L	N_R	N_i	$N_i N_R L/Ef$
1-2	a	$2P$	1	$2Pa/Ef$
2-3	$\sqrt{2}a$	$-\sqrt{2}P$	$-\sqrt{2}$	$2\sqrt{2}Pa/Ef$
2-4	a	0	1	0
2-5	$\sqrt{2}a$	$\sqrt{2}P$	0	0
3-4	a	$-P$	0	0
4-5	a	$-P$	0	0
				$\sum = 2(1+\sqrt{2})Pa/Ef$

故 $\Delta_4 = 2(1+\sqrt{2})Pa/Ef$

【例 8.3】 试求如图 8.2.4 薄壁梁的内力。

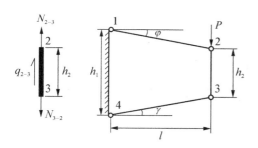

图 8.2.4 薄壁梁受力

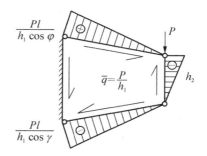

图 8.2.5 薄壁梁杆内力

解：这薄壁梁是静定的，由节点 2 的平衡条件得

$$N_{2-3} = -P \qquad N_{2-1} = 0$$

由节点 3 的平衡知：$N_{3-2} = 0 \qquad N_{3-4} = 0$

由杆 2-3 的平衡条件，可求得梯形板 2-3 边的剪流：

$$N_{2-3} + q_{2-3}h_2 - N_{3-2} = 0$$

得

$$q_{2-3} = \frac{P}{h_2}$$

由梯形板的剪流关系式可得

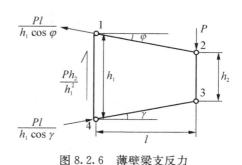

图 8.2.6 薄壁梁支反力

$$q_{3-4} = q_{1-2} = \bar{q} = q_{2-3}\frac{h_2}{h_1} = \frac{P}{h_1}$$

然后求得

$$N_{1\text{-}2} = \bar{q}\,\frac{l}{\cos\varphi} = \frac{P}{h_1}\frac{l}{\cos\varphi}$$

$$N_{4\text{-}3} = -\bar{q}\,\frac{l}{\cos\gamma} = -\frac{P}{h_1}\frac{l}{\cos\gamma}$$

$$q_{1\text{-}4} = -\bar{q}\,\frac{h_2}{h_1} = -\frac{Ph_2}{h_1^2}$$

验算:

$$\sum x = \frac{Pl}{h_1\cos\gamma}\cos\gamma - \frac{Pl}{h_1\cos\varphi}\cos\varphi = 0$$

$$\sum y = \frac{Pl}{h_1\cos\varphi}\sin\varphi + \frac{Pl}{h_1\cos\gamma}\sin\gamma + \frac{Ph_2}{h_1^2}h_1 - P$$

$$= \frac{Pl}{h_1}\tan\varphi + \frac{Pl}{h_1}\tan\gamma + \frac{Ph_2}{h_1} - P$$

$$= \frac{P}{h_1}(l\tan\varphi + l\tan\gamma + h_2) - P$$

$$= \frac{P}{h_1}h_1 - P = 0$$

$$\sum M_4 = Pl - \frac{Pl}{h_1\cos\varphi}h_1\cos\varphi = 0$$

【例 8.4】 试求图 8.2.7 所示薄壁梁的支柱 2－3 反时针方向的转角。设 E/G = 2.6，$E = 7 \times 10^6$ N/cm^2

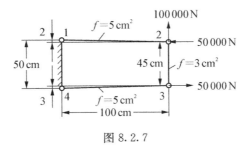

图 8.2.7

解: 首先求出薄壁梁在外载作用下的内力 N_R，即为 $<R>$ 状态。

要求支柱 2－3 的反时针转角，则在节点 2 和 3 上加一单位力矩（反时针方向），求出结构内力 N_i，即 $<\bar{i}>$ 状态。将 $<R>$ 与 $<\bar{i}>$ 互乘起来，即按下式可得转角

$$\varphi = \Delta_{iR} = \frac{q_i q_R F}{Gt} + \sum_1^3 \int_0^L \frac{N_i N_R \mathrm{d}s}{Ef}$$

计算结果见表 8.2.3。

表 8.2.3　内力计算表

杆	$K_1 = \dfrac{1}{f}$	N_i	N_R	$E\Delta_{iR}$
1 - 2	20	$-\dfrac{1}{50}$	$-6\,500$	
		$-\dfrac{1}{45}$	$-5\,000$	$2\,422$
3 - 4	20	$\dfrac{1}{45}$	$5\,000$	
		$\dfrac{1}{50}$	$6\,000$	$2\,422$
2 - 3	15	$-\dfrac{1}{2\,250}$	900	
		$-\dfrac{1}{1\,500}$	150	-0.167^*
蒙皮	$k = \dfrac{F}{t} \times 2.6$	q_i	$\bar{q}_R$	$E\Delta_{iR}$
1 - 2 - 3 - 4	$123\,500$	$-\dfrac{1}{45\,000}$	15	-41.2
				$\sum = 4\,803$

* 表中这项数值比其他数值要小很多,这说明为什么工程上不考虑支柱效应,而认为它是绝对刚性的。

　　表中第三、第四列的各项所列两个数字为该杆两端的轴力,计算积分 $\displaystyle\int_0^L N_i N_R \mathrm{d}s$ 时,由于 N_i,N_R 均为直线分布,其积分可利用下列各式:

$$\int_0^L N_i N_R \mathrm{d}s = \frac{L}{6}(2ac + 2bd + ad + bc) \tag{8.2.14}$$

式中:a,b,c,d 如图 8.2.8 所示。

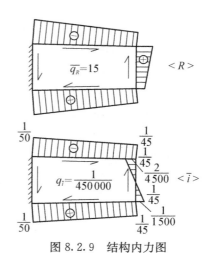

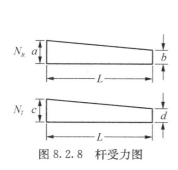

图 8.2.8　杆受力图　　　　　　　图 8.2.9　结构内力图

最后计算结果为

$$\varphi = \Delta_{iR} = \frac{4\,803}{E} = \frac{4\,803}{7 \times 10^5} = 6.86 \times 10^{-3}\ \mathrm{rad} = 23.6'$$

3）柔度系数与刚度矩阵

图 8.2.10 所示为薄壁梁结构，受到 $p_1, \cdots, p_4$ 作用，欲求 i 点的位移，根据单位载荷法可求得：

$$\Delta_{iR} = \left[\sum \int_0^L \frac{N_i N_1}{Ef} \mathrm{d}s + \sum \frac{q_i q_1}{Gt} F \right] p_1 + \left[\sum \int_0^L \frac{N_i N_2}{Ef} \mathrm{d}s + \sum \frac{q_i q_2}{Gt} F \right] p_2$$

$$+ \left[\sum \int_0^L \frac{N_i N_3}{Ef} \mathrm{d}s + \sum \frac{q_i q_3}{Gt} F \right] p_3 + \left[\sum \int_0^L \frac{N_i N_3}{Ef} \mathrm{d}s + \sum \frac{q_i q_3}{Gt} F \right] p_3$$

$$= \delta_{i1} p_1 + \delta_{i2} p_2 + \delta_{i3} p_3 + \delta_{i4} p_4 \tag{8.2.15}$$

式中：δ_{i1} 为结构当 $p_1 = 1$，其他外力皆为零而引起 i 点在力作用方向的位移，而 δ_{i2} 则是由于 $p_2 = 1$，其他外力皆为零而引起的位移。依此类推。$\delta_{i1}, \delta_{i2}, \delta_{i2}, \delta_{i4}$ 称为位移影响系数。

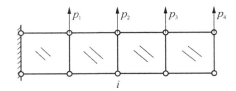

图 8.2.10　薄壁梁结构

由 Δ_{iR} 的表达式可知，位移符合力的迭加原理，即数个外力作用下的位移是每一个力单独作用下的位移的和。

若以 $\Delta_1, \Delta_2, \Delta_3, \Delta_4$ 分别代表与 p_1, p_2, p_3, p_4 相对应的位移，且应力应变服从胡克定律，则有

$$\left. \begin{aligned} \Delta_1 &= f_{11} p_1 + f_{12} p_2 + f_{13} p_3 + f_{14} p_4 \\ \Delta_2 &= f_{21} p_1 + f_{22} p_2 + f_{23} p_3 + f_{24} p_4 \\ \Delta_3 &= f_{31} p_1 + f_{32} p_2 + f_{33} p_3 + f_{34} p_4 \\ \Delta_4 &= f_{41} p_1 + f_{42} p_2 + f_{43} p_3 + f_{44} p_4 \end{aligned} \right\} \tag{8.2.16}$$

式中：f_{ik} 称为柔度系数，代表与 p_i 相对应的，由 $p_i = 1$，其他皆为零而产生的位移。可用单位载荷法求得。

对于薄壁结构来说：

$$\left. \begin{aligned} f_{ik} &= \sum \int_0^L \frac{N_i^{(j)} N_k^{(j)}}{E_j f_j} \mathrm{d}s + \sum \frac{q_i^{(j)} q_k^{(j)} F_j}{G_j t_j} \\ f_{ki} &= \sum \int_0^L \frac{N_k^{(j)} N_i^{(j)}}{E_j f_j} \mathrm{d}s + \sum \frac{q_k^{(j)} q_k^{(j)} F_j}{G_j t_j} \end{aligned} \right\} \tag{8.2.17}$$

比较 f_{ik} 和 f_{ki}，可知 $f_{ik} = f_{ki}$，即柔度系数是对称的。

用矩阵表示即有

$$\begin{bmatrix} \Delta_1 \\ \Delta_2 \\ \Delta_3 \\ \Delta_4 \end{bmatrix} = \begin{bmatrix} f_{11} & f_{12} & f_{13} & f_{14} \\ f_{21} & f_{22} & f_{23} & f_{24} \\ f_{31} & f_{32} & f_{33} & f_{34} \\ f_{41} & f_{42} & f_{43} & f_{44} \end{bmatrix} \begin{bmatrix} p_1 \\ p_2 \\ p_3 \\ p_4 \end{bmatrix} \tag{8.2.18}$$

记为 $[\delta] = [F][P]$，$[F]$ 称为柔度矩阵。

或表达为

$$\begin{bmatrix} p_1 \\ p_2 \\ p_3 \\ p_4 \end{bmatrix} = \begin{bmatrix} k_{11} & k_{12} & k_{13} & k_{14} \\ k_{21} & k_{22} & k_{23} & k_{24} \\ k_{31} & k_{32} & k_{33} & k_{34} \\ k_{41} & k_{42} & k_{43} & k_{44} \end{bmatrix} \begin{bmatrix} \Delta_1 \\ \Delta_2 \\ \Delta_3 \\ \Delta_4 \end{bmatrix} \tag{8.2.19}$$

记为 $[P] = [k][\delta]$，$[k]$ 称为刚度矩阵。

$$[k] = [F]^{-1} \tag{8.2.20}$$

【例 8.5】 对于图 8.2.11 所示等剖面杆（受剪切式薄壁结构中的杆元件），取图示两端轴力为元件的载荷 $p = \{N_1, N_2\}$，用单位载荷法算出位移＜1＞，＜2＞。

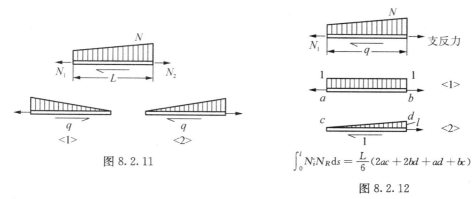

图 8.2.11

$$\int_0^l N_i N_R \mathrm{d}s = \frac{L}{6}(2ac + 2bd + ad + bc)$$

图 8.2.12

解：按式可求出

$$f_{11} = \frac{L}{6Ef}[2 \times 1^2]$$

$$f_{12} = f_{21} = \frac{L}{6Ef}[1 \times 2]$$

$$f_{22} = \frac{L}{6Ef}[2 \times 1^2]$$

得

$$\begin{bmatrix} \Delta_1 \\ \Delta_2 \end{bmatrix} = \frac{6}{6Ef}\begin{bmatrix} 2 & 1 \\ 1 & 2 \end{bmatrix}\begin{bmatrix} N_1 \\ N_2 \end{bmatrix} \qquad [F] = \frac{6}{6Ef}\begin{bmatrix} 2 & 1 \\ 1 & 2 \end{bmatrix}$$

$$[k] = [F]^{-1} = \frac{2Ef}{L}\begin{bmatrix} 2 & -1 \\ -1 & 2 \end{bmatrix}$$

若取左端轴力 N_1 及剪流 q 为载荷，$p = \langle N_1, q \rangle$，用单位载荷法求出相应柔度系数为

$$f_{11} = \frac{L}{Ef} \qquad f_{12} = f_{21} = \frac{L}{6Ef}(2L+L) \qquad f_{22} = \frac{L}{6Ef}2L^2$$

这样
$$[F] = \frac{L}{6Ef}\begin{bmatrix} 6 & 3L \\ 3L & 2L^2 \end{bmatrix}$$

$$[k] = [F]^{-1} = \frac{2Ef}{L^3}\begin{bmatrix} 2L^2 & -3L \\ -3L & 6 \end{bmatrix}$$

柔度方阵按定义就是单位载荷引起元件的弹性变性，而要有弹性变形，元件必须要固定，要确定支反力。如杆元取载荷 $p = \langle N_1, N_2 \rangle$ 时，杆中剪流 $q = \dfrac{N_2 - N_1}{L}$ 即为支反力。同样，若取 p 取 $\langle N_1, q \rangle$ 时，杆右端轴力即为支反力，为 $N_1 + qL$，不是独立变量，不是任意给定的。

知道了结构各个元件的柔度方阵后，所有元件的载荷-变形关系式合并成一个关系式，就得到这个结构的内力-变形关系式。

设一结构有元件 $a, b, \cdots, g$，且有

$$[v_a] = [F_a][s_a]$$
$$[v_b] = [F_b][s_b]$$
$$\vdots$$
$$[v_g] = [F_g][s_g]$$

合并后得
$$\begin{bmatrix} v_a \\ v_b \\ \vdots \\ v_g \end{bmatrix} = \begin{bmatrix} F_a & & & \\ & F_b & & \\ & & \ddots & \\ & & & F_g \end{bmatrix}\begin{bmatrix} s_a \\ s_b \\ \vdots \\ s_g \end{bmatrix} \Rightarrow [V] = [F_0][S] \qquad (8.2.21)$$

这就是结构内力与变形关系式，

其中 $[F_0] = \begin{bmatrix} F_a & & & \\ & F_b & & \\ & & \ddots & \\ & & & F_g \end{bmatrix}$ 称为结构的原始柔度方阵，是以各元件柔

度方阵为对角元素的对角方阵,结构的原始刚度矩阵 $[k_0] = \begin{bmatrix} k_a & & & & \\ & k_b & & & \\ & & \ddots & & \\ & & & \ddots & \\ & & & & k_g \end{bmatrix}$

因为　　$k_a = F_a^{-1}$, $k_b = F_b^{-1}$, $k_g = F_g^{-1}$

所以
$$[k_0] = [F_0]^{-1} \tag{8.2.22}$$

且有
$$[S] = [k_0][V] \tag{8.2.23}$$

这就是结构本构关系的矩阵表达式,$[k_0]$称为原始刚度矩阵。常用结构元件的柔度矩阵和刚度矩阵见表 8.2.4。

表 8.2.4　常用结构元件的柔度矩阵和刚度矩阵

等剖面杆:f——剖面面积,l——杆长		
$N \longleftarrow \boxed{\quad} \longrightarrow N$	$F = \dfrac{l}{Ef}$	$k = \dfrac{Ef}{l}$
$N_1 \longleftarrow \boxed{\quad} \longrightarrow N_2$	$F = \dfrac{l}{6Ef}\begin{bmatrix} 2 & 1 \\ 1 & 2 \end{bmatrix}$	$k = \dfrac{2Ef}{l}\begin{bmatrix} 2 & -1 \\ -1 & 2 \end{bmatrix}$
$N_1 \longleftarrow \boxed{\quad}\!\!\!\!\Vert \quad N_2$	$F = \dfrac{l}{6Ef}\begin{bmatrix} 6 & 3l \\ 3l & 2l^2 \end{bmatrix}$	$k = \dfrac{2Ef}{l^3}\begin{bmatrix} 2l^2 & -3l \\ -3l & 6 \end{bmatrix}$
等剖面梁:J——剖面惯矩,l——梁长		
$N_1 \qquad N_2$	$F = \dfrac{l}{2Ef}\begin{bmatrix} 2 & 1 \\ 1 & 2 \end{bmatrix}$	$k = \dfrac{2EJ}{l}\begin{bmatrix} 2 & -1 \\ -1 & 2 \end{bmatrix}$
$N_1 \quad N_2$	$F = \dfrac{l}{6Ef}\begin{bmatrix} 6 & 3l \\ 3l & 2l^2 \end{bmatrix}$	$k = \dfrac{2EJ}{l^3}\begin{bmatrix} 2l^2 & -3l \\ -3l & 6 \end{bmatrix}$
等厚度板:t——板厚度,f——板面积		
N	$F = \dfrac{f}{Gt}$	$k = \dfrac{Gt}{f}$
N	$F = \dfrac{f}{Gt}$	$k = \dfrac{Gt}{f}$

根据广义力和广义位移定义,利用力的变换关系。可对等剖面杆(图 8.2.12)取

不同载荷的柔度矩阵进行推导,即由 $[F] \Rightarrow [F']$

则有
$$\begin{bmatrix} v_1 \\ v_2 \end{bmatrix} = \frac{L}{6Ef} \begin{bmatrix} 2 & 1 \\ 1 & 2 \end{bmatrix} \begin{bmatrix} N_1 \\ N_2 \end{bmatrix} \quad \Rightarrow [v] = [F][S]$$

$$\begin{bmatrix} d_1 \\ d_2 \end{bmatrix} = \frac{L}{6Ef} \begin{bmatrix} 6 & 3L \\ 3L & 2L^2 \end{bmatrix} \begin{bmatrix} N_1 \\ q \end{bmatrix} \quad \Rightarrow [d] = [F'][P]$$

找出 p 和 S 的关系:

$$[S] = [G][P] \Rightarrow \begin{bmatrix} N_1 \\ N_2 \end{bmatrix} = \begin{bmatrix} 1 & 0 \\ 1 & L \end{bmatrix} \begin{bmatrix} N_1 \\ q \end{bmatrix} \Rightarrow [S] = [G][P] \quad (8.2.24)$$

其中 $G = \begin{bmatrix} 1 & 0 \\ 1 & L \end{bmatrix}$ 是变换矩阵。

根据广义力和广义位移定义,无论力如何选取,力在对应位移上所做的功必须是个不变量,即

$$W = [S]^{\mathrm{T}}[v] = [P]^{\mathrm{T}}[d]$$

因为 $[S] = [G][P]$

故
$$[P]^{\mathrm{T}}[G]^{\mathrm{T}}[v] = [P]^{\mathrm{T}}[d]$$

得
$$[d] = [G]^{\mathrm{T}}[v] \quad (8.2.25)$$

因为 $[v] = [F][s]$

故
$$[d] = [G]^{\mathrm{T}}[F][s] \quad \Rightarrow [d] = [G]^{\mathrm{T}}[F][G][P]$$

即
$$[F]' = [G]^{\mathrm{T}}[F][G] \quad (8.2.26)$$

代入可得

$$[F]' = \begin{bmatrix} 1 & 0 \\ 1 & L \end{bmatrix}^{\mathrm{T}} \frac{L}{6Ef} \begin{bmatrix} 2 & 1 \\ 1 & 2 \end{bmatrix} \begin{bmatrix} 1 & 0 \\ 1 & L \end{bmatrix} = \frac{L}{6Ef} \begin{bmatrix} 6 & 3L \\ 3L & 2L^2 \end{bmatrix}$$

【例8.6】 设有一自由的等剖面梁,取位移 $[d] = \{ \varphi_A \quad w_A \quad \varphi_B \quad w_B \}$,其对应力 $[P] = \{ M_A \quad R_A \quad M_B \quad R_B \}$,试利用表中双支点梁的刚度矩阵导出自由梁的刚度矩阵(图8.2.13)。

解: 由表8.2.4可知双支点梁刚度矩阵为 $[k] = \frac{2EJ}{l} \begin{bmatrix} 2 & -1 \\ -1 & 2 \end{bmatrix}$,双支梁二端弯矩力对应的变形为两端转角 $\{ \gamma_1 \quad \gamma_2 \}$。

由梁变形几何关系,找出 $[\theta]$ 与 $[v]$ 的关系,即有

$$-v_1 = \frac{w_B - w_A}{L} - \varphi_A \qquad -v_2 = \varphi_B - \frac{w_B - w_A}{L}$$

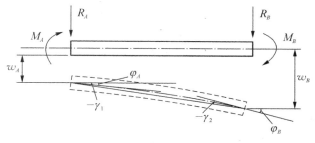

图 8.2.13

写成矩阵形式:

$$\begin{bmatrix} \upsilon_1 \\ \upsilon_2 \end{bmatrix} = \begin{bmatrix} 1 & \dfrac{1}{L} & 0 & -\dfrac{1}{L} \\ 0 & -\dfrac{1}{L} & -1 & \dfrac{1}{L} \end{bmatrix} \begin{bmatrix} \varphi_A \\ w_A \\ \varphi_B \\ w_B \end{bmatrix} \Rightarrow [\upsilon] = [G][d]$$

$$[k]' = [G]^{\mathrm{T}}[k][G] = \begin{bmatrix} 1 & 0 \\ \dfrac{1}{L} & -\dfrac{1}{L} \\ 0 & -1 \\ -\dfrac{1}{L} & \dfrac{1}{L} \end{bmatrix} \dfrac{2EJ}{L} \begin{bmatrix} 2 & -1 \\ -1 & 2 \end{bmatrix} \begin{bmatrix} 1 & \dfrac{1}{L} & 0 & -\dfrac{1}{L} \\ 0 & -\dfrac{1}{L} & -1 & \dfrac{1}{L} \end{bmatrix}$$

$$= \dfrac{2EJ}{L} \begin{bmatrix} 2 & \dfrac{3}{L} & 1 & -\dfrac{3}{L} \\ \dfrac{3}{L} & \dfrac{6}{L^2} & \dfrac{3}{L} & -\dfrac{6}{L^2} \\ 1 & \dfrac{3}{L} & 2 & -\dfrac{3}{L} \\ -\dfrac{3}{L} & -\dfrac{6}{L^2} & -\dfrac{3}{L} & \dfrac{6}{L^2} \end{bmatrix}$$

8.3　静不定结构求解

静不定结构是具有多余约束的几何不变系统,在任意给定载荷作用下,结构内力不可能单靠静力学平衡条件求出。

未知内力数与独立平衡方程数之差 $k = n - m$ 称为静不定系数。

为求得未知内力,必须根据变形协调条件建立协调方程,以补充平衡方程,求解所有未知力。但协调条件本身是几何性质的,为了使建立的协调方程中包含的未知数也是那些未知力,必须把变形应用应力应变关系转换成力。

如图 8.3.1 所示三杆桁架,作用外力 P,为一度静不定结构,设中央杆剖面积为 f,材料弹性模量为 E,伴杆剖面积为 f_e,弹性模量 E_e。

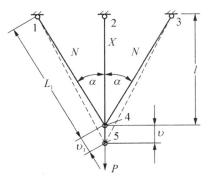

图 8.3.1　三杆桁架

记 $N_{14} = N_{34} = N$，以及 $N_{24} = X$，X 为未知力。

根据节点 4 平衡条件可得，

$$2N\cos\alpha + X = P \quad \left(N = \frac{P-X}{2\cos\alpha}\right)$$

$$(8.3.1)$$

根据变形协调条件及小位移假设，可给出协调方程：

$$\upsilon_1 = \upsilon\cos\alpha$$

为把伸长 υ_1 及 υ 用轴力 N 及 X 来表示，应用应力应变关系式：

斜杆　$\varepsilon_e = \dfrac{\sigma_e}{E_e}$ 　　　　中央杆　$\varepsilon = \dfrac{\sigma}{E}$

即　　　　　　　　　　$\dfrac{\upsilon_1}{L_1} = \dfrac{N}{E_e f_e}$ 　及　 $\dfrac{\upsilon}{L} = \dfrac{X}{Ef}$

式中　　　　　　　　　　　$L_1 = \dfrac{L}{\cos\alpha}$

代入 $\upsilon_1 = \upsilon\cos\alpha$，可得

$$\frac{NL}{E_e f_e \cos\alpha} = \frac{XL}{Ef}\cos\alpha \tag{8.3.2}$$

式(8.3.1)，式(8.3.2)联立求解可得

$$X = \frac{P}{1 + 2\dfrac{E_e f_e}{Ef}\cos^3\alpha}$$

$$(8.3.3)$$

$$N = \frac{P\cos^2\alpha}{\dfrac{Ef}{E_e f_e} + 2\cos^3\alpha}$$

若三杆均为同样材料，且有相同剖面积，$E_e f_e = Ef$

则　　　　　$X = \dfrac{P}{1 + 2\cos^3\alpha}$ 　　$N = \dfrac{P\cos^2\alpha}{1 + 2\cos^3\alpha}$

由此可见，静不定结构的内力在一般情况下不仅与外力和结构形状有关，而且还与元件的剖面尺寸及材料的性质有关。

1) 力法及其典型方程

由三杆桁架例中可以看出，只要求得未知力，其他未知力都可以由平衡方程求得。这种取多余未知力为"基本量"的解法，称为力法。

为求解未知力必须利用协调方程，力法的关键问题是如何建立协调方程。特别

是对于一些复杂结构,想通过几何关系来建立协调方程是很困难的。因此提出,能否找到简单的法则写出协调方程呢?

上例中

$$N = \frac{P-X}{2\cos\alpha} = \frac{P}{2\cos\alpha} - X\frac{1}{2\cos\alpha} = \overline{N}_P + X\overline{N}_1$$

式中 $\overline{N}_P = \dfrac{P}{2\cos\alpha}$ 是外力在基本系统中引起的内力,称为 $<\overline{P}>$ 状态。

$\overline{N}_1 = \dfrac{-1}{2\cos\alpha}$ 是单位反力 $X = 1$ 在基本系统中引起的内力,成为 $<1>$ 状态。

其物理意义是:把中央杆这多余约束先解除,即假设切断中央杆,代以约束反力 X,解除多余约束后的系统称为静定基本系统(图 8.3.2)。

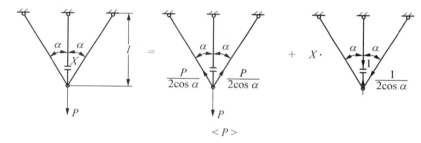

$<P>$

图 8.3.2 静定基本系统

但实际上中央杆元切口,切口必须闭合无缝,这就是连续条件,即协调条件。若以 δ_{11} 表示反力 $X = 1$ 在切口处引起的裂缝,以 Δ_{iP} 表示外力 P 在切口处引起的裂纹,根据切口裂纹的连续条件,可写出协调方程。

$$\delta_{ii}X + \Delta_{iP} = 0$$

由单位载荷法可求得

$$\delta_{ii} = \sum \frac{\overline{N}_1^2 L}{Ef} \quad \Delta_{iP} = \sum \frac{\overline{N}_1 \overline{N}_P}{Ef}$$

即

$$\delta_{ii} = \frac{1}{Ef}(1^2) + 2\frac{L}{E_e f_e \cos\alpha}\left(\frac{-1}{2\cos\alpha}\right)^2 = \frac{1}{Ef} + \frac{L}{2E_e f_e \cos^3\alpha}$$

$$\Delta_{iP} = 2\frac{L}{E_e f_e \cos\alpha}\left(\frac{-1}{2\cos\alpha}\right)\left(\frac{P}{2\cos\alpha}\right) = -\frac{PL}{2E_e f_e \cos^3\alpha}$$

代入协调方程得

$$\left(\frac{L}{Ef} + \frac{L}{2E_e f_e \cos^3\alpha}\right)X - \frac{PL}{2E_e f_e \cos^3\alpha} = 0$$

解得与上节计算相同的结果:

$$X = \frac{P}{1 + 2\frac{E_e f_e}{Ef}\cos^3\alpha} \qquad N = \frac{P\cos^2\alpha}{\frac{Ef}{E_e f_e} + 2\cos^3\alpha}$$

对于有 k 度静不定结构,依据上述方法,可写出下列协调方程,即力法典型方程。

$$\left.\begin{aligned}
\delta_{11}x_1 + \delta_{12}x_2 + \cdots + \delta_{1k}x_k + \Delta_{1P} = 0 \\
\delta_{21}x_1 + \delta_{22}x_2 + \cdots + \delta_{2k}x_k + \Delta_{2P} = 0 \\
\vdots \\
\delta_{k1}x_1 + \delta_{k2}x_2 + \cdots + \delta_{kk}x_k + \Delta_{kP} = 0
\end{aligned}\right\} \qquad (8.3.4)$$

其中 δ_{ij} 通常称为"影响系数",但它指的是基本系统的位移影响系数。Δ_{ip} 为常数。δ_{ij} 及 Δ_{ij} 的表达式按结构而定,可用单位载荷法求得,如

$$\left.\begin{aligned}
\text{桁架结构} \quad & \delta_{ij} = \sum \frac{N_i N_j L}{Ef} \quad \Delta_{iP} = \sum \frac{N_i N_P}{Ef}L \\
\text{梁架结构} \quad & \delta_{ij} = \int \frac{M_i M_j}{EJ}\mathrm{d}s \quad \Delta_{iP} = \int \frac{M_i M_P}{EJ}\mathrm{d}s \\
\text{厚壁结构} \quad & \delta_{ij} = \sum \int_0^L \frac{N_i N_j}{Ef}\mathrm{d}s + \sum \frac{q_i q_j}{Gt}F \quad \Delta_{iP} = \sum \int_0^L \frac{N_i N_P}{Ef}\mathrm{d}s + \sum \frac{q_i q_j}{Gt}F
\end{aligned}\right\}$$

$$(8.3.5)$$

显然,$\delta_{ij} = \delta_{ji}$,上述推导应用了力作用迭加原理,所以只适用于线弹性结构。

小结:用力法求解静不定线性结构的步骤:

(1) 解除所有多余约束,取切口取得静定基本系统,求出状态 $<p>$,$<1>$,$<2>$,$\cdots$,$<k>$;

(2) 计算影响系数及常数 Δ_{iP},建立典型方程;

(3) 由典型方程解出未知数 x_1,x_2,$\cdots$,x_k;

(4) 叠加各状态,求出结构真实内力,即

$$<R> = <P> + x_1<1> + x_2<2> + \cdots + x_k<k> \qquad (8.3.6)$$

2) 位移法及典型方程

用力法求结构内力及位移时,是先求出内力后再求位移,反之,也可以先求出位移和元件的变形,而后再求内力。这种取位移为首先待求的未知数的解法,称为位移法。

如图 8.3.3 有一根绝对刚硬的梁,一端简支,并以 4 根弹性杆铰接到固定面上,受载荷 P 作用,要求各杆内力。

记第 j 根杆的轴力为 N_j,伸长为 υ_j,按线性应力应变关系,有

$$\upsilon_j = \frac{L}{Ef_j}N_j$$

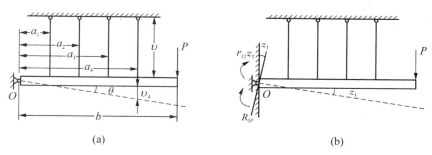

图 8.3.3 刚硬梁

或
$$N_j = \frac{Ef_j}{L}\upsilon_j \tag{8.3.7}$$

由于各杆都与钢梁相铰连,各杆的伸长必须满足变形协调条件,即

$$\upsilon_j = a_j(\theta) \quad (j = 1, 2, 3, 4) \tag{8.3.8}$$

根据这条件,未知变形 υ_j,只决定于一个基本未知位移 θ。要求结构在 P 作用下的真实位移 θ,只需再利用平衡条件。

对简支点 O 取矩,得 $\qquad \sum_{j=1}^{4} N_j a_j - Pb = 0$

利用式(8.3.7),式(8.3.8)得

$$\Big(\sum_{j=1}^{4} \frac{Ef_j}{L}a_j^2\Big)\theta - Pb = 0 \tag{8.3.9}$$

这就是以变形表达的平衡方程,由此解得真正位移

$$\theta = \frac{Pb}{\displaystyle\sum_{j=1}^{4} \frac{Ef_j}{L}a_j^2}$$

把 θ 值代入式(8.3.9),得各杆伸长 υ_j,再代入式(8.3.7)即可求得各杆轴力 N_j。这就是先求位移,再求内力的位移法的求解过程。

现来讨论位移法的物理意义:

正如力法中对待基本未知力(多余约束未知力)那样,位移法中取基本未知位移 θ(改记 z_1)=0 所得到的系统为基本系统。

其物理意义就是在刚梁简支点处加上一个消除转角的假想约束而得到系统。这个假想约束可用一固持面表示,如图 8.3.3(b)所示。

外载荷在这个基本系统的假想约束处引起的支反力为 R_{1P}(以顺时针方向为正)则

$$R_{1P} = -Pb$$

再令外载荷 $P = 0$,而取 $z_1 = 1$(即 $\theta = 1$),即让这假想约束转过单位转角,则各

杆将拉伸,其拉力在假设约束处将引起反力矩 r_{11}。

$$r_{11} = \sum_{j=1}^{4} N_j a_j = \sum_{j=1}^{4} \frac{Ef_j}{L} a_j \cdot 1 \cdot a_j = \sum_{j=1}^{4} \frac{Ef_j}{L} a_j^2$$

若转角为 z_1,则反力矩为 $r_{11}z_1$。

由于实际的结构并没有这假想约束,不可能有约束反力。所以总的反力矩应等于零。即

$$r_{11}z_1 + R_1 P = 0$$

这就是平衡方程(8.3.9)的典型形式,称为位移法的典型方程。

根据以上求解过程,可将位移法的特点归纳如下:

(1) 在力法中是取内力为未知数,其数目等于静不定系数,在位移法中取变形为未知数,先用协调条件把它们归结为几个基本未知位移,这些基本未知位移就是足以描述结构弹性变形的独立参数,其数目称为结构的弹性自由度数,一般情况弹性自由度数比静不定度数要多得多。

(2) 确定基本未知数以后,在力法中利用应力应变关系再建立(以力的表达式)协调方程,与平衡方程共同解出基本未知力。在位移法中则利用应力应变关系再建立(以位移表达式)平衡方程,由此可解出基本未知位移。

(3) 无论在力法中或在位移中,上述协调方程或平衡方程都可以写成典型形式,并且均采用基本系统概念。在力法中,基本系统是把所有未知力都取为零,即解除所有多余约束后得到的系统。位移法中对于有几个弹性自由度的结构,可选取几个基本未知位移 z_i($i = 1, 2, 3, \cdots, n$),加上几个假想约束消除所有这些位移,就可得到没有弹性自由度的基本系统。

记 R_{iP} 为外载荷在第 i 假想约束处引起的约束反力;r_{ij} 为第 j 个假想约束有单位位移($z_j = 1$),而在第 i 个假想约束处引起的约束反力。

根据各假想约束的总反力等于零这个条件(即平衡条件),可写为

$$\left. \begin{aligned} r_{11}z_1 + r_{12}z_2 + \cdots + r_{1n}z_n + R_{1P} = 0 \\ r_{21}z_1 + r_{22}z_2 + \cdots + r_{2n}z_n + R_{2P} = 0 \\ \vdots \\ r_{n1}z_1 + r_{n2}z_2 + \cdots + r_{nn}z_n + R_{nP} = 0 \end{aligned} \right\} \tag{8.3.10}$$

这就是位移法的典型方程,其中 r_{ij} 可称为基本系统的反力影响系数。根据反力互等定律 $r_{ji} = r_{ij}$,从物理意义上看 r_{ij} 反映元件 i 对 j 约束处单位位移的刚度特性。其求解较力法影响系数 δ_{ij} 要简单得多。

但由于弹性自由度数总比静不定度数要多得多。所以应用位移法遇到的困难是解大量的联立方程,因而以往在飞机结构强度计算中很少采用。但近年来计算机的发展可轻松解决这个问题,位移法的优越性也就更突出了。有限元法就是建立在

矩阵位移法上的数字计算方法,已广泛应用于航空薄壁结构计算中了。

【例 8.7】　用位移法求图 8.3.4 所示刚架的内力。

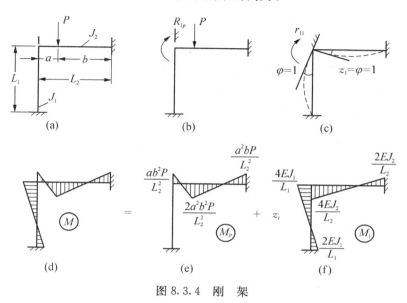

图 8.3.4　刚　架

解:这个刚架可以看作由两根悬臂梁在节点 1 固接而成,其弹性变形由节点 1 处的线位移和转角 φ 所决定。

因为通常直梁由于轴力及切力所引起的变形比其弯曲变形小得多,可以认为直梁的长度是不变的,所以节点 1 的线位移等于零。这样基本未知位移只有一个。

于是在节点 1 处加上一个消除转角的假想约束,即得到基本系统。根据材料力学中两端固持梁受集中力的计算结果,可知载荷 P 在假想固持端引起的反力矩为

$$R_{1P} = -\frac{ab^2 P}{L_2^2}\quad\text{(负号表示力矩为反时针方向)}$$

为求影响系数 r_{11},让这假想固持面转过单位角度 $z_1(=\varphi)=1$,这时,垂直梁和水平梁在节点 1 的那端都转同一单位角度,变形协调条件就得以满足。

为求垂直梁和水平梁一端因单位转角而引起的反力矩。可设一等剖面悬臂梁在自由端受力 M 及 R,由材料力学可知。求出相应的位移 φ 及 w:

$$\varphi = \frac{L}{EJ}M + \frac{L^2}{2EJ}R$$

$$w = \frac{L^2}{2EJ}M + \frac{L^3}{3EJ}R$$

由上式可解出 M 及 R:

$$M = \frac{4EJ}{L}\varphi - \frac{6EJ}{L^2}w$$

$$R = -\frac{6EJ}{L^2}\varphi + \frac{12EJ}{L^3}w$$

它表示为产生变形 φ 及 w 所需加的力,或者可以说,倘若在自由端有假想约束,给定位移 φ 及 w 将引起的约束反力 M 及 R,可称为元件的变形-反力关系式,其右边的系数是单位位移而引起的反力,可称为元件刚度系统。

垂直梁有单位转角 $\varphi = 1(w = 0)$ 时,引起反力矩 $\frac{4EJ_1}{L_1}$,顺时针方向;

水平梁有单位转角 $\varphi = 1(w = 0)$ 时,引起反力矩 $\frac{4EJ_2}{L_2}$,顺时针方向;

则
$$r_{11} = \frac{4EJ_1}{L_1} + \frac{4EJ_2}{L_2}$$

它实际上是节点 1 处相连的两个元件的刚度系数之和。

建立典型方程
$$r_{11}z_1 + R_{1P} = 0$$

即
$$\left(\frac{4EJ_1}{L_1} + \frac{4EJ_2}{L_2}\right)z_1 - \frac{ab^2 P}{L_2^2} = 0$$

解得
$$z_1(= \phi) = \frac{ab^2 P}{4\left(\frac{EJ_1}{L_1} + \frac{EJ_2}{L_2}\right)L_2^2}$$

为求这刚架各个剖面的弯矩,只需把基本系统由于载荷 P 产生的,以及由于 $z_1 = 1$ 产生的弯矩图画出如图 8.3.4(e),(f),记作 M_P 及 M_1,则这刚架的真正弯矩为

$$M = M_P + z_1 M_1$$

8.4 小结

本章通过结构力学基础知识的介绍,重点阐述结构力学问题中的两个方面(即力和位移)的特性和关系,即平衡条件、连续条件和应力应变关系,以及表达这些特性关系的原理和定律。希望通过本章的学习能迅速地把这些原理和定律应用到飞行器强度计算常采用的结构模型上,建立平衡方程、协调方程以及应力应变表达式,并用以解决工程问题。重点应放在工程师目前常用的"力法"上,而"位移法"则可为学习矩阵位移法奠定基础,继而为学习有限元法提供基础理论。

习题

1. 试求图 8.3.5 所示结构的内力。

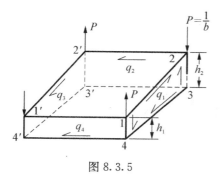

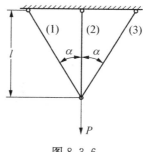

图 8.3.5　　　　　　　　　　　　　图 8.3.6

2. 设已知三杆桁架各杆均为 Ef，在外载荷作用下，试求各杆内力及 O 点垂直向下位移（图 8.3.6）。

3. 求解图 8.3.7 所示各杆静不定桁架的内力。

4. 用力法求图 8.3.8 所示刚架的弯矩及 P 力作用的节点位移 u，设弯曲刚度 EJ 为常数。

5. 求图 8.3.9 所示平面厚壁结构的内力。设边缘杆剖面面积为常数 f_B，中间杆剖面面积为常数 f_s，板厚为 t，材料都相同，支柱绝对刚硬。且 $\dfrac{f_B}{f_s}=2$，$\dfrac{b}{L}=\dfrac{1}{2}$，$\dfrac{f_B}{tL}=\dfrac{1}{2.6}$，$\dfrac{E}{G}=2.6$。

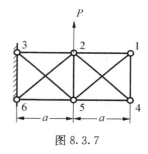

图 8.3.7

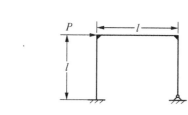

图 8.3.8

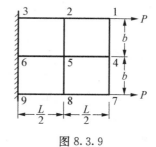

图 8.3.9

9 飞机结构静强度计算

9.1 绪论

飞机强度计算内容主要包括飞机外载荷、传力和计算方法。其中飞机外载荷，在第2，4章中已作了介绍。在第6章，第7章对机翼尾翼结构传力和机身结构传力作了分析。本章重点介绍强度计算方法，并假设外载荷和结构形式已知。

传统结构静强度计算归结于用以结构力学方法为主的工程梁理论，求出结构构件的应力和变形。把求得的应力与许用应力比较，把求得的变形和允许变形比较，以判断结构的强度和刚度是否足够。近代飞机强度计算基础建立在薄壁结构计算理论上，这些方法广泛应用于世界各飞机设计研究所的强度计算中，并且通过大量静力试验的考核，证明这些方法是成熟有效的。采用传统方法在求解过程中力学概念清楚，要求进行传力分析，这对于在方案设计阶段和总体上把握计算的合理性是十分有效的。

但由于实际飞机结构都是高次静不定复杂结构，采用工程梁理论方法工作量大，计算繁琐，是从事强度工作人员的一项繁重工作。对于大多数飞机设计情况下无法得到工程精确解。

近年来有限元法已经在飞机结构分析中得到了广泛应用，利用有限元法对飞机部件甚至全机进行应力和变形计算，从而对飞机部件结构进行强度设计和校核，极大地提高了分析精度和效率。但对于某些零件、连接件的强度计算仍要依赖工程方法。而且有限元计算结果的合理性也常需与工程方法进行比较分析。因此本课程主要以工程理论为主进行介绍。

9.2 结构元件的破坏应力

为了评定结构任一元件的强度，必须知道它在拉伸、压缩以及剪切时的破坏应力。对于飞机薄壁结构，一般情况下，受拉破坏是材料拉伸破坏，受压破坏是结构稳定性破坏。元件的破坏应力应通过试验来确定。无试验数据时，需通过计算求出破坏应力。

9.2.1 拉伸

结构元件(蒙皮、桁条、翼梁凸缘等)的拉伸破坏应力应小于该元件材料的极限强度 σ_b。通常在螺栓孔和铆钉孔附近，以及耳片和螺纹处存在应力集中；焊缝处存在性能削弱。当然,对于孔边应力集中等问题,在材料比例极限以内影响是很大的,当应力超过比例极限后,由于材料的塑性,使应力集中钝化,影响就减小很多。经验证明,在计算蒙皮、桁条翼梁时,由于孔边上的应力集中,元件的破坏应力将比材料的极限强度减低 5%~10%,高强度合金减弱较大;耳片、螺纹应考虑专门的削弱系数;焊缝强度削弱取决于焊接质量,对于氩弧焊接件,其破坏拉应力约为 $(0.85\sim0.9)\sigma_b$。

9.2.2 压缩

在元件受压时,要研究两种可能性。元件纯粹受压(不失去稳定性),以及受压可能失去稳定性。受纯压结构元件通常为边界支持较强而不会失去稳定性的厚壁杆,例如 $b/\delta<5$ 的翼梁缘条(图 9.2.1)。元件受纯压时的强度高于受拉时的强度,这是因为元件受压后剖面因变形而稍有增大。试验证明,圆柱形试件受压时的破坏应力要比受拉时大 30%~40%。

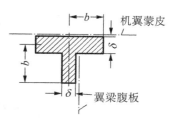

图 9.2.1 翼梁缘条示意图

对于受压失稳的元件,有两种情况:

(1) 失去总体稳定——轴线弯曲,如图 9.2.2(a)所示。

(2) 失去局部稳定——壁弯曲,如图 9.2.2(b)所示。失去总体稳定或失去局部稳定的临界应力 σ_{cr} 就是结构元件的破坏应力。

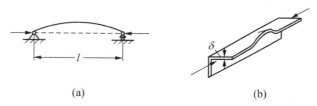

(a)　　　　　　　　　　　　　　　　(b)

图 9.2.2 元件受压失稳示意图

在没有试验数据时,可用下列经验公式:

$$\sigma_{cr} = \sigma_b \frac{1+\gamma}{1+\gamma+\gamma^2} \tag{9.2.1}$$

$$\gamma = \frac{\sigma_b}{\sigma_E}$$

式中:σ_b 为结构材料极限强度;σ_E 为按结构力学公式,对杆和板算得的欧拉临界应力。

对于长为 L 的杆件失去总体稳定性

$$\sigma_E = \frac{m\pi^2 E}{\left(\dfrac{L}{i}\right)^2} \tag{9.2.2}$$

其中:m 为由两端支持条件决定的系数:$m=1$ 铰接端,$m=4$ 固定端,$m=2$ 平接端(半固定端);$\dfrac{L}{i}$ 为杆的柔度;$i=\sqrt{\dfrac{I}{F}}$ 为杆剖面的惯性半径;I 为剖面惯性矩;F 为剖面面积。

在计算有蒙皮支持的桁条或波形板的杆剖面惯性半径 i 时,要把附加蒙皮考虑到它们的剖面上。

对于未失去稳定的蒙皮,附加宽度等于桁条之间的距离 b,如图 9.2.3。在蒙皮失去稳定后,蒙皮宽度上的应力 σ_{skin} 不是均匀分布的,如图 9.2.4。

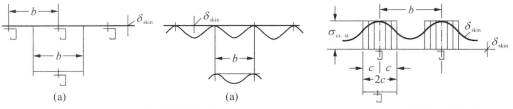

图 9.2.3　蒙皮附加宽度　　　　　　　　图 9.2.4　蒙皮应力分布

此时蒙皮受桁条应力的有效宽度 $2c$ 将小于桁条间距离 b。

$$2c = 1.9\delta_{skin}\sqrt{\frac{E}{\sigma_{cr,\,st}}} \quad \Rightarrow \quad 2c = b\sqrt{\frac{\sigma_{cr,\,skin}}{\sigma_{cr,\,st}}} \leqslant b \tag{9.2.3}$$

其中:δ_{skin} 为蒙皮厚度;$\sigma_{cr,\,skin}$ 为蒙皮临界应力;$\sigma_{cr,\,st}$ 为桁条的临界应力。

当蒙皮在沿桁条方向受压时,由蒙皮和长桁组成的加筋板屈曲和破坏计算方法参照《结构稳定性设计手册》,航空工业出版社,2006。

屈曲应力计算方法是

$$\sigma_{cr} = \frac{\pi^2 kE}{12(1-\gamma^2)}\left(\frac{t}{b}\right)^2$$

破坏应力计算方法是

$$\frac{\bar{\sigma}_{co}}{\bar{\sigma}_f} = 1 - \left(1 - \frac{\sigma_{cr}}{\bar{\sigma}_f}\right)\frac{\sigma_{cr}}{\sigma_e}\left(\frac{\sigma_{20}^{1/2} - \sigma_e^{1/2}}{\sigma_{20}^{1/2} - \sigma_{cr}^{1/2}}\right)^2$$

其中 $\bar{\sigma}_{co}$ 为加筋板的平均破坏应力。

使用载荷不屈曲条件:

$$\sigma_{cr} \geqslant 67\% \, \bar{\sigma}_{co}$$

对于很薄蒙皮可能出现钉尖屈曲,只有当蒙皮在两铆钉间不失去稳定时(如图 9.2.5),蒙皮才能与桁条同时承载,即当

$$\frac{\pi^2 E}{\left(\dfrac{t-d}{i}\right)^2} > \sigma_{cr,\,st}$$

$$i^2 = \frac{\delta_{skin}^2}{12} \tag{9.2.4}$$

式中 d, t 分别为铆钉直径和铆钉间距。

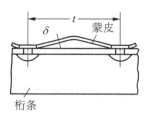

图 9.2.5 桁条与蒙皮铆接

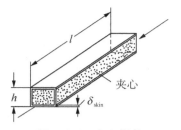

图 9.2.6 夹心桁条

对于两端简支的夹心桁条(图 9.2.6),失去总体稳定性的临界应力为

$$\sigma'_{c,\,cr} = \frac{\sigma_{c,\,cr}}{1 + \alpha} \tag{9.2.5}$$

式中:$\alpha = \dfrac{\sigma_{c,\,cr}}{G}\dfrac{2\delta_{skin}}{h}$ 为考虑夹心料对 $\sigma_{c,\,cr}$ 影响的系数;$\sigma_{c,\,cr}$ 可按式(9.2.2)求得(取 $i = \dfrac{h}{2}$),其中:h 为杆剖面高度;δ_{hull} 为外层蒙皮厚度;G 为夹心料剪切模量。

对于桁条边壁失去局部稳定性,有

$$\sigma_{c,\,cr} = \frac{0.9kE}{\left(\dfrac{b}{\delta}\right)^2} \tag{9.2.6}$$

其中:k 为考虑壁支持条件的系数,对于无自由边的壁 $k = 4$,对于有自由边的壁 $k = 0.9$;$\dfrac{b}{\delta}$ 为平板的柔度,如图 9.2.7。

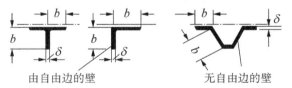

由自由边的壁   无自由边的壁

图 9.2.7 平杆支持条件

对于圆柱形壳体,失去局部稳定性的临界应力为(图 9.2.8(a))

$$\sigma_{c,\,cr} = \frac{0.15E}{\dfrac{r}{\delta_{skin}}} \tag{9.2.7}$$

其中:$\dfrac{r}{\delta_{skin}}$ 为曲壁的柔度。

对于圆柱形曲板失去稳定性(图 9.2.8(b))的临界应力为

$$\sigma_{c,\,cr} = \frac{3.6E}{\left(\dfrac{r}{\delta_{skin}}\right)^2} + \frac{0.15E}{\dfrac{r}{\delta_{skin}}} \tag{9.2.8}$$

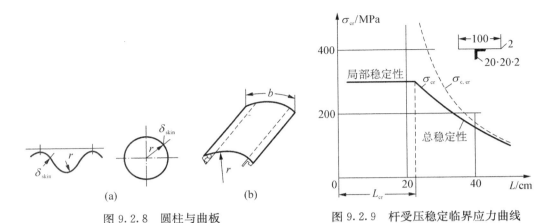

图 9.2.8 圆柱与曲板   图 9.2.9 杆受压稳定临界应力曲线

在工程应用中比较方便的方法是利用一种对于给定剖面和材料的杆件按临界应力计算公式作出曲线 $\sigma_{cr} = f(L)$，如图 9.2.9 所示曲线的水平段的末端相当于失去局部稳定性的临界长度 L_{cr}，在这种长度情况下，杆件同时失去局部稳定和总体稳定性。

9.2.3 剪切

板的破坏剪应力要根据板是在稳定范围内受力还是在稳定范围外受力来决定的。在板受剪不失去稳定情况下，无论对于受剪铆钉和螺栓，破坏剪应力都为

$$\tau_b = (0.6-0.65)_b \tag{9.2.9}$$

板的临界剪应力可按与式(9.2.1)相类似的表示式决定：

$$\tau_{cr} = \tau_b \frac{1+\nu}{1+\nu+\nu^2} \tag{9.2.10}$$

其中：$\nu = \dfrac{\tau_b}{\tau_{s,cr}}$，$\tau_{s,cr}$ 可按公式(9.2.6)决定，即

$$\tau_{s,cr} = \frac{0.9kE}{\left(\dfrac{b}{\delta}\right)^2} \tag{9.2.11}$$

其中：$k = 5.6 + \dfrac{3.8}{\left(\dfrac{a}{b}\right)^2}$，$a$，$b$ 为板的长边和短边的长度。

对于长圆柱形板失去剪切稳定性的临界应力为(图 9.2.8b)

$$\tau_{s,cr} = \frac{5E}{\left(\dfrac{b}{\delta_{skin}}\right)^2} + \frac{0.1E}{\left(\dfrac{r}{\delta_{skin}}\right)} \tag{9.2.12}$$

9.2.4　高温对元件破坏应力的影响

高温会降低材料的强度和刚度,图 9.2.10 给出了铝合金、钛合金和不锈钢的强度的值 $\frac{\sigma_b}{r}$ 与温度的相关曲线。

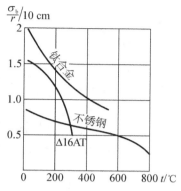

图 9.2.10　温度对比强度影响

在决定高温下结构元件的临界应力时,必须考虑到材料弹性模量及极限强度的降低。在高温下,载荷作用时间相当长的情况下,由于材料的蠕变它的破坏应力要减小,如对于温度 800℃ 的不锈钢 1Cr18Ni9Ti,若载荷作用时间短,则 $\sigma_b = 177\,\mathrm{MPa}$,若载荷连续作用时间为 100 小时,则 σ_b 下降为 $49\,\mathrm{MPa}$。此外,由于材料蠕变,会产生永久变形,随时间积累后,可能超过允许限度。

9.3　机翼强度计算

9.3.1　作用在机翼上的载荷

应该指出机翼载荷是结构受力分析的原始数据。在机翼上作用有下列载荷:

分布的气动载荷 q_b;

机翼结构的分布质量力 q_c;

装载机翼上的组件(发动机,燃油,设备)的质量的集中力 P_d;

武器发射等冲击载荷。

飞机机翼载荷见图 9.3.1。

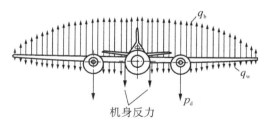

图 9.3.1　作用在机翼上的载荷

9.3.1.1　机翼载荷的求法

原始数据是按强度规定对每个设计情况求得的设计过载系数

$$n_d = n_r f \qquad\qquad (9.3.1)$$

式中:f 为安全系数,一般 $f=1.5$;n_d 为设计过载;n_r 为使用过载。

在强度规范中,过载系数是对升力而言的,升力可按下列公式求得

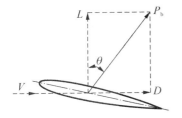

图 9.3.2　机翼气动载荷

$$L = nG \qquad (9.3.2)$$

式中：$n = n^p$；G 为飞机的飞行重量。

气动载荷可按下式求得（图 9.3.2）：

$$P_b = \frac{L}{\cos\theta} = \frac{nG}{\cos\theta} \qquad (9.3.3)$$

式中：$\tan\theta = \dfrac{C_{D,\,cr}}{C_{L,\,cr}}$，$C_{D,\,cr}$ 及 $C_{L,\,cr}$ 为机翼的迎面阻力系数及升力系数，它们是根据设计情况的攻角按极曲线图求得。

机翼结构质量力按下式表达

$$P_c = \frac{nG_c}{\cos\theta} \qquad (9.3.4)$$

式中：G_c 为机翼重力。

机翼集中重力 P_d 为

$$P_d = \frac{nG_d}{\cos\theta} \qquad (9.3.5)$$

式中：G_d 为组件重力。在小攻角飞行时可以近似取 $\cos\theta = 1$。

9.3.1.2　载荷在机翼上的分布

9.3.1.2.1　气动载荷沿翼展的分布

气动载荷沿翼展的分布可以假定与升力分布规律相同，见图 9.3.3，由于 C_y 与 C_x 的分布规律不同，存在一定误差，但并不大。所以单位长度的气动载荷为

$$q_b = q_y \qquad (9.3.6)$$

式中：$q_y = fC_L b\dfrac{\rho V^2}{2}$；$C_L$ 及 b 为沿翼展变化的升力系数及机翼弦长；速压 $\dfrac{1}{2}\rho V^2$ 由升力方程决定。

$$nG = fC_{y,\,w}S\frac{\rho V^2}{2} \qquad (9.3.7)$$

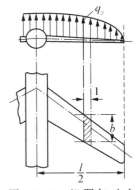

图 9.3.3　机翼气动力线载荷（展向分布）

因此

$$\frac{\rho V^2}{2} = \frac{nG}{fC_{L,\,w}S} \qquad (9.3.8)$$

式中：$S = lb_{av}$ 为机翼面积；$C_{L,\,w}$ 及 b_{av} 为机翼的升力系数及平均弦长。

把 $\dfrac{1}{2}\rho V^2$ 代入 q_y 表示式，得

$$q_y = \frac{nG}{l}\frac{C_L b}{C_{L,\,w} b_{av}} \tag{9.3.9}$$

这里数值 $\frac{nG}{l}$ 是单位长度载荷平均值,它要用变化的相对环量 $\overline{\varGamma}$ 修正(见图9.3.4),即

$$\overline{\varGamma} = \frac{C_L b}{C_{L,\,w} b_{av}} \tag{9.3.10}$$

因此
$$q_y = \frac{nG}{l}\overline{\varGamma} \tag{9.3.11}$$

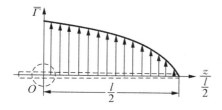

图 9.3.4　机翼气动力相对环量

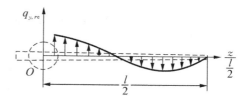

图 9.3.5　机翼扭转单位长度载荷

对于几何相似而具有同一扭曲角的机翼,相对环量是半翼展的函数: $\overline{\varGamma} = f\left(Z \middle/ \frac{l}{2}\right)$。对带有扭转角的机翼(即 $C_{L,\,w}=0$ 时,飞机的 C_L 不等于零),求其单位长度 q_y 时,可以把它看作是平机翼单位长度载荷 $q_{y,\,pa}$ 与由于扭转角引起单位长度载荷 $q_{y,\,re}$ 之和,即

$$q_y = q_{y,\,pa} + q_{y,\,re} \tag{9.3.12}$$

$q_{y,\,re}$ 沿翼展的分布规律如图9.3.5所示。

元扭转平机翼的单位长度载荷 $q_{y,\,pa}$ 为

$$q_{y,\,pa} = \frac{nG}{L}\overline{\varGamma}_{pa} \tag{9.3.13}$$

式中: $\overline{\varGamma}_{pa}$ 为平机翼的相对环量,与机翼平面形状有关。

由于扭转角引起的单位长度载荷为

$$q_{y,\,re} = \frac{nG}{L}\frac{\varphi}{C_{y,\,cr}}\overline{\varGamma}_{re} \tag{9.3.14}$$

式中: $\overline{\varGamma}_{re} = \dfrac{\Delta C_L b}{b_{av}}$ 为由于机翼扭转引起的相对环量; φ 为机翼翼尖的扭转角。

各种梯形机翼的 $\overline{\varGamma}_{pa}$ 与 $\overline{\varGamma}_{re}$ 可在相应的空气动力学手册中查到。

必须指出,安装发动机短舱和机身的机翼部位上(见图9.3.6),升力有所降低。因而在机翼的其他部分上升力就必须增大一些。但升力的总值必须等于nG。在大攻角情况下,这种升力的重新分布是不会发生的,但在小攻角下飞行时,则可能较显著。在计算时可引入一些与攻角有关的修正系数来考虑机身和发动机短舱的影响。

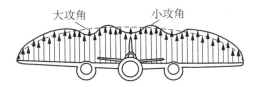

图9.3.6　发动机吊舱及机身对气动力影响

在对机翼作近似强度计算时,可以假定C_L是常数,于是单位长度载荷就与弦长成正比分布,即

$$q_y = \frac{nG}{S}b \qquad (9.3.15)$$

经验证明,对于具有常用的梯形比($\eta < 3$)和后掠机翼,近似方法给出了压力中心位置与精确解相差无几。机翼根部弯矩误差通常在5%以内。

对于三角形机翼升力q_y沿翼展变化见图9.3.7(a),C_y的近似变化规律分布见图9.3.7(b),可以按下式计算:

$$C_L = C_{L0}(1 + 4\overline{Z}^2) \qquad (9.3.16)$$

式中:$\overline{Z} = \dfrac{x}{l}$为由机身边缘翼起到该剖面的相对距离;$C_{L0}$为机身内的机翼段的升力系数。

由$q_y = \dfrac{nG}{l}\overline{\Gamma}$可得出

$$q_y = 0.6\frac{nG}{S \cdot 0.4S_\varphi}(1 + 4\overline{\Gamma}^2)b \quad (9.3.17)$$

式中:S_φ为机身内的机翼段面积。

在粗略计算三角形机翼强度时,允许假定$q_y =$ 常数,即$q_y = \dfrac{nG}{l}$。

9.3.1.2.2　气动载荷沿翼弦的分布

气动载荷分布可由风洞试验求得,在无法风洞试验时也可按强度规范求出。载荷沿弦向根据飞行情况而定,大致分布曲线如图9.3.8所示。由图可见,在情况A前缘受载较大,在B情况后缘受载较大,A′情况时翼

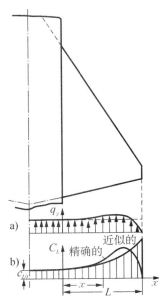

图9.3.7　三角翼气动载荷

型中后部受载较大。情况 C 的特点是载荷差不多组成了力偶。在这些分布曲线上,最大吸力可能达到0.067 MPa。

在超声速飞行时,由于激波后压力不能向前传递,可以假定载荷沿弦向是均匀分布的。压力中心位置和气动力作用方向可以确定如下:在各个翼剖面上,压力中心沿弦向的位置可按下式求得:

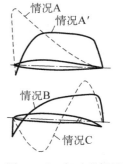

图 9.3.8 气动载荷沿弦向翼分布

$$\overline{x_{cp}} = \frac{x_{CP}}{b} \approx -\frac{C_m}{C_L} \qquad (9.3.18)$$

在翼剖面内气动力合力与翼弦法线的倾斜角 β 决定于公式

$$\beta = \theta - \alpha \qquad (9.3.19)$$

式中:$\tan\beta = \dfrac{C_D}{C_L}$。

有了翼剖面的 C_L 值,可求出相应的 α,C_x,C_m 等数值,并求出 x_{cp} 和 β。

计算证明,在副翼不偏转的情况下,可以认为翼剖面内的压力中心点和倾斜角 β 沿翼展是不变的,并可取 C_y 为常数,并等于 $C_{y,\,cr}$ 来决定它们,这样做法对于实际应用来说已经足够精确。于是得

$$x_{cp} = -\frac{C_{m,\,cr}}{C_{L,\,cr}} \qquad (9.3.20)$$

$$\beta = \alpha_{cr} - \theta_{cr} \qquad (9.3.21)$$

$$\tan\theta_{cr} = \frac{C_{D,\,cr}}{C_{L,\,cr}} \qquad (9.3.22)$$

式中:$C_{L,\,cr}$,$C_{D,\,cr}$,$C_{m,\,cr}$ 是机翼在相应设计情况平均攻角 α_{cr} 下的气动力系数平均值。

机翼质量力 P_c 沿翼展的分布,可按质量沿机翼的分布规律,或者近似地按经验公式分布。假定机翼重量沿翼展与气动载荷成正比或与弦长成正比地分布,并不会有多大的误差。这样机翼单位长度质量力就等于

$$q_c = \frac{nG_c}{l}\overline{\Gamma} \qquad (9.3.23)$$

这些力沿弦向的作用点是机翼结构的重心,它通常离前缘 40%～50% 弦长,质量力的方向假定平行于气动力,组件集中力作用在组件重心上,其方向平行于气动力。

9.3.1.3 机翼剪力图和弯矩图

为了计算机翼,必须知道它各个剖面上的剪力 Q,弯矩 M 以及对机翼弦长中心线的力矩 M_z。为此必须把机翼视为受分布和集中力的悬臂双支点梁(图 9.3.9),作出 Q,M,M_z 等分布图。

机翼和机身的连接接头是机翼的支点。机身上的分布载荷算作是机身的。

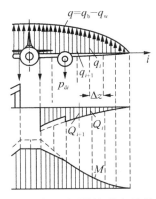

图9.3.9　机翼的受力及剪力弯矩图

现在说明作 Q 图和 M 图的步骤：

（1）Q 图和 M 图可直接由下列差数作出：

$$q = q_b - q_w \qquad (9.3.24)$$

其中：$q_b = \dfrac{nG}{l}\overline{\varGamma}$ 或 $= \dfrac{nG}{s}b$ 为气动载荷；$q_w = \dfrac{nG_c}{l}\overline{\varGamma}$ 为机翼质量力或称为惯性载荷。

（2）有了单位长度载荷 q 和组件的力 $P_{d,i}$，即可求得剪力

$$Q = \int_{\frac{l}{2}}^{z} q\,\mathrm{d}z + \sum P_{d,i} \qquad (9.3.25)$$

$$M = \int_{\frac{l}{2}}^{z} Q\,\mathrm{d}z \qquad (9.3.26)$$

（3）把机翼分成一系列等距离剖面，按 $q = q_b - q_w$，然后求出剪力增量

$$\Delta Q = \frac{q_i + q_{i+1}}{2}\Delta Z \qquad (9.3.27)$$

式中：q_i，q_{i+1} 为机翼梁相邻剖面上的单位长度载荷；ΔZ 为这两剖面之间的距离。

翼尖一段的 ΔQ 可以把它作为抛物线面积来计算：

$$\Delta Q_1 = \frac{2}{3}q_1\Delta Z \qquad (9.3.28)$$

式中：q_1 为有翼尖起第一个剖面上的单位长度载荷。

把 ΔQ 逐步总加起来，即得机翼任一剖面上的剪力：

$$Q = \sum \Delta Q \qquad (9.3.29)$$

再算出弯矩增量：

$$\Delta M = \frac{Q_i + Q_{i+1}}{2}\Delta Z \qquad (9.3.30)$$

式中：Q_i，Q_{i+1} 为两相邻剖面上的剪力。

把 ΔM 逐步总加，就得到机翼任一剖面上的弯矩

$$M = \sum \Delta M \qquad (9.3.31)$$

总加 ΔQ 及 ΔM 时由机翼自由端向机身方向计算。

有时检查机翼某一剖面强度时（图 9.3.10），不需要作 Q，M 图，可按下列式子求得：

$$Q = \frac{n(G - G_c)}{S} S_{sec} \tag{9.3.32}$$

$$M = QC \tag{9.3.33}$$

式中:S_{sec}为机翼割出部分的面积(图 9.3.10);C为梯形中线到该剖面的距离。

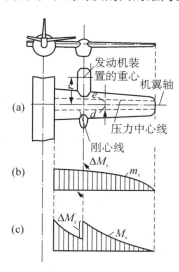

图 9.3.11　机翼的扭矩图

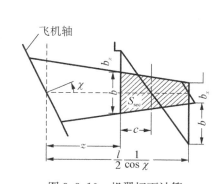

图 9.3.10　机翼切面计算

9.3.1.4　机翼扭矩图

如图 9.3.11 先求出单位长度力矩

$$m_z = q_b e + q_w d \tag{9.3.34}$$

求出集中力矩(图 9.3.11(b))

$$\Delta M_z = P_{T,i} r \tag{9.3.35}$$

式中:e,d,r为由各载荷作用点沿翼肋到机翼轴的距离(图 9.3.11(a))。

积分 m_z(图 9.3.11(b)),并考虑到 ΔM_z 后,得到机翼扭矩图 M_z(图 9.3.11(c))。

9.3.2　线弹性假设和初等弯曲理论

在应用工程梁理论进行飞机结构强度计算时,必须考虑以下内容。

9.3.2.1　线弹性假设与减缩系数法

若结构的纵向受拉元件是由不同材料制成的,当飞机承受设计载荷(极限载荷)时,元件的受力超过了材料比例极限和元件的稳定极限,如图 9.3.12 所示,

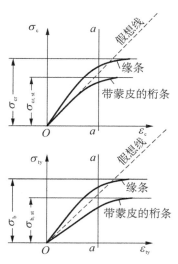

图 9.3.12　元件应力与应变关系曲线

此时其 σ - ε 关系是非线性的。为了简化计算,我们把参与受力的元件折合成一种符合胡克定律的假想材料。

若弹性模量为 E_0,于是任一元件的应力 σ 显然可以用假想应力 σ_φ 表示:

$$\sigma = \sigma_\varphi \varphi \tag{9.3.36}$$

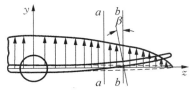

图 9.3.13　机翼弯曲变形

式中: $\varphi = \dfrac{\sigma}{\sigma_\varphi}$ 表示元件应力比假想应力小多少倍的减缩系数。减缩系数 φ 值取决于最终的应力 σ,而应力 σ 是未知值,因此只能采用逐步近似的方法,即首先选取假想材料的斜率线 $\sigma_\varphi = f(\varepsilon)$,设定 φ 值的第一次近似值,计算出应力 σ 后,在应力-应变关系曲线上得到 σ 与 σ_φ 的比值,也就是新的 φ 值,然后再次计算应力 σ,并再次求得 σ 与 σ_φ 的比值 φ,依次逼近,直到前后两次的结果接近为止,这就是有名的减缩系数法。

9.3.2.2　初等弯曲理论

由梁的曲率方程可得

$$\varepsilon = \frac{y}{\rho} \tag{9.3.37}$$

则

$$\sigma = Ay\varphi \tag{9.3.38}$$

$$M = \int_F \sigma y \, \mathrm{d}F = \frac{E}{\rho} \int_F y^2 \varphi \, \mathrm{d}F \tag{9.3.39}$$

令

$$J = \int_F y^2 \varphi \, \mathrm{d}F \tag{9.3.40}$$

则

$$\frac{1}{\rho} = \frac{M}{EJ} \tag{9.3.41}$$

式(9.3.41)即为梁的弯曲方程。

上面诸式中: ε 为应变; ρ 为曲率半径; y 为计算点离中性面的距离; A 为剖面面积; M 为弯矩; J 为横截面积对中性轴的惯性矩。

由式(9.3.38)看出,减缩系数 φ 可看成单位面积的放大(或缩小)。

对经减缩后的横截面求其质心位置(图 9.3.14),其 x, y 方向的质心位置分别为

$$\overline{X} = \frac{\sum f_i \varphi_i X_i}{\sum f_i \varphi_i} \qquad \overline{Y} = \frac{\sum f_i \varphi_i Y_i}{\sum f_i \varphi_i} \tag{9.3.42}$$

对质心轴的惯性矩为

$$\hat{J}_x = \sum f_i \varphi_i \hat{x}_i^2, \quad \hat{J}_y = \sum f_i \varphi_i \hat{y}_i^2, \quad \hat{J}_{xy} = \sum f_i \varphi_i \hat{x}_i \hat{y}_i \qquad (9.3.43)$$

式中：$\hat{x}_i = x_i - \overline{X}$；$\hat{y}_i = y_i - \overline{Y}$。

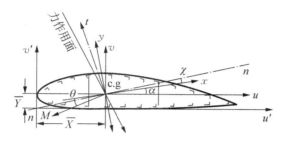

图 9.3.14　减缩后的横截面几何特性

主轴的方向为(图 9.3.14)

$$\tan(2\alpha) = \frac{2\hat{J}_{xy}}{\hat{J}_y - \hat{J}_x} \qquad (9.3.44)$$

对主轴的惯性矩为

$$\begin{aligned}
J_x &= \hat{J}_x \cos^2\alpha + \hat{J}_y \sin^2\alpha - \hat{J}_{xy} \sin(2\alpha) \\
J_y &= \hat{J}_x \sin^2\alpha + \hat{J}_y \cos^2\alpha + \hat{J}_{xy} \sin(2\alpha)
\end{aligned} \qquad (9.3.45)$$

剖面各点斜弯曲正应力为

$$\sigma_i = \frac{M_x}{J_x} y_i + \frac{M_y}{J_y} x_i \qquad (9.3.46)$$

9.3.3　直机翼结构强度计算

机翼强度计算包括求应力和变形,这是评定机翼强度和刚度所必须知道的,机翼是一种由翼梁、桁条、翼肋和蒙皮组成的厚壁结构,由于气动力与惯性载荷的作用,使整个机翼发生弯曲和扭转。由于弯矩作用在翼梁缘条内、桁条内、蒙皮内分别产生轴向正应力 σ;在扭矩剪力作用下,翼梁腹板和蒙皮内产生剪应力 τ。

9.3.3.1　机翼正应力的近似计算

对于梁式机翼来说,可采用下列近似估算方法确定机翼正应力。通常梁式机翼的前、后缘结构较弱,可略去前、后缘作用,假设机翼上的弯矩 M 只由翼梁间的主承力结构承担(图 9.3.15),由于机翼翼梁之间部分的高度差别不大,可以假定为长方

形(见图 9.3.16),其高度取平均值

$$H_{av} = \frac{F}{B} \tag{9.3.47}$$

式中:F 为机翼翼梁之间所围的面积。

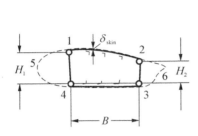

图 9.3.15 机翼承力图

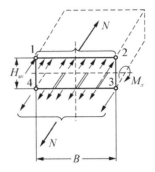

图 9.3.16 机翼承力简化图

弯矩 M 可以用力偶表示:

$$M = NH_{av} \tag{9.3.48}$$

由于轴力 N 的作用,在上、下板件内分别产生压应力和拉应力。由于缘条和桁条的横剖面尺寸远小于整个机翼和机身的剖面尺寸,因此在计算时可看成集中面积,并略去它们对自身惯性主轴的矩,同时承压面的薄蒙皮在计算时应考虑屈曲失稳,因此应将缘条(或桁条)之间蒙皮按其承受正应力的能力加到缘条(或桁条)上,对于受压蒙皮的有效面积方程

$$f'_{skin} = \delta b_e = \delta^2 \sqrt{\frac{KE}{\sigma_{cr}}} \tag{9.3.49}$$

对于机翼剖面来说,翼梁缘条材料往往与桁条不同,在这种情况下,所有元件必须按决定机翼强度的桁条进行减缩,因为在桁条破坏后,桁条的载荷就会转加给翼梁缘条,在不增加机翼外载荷的情况下,缘条也会破坏。

故取桁条及其附带蒙皮的减缩系数 $\varphi_{fl} = 1$,则机翼受压区的缘条的减缩系数为

$$\varphi_{n,c} = \frac{\sigma_{cr,n}}{\sigma_{cr,fl}} \tag{9.3.50}$$

受拉区的缘条减缩系数为

$$\varphi_{n,t} = \frac{\sigma_{b,n}}{\sigma_{b,fl}} \tag{9.3.51}$$

这样,若考虑机翼同时作用 M_x 和 M_y 力矩(即 00 弯曲情况),则上壁板受压桁条的应力为

$$\sigma_{\text{st, c}} = \frac{M_x}{H_{\text{av}}(F_1 + F_2)\varphi_{\text{m, c}} + \sum f_{\text{st}}} + \frac{M_y}{W} \tag{9.3.52}$$

式中：F_i 及 f_{st} 为第 i 个缘条面积和附带蒙皮的桁条面积；$W = \sum \dfrac{\delta B^2}{6}$ 为水平弯曲时上下壁板的抗弯截面系数；$\delta = \dfrac{\sum f_{\text{st}}}{B}$ 为桁条折合成蒙皮的厚度。

机翼下壁板受拉桁条的应力为

$$\sigma_{\text{st, t}} = \frac{M_x}{H_{\text{av}}(F_3 + F_4)\varphi_{\text{n, t}} + \sum f_{\text{st}}} + \frac{M_y}{W} \tag{9.3.53}$$

以上求得的桁条应力即为在设计载荷下（极限载荷）的应力，这些应力若小于元件的破坏应力则说明在这种设计情况下，结构有剩余强度 η 存在：

$$\eta = \frac{元件破坏应力}{元件设计应力} \tag{9.3.54}$$

要求 $\eta \geqslant 1$，最好是等于 1 或稍大一些，太大会造成增重。

1）机翼分段处和开口处的正应力求法

在机翼分段区，如舰载机折叠区。折叠段机翼与基础部分常用铰链连接，即通常采用四点对接，在这种情况下，蒙皮与长桁在靠近分段区有一个参与受力区，在接近接头部位受力很小，如图 9.3.17。在大于长度 B 后蒙皮和长桁才全部受力，因此在分段区弯矩 M 只由翼梁缘条负担。则前梁上缘条的应力为

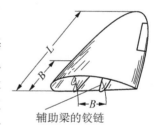

图 9.3.17　机翼接头部位

$$\sigma_{\text{c}} = \frac{M_x}{H_{\text{av}}(F_1 + F_2)} + \frac{M_y}{B(F_1 + F_4)} \tag{9.3.55}$$

$$H_{\text{av}} = \frac{H_1 + H_2}{2}$$

2）变形求法

由正应力引起翼剖面的转角 $\beta = \dfrac{\mathrm{d}f}{\mathrm{d}t}$（图 9.3.13），因此也产生挠度 f。则机翼弯曲挠度微分方程为

$$\frac{\mathrm{d}^2 f}{\mathrm{d}t^2} = \frac{M}{EJ} \tag{9.3.56}$$

式中：E 为假想材料的弹性模量；J 为机翼减缩剖面的惯性矩。对方程（9.3.56）积分后可得出挠度曲线。

9.3.3.2 剪应力和变形计算

1) 应力求法

由于翼剖面上有剪力作用,产生剪应力 τ,则剪流 $q = \tau\delta$。对于直梁机翼翼剖面由两个闭室组成,后缘常因开口而不形成闭室。它受到一个作用在压力中心上的剪力 Q。(图 9.3.18(a))可采用力法求解剪流,为一度静不定问题。取第一闭室周线上 a 点有纵向开口的翼剖面为基本系统(图 9.3.18(b)),取沿这开口剖面内作用的剪流 q_a 为多余约束。

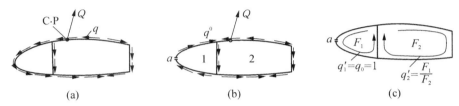

图 9.3.18 机翼剖面第 1 室开口剪流求解

则翼剖面任一点的剪流

$$q = q^0 + q' q_a \tag{9.3.57}$$

式中:q^0 及 q' 为基本系统由于外力和单位力引起的剪流;q_a 为多余未知剪流。

根据结构力学可知

$$q_a = -\frac{\oint \dfrac{q^0 q' \mathrm{d}l}{G\delta}}{\oint \dfrac{(q')^2 \mathrm{d}l}{G\delta}} \tag{9.3.58}$$

式中:$\mathrm{d}l$ 及 δ 为周线单元长度及厚度。

第一闭室周线上的单位剪流为 $q_1' = 1$。

第二闭室周线上的剪流,可根据平衡条件求出

$$q_2' = \frac{F_1}{F_2} \tag{9.3.59}$$

式中:F_1 及 F_2 为第一闭室周线和第二闭室周线所包围的面积。

现在求基本系统在外力作用下的剪流 q^0。为了求 q^0,在第二室周线上一点 n 处再开一缝(图 9.3.19(a)),此时第二室的开剖面剪流 q_{open} 由沿翼展截面的单元体的平衡条件求得(图 9.3.19(b))。

$$q_{\text{open}} = \frac{\mathrm{d}N}{\mathrm{d}z} \tag{9.3.60}$$

式中: $N = \dfrac{MS}{I}$ 为作用在截面单元体上的纵向力; M 为对翼剖面中性轴的弯矩; S 及 I 为截出单元体减缩面积对翼剖面中性轴的静力矩和翼剖面减缩面积对其中性轴的惯性矩。

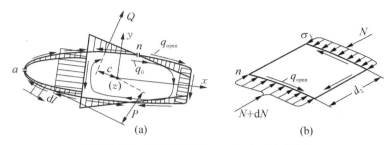

图 9.3.19　机翼剖面第 1,2 室开口剪流求解

由结构力学知,图 9.3.18(a)的开剖面剪流为

$$q_{\text{open}} = Q\frac{S}{I} + M\frac{\mathrm{d}}{\mathrm{d}z}\left(\frac{S}{I}\right) \tag{9.3.61}$$

式中第二项是考虑到机翼剖面沿翼展是变化的, 在剖面尺寸由翼尖向机身方向增大的情况下,式 9.3.61 中第二项是负的。即由于翼梁的锥度,翼 梁缘条有分力(图 9.3.20)。

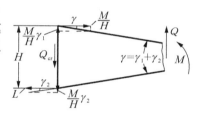

$$\Delta Q = \frac{M}{H}\gamma$$

图 9.3.20　翼梁沿展向锥度变化 的受力

平衡一部分剪力,因而减小了翼梁腹板载荷, 这时梁腹板的剪力

$$Q_{\text{web}} = Q - \Delta Q \tag{9.3.62}$$

因此

$$q_{\text{open}} = \left(Q - \frac{M}{H}\gamma\right)\frac{S}{I} \tag{9.3.63}$$

式中: H 及 γ 为翼梁高度平均值及锥度平均值。

求出 q_{open} 后,再由对 z 轴的力矩方程,可求出作用在剖面 n 处的剪流 q_n 。

$$QC + \oint q'_{\text{open}}\rho\,\mathrm{d}l + \oint q_n\rho\,\mathrm{d}l = 0 \tag{9.3.64}$$

式中: $q'_{\text{open}} = \dfrac{QS}{I}$ 为不考虑翼梁锥度时的开剖面剪流。

考虑到 q_n 是常数,而 $\oint \rho \mathrm{d}l = 2F_2$ 为第二室周线包围面积的两倍。

由方程 9.3.64 可解得

$$q_n = -\frac{QC + \oint q'_{\text{open}} \rho \, \mathrm{d}l}{2F_2} \tag{9.3.65}$$

有了剪流 q_{open} 及 q_n,就可求出基本系统由于外载荷产生的剪流

$$q^0 = q_{\text{open}} + q_n \tag{9.3.66}$$

这样翼剖面任一点的剪流就等于

$$q = q^0 + q' q_a \tag{9.3.67}$$

2) 变形计算

由于剪力作用,机翼可能发生扭转,总扭转角 φ 可由相对扭角 α 的积分求得

$$\alpha = \frac{\mathrm{d}\varphi}{\mathrm{d}t} \tag{9.3.68}$$

例如第二闭室的扭角

$$\alpha_2 = \frac{1}{2F_2} \oint \frac{q \mathrm{d}l}{G\delta} \tag{9.3.69}$$

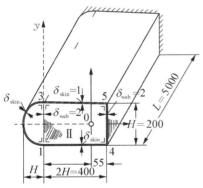

图 9.3.21　双梁式机翼尺寸示意图

刚心:所谓刚心,就是翼剖面上的这样一个点:假如剪力通过这点,则不会产生扭矩,因而也不会产生相对扭角。

【例 9.1】 已知一个沿翼展有等剖面的双梁式而无桁条的机翼(图 9.3.21),受剪力 $Q = 45\,000\,\mathrm{N}$,这翼剖面包括有两个腹板厚度为 $\delta_{\text{web}} = 2\,\mathrm{mm}$ 的翼梁,具有半圆形前缘而厚度为 $\delta_{\text{skin}} = 1\,\mathrm{mm}$ 的蒙皮,前梁缘条面积(在点 1,3 处)各为 $f_n = 10\,\mathrm{cm}^2$,后梁缘条面积(在点 4,5 处)各为 $f_b = 5\,\mathrm{cm}^2$。所有元件材料为铝合金 $(G = 2.7 \times 10^4\,\mathrm{MPa})$,试求在前缘上,蒙皮及翼梁腹板上的剪流,再求相对扭角。在计算时,假定缘条的减缩系数 $\varphi_n = 1$,而其余元件 $\varphi = 0$。因此,根据本题条件,只有翼梁缘条担负弯矩引起的正应力。

解:规定前缘一点 a 处有纵向开缝系统为基本静定系统(图 9.3.19),然后定一点 n 为计算静力矩 S 的起点。

求 $q_{\text{open}} = \dfrac{QS}{J}$（翼梁无锥度影响）

为此要求出剖面惯性矩

$$J_x = 2\left[f_n\left(\frac{H}{2}\right)^2 + f_3\left(\frac{H}{2}\right)^2\right] = 3\,000\,\text{cm}^4$$

前梁腹板的静力矩 $\qquad\qquad S_n = f_n\dfrac{H}{2} = 100\,\text{cm}^3$

后梁腹板的静力矩 $\qquad\qquad S_3 = f_b\dfrac{H}{2} = 50\,\text{cm}^3$

按 S_i 及 J 求出前梁腹板的剪流

$$q_{\text{open},\,n} = \frac{QS_n}{J_x} = \frac{45\,000 \times 100}{3\,000} = 1\,500\,\text{N/cm}$$

求出后腹板剪流

$$q_{\text{open},\,b} = \frac{45\,000 \times 50}{3\,000} = 750\,\text{N/cm}（如图\,9.3.22(a)\,所示）$$

对图 9.3.21 中的 O 点取矩，按式(10.3.29)

$$QC + \oint q_{\text{open}}P\,\mathrm{d}l + \oint q_n P\,\mathrm{d}l = 0$$

$$q_n = -\frac{q_{\text{open},\,b}H \times 5.5 - q_{\text{open},\,n}H \times 34.5}{2\dfrac{H}{2}2H + H \times (5.5 + 34.5)} = -\frac{750 \times 5.5 - 1\,500 \times 34.5}{4 \times 20} = 595\,\text{N/cm}$$

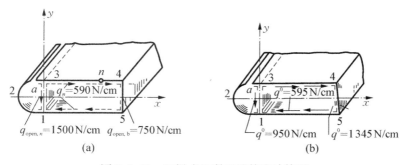

图 9.3.22 双梁式机翼开缝剪流计算图

基本系统内的剪流为 $q^0 = q_{\text{open}} + q_a$，如图 9.3.22(b)所示。

基本系统在单位力 $q_a = 1$ 作用下的剪流 q' 有（如图 9.3.23 所示）

$$q_1' = q_n = 1, \quad q_2' = \frac{F_1}{F_2} = \frac{\pi\left(\dfrac{H}{2}\right)^2/2}{2HH} = \frac{314/2}{800} = 0.196, \quad q_n' = 1.196$$

按式(9.3.23)求未知剪流 q_a：

$$\oint q^0 q' \frac{\mathrm{d}l}{G\delta} = \frac{1}{G}(1.196 \times 905 \times 200/2 - 0.196 \times 1345 \times 200/2 - 0.196 \times 595 \times 800/1)$$

$$= \frac{-11\,420}{G}$$

$$\oint (q')^2 \frac{\mathrm{d}l}{G\delta} = \frac{1}{G}\left[1^2 \times \frac{3.14 \times 100}{1} + 0.196^2\left(\frac{800}{1} + \frac{200}{1}\right) + 1.196^2 \times \frac{200}{2}\right] = \frac{491.6}{G}$$

$$q_a = \frac{-11\,420}{491.6} = -23.2\,\mathrm{N/cm}$$

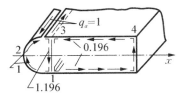

图 9.3.23　$q_a = 1$ 作用下剪流

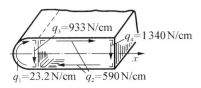

图 9.3.24　各元件的剪流

按式 $q = q^0 + q' q_a$ 可求出各元件剖面上的剪流和剪应力(图 9.3.24)：

对于前缘 $q_1 = 23.2\,\mathrm{N/cm}$，$\tau_1 = \dfrac{23.2}{0.1} = 232\,\mathrm{N/cm^2}$

对于蒙皮 $q_2 = 595 - 23.2 \times 0.196 = 590\,\mathrm{N/cm}$，$\tau_2 = \dfrac{590}{0.1} = 5\,900\,\mathrm{N/cm^2}$

对于前梁腹板 $q_3 = 905 + 23.2 \times 0.196 = 933\,\mathrm{N/cm}$，$\tau_3 = \dfrac{933}{0.2} = 4\,665\,\mathrm{N/cm^2}$

对于后梁腹板 $q_4 = 1345 - 23.2 \times 0.196 = 1340\,\mathrm{N/cm}$，$\tau_3 = \dfrac{1340}{0.2} = 6\,700\,\mathrm{N/cm^2}$

按式(9.3.34)求得第二闭室的相对扭角(单位长度的扭角)

$$\alpha_2 = \frac{1}{2F_2}\oint \frac{q\mathrm{d}l}{G\delta} = \frac{1}{2 \times 2 \times 20^2} \times \frac{1}{2.73 \times 10^5}\left(590 \times \frac{800}{1} + 1345 \times \frac{200}{2} - 933 \times \frac{200}{2}\right)$$

$$= 0.000\,117\,4\,\mathrm{cm^{-1}}$$

应该说上述剪应力的求解是较繁琐的,在工程可采用近似计算：

将机翼切割出一段(图 9.3.25),在它上面作用有剪力 Q,它作用在压力中心 X_c 上,并作用有弯矩 M。

假定剪力的垂直分力 Q_y 由翼梁承受,并按翼梁的弯曲刚度比例分配各翼梁,即

$$Q_i = \left(Q_y - \frac{M_x}{H_i}\gamma_i\right)\frac{(EJ)_i}{\sum(EJ)_i} \quad (9.3.70)$$

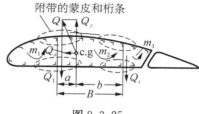

图 9.3.25

式中：M_x 为弯矩的垂直分量；γ_i 为翼梁的锥度，以弧度计；H_i 为翼梁高度；$(EJ)_i$ 为翼梁的弯曲刚度（必须考虑相邻蒙皮及桁条的贡献）。

根据这剪力可求出翼梁腹板内的剪流

$$q'_{i\text{web}} = \frac{Q_i}{H_i} \quad (9.3.71)$$

与翼梁相邻接的蒙皮内的剪流则为

$$q'_{i\text{hull}} = q'_{i\text{web}}\frac{F_i}{F_i + F_\pi} \quad (9.3.72)$$

式中：F_π 为翼梁缘条面积；F_i 为与缘条 I 相邻的桁条及蒙皮面积。

先按刚度分配，不考虑翼梁锥度时的翼梁剪力为

$$\left.\begin{array}{l}Q_1 = \dfrac{Q_y}{\sum(EJ)_i}(EJ)_1 \\[3mm] Q_2 = \dfrac{Q_y}{\sum(EJ)_i}(EJ)_2\end{array}\right\} \quad (9.3.73)$$

由外力 Q 及内力 Q_1，Q_2 对机翼剖面压心取矩，可求出扭矩 m 并按各闭室扭转刚度比例分配各闭室：

$$m_i = m\frac{C_i}{\sum C_i} \quad (9.3.74)$$

式中：

$$C_i = \frac{4F_i^2}{\oint \dfrac{\mathrm{d}l}{G\delta}} \quad (9.3.75)$$

为第 i 室的扭转刚度，其中 F_i 为第 i 室所包围的面积；$\oint \dfrac{\mathrm{d}l}{G\delta}$ 为沿第 i 室周线积分，在相邻室内要包括翼梁腹板厚度；G 为剪切模数。

由第 i 室的扭矩 m_i，可求出蒙皮内的剪流

$$q''_{i,\text{skin}} = \frac{m_i}{2F_i} \quad (9.3.76)$$

翼梁腹板内的剪流导于两临室的剪流之差：

$$q''_{1\text{web}} = q''_{1\text{skin}} - q''_{2\text{skin}} \Big\}$$
$$q''_{2\text{web}} = q''_{2\text{skin}} - q''_{3\text{skin}} \Big\} \tag{9.3.77}$$

可以粗略的认为 $q''_{1\text{web}} \approx q''_{2\text{web}} \approx 0$，得

$$q''_{2\text{skin}} = \frac{m}{2F} \tag{9.3.78}$$

式中：F 为机翼剖面外围线所包围的面积。

剪力的水平与力 Q_x 由蒙皮承受

$$q'''_{\text{skin}} = \frac{Q_x - \dfrac{M_y}{B}\varphi}{2B} \tag{9.3.79}$$

式中：M_y 为弯矩的水平分量；B 为翼梁之间的距离；φ 为两翼梁在机翼平面扭转角。则蒙皮和翼梁腹板内的总剪流可由 q'，q''，q''' 的代数和求得。

求得了剪流，就可以计算剪应力

$$\tau = \frac{q}{\delta} \tag{9.3.80}$$

相对扭角 α 可按一个闭室去求

$$\alpha = \alpha_i = \frac{m_i}{c_i} \tag{9.3.81}$$

粗略地可假设翼梁不承受扭矩 m，则得

$$\alpha = \frac{m}{4F^2} \oint \frac{\mathrm{d}l}{G\delta} \tag{9.3.82}$$

式中：F 为外围线所围面积；$\oint \dfrac{\mathrm{d}l}{G\delta}$ 为沿外周线取值。

以上是直机翼强度计算的基本方法。现在再来研究机翼受扭时开口对应力和变形的影响。

根据用途，机翼上可能有各种不同的开口，有时开口可用加强框补偿，或用受力口盖封闭，在这种情况下，开口对机翼受扭时总体强度不发生影响，只需额外计算一下局部强度，例如对于受力口盖，要检查受力口盖连接螺栓与剪流 q 作用下的剪切强度。

倘若机翼在翼梁之间有大开口，例如为了收放起落架机轮的开口，则情况就不同了。在这种情况下，开口处无受力口盖。机翼在受扭转时，同时要产生正应力，这些应力是静力平衡所必需的。通常称开口处平衡扭矩为"参差弯矩"。

作为举例，我们来研究双梁式机翼开口段扭矩的传递形式，在这段上两翼梁之间的蒙皮开口(图 9.3.26)在开口段长度 L 内，扭矩是由前缘及后缘的扭转(m_H，

m_x)以及翼梁弯曲力偶 m_1 来承担的,即

$$m_1 = QB' \tag{9.3.83}$$

式中:B' 是前缘部与刚心到后缘部与刚心距离。

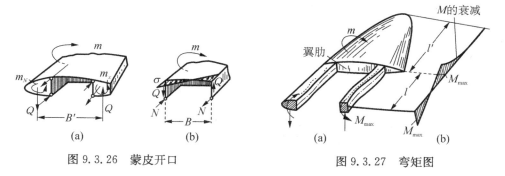

图9.3.26　蒙皮开口　　　　　　　　图9.3.27　弯矩图

力 Q 使翼梁弯曲,翼梁是固定在机翼不开口部分上的,其弯矩如图 9.3.27 所示,在开口长度 L 上,弯矩为零的那点,是根据机翼开口段及完整段的刚度比例而定的。通常,这零弯矩点靠近长度 L 的中点,此时翼梁的最大弯矩

$$M_{max} = \frac{m_1}{B'} \frac{L}{2} \tag{9.3.84}$$

作用在前后翼梁上的两个自身平衡的力矩沿机翼完整段长度逐渐衰减。现在求解 m_H,m_x,m_i。假设开口边界的翼肋绝对刚硬,根据式 9.3.74,扭矩 m 将按前缘、后缘以及翼梁的刚度比例,分为前缘和后缘的扭矩,以及弯曲翼梁的力矩。前缘及后缘扭转刚度 C_H 与 C_x 可按式(9.3.74)后的方法确定。由于翼梁弯曲而产生的刚度则为

$$C_1 = \frac{1}{\varphi'_1} \tag{9.3.85}$$

式中 φ'_1 为在单位扭矩作用下,由于翼梁弯曲而引起翼肋的转角,再除以长度 L,即

$$\varphi'_1 = \frac{y_1 + y_2}{B'L} \tag{9.3.86}$$

式中:y_1,y_2 为前后翼梁在翼肋平面内的挠度。

翼梁的弯矩图如图 9.3.26 所示,取 $m_1 = 1$ 可求得 y_1 及 y_2 的值,而后求得 φ'_1,最后可求得刚度

$$C_1 = \frac{12EJ_1}{\left(\dfrac{L}{B'}\right)\left(1 + \dfrac{J_1}{J_2}\right)\left(1 + 3\dfrac{D}{L}\right)} \tag{9.3.87}$$

式中：J_1，J_2 为前后梁的惯性矩；D 为机翼在机身内的长度。

有了刚度 C_1 即可求得 m_H，m_x，m_1，Q，M_{max}。

对于单块式机翼，略去前缘及后缘时，扭矩就由翼梁腹板的力偶 QB 承担，在这种情况下，翼梁下缘条的最大轴向力为

$$N = \frac{ml}{2BH} \tag{9.3.88}$$

而上缘条的应力

$$\sigma = \frac{NB}{W} \tag{9.3.89}$$

式中：W 为上板件的抗弯矩。

9.3.3.3　翼梁、翼肋及铆缝的计算

1）翼梁计算

翼梁缘条及腹板的主要应力 σ 和 τ 是由机翼受弯及受剪的计算求得，在翼梁计算中，还要考虑腹板受剪失去稳定性或由于腹板上开孔后所引起的附加应力。

梁腹板失去稳定性后，在腹板边框较强情况下形成"张力场承剪"，这是板剪切过屈曲情况，其剪应力差 $\tau - \tau_{cr}$ 变成了腹板的拉应力（图 9.3.28）

$$\sigma_{web} = 2\tau\left(1 - \frac{\tau_{cr}}{\tau}\right) \tag{9.3.90}$$

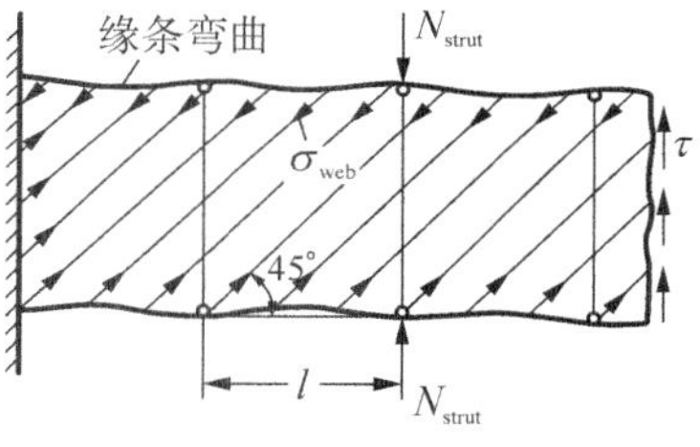

图 9.3.28　梁腹板失稳

式中：τ_{cr} 为腹板的临界剪应力。

这时，翼梁缘条受横载荷弯曲，而支柱受压。假定失稳波纹的斜角为 45°，则可把翼梁看作多支点梁，求出其弯矩值

$$m = \frac{\sigma_{web}\delta_{web}}{24} \tag{9.3.91}$$

支柱压力

$$N_{strut} = \frac{\sigma_{web}\delta_{web}l}{2} \tag{9.3.92}$$

式中：δ_{web} 为翼梁腹板厚度。

在求 m 及 N_{strut} 所引起的应力时，必须在缘条剖面面积及支柱剖面面积上，加上翼梁腹板的有效面积，对于缘条来说，腹板的有效宽度为 c，对于支柱来说，这宽度为 $2c$。必须指出，鉴于缘条受轴向力和横载荷弯曲作用，其承载能力决定了张力场承剪能力，因此能否允许腹板失稳取决于综合设计考虑。对于薄蒙皮的飞机，如轻型飞机可以将机身蒙皮设计成张力场，如早期的 C47 运输机的机身蒙皮就在停机时也进入张力场。目前战斗机的腹板和机身蒙皮允许在大于使用载荷情况下进入张力场。

翼梁腹板上的开洞

有时翼梁腹板上开洞的尺寸较大（如燃油管路通孔等），它使翼梁削弱很多（图9.3.29）。在这种情况下，翼梁腹板要用特殊框加强。假定开洞对翼梁的受力影响仅限于两最邻近支柱之间部分，其长度为 L，在这段 L 上，框架依靠它的元件局部弯曲，把翼梁的剪力传递过去，框架的最大弯矩在 1-1 剖面上，该剖面包括翼梁缘条、角条，加强环以及翼梁腹板

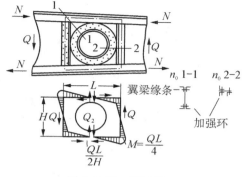

图 9.3.29　翼梁开口

$$M_{\max} = \frac{QL}{4} \qquad (9.3.93)$$

翼梁缘条的最大应力为

$$\sigma_{\max} = \frac{M_{\max}}{W} + \frac{N}{F_{\mathrm{n}}} \qquad (9.3.94)$$

式中：W 为框架剖面（翼梁缘条及加强环）的抗弯矩；F_{n} 为翼梁缘条剖面面积；N 为翼梁缘条的轴向力。

2）翼肋计算

翼肋的主要用途在于维持翼型的形状，此外，翼肋也参与机翼机构受力，与翼梁、桁条、蒙皮等承受机翼载荷，保证机翼强度，在翼肋上作用各种力，现逐一进行分析。

空气载荷直接作用在有桁条支持的蒙皮上，由蒙皮一部分传给翼梁，而大部分传递给翼肋，因为翼肋之间距离小于翼梁之间的距离。当机翼受弯时，由纵向构件如桁条、蒙皮的轴向力产生对翼肋的压力，在限制扭转情况下，由于机翼结构中产生自身平衡的轴向力，翼肋受到剪流 q_{N} 作用。在某些翼肋上，除了上述那些力外，还作用有发动机架、起落架、油箱等传来的集中力。对于普通翼肋来说，主要是空气载荷，而对于加强肋来看，主要承受集中力，翼肋的受力如同梁的受力。其由翼梁、腹板和蒙皮作为支持。蒙皮与翼梁腹板的剪流（支反力）可以根据翼剖面的受力计算求得。翼肋在外力和支反力的作用下处于平衡，就可以把翼肋作为平面梁进行应力计算。

以下分析几个加强肋和普通翼肋的计算例子。

【例 9.2】　研究连接发动机架的加强翼肋（图9.3.30）计算法。

解：为要求出翼肋元件内力，首先必须求出翼肋的支反力，由于翼肋支持在蒙皮及翼梁腹板上，所以它的支反力就是蒙皮及翼梁腹板的剪流。假想把翼梁间的蒙皮开口，得到开剖面。对于这开剖面，假定蒙皮只受剪，于是翼梁腹板的剪流就与缘条静力矩成正比，即与 FH 成正比，而剪力等于剪流乘以翼梁高度 H，则剪力与 FH^2 成正比，即

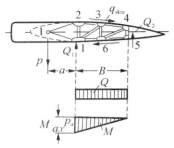

图 9.3.30　连接发动机架
　　　的加强翼肋

$$\frac{Q_{1\text{open}}}{Q_{2\text{open}}} = \frac{F_1 H_1^2}{F_2 H_2^2} \qquad (2-a)$$

同时
$$Q_{1\text{open}} + Q_{2\text{open}} = P \qquad (2-b)$$

式中：F_1，F_2 为前梁缘条剖面面积的平均值及后梁缘条剖面面积的平均值；H_1，H_2 为翼梁在缘条形心间的高度。

由以上方程解得

$$Q_{1\text{open}} = \frac{P}{1 + \dfrac{F_2}{F_1}\left(\dfrac{H_2}{H_1}\right)^2} \qquad (2-c)$$

$$Q_{2\text{open}} = \frac{P}{1 + \dfrac{F_1}{F_2}\left(\dfrac{H_1}{H_2}\right)^2} \qquad (2-d)$$

内外力对前梁轴线取矩得蒙皮剪流

$$q_{\text{skin}} = \frac{P}{H_1 + H_2}\left[\frac{a}{B} + \frac{1}{1 + \dfrac{F_1}{F_2}\left(\dfrac{H_1}{H_2}\right)^2}\right] \qquad (2-e)$$

翼梁腹板的真实剪力为

$$Q_1 = Q_{1\text{open}} + qH_1 \qquad (2-f)$$

$$Q_2 = Q_{2\text{open}} - qH_2 \qquad (2-g)$$

依据以上求解，可作出翼肋的剪力图和弯矩图，然后根据翼肋的构造形式，把它作为平面桁架或梁来求出其元件的内力和应力。

如取翼肋下缘条，它所受力如图 9.3.31，桁架支柱及斜杆和斜杆 1—7 对下缘条水平方向分力要与蒙皮剪流相平衡。可求出翼肋下缘条的轴力 S。同样也可画作翼肋上缘条的轴力图（见图 9.3.31(a)）。并根据上下缘条的剖面积求出应力与材料许用应力对比进行强度校核。

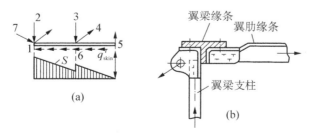

图 9.3.31　翼肋下缘条受力

为了可靠地把力从发动机架传到翼肋上,必须用接头把发动机与翼肋连接起来如图 9.3.31(b),表示节点 2 的连接。同样依据所受载荷分析,也要对接头本身及连接件进行强度校核。

【例 9.3】　机翼与机身连接的边缘翼肋受力情况(图 9.3.32,图 9.3.33)分析

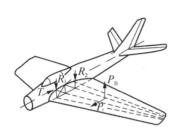

图 9.3.32　机翼与机身的连接

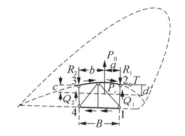

图 9.3.33　边缘翼肋的受力

解:机翼的总垂直力 P_B 和总水平力 P_r 由机身及反作用力 R_1, R_2, T 平衡;反力 T 等于机翼水平力 P_r。R_1, R_2 为

$$R_1 = \frac{P_B b + P_r d}{B} \qquad (3-a)$$

$$R_2 = \frac{P_B a - P_r d}{B} \qquad (3-b)$$

机翼所受的力 R_1, R_2, T 由机翼结构承受,翼肋的作用在于使得把反力传递给机翼蒙皮和翼梁。因此可按例 1 进行翼根剖面剪力计算,蒙皮的剪流也是翼肋的支反力。

根据已知的反力和外力,就可以按翼肋的构造形式把它作为平面桁架或梁来计算。

【例 9.4】　普通翼肋受空气载荷的计算方法。

解:翼肋的空气载荷可以按风洞试验或按飞机设计规范计算。可以这样近似计算普通翼肋。假定它只支持在翼梁腹板上,不考虑机翼蒙皮的反作用力,这样翼肋就是一个双支点梁,受分布载荷(图 9.3.34)。

$$q_H = pa \qquad (4-a)$$

其中:p 为机翼展向环量分布载荷;a 为翼肋之间距离。

作出翼肋的弯矩图和剪力图,在把它作为平面梁求其各剖面应力。一般情况,普通翼肋要按两种设计情况进行计算,即大攻角情况和小攻角情况。在大攻角情况(情况 A),前缘受力较大(图 9.3.34(a)),而在小攻角情况(A′,B),则是翼梁之间部分和后缘受力较大(图 9.3.34(b)),而前缘和后缘的弯矩在翼梁处由蒙皮承受(图 9.3.34(c)),对于连接襟翼的翼肋后缘,则要按安在襟翼连接接头上的集中力进行计算(图 9.3.34(d))。

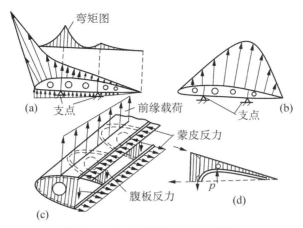

图 9.3.34　机翼翼肋受力示意图

由于普通肋所受载荷不大,没有必要用接头把翼肋三段(前段、中段、后段)的缘条连接起来。前段、中段、后段的剪力通过它与翼梁肋板连接的铆钉传给翼梁肋板承受(图 9.3.35(a))。在求翼肋缘条正应力时,必须考虑它所附带的机翼蒙皮(图 9.3.35(b))。

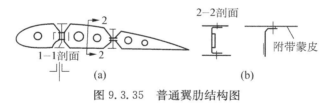

图 9.3.35　普通翼肋结构图

3) 铆缝的计算

铆缝一般有纵向的(沿机翼翼展的)和横向的(沿翼弦的),此外还必须区分:连接蒙皮间的铆缝;连接蒙皮与翼梁缘条的铆缝,以及连接蒙皮与桁条和翼肋的铆缝。

连接蒙皮的纵向铆缝的每个铆钉受力为

$$P_1 = \frac{qt}{n} \qquad (9.3.95)$$

式中:t 为铆钉间距;q 为由于机翼受弯和受扭蒙皮内产生的剪流;n 为铆缝的铆钉行数。

连接蒙皮与桁条的铆缝的每个铆钉的受力为

$$P_2 = \Delta qt \qquad (9.3.96)$$

式中:Δq 为由于有桁条使蒙皮剪流不是常值,应逐项检查。

连接蒙皮横向铆缝的一个铆钉受力为

$$P_3 = \frac{t}{n} \sqrt{q^2 + (\sigma\delta)^2} \qquad (9.3.97)$$

式中:σ 为由于弯矩作用在蒙皮内产生的正应力;δ 为蒙皮厚度;其他符号意义同上。

连接蒙皮与翼肋的横向铆缝的一个铆钉的受力为

$$P_4 = qt \tag{9.3.98}$$

式中:q 为沿翼肋和翼梁腹板周缘的剪流。

以上研究了铆钉受剪。但是也要计算蒙皮受气动载荷而把铆钉拉断。

经验证明,计算铆钉受拉时,可以取铆钉的全部剖面面积,而取拉裂破坏应力等于材料抗拉强度的 75%。通常铝合金铆钉性能中没有给出拉伸强度,在受拉情况下,通常以选用高锁螺栓等连接形式为好。

9.3.4　后掠机翼应力计算

研究机身段为内盒段的单块式机翼如图 9.3.36。

在这种机翼中,机翼纵向构件在机身边缘上有转折,而翼肋垂直于机翼轴。

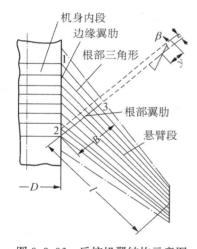

图 9.3.36　后掠机翼结构示意图

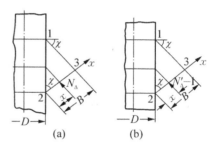

图 9.3.37

9.3.4.1　正应力求法

后掠机翼受弯时的应力状态与非后掠机翼的主要区别是在根部。

因为翼根三角区的母线长度不同,离开根部翼肋 2-3 距离大于 B,则正应力分布与直机翼相同,即

$$\sigma = \frac{M}{J} y \varphi \tag{9.3.99}$$

现在求根部翼肋剖面上的应力 σ_k。因此,首先假定悬臂梁是绝对刚性的。当根部翼肋旋转一角度 β_k,与这转角相对应,根部翼肋剖面上离开中性轴距离为 y 的任一元件就有纵向位移

$$u = \beta_k y \tag{9.3.100}$$

把这位移用应力 σ_k 表达(图 9.3.37)为

$$u = \sum \frac{NN'}{E\varphi\Delta F}L \tag{9.3.101}$$

式中：N，N' 为桁条中由于应力 σ_k 产生的轴向力，和由于单位力所产生的轴向力；L，ΔF 为桁条长度，桁条及其附带蒙皮的剖面面积；φ 为减缩系数。

公式中的总和 $\sum$ 是指应该计算所有根部三角段及机身内段的桁条。对于根部三角形段内的桁条，假定沿桁条长度轴向力为常数，得

$$\left.\begin{array}{ll} N_\Delta = \sigma_k \cdot \Delta F, & N'_\Delta = 1 \\ L_\Delta = x\tan\chi, & \Delta F_\Delta = \delta\Delta x \end{array}\right\} \tag{9.3.102}$$

对于同一桁条，在机身内段内

$$\left.\begin{array}{ll} N_\varphi = N_\Delta\cos\chi, & N'_\varphi = \cos\chi \cdot 1 \\ L_\varphi = \dfrac{D}{2}, & \Delta F_\varphi = \delta_\varphi\dfrac{\Delta x}{\cos\chi} \end{array}\right\} \tag{9.3.103}$$

式中：χ 为后掠角；Δx 为桁条间距；δ，δ_φ 为根部三角形及机身内段翼盒的蒙皮厚度。

把 N，N'，L，ΔF 代入 $u = \sum \dfrac{NN'}{E\varphi\Delta F}L$，得

$$u = \frac{\sigma_k}{E\varphi}\left(x\tan\chi + \frac{D}{2}\frac{\delta}{\delta_\varphi}\cos^3\chi\right) \tag{9.3.104}$$

比较式(9.3.100)与式(9.3.104)，取右边相等得

$$\sigma_k = \frac{\beta_k E}{x\tan\chi + \dfrac{D}{2}\dfrac{\delta}{\delta_\varphi}\cos^3\chi}y\varphi \tag{9.3.105}$$

由 σ_k 表达式可知，$\sigma_k = f(x)$ 的分布图是双曲线，在后桁条上有应力集中，如图 9.3.38(a)所示。

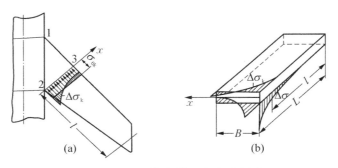

图 9.3.38 后掠机翼正应力示意图

然而,式(9.3.105)是根据悬臂段为绝对刚硬的假设而得到的。事实上,悬臂段是有弹性的。这样当然会减小根部剖面上的应力集中。其原因是悬臂段在自身平衡应力 $\Delta\sigma_k$ 作用下要发生变形(图 9.3.38(b)),$\Delta\sigma_k$ 应力 σ_k 与 σ_{0k} 之差,σ_{0k} 是不考虑后掠角按 $\sigma = \dfrac{M}{I}y\varphi$ 求得的应力

$$\Delta\sigma_k = \sigma_k - \sigma_{0k} \tag{9.3.106}$$

要考虑悬臂段的弹性,可在表达式(9.3.105)的分母中再加上某一数值 ΔL。许多研究证明,$\Delta\sigma_k$ 在机翼展向长度是按双曲正弦函数规律衰减的,即

$$\Delta\sigma = \Delta\sigma_k \frac{\mathrm{sh}(kz)}{\mathrm{sh}(kL)} \tag{9.3.107}$$

式中:k 为表明衰减程度的系数;L 为悬臂段长度。

由机翼应变能 U 最小条件可得两个变形一致方程:

$$\frac{\partial U}{\partial k} = 0, \qquad \frac{\partial U}{\partial \Delta L} = 0 \tag{9.3.108}$$

以决定系数 k 和 ΔL。

悬臂段的应变能可由下式表达:

$$U = \int_0^L \left[\frac{B\delta}{E} \int_{-\frac{B}{2}}^{\frac{B}{2}} \Delta\sigma_k \,\mathrm{d}x + \frac{B}{G\delta} \left(\int_{-\frac{B}{2}}^{\frac{B}{2}} \Delta q_{\mathrm{skin}}^2 \Delta x + \Delta q_{\mathrm{CT}}^2 \frac{H}{B} \frac{\delta_{\mathrm{skin}}}{\delta_{\mathrm{web}}} \right) \right] \mathrm{d}E + \frac{2F_n}{E} \int_{-\frac{B}{2}}^{\frac{B}{2}} \Delta\sigma_k^2 \,\mathrm{d}x \tag{9.3.109}$$

k 可以足够精确地按下式决定:

$$k = \frac{2}{B\mu} \tag{9.3.110}$$

式中:$\mu = 0.633 \sqrt{\dfrac{\delta}{\delta_{\mathrm{skin}}} \dfrac{1 + \dfrac{5}{9} \dfrac{H}{B} \dfrac{\delta_{\mathrm{skin}}}{\delta_{\mathrm{web}}} \left(1 + \sigma \dfrac{F_n}{B\delta}\right)^2 F + \dfrac{20}{3} \dfrac{F_n}{B\delta} \left(1 + 3 \dfrac{F_n}{B\sigma}\right)}{1 + 6 \dfrac{F_n}{B\delta}}} \tag{9.3.111}$

式中:δ_{web} 为翼梁腹板厚度;F_n 为翼根缘条面积;μ 为悬臂段的一种弹性系数,它说明应力 σ_k 沿悬臂段的衰减程度;$B\mu$ 为在 $B\mu$ 长度上应力 $\Delta\sigma_k$ 衰减为零;δ 为有效蒙皮厚度。

$$\delta = \delta_{\mathrm{skin}}\varphi_{\mathrm{skin}} + \frac{f_{\mathrm{st}}}{b} \tag{9.3.112}$$

$$\varphi_{\mathrm{skin}} = \frac{1.9\delta_{\mathrm{skin}}}{b} \sqrt{\frac{E}{\sigma_{\mathrm{st}}}} \tag{9.3.113}$$

式中：δ_{skin} 为蒙皮厚度；F_{st} 为桁条剖面积；b 为桁条间距。

ΔL 可以近似等于 $B\mu$，这样求得的 ΔL 值与试验数据和精确的机翼计算结果很符合。因此考虑悬臂段弹性时，

$$\sigma_k = \frac{\beta E}{x\tan\chi + \dfrac{D}{2}\dfrac{\delta}{\delta_\varphi}\cos^3\chi + B\mu}y\varphi \qquad (9.3.114)$$

式中：β 为离根部剖面距离为 $B\mu$ 的剖面转角。

把 σ_k 式改写为

$$\sigma_k = \frac{\beta E}{B\tan\chi}y\varphi_{st} \qquad (9.3.115)$$

由此得

$$\varphi_{st} = \frac{\sigma_k B\tan\chi}{Eu} \qquad (9.3.116)$$

这里的 u 是考虑 $B\mu$ 而计算出来的。

或

$$\varphi_{st} = \frac{\varphi}{\bar{x} + \bar{L}} \qquad (9.3.117)$$

式中：

$$\bar{L} = \frac{D}{2B}\frac{\delta}{\delta_\varphi}\frac{\cos^4\chi}{\sin\chi} + \frac{\mu}{\tan\chi} \qquad (9.3.118)$$

$$\bar{x} = \frac{x}{B} \qquad (9.3.119)$$

式中：μ 按式(9.3.111)决定；φ_{st} 为后掠机翼中说明应力集中的桁条减缩系数。

把 σ_k 代入平衡方程：

$$\begin{aligned}
M_k &= \int_F y\sigma_k \mathrm{d}F = \int_F \frac{\beta E}{B\tan\chi}y^2\varphi_{st}\mathrm{d}F \\
&= \frac{\beta E}{B\tan\chi}\int_F y^2\varphi_{st}\mathrm{d}F = \frac{\beta E}{B\tan\chi}J_{st} \\
&= \frac{\sigma_k}{y\varphi_{st}}J_{st} \qquad (9.3.120)
\end{aligned}$$

得

$$\sigma_k = \frac{M}{J_{st}}y\varphi_{st} \qquad (9.3.121)$$

式中：M_k 为机翼根部剖面上的弯矩；$J_{st} = \int_F y^2\varphi_{st}\mathrm{d}F$ 为根部剖面减缩后中性轴的惯性矩。

悬臂段离自由端距离 z 的剖面应力可按下式决定：

$$\sigma = \sigma_0 + \Delta\sigma_k \frac{\mathrm{sh}(kz)}{\mathrm{sh}(kL)} \tag{9.3.122}$$

式中：$\sigma_0 = \frac{M}{J}y\varphi$ 为不考虑后掠的机翼正应力；$\Delta\sigma_k = \sigma_k - \sigma_{0k}$；$k = \frac{2}{B\mu}$。

对比公式 $\sigma_k = \frac{M_k}{J_{st}}y\varphi_{st}$ 和 $\sigma = \frac{M}{J}y\varphi$，可以看出其差别仅在于减缩系数 φ_{st}。

因此后掠机翼受弯时，根部剖面的计算可以如同直机翼一样，但需用它自己的减缩系数 φ_{st}。

根部减缩剖面的重心坐标和中性轴的倾斜角由公式(9.3.42)及(9.3.44)决定。

在推导公式 $\sigma_k = \frac{M_k}{J_{st}}y\varphi_{st}$ 时曾假设，沿根部三角区桁条的应力是常数，并且等于 σ_k。这种假设仅当每根桁条都是等剖面的，并且在根部三角的蒙皮内没有剪流时才是正确的。实际蒙皮有剪流 q_{skin}，它们是由于根部三角形的桁条长度不同而产生的。

计算证明，这些剪流对 σ_k 的影响可以忽略不计，按式(9.3.121)计算 σ_k 已经够精确。

至于机身段内，则由于上述剪应力将产生额外的正应力，此时边缘剖面上的正应力 σ_B 可以近似按下式及计算。

$$\sigma_B = \frac{M_B}{J_B}y\varphi_{st} \tag{9.3.123}$$

式中：M_B 为机翼边缘剖面上的弯矩；J_B 为边缘减缩剖面的惯性矩；其减缩系数 φ_{st} 仍按式(9.3.117)决定。

在机翼剖面上作用的剪流 q_b(图 9.3.39)是由于纵向骨架的转折而产生的，这些剪流可以按下列公式求得：

$$q_b = \sigma_B \delta_\varphi \tan\chi \tag{9.3.124}$$

对于无缘条($F_n = 0$)矩形的盒式机翼，弯矩仅由水平板件承受(图 9.3.40)。

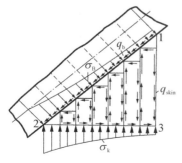

图 9.3.39　机翼剖面上的剪流

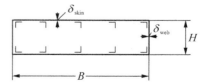

图 9.3.40　盒式机翼的矩形剖面

令
$$\bar{\sigma}_{k} = \frac{\sigma_{k}}{\sigma_{0k}} = \frac{\varphi_{st}}{\int_{0}^{1} \varphi_{st} \mathrm{d}\bar{x}} \quad (9.3.125)$$

由于 $\varphi_{st} = \dfrac{\varphi}{\bar{x}+\bar{L}}$，令 $\varphi = 1$ 代入上式后得

$$\bar{\sigma}_{k} = \frac{1}{(\bar{x}+\bar{L})\ln\left(1+\dfrac{1}{\bar{L}}\right)} \quad (9.3.126)$$

式中：$\sigma_{0k} = \dfrac{M_{k}}{BH\delta}$ 为不考虑后掠角影响时板件内的应力。

$$\bar{x} = \frac{x}{B} \quad (\text{式 } 9.3.119)$$

$$\bar{L} = \frac{D}{2B}\frac{\delta}{\delta_{\varphi}}\frac{\cos^{4}\chi}{\sin\chi} + \frac{\mu}{\tan\chi} \quad (\text{式 } 9.3.118)$$

在 $F_{n} = 0$ 时，$\mu = 0.633\sqrt{\dfrac{b}{\delta_{skin}}\left(1+\dfrac{5}{9}\dfrac{H}{B}\dfrac{\delta_{skin}}{\delta_{web}}\right)}$

$$(9.3.127)$$

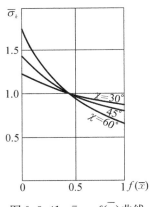

图 9.3.41　$\bar{\sigma}_{k} \sim f(\bar{x})$ 曲线

若有 $\chi = 30°$，$45°$，$60°$，$\dfrac{D}{2B} = 0.65$，$\dfrac{H}{B} = 0.25$，$\delta_{\varphi} = \delta = 2\delta_{skin}$，$\delta_{skin} = \delta_{web}$，此时 $\mu = 1$，则可算得 $\bar{\sigma}_{k} = f(\bar{x})$ 曲线如图 9.3.41 所示。

由曲线 $\bar{\sigma}_{k} = f(\bar{x})$ 看出，后墙附件的应力集中随后掠角增大而增大，在 $\chi = 60°$ 情况下，后长桁应力增大了 70%。

9.3.4.2　超过比例极限后的计算

当物体应力超过比例极限后（在极限载荷作用下），在计算中可用减缩系数来迭代计算，也可采用图解与分析法进行计算。

以图 9.3.40 对称矩形剖面为例，计算方法如下：

(1) 给出各个不同的转角 β 值，由式(9.3.115)求出应变值(可取 $\varphi=1$)即

$$\varepsilon = \frac{\beta}{B\tan\chi}y\varphi_{st} \quad (9.3.128)$$

(2) 在材料应力应变曲线 $\sigma = f(\varepsilon)$ (图 9.3.42(a))中，求出每个桁条相应的 σ_{k} 值。

(3) 依据 σ_{k} 值，按式 $M_{k} = \int_{F} y\sigma_{k}\mathrm{d}F$ 求出与给定 β 值相对应的 M_{k} 值(图 9.3.42(b))。

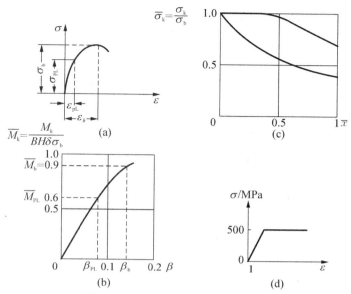

图 9.3.42 超过比例极限的分析图

应力 σ-应变 ε 曲线；(b) $\overline{M}_k$-β 曲线；(c) $\overline{\sigma}_k$-$\overline{x}$ 曲线；(d) 简化的应力-应变曲线

（4）分别画出 $\overline{\sigma}_k = \dfrac{\sigma_k}{\sigma_b}$ 与 $\overline{x}$ 及 $\overline{M}_k = \dfrac{M_k}{BH\delta\sigma_b}$ 与 β 的函数曲线（图 9.3.42(c)、(b)），此时所用的 $\sigma = f(\varepsilon)$ 曲线简化为如图 9.3.42(d) 所示，其 ε_{PL} 与 ε_b 分别是比例极限及强度极限所对应的应变，β_{PL}，β_b 和 $\overline{M}_{PL}$，$\overline{M}_b$ 是相应的剖面转角和弯矩值。

9.3.4.3 剪应力计算

后掠机翼在悬臂段内，由剪力及扭矩引起的剪力可以像直翼一样求解。同时由于机翼在机身段内和根部的弹性，固定端的影响很小。悬臂段的任一剖面上的剪流是由 q_0 和 Δq 组成的（图 9.3.43），Δq 是由于机翼受弯时额外正应力

$$\Delta\sigma = \Delta\sigma_k \frac{\mathrm{sh}(kz)}{\mathrm{sh}(kL)}$$

所引起的。

总剪流 $\hspace{3cm} q = q_0 + \Delta q \hspace{3cm}$ (9.3.129)

其中 Δq 可由平衡条件求得。当 $F_n = 0$ 时，机翼腹板的剪流为

$$\Delta q_{\mathrm{web}} = \frac{\sigma_{0k}\delta}{\mu}\left[0.5 - \frac{1}{\ln\left(1 + \dfrac{1}{\overline{L}}\right)} + \overline{L}\right]\frac{\mathrm{ch}(kz)}{\mathrm{sh}(kL)} \hspace{1.5cm} (9.3.130)$$

$$\Delta q_{\mathrm{skin}} = \Delta q_{\mathrm{web}} - \frac{2\sigma_{0k}\delta}{\mu}\left[\frac{\ln\left(1 + \dfrac{\overline{x}}{\overline{L}}\right)}{\ln\left(1 + \dfrac{1}{\overline{L}}\right)} - \overline{x}\right]\frac{\mathrm{ch}(kz)}{\mathrm{sh}(kL)} \hspace{1cm} (9.3.131)$$

比较计算证明,由于后掠角的缘故,后梁腹板的剪流可能增大约 50%。

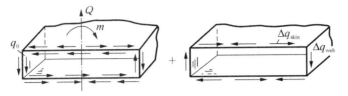

图 9.3.43　机翼盒段剪流的叠加

根部三角形段的剪流将根据剪力和扭矩作用去求。

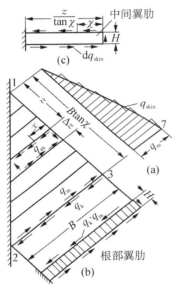

图 9.3.44　根部三角形的受力

后梁腹板的剪力直接传给机身。前梁腹板的剪力作用相当于扭矩作用(对三角区而言)。

为了计算根部三角形由于扭矩及剪力而产生的应力,假定这三角形段的纵向骨架内的应力等于零。

在这种情况下,机翼扭矩和前梁剪力将依靠翼肋的弯曲和根部三角形段蒙皮剪流 q_{skin} 传到机身上(图 9.3.44(a))。

根部翼肋平面的剪流为

$$q_k = \frac{m_k + Q_{1k}B}{2BH} \qquad (9.3.132)$$

式中:m_k,Q_{1k} 为机翼扭矩及前梁腹板剪力,它们从悬臂段作用到根部剖面上;

剪流 q_k 一部分由根部翼肋负担后,逐渐地沿蒙皮闭室传给一个个翼肋,到节点 1 降为零(图 9.3.44 (a))。倘若翼肋分布很密,则阶梯形的 q_{skin} 分布图可以用 $\bar z$ 的 r 次幂函数表达,即

$$q_{skin} = q_m \bar z^r \qquad (9.3.133)$$

式中:q_m 为蒙皮剪力最大值;$\bar z = \dfrac{z}{B\tan\chi}$ 为相对坐标;r 幂次可由根部三角形的应变能

最小条件决定。有了中间翼肋各剖面的弯矩(图 9.3.44(c)) $m_H = \dfrac{dq_{skin}}{dz}2Hx$,就可以

得到根部三角形的应变能 V,再由应变能最小条件 $\dfrac{\partial V}{\partial r}=0$,求出 r。q_m 可由蒙皮与根

部翼肋的变形一致条件求出,为了写出这条件,必须知道根部翼肋的弯矩(图 9.3.44

(b)),$M_{kH}=(q_k-q_m)2Hx$,根据这力矩列出正则方程,求得 q_m。(见文献[19])

9.3.4.4　边缘翼肋受力情况

由于机翼弯曲和扭转,边缘翼肋 1-2 要受力(图 9.3.36),边缘翼肋 1-2 腹板中产生的总剪流 q_b 可以按下列公式由机翼的合力去决定。

$$q_{\text{b}} \approx \frac{R_1}{H} \qquad\qquad (9.3.134)$$

式中：$R_1 = P\dfrac{e}{B}\cos\chi$ 为当边缘翼肋在构造上属于机翼，而机翼以铰链悬挂在机身上时，机翼前支点的反力（图 9.3.45(a)）；

$R_1 = (Pe - \Delta NH)\dfrac{\cos\chi}{B}$ 为当边缘是机身侧壁的一部分，机翼周缘与机身相连接时，机翼前支点反力（图 9.3.45(b)）；

$\Delta N = N_{\text{tail}} - N_{\text{nose}}$ 为机身尾段与前段上弯矩引起的轴向力之差；H 为边缘翼肋的高度；e 为作用在机翼上的合力 P 在机身侧壁平面的投影到节点 2 的距离。

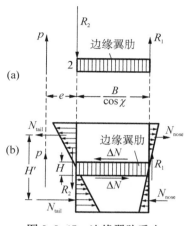

图 9.3.45　边缘翼肋受力

9.3.4.5　后掠机翼设计计算

为要选定机翼根部剖面内及边缘剖面上的壁板厚度，假定这两剖面都是矩形的。水平壁板的有效蒙皮厚度 δ 可由下式决定：

$$\delta = \frac{M}{\sigma B H \overline{L}\ln\left(1 + \dfrac{1}{L}\right)} \qquad\qquad (9.3.135)$$

式中：M 为根部剖面或边缘剖面上的弯矩；B，H 为翼梁之间的距离及根部剖面或边缘剖面的平均高度；σ 为破坏应力，在受拉区它等于 σ_{b}，在受压区它等于桁条的临界应力。

$$\overline{L} = \frac{D}{2B}\frac{\delta}{\delta_\varphi}\frac{\cos^4\delta}{\sin\chi} + \frac{M}{\tan\chi}, \qquad \mu = 0.633\sqrt{\frac{\delta}{\delta_{\text{skin}}}\left(1 + \frac{5}{9}\frac{H}{B}\frac{\delta_{\text{skin}}}{\delta_{\text{web}}}\right)}$$

为了确定 $\overline{L}$，可假定 $\dfrac{\delta}{\delta_\varphi} = \dfrac{\delta_{\text{skin}}}{\delta_{\text{web}}} = 1$，$\dfrac{\delta}{\delta_{\text{skin}}} = 1.5 - 2$。

知道了 δ 的数值，因而也知道了 δ_{skin}，于是在给定桁条间距后，就可以由有效厚度的表达式

$$\delta = \delta_{\text{skin}}\varphi_{\text{skin}} + \frac{f_{\text{st}}}{b} \qquad\qquad (9.3.136)$$

决定所需要的桁条面积，在设计计算时可假定受拉区蒙皮减缩系数 $\varphi_{\text{skin}} = 1$，而受压区 $\varphi_{\text{skin}} = \dfrac{30\delta_{\text{skin}}}{\text{b}} \leqslant 1$。

现在来选定边缘剖面 1-2 内机翼水平壁板的连接螺栓。

连接螺栓受拉力：

$$N = \frac{M_b t}{L_{1-2} H (\bar{x} + \bar{L}) \ln\left(1 + \dfrac{1}{L}\right)} \qquad (9.3.137)$$

式中：M_b 为边缘剖面上的弯矩；t 为螺栓的间距。

螺栓又受剪力

$$T = N \tan \chi \qquad (9.3.138)$$

按照拉力，根据螺颈拉裂条件选取螺栓，而后按力

$$R = N \sqrt{1 + 4\tan^2 \chi} \qquad (9.3.139)$$

并根据第三强度理论决定螺栓的直径。对于重要连接螺栓需要在载荷上再乘以附加安全系数 1.25。

在机翼根部 2-3 剖面内，翼梁腹板的厚度可由其受剪稳定性决定

$$\delta_{\text{web}} = \frac{q_{\text{web}}}{\tau_{\text{cr}}}$$

式中：τ_{cr} 为临界剪应力；q_{web} 为腹板剪流，它可以表达为三项代数和：

$$q_{\text{web}} = q_Q + q_m + \Delta q_{\text{web}} \qquad (9.3.140)$$

式中 q_Q 可按式（9.3.70）导出：

$$q_Q = \frac{Q_k - \dfrac{M_k}{H} r}{H_1^2 + H_2^2} H_i$$

q_Q 为考虑到机翼斜削度 r 时，根部剖面上剪力 Q_k 在高度为 H_i 的腹板中引起的剪流；$q_m = \dfrac{m_k}{2BH}$ 为绕刚心的扭矩 m_k 所引起的剪流，这刚心是按翼梁高度平方 H_1^2 和 H_2^2 的重心求得的；Δq_{web} 为由于机翼后掠角所决定的剪流（参见式（9.3.130））：

$$\Delta q_{\text{web}} = \frac{M_k}{BH\mu} \left[0.5 - \frac{1}{\ln\left(1 + \dfrac{1}{L}\right)} + \bar{L} \right]$$

考虑到机翼载荷按弦长比例分配时

$$\frac{M_k}{Q_k} = \frac{L}{3} \frac{2 + \eta}{1 + \eta}$$

即得

$$q_{\text{web}} = \frac{Q_k}{H} (\nu + \zeta) + q_m \qquad (9.3.141)$$

式中

$$\nu = \left(1 - \frac{B}{H}\frac{\lambda\nu}{3}\frac{2+\eta}{1+\eta}\right)\frac{HH_i}{H_1^2 + H_2^2}$$

$$\zeta = \frac{\lambda}{3\mu}\frac{2+\eta}{1+\eta}\left[0.5 - \frac{1}{\ln\left(1+\frac{1}{L}\right)} + \overline{L}\right]$$

$\lambda = \dfrac{L}{B}$ 及 η 为长度为 L 的悬臂段的展弦比及其斜削比。

按照 q_{web} 的表达式,可求得悬臂段剖面上的腹板剪流。

腹板 1-3 内的剪流可以近似地这样求得(图 9.3.44),即研究根部三角形在力矩 m_o 下的扭转,这力矩是由机翼载荷对后翼轴取矩计算得到的

$$q_{1-3} = \frac{m_o}{2BH} \tag{9.3.142}$$

【例 9.5】 试选定具有下列数据的后掠机翼根部三角形段的原件剖面:$Q_k = 800\,kN$,$M_k = 6500\,kN \cdot m$,$m_b = 7500\,kN \cdot m$,$m_k = 100\,kN \cdot m$,$m_o = 0$,$\chi = 55°$,$D = B = 2.8\,m$,$H_1 = H_2 = 0.7\,m$,$\delta_{skin} = \delta_{web}$,$\delta = \delta_\varphi$,$\eta = 2.5$,$\lambda = 7$,$\gamma = 0.02$,桁条间距 $b = 300\,mm$,螺栓间距 $t = 100\,mm$。蒙皮及桁条的材料为 B95,其 $\sigma_b = 500\,MPa$,螺栓材料为 30ХГСНА,$\sigma_b = 1400\,MPa$。求腹板的必需厚度。

解:假定 $\dfrac{\delta}{\delta_{skin}} = 1.5$ 按式(9.3.127)和式(9.3.118)求出:

$$\mu = 0.633 \times \sqrt{1.5 \times \left(1 + \frac{5}{9} \times 0.25\right)} = 0.82$$

$$\overline{L} = 0.5 \times \frac{0.11}{0.82} + \frac{0.82}{1.43} = 0.638$$

取 $\sigma = 0.9\sigma_b$(这是为了考虑蒙皮受铆钉孔的削弱),求出根部剖面受拉板件的有效厚度为

$$\delta = \frac{65\,000\,000}{0.9 \times 5\,000 \times 280 \times 70 \times 0.638 \times 0.935} = 1.25\,cm$$

于是求得蒙皮厚度

$$\delta_{skin} = \frac{1.25}{1.5} = 0.83\,cm$$

取 $\delta_{skin} = 0.8\,cm$ 及 $\varphi_{skin} = 1$,求出一根桁条的剖面面积为

$$F_{st} = (1.25 - 0.8) \times 30 = 14\,cm^2$$

在受压区,把桁条剖面、桁条间距以及翼肋间距离选定得使蒙皮及桁条的(总体稳定性及局部稳定性)临界应力 σ_{cr} 大于 $0.9\sigma_b$,现在求出作用在后连接螺栓($\overline{x} = 0$)上的拉力

$$N = \frac{750\,000\,000}{485 \times 70 \times 0.638 \times 0.935} \times 10 = 368\,000\,\text{N}$$

剪力 $\qquad T = 368\,000 \times 1.43 = 525\,000\,\text{N}$

其合力 $\qquad R = 368\,000 \times \sqrt{1 + 4(1.43)^2} = 1\,110\,000\,\text{N}$

于是由螺栓的拉裂条件,求得螺栓的内直径

$$d_{\text{in}} = \sqrt{\frac{4 \times 368\,000}{\pi \times 140\,000}} = 1.83\,\text{cm}$$

取 $d_{\text{in}} = 2\,\text{cm}$,根据合力 R,决定螺栓的外直径

$$d = \sqrt{\frac{4 \times 111\,000}{\pi \times 14\,000}} = 3.2\,\text{cm}$$

再求出系数:

$$\gamma = \left(1 - \frac{2.8}{0.7} \times \frac{7 \times 0.02}{3} \times \frac{2 + 2.5}{1 + 2.5}\right) \times 0.5 = (1 - 0.24) \times 0.5 = 0.38$$

由此可见,因为机翼的锥度,腹板受力减小的数值达剪力的 24%。再求出后掠角的影响系数

$$\zeta = \frac{7}{3 \times 0.82} \times \frac{2 + 2.5}{1 + 2.5} \times \left[0.5 - \frac{1}{0.935} + 0.638\right] = 0.26$$

把以上所得结果比较一下可知后掠角的效应为

$$\frac{0.26}{0.38} = 0.685$$

求出前墙的剪流

$$q_{1\text{web}} = \frac{800\,000}{70} \times (0.38 - 0.26) - \frac{100\,000\,000}{2 \times 280 \times 70} = 1370 - 2550 = -1180\,\text{N/cm}$$

后墙的剪流

$$q_{2\text{web}} = \frac{800\,000}{70} \times (0.38 + 0.26) + 2550 = 7300 + 2550 = 9850\,\text{N/cm}$$

知道了 q_{web} 的数值并且给定了 τ 后,可以求得腹板的必需厚度。

9.3.4.6　后掠机翼的变形

悬臂段内任一剖面的转角可以按下列公式求得

$$\beta = \int \frac{M}{EJ}\text{d}E + \beta_k \qquad (9.3.143)$$

式中:β_k 为根剖面转角的平均值:

$$\beta_k = \int_0^1 \frac{u}{y} \mathrm{d}\bar{x} \qquad (9.3.144)$$

式(9.3.143),式(9.3.144)的积分由根剖面起。u 为根剖面上的元件的纵向位移,为

$$u = \sum \frac{NN'}{E\varphi\Delta F}L \qquad (即式9.3.101)$$

y 为该元件到剖面中性轴的距离。

把 u 值代入式(9.3.144),得

$$\beta_k = \frac{M_k B \tan\chi}{EJ}\left[1 - \frac{\mu}{\tan\chi}\ln\left(1 + \frac{1}{L}\right)\right] \qquad (9.3.145)$$

式中:M_k 为机翼根剖面上的弯矩;J 为根部剖面减缩后的惯性矩;μ,$\bar{L}$ 分别由式(9.3.111),式(9.3.118)决定。

积分式(9.3.146),即得机翼后梁的挠度

$$f = \int \beta \mathrm{d}E \qquad (9.3.146)$$

由于根部翼肋绕后梁有一转角,前梁的挠度要比后梁大 Δf_k:

$$f_{\text{nep}} = f + \Delta f_k \qquad (9.3.147)$$

式中

$$\Delta f_k = \frac{M_k}{EI}\left(\frac{y\varphi_{\text{jo}}}{H}\right)_{\bar{X}=1}(1 + 2\bar{L}_\varphi)B^2\tan^2\chi$$

$$\bar{L}_\varphi = \frac{D}{2B}\frac{\delta}{\delta_\varphi}\frac{\cos^4\chi}{\sin\chi}$$

φ_{jo} 按公式(9.3.117)决定。

作为例子现求矩形剖面盒式机翼受分布载荷时其翼尖的挠度。在这种情况下

$$f = f^0\frac{1 + \dfrac{4\zeta}{\lambda}}{1 + \dfrac{2D}{B\lambda}} \qquad (9.3.148)$$

式中:f^0 为直机翼翼尖挠度;

$$\zeta = \frac{\tan\chi}{\ln\left(1 + \dfrac{1}{L}\right)} - \mu \qquad (9.3.149)$$

$\lambda = \dfrac{L}{B}$ 为悬臂段的展弦比。

当设 $\mu = 1$,$\delta = \delta_\varphi$,$\lambda = 4$,$\dfrac{D}{B} = 1.3$,$\dfrac{D}{B} = 0$ 时,按式(9.3.148)可画出 $\bar{f} = \dfrac{f}{f_0}$

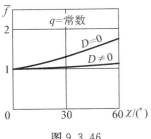

图 9.3.46

为 χ 函数的曲线(图 9.3.46)。

由这两曲线可见,在 $D = 0$ 情况下,后掠机翼翼尖挠度大于直机翼约 70%,而在 $D \neq 0$ 的情况下,则最多大 10%(当 $\chi = 60°$)。其原因是直翼的机身内段的变形差不多要等于后掠机翼的机身内段和根部三角形的变形之和。

机翼扭转变形

悬臂段任一剖面的扭角可以按下式求得:

$$\alpha = \int \frac{m\mathrm{d}z}{GJ_{\mathrm{cr}}} + \alpha_{\mathrm{k}} \tag{9.3.150}$$

其中:α_{k} 为根剖面扭角。

在机翼翼尖受集中扭矩情况下,翼尖扭角除以 $\int_0^L \dfrac{m\mathrm{d}z}{GJ_{\mathrm{cr}}}$ 所得的相对扭角

$$\bar{\alpha}_{\mathrm{m}} = 1 + \bar{\alpha}_{\mathrm{k}} \tag{9.3.151}$$

在机翼沿翼展受均匀分布扭矩(单位长度上的)m 的情况下:

$$\bar{\alpha}_{\mathrm{m}} = 1 + 2\bar{\alpha}_{\mathrm{k0}} \tag{9.3.152}$$

只要知道机翼根段在扭矩 m_{k} 作用下产生的内力,$\bar{\alpha}_{\mathrm{k}}$ 就可以按后掠机翼根部剪流相似的公式求解。

对于矩形剖面的盒式机翼,根部剖面扭角为

$$\bar{\alpha}_{\mathrm{k}} = \frac{\tan\chi}{2\lambda\left(1 + \dfrac{H}{B}\dfrac{\delta_{\mathrm{skin}}}{\delta_{\mathrm{web}}}\right)(1+r)}\left\{1 + \frac{H}{B}\frac{\delta_{\mathrm{skin}}}{\delta_{\mathrm{web}}}\frac{1+r}{1+2r} + \left[\frac{r}{\tan\chi}\right]^2 + 3\bar{L}_\varphi\frac{\delta_{\mathrm{skin}}}{\delta}\frac{(1+r)^3}{1+2r}\tan^2\chi\right\} \tag{9.3.153}$$

式中:$\lambda = \dfrac{L}{B}$ 为悬臂段的展弦比;r 为 $q_{\mathrm{skin}} = f(\bar{L}^r)$ 中的 r 次幂。

$$r = \sqrt{1+a} - 1 \tag{9.3.154}$$

式中:$a = 4\dfrac{J'_H}{H^2\delta_{\mathrm{skin}}}\tan^2\chi$;$J'_H = \dfrac{J_H}{\Delta E}$ 为每单位宽度翼肋的惯性矩(三角段内);ΔE 为翼肋间隔。

设 $\lambda = 4$,$\dfrac{D}{B} = 1.3$,$\dfrac{H}{B} = 0.2$,$\delta_{0\sigma} = \delta_{\mathrm{CT}} = \delta_\varphi$,由式(9.3.152),式(9.3.153)可画出后掠单块式机翼 $\bar{\alpha}_{\mathrm{m}}$(为 χ 的函数)曲线如图 9.3.47 所示,$\bar{\alpha}_{\mathrm{m}}$ 随后掠角的增大而递增。

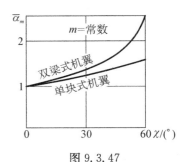

图 9.3.47

9.4　机身强度计算

9.4.1　作用在机身上的载荷

机身是支持飞机许多部件的基体:如机翼,尾翼,起落架和动力装置。除此之外,机身内装载乘员、燃料、武器、发动机、设备等。歼击机的机身外廓尺寸通常由发动机、座舱或武器的尺寸来决定。民航机机身外廓尺寸则由装货舱、乘员舱的大小来决定。

不论在飞行中,还是在起飞降落中,作用在机身上的主要载荷都是由与机身相连的飞机各部件传给机身(如机翼、尾翼、起落架、动力装置)。除此之外,机身所受力还有机身内部载重(包括燃油)和设备的质量力,还有本身结构的质量力。

机身也受表面气动吸力和压力,其大小在个别地方如座舱盖,前段等可能达到 $70\,000\,\mathrm{Pa}$,这些数值相当大的载荷,对机身局部强度有很大影响。如图 9.4.1。

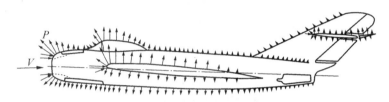

图 9.4.1　机身上的气动载荷

机身载荷的大小、方向和分布应按强度规范要求,通过风洞试验或气动力计算求得。强度规范要求在各种飞行和着陆设计情况下保证机身结构强度。

9.4.1.1　作用在飞机对称面内的载荷和垂直于飞机对称面的载荷

1) 平行对称面内的载荷

在曲线飞行时,作用在飞机上的有机翼升力 L_w 和尾翼上的升力 L_{e}。(图 9.4.2)。机翼的升力按过载系数算出,n 是强度规范对不同设计情况给定的。

$$L_w = nG \tag{9.4.1}$$

水平尾翼的升力(图 9.4.2(a))

$$L_{h\,t} = L_{eq} \pm \Delta L \tag{9.4.2}$$

$$L_{eq} = f\frac{M}{l_{h\,t}} \qquad \text{为尾翼平衡载荷} \tag{9.4.3}$$

式中:M 为飞机的气动力对通过重心的垂直轴或横轴的力矩;$l_{h\,t}$ 为飞机重心到该尾面压中心的距离;f 为安全系数。

$$\Delta L = fk_1 n^s pS_{h\,t} \qquad \text{为尾翼机动载荷} \tag{9.4.4}$$

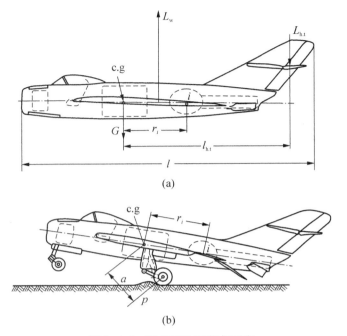

图 9.4.2 飞机对称面载荷平衡

(a) 飞机行情况对称面机翼尾翼载荷平衡；(b) 飞机着陆情况对称面载荷平衡。

式中：n^s 为飞机机动时的过载；$p = \dfrac{G}{S}$ 为机翼单位面积的载荷（翼载）；$S_{h.t}$ 为尾翼面积；k_1 为由强度规范确定的系数。

飞机的升力为

$$L = L_w \pm L_{h.t} \tag{9.4.5}$$

它可使飞机产生平移加速度，此加速度对飞机各点总是相同的，即

$$\frac{L_w \pm L_{h.t}}{G}$$

力 ΔY 还使飞机产生角加速度

$$\varepsilon_z = \frac{\Delta L l}{I_z} \tag{9.4.6}$$

式中：$I_z = \dfrac{G}{g} i_z^2$ 为飞机质量对 z 轴的转动惯量；i_z 为飞机绕 z 轴的惯性半径，其近似值可取为 $0.16l$，l 为飞机长度。

对应于角加速度 ε_z，飞机任一点 i 都产生额外过载

$$\frac{\varepsilon_z}{g} r_i$$

此过载是垂直于半径 r_i 的,质量 i 的总过载等于两个过载的几何和。

在本情况下,可以近似的按代数和求总过载

$$n_i = \frac{L_w \pm L_{h.t}}{G} \pm \frac{\varepsilon_z}{g} r_i \tag{9.4.7}$$

降落时作用在飞机上有地面反作用力 P。力 P 使飞机产生在力 P 的方向上的平移加速度,任一点 i 对应于此加速度的过载为

$$\frac{P}{G}$$

由力矩 Pa 产生的角加速度 $\varepsilon_z = \dfrac{pa}{I_z}$,在任一点 i 产生额外过载

$$\frac{\varepsilon_z}{g} r_i$$

此过载垂直半径 r_{io},质量 i 的总过载由两个过载的几何和求得。

2) 垂直于对称面的载荷

当飞机侧滑时,对垂直尾翼所规定的受载情况。在这种情况下,作用在飞机上的有垂直尾翼的力

$$P_{v.t} = P_{eq} + \Delta P \tag{9.4.8}$$

及机身前段的气动力

$$P_{nose} = P_{eq} \frac{l_{v.t}}{l_{nose}} \tag{9.4.9}$$

作用在飞机上的总力为

$$P = P_{eq} + \Delta P + P_{nose} \tag{9.4.10}$$

此力产生顺力方向的平移加速度,对应大加速度过载为

$$\frac{P}{G}$$

力 ΔP 也产生角加速度

$$\varepsilon_y = \frac{\Delta P l_{v.t}}{I_y}$$

式中:$I_y = \dfrac{G}{g} i^2$ 为飞机绕 y 轴的转动惯量;i_y 为飞机绕 y 轴的惯性半径。

由加速度 ε_y,飞机各点 i 得一额外过载为

$$\frac{\varepsilon_y}{g}r_i$$

对于机身内任一点质量 i 其侧向过载为 n_i 为

$$n_i = \frac{P_{eq} + \Delta p + P_{f.f}}{G} + \frac{\varepsilon_y}{g}r_i \tag{9.4.11}$$

【例 9.6】 求 A' 情况下,某机尾部设备的质量力。

已知:飞机重量 $G = 200\,000\,\text{N}$;

局部设备重量 $G_i = 10\,000\,\text{N}$;

飞机长度 $l = 20\,\text{m}$;

飞机重心到尾部设备的距离 $r_i = 10\,\text{m}$;

过载系数 $n_{A'} = 7$;

尾翼载荷 $L_{eq} = -100\,000\,\text{N}$; $\Delta L = 50\,000\,\text{N}$。

解:按式(9.4.6)得 $\varepsilon_z = \dfrac{50\,000 \times 10}{\dfrac{200\,000}{10} \times (0.16 \times 20)^2} = 2.51\,\text{m/s}^2$

按式(9.4.7)求局部设备过载

$$n_i = \frac{7 \times 200\,000 - 100\,000 + 50\,000}{200\,000} + \frac{2.51}{10} \times 10 = 9.25$$

再求出尾部设备质量力

$$P_i = 9.25 \times 10\,000 = 92\,500\,\text{N}$$

9.4.1.2　作载荷图

(1) 按过载 n_i,可求出机身内各载重和组件的质量力

$$P_i = n_i G_i$$

机身自身结构的质量力相对来说较小,在计算中,常将其附加到集中力上去。

(2) 机身的受力形式可看作双支点梁(图 9.4.3(a)),负载为尾翼的集中力 p_1 和 p_2,以及各组件的集中力,机身的支点是机翼相连接的前接头和后接头。图 9.4.3(b)给出剪力、弯矩图。

(3) 对各种设计情况来说,都要作出载荷图以选出最严重的载荷。一般对机身弯曲来说,最危险的是不考虑水平尾翼机动载荷的 A' 情况,因为 L_{eq} 与 ΔL 的方向相反。对扭转来说,设计情况一般是垂尾的机动载荷。

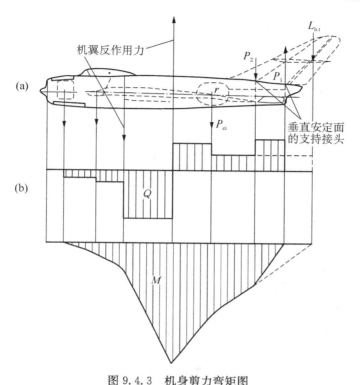

图 9.4.3　机身剪力弯矩图

（a）简化为梁的机身受力形式；（b）机身的剪力 Q、弯矩 M 图

9.4.1.3　载荷在机身结构元件中的传递

从结构力学观点来看，近代飞机机身是一个薄壁壳体，所受的载荷主要是集中力。

在这些载荷作用下，机身要承受弯曲和扭转。机身是由带蒙皮的骨架构成的。骨架本身由纵向元件-桁条和横向骨架-隔框组成。

由飞机各部件载重和组件传来的集中力直接作用于隔框上，隔框将载荷以剪流形式传给蒙皮。同时这些集中力使机身受弯和受扭。弯矩产生了轴向力-桁条和蒙皮的正应力。因扭矩和剪力，蒙皮产生剪应力。

在大多数飞机上，蒙皮是固定在普通框上的。此时，桁条就局部穿过隔框，并以翻边或专用角片和隔框相连。附带指出，隔框的局部削弱，完全由蒙皮得到补偿。因为蒙皮在受力时是隔框的一部分。有时隔框只与桁条相连，完全起了桁条支点的作用。加强框将局部集中力传给蒙皮。因此必须和蒙皮连在一起。

沿机身长度方向有许多大开口用来安放设备和载重，还有座舱开口、起落架开口、武器舱门开口等。在开口区没有桁条和蒙皮，这就削弱了结构，为了补偿，在开口两端有加强框，在纵向有加强桁条或桁梁。加强桁条在机身纵向从开口两端分别延伸一段距离，这样可以使它全部参加工作。

9.4.2　机身应力和变形计算

机身的计算在很大程度上和机翼相似,全部计算归结为求出桁条中由弯矩 M 产生的正应力和蒙皮中由于剪力 Q 和扭矩 m 产生的剪力。将这些应力和破坏应力相比较就可以判断结构的强度。

机身的破坏可能是由于受拉区和受压区中桁条和蒙皮的破坏或者蒙皮受剪破坏。

机身桁条正应力可按以下公式计算(图 9.4.4):

$$\sigma = \frac{M}{J} y \qquad (9.4.12)$$

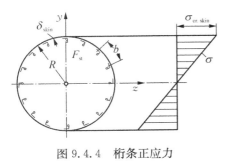

图 9.4.4　桁条正应力

式中: $J = \sum (F_{st} + \varphi_{skin} \delta_{skin} b) y^2$ 为机身减缩剖面的惯性矩; y 为减缩剖面中性轴到任一桁条的距离; F_{st} 为桁条剖面面积; b 为桁条间距; δ_{skin} 为机身蒙皮厚度; $\varphi_{skin} = \sqrt{\dfrac{\sigma_{cr,\,skin}}{\sigma}}$ 为机身受压蒙皮减缩系数; $\sigma_{cr,\,skin}$ 为蒙皮临界应力; σ 为桁条应力。

可以通过近似法按式(9.4.12),先给出受压区桁条应力 σ,按所得 σ 算 φ_{skin}, i 及用式(9.4.12)再求 σ 等。如此反复,直到邻近二次近似所得的 σ 相同为止。

若按照应力沿机身剖面高度是线性分布且 $\sigma_{max} = \sigma_{cr,\,jo}$ 来定 φ_{skin} 的第一次近似值,则可使计算加快。

若将桁条均匀地分布到蒙皮上去,可以得到求 σ 的近似公式。这样机身就变成有当量有效厚度的壳体了,即有

$$\delta = \varphi_{skin} \delta_{skin} + \frac{F_{st}}{b} \qquad (9.4.13)$$

设有效厚度为一常数的圆形机身剖面惯性矩为

$$J = \pi R^3 \delta \qquad (9.4.14)$$

再按式(9.4.12),当 $y = R$ 时,得最大应力为

$$\sigma_{max} = \frac{M}{\pi R^2 \delta} \qquad (9.4.15)$$

机身弯曲时蒙皮中剪流的求法和封闭壳体一样,可利用公式(图 9.4.5(a)):

$$q_0 = \left(Q - \frac{M}{2R} r \right) \frac{S}{L} \qquad (9.4.16)$$

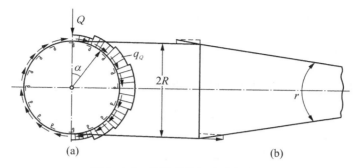

图 9.4.5　带锥度的机身载荷传递

式中: Q 为作用在机身剖面内的剪力; r 为机身锥度角; $S = \sum (F_{st} + \varphi_{skin}\delta_{skin}b)y$ 为剖面减缩端的静力矩; 式中 $\dfrac{M}{2R}r$ 项是考虑到由于机身锥度的原因,使力 Q 的一部分由正应力平衡(图 9.4.5(b))。

　　将机身看成是具有等厚度 δ 的假想蒙皮,可得计算 q_Q 的近似公式,对于圆形剖面的机身,隔框部分的静力矩为

$$S = \delta R^2 \sin\alpha \tag{9.4.17}$$

其中: α 为中心角,由剖面上静力矩等于零的那点算起。

　　将式(9.4.14)及式(9.4.17)中的 J 和 S 值代入式(9.4.16),对圆剖面的机身可得

$$q_Q = \frac{Q - \dfrac{M}{2R}r}{\pi R}\sin\alpha_0 \tag{9.4.18}$$

q_Q 的最大值在 $\alpha = \dfrac{\pi}{2}$ 处。

　　若机身还受扭矩 m,如当尾翼有载荷时 $m = P_{v.t}h$,必须将由扭矩产生的剪流加到 q_0 上去(图 9.4.6)。

$$q_m = \frac{m}{2\pi R^2} \tag{9.4.19}$$

剪流的总值 q 是两者的代数和:

$$q = q_Q + q_m \tag{9.4.20}$$

由图 9.4.6 可知,在上部拱处,蒙皮剪流相加;在下部相减。已知剪流后,可求蒙皮剪应力

$$\tau = \frac{q}{\delta_{skin}}$$

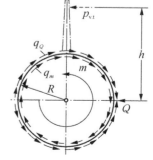

图 9.4.6　垂尾载荷对机身扭矩传递

将机身的弯曲轴线的微分方程积分,可以求得挠度。

$$\frac{M}{EJ} = \frac{\mathrm{d}^2 f}{\mathrm{d}x^2} \tag{9.4.21}$$

积分从机翼连接处开始计算,且认为此处机身剖面的挠度为零,即

$$\frac{\mathrm{d}f}{\mathrm{d}x} = f = 0$$

机身任一剖面由扭矩产生的绝对扭角 φ 可将相对扭角求曲线积分而得:

$$\varphi = \int \alpha \mathrm{d}x \tag{9.4.22}$$

式中: $\alpha = \dfrac{m}{4\pi^2 R^2} \oint \dfrac{\mathrm{d}L}{G\delta_{\text{skin}}}$

G 为蒙皮材料剪切弹性模量; $\mathrm{d}L$ 为蒙皮沿机身剖面周边的微段长度。

若蒙皮沿周边是常量,剪切力是常量,因此

$$\alpha = \frac{m}{GJ_{\text{P}}}$$

式中: $J_{\text{P}} = 2\pi R^3 \delta_{\text{skin}}$ 为机身剖面的极惯性矩。

【例9.7】 求圆形剖面柱形机身的最大正应力 $\sigma_{\max}$ 和剪应力 $\tau_{\max}$。

已知:机身剖面半径 $R = 80\,\text{cm}$,沿剖面周边等距离排有 40 根相同的桁条。每一根桁条面积 $F_{\text{st}} = 2.5\,\text{cm}^2$,机身蒙皮厚度 $\delta_{\text{skin}} = 0.3\,\text{cm}$,蒙皮和桁条材料的弹性模数为 $E = 7 \times 10^4\,\text{MPa}$,桁条临界应力 $\sigma_{\text{cr, st}} = 290\,\text{MPa}$,机身受剪力 $Q = 300\,\text{kN}$,弯矩 $M = 2\,500\,000\,\text{N} \cdot \text{m}$,扭矩 $m = 600\,000\,\text{N} \cdot \text{m}$。

解:桁条最大正应力在受压区,按式(9.4.15)求得。本例中

$$b = \frac{2\pi R}{40} = \frac{2 \times 3.14 \times 80}{40} = 12.5\,\text{cm}$$

$$\sigma_{\text{cr, skin}} = \frac{3.6E}{\left(\dfrac{b}{\delta_{\text{skin}}}\right)^2} + \frac{0.15}{\dfrac{R}{\delta_{\text{skin}}}} = \frac{3.6 \times 7 \times 10^4}{\left(\dfrac{12.5}{0.3}\right)^2} + \frac{0.15 \times 7 \times 10^4}{\left(\dfrac{80}{0.3}\right)} = 145 + 40 = 185\,\text{MPa}$$

$$\varphi_{\text{skin}} = \sqrt{\frac{\sigma_{\text{cr, skin}}}{\sigma_{\text{cr, st}}}} = \sqrt{\frac{185}{290}} = 0.8$$

$$\delta = \left(\varphi_{\text{skin}}\delta_{\text{skin}} + \frac{F_{\text{st}}}{b}\right) = \left(0.8 \times 0.3 + \frac{2.5}{12.5}\right) = 0.44\,\text{cm}$$

$$\sigma_{\max} = \frac{M}{\pi R^2 \delta} = \frac{2\,500\,000\,000}{3.14 \times 800^2 \times 4.4} = 282\,\text{MPa}$$

事实上, $\varphi_{\text{skin}} = 0.8$ 仅产生在离中性轴最远的受压区蒙皮。对其余部分的蒙皮 φ_{skin} 比 0.8 大,这就使得 J 增大,使 $\sigma_{\max}$ 减小。

蒙皮由剪应力 Q 产生的最大剪应力按式(9.4.18)求得。当 $r=0$ 和 $\alpha=\dfrac{\pi}{2}$ 时，为

$$\tau_{\max} = \frac{Q}{\pi R \delta_{\text{skin}}} = \frac{300\,000}{3.14 \times 800 \times 3} = 40\,\text{MPa}$$

蒙皮由扭矩 m 产生的剪应力按式(9.4.18)求得：

$$\tau_m = \frac{m}{2\pi R \delta_{\text{skin}}} = \frac{300\,000}{2 \times 3.14 \times 800^2 \times 3} = 52\,\text{MPa}$$

总剪应力 $\qquad\qquad \tau = \tau_{Q\max} + \tau_m = 40 + 50 = 90\,\text{MPa}$

9.4.3　机身开口段及其附近的计算

本节研究对机身结构受力影响很大的大开口段的计算，如货舱大开口、座舱等，开口处被切断的桁条和蒙皮在长度 l 上被桁梁所补偿，而在开口两端有加强框，桁梁延伸到机身封闭部分长达 Δl，这样可使其参与受力。

取长度 Δl 等于开口宽度 B。

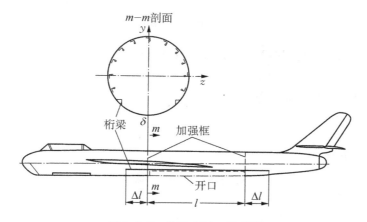

图 9.4.7　机身大开口示意图

以下分别计算机身开口段的弯曲和扭转。

1）弯曲计算

可用式(9.4.12)和式(9.4.16)求剖面应力一样求开口区内的应力。

图 9.4.8 所示是 Q_Y 和 Q_z（Q_z 通过机身开剖面刚心）使机身弯曲而产生正应力 σ 及剪流 q。

在近似计算中，将桁条分布到蒙皮上去，得到以下圆形机身剖面几何特性值。

剖面对 z 轴的惯性矩

$$J_z = R^3 \delta k_z \qquad\qquad (9.4.23)$$

剖面对 y 轴的惯性矩

$$J_y = R^3 \delta k_y \tag{9.4.24}$$

式中:系数 k_z 和 k_y 为角度 φ 的函数,如图 9.4.9 所示,且与桁梁面积 F_{lon} 和蒙皮面积 δR 的比有关。

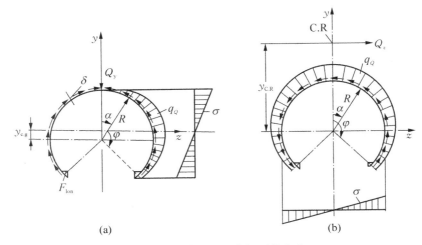

(a)　　　　　　　　　　　　(b)

图 9.4.8　大开口机身切面的应力

图 9.4.8 所示是 Q_y 和 Q_z(Q_z 通过机身开剖面刚心)使机身弯曲而产生正应力 σ 及剪流 q_Q。

剖面切出部分绕 z 轴的静矩为

$$S_z = R^2 \delta (\sin \alpha - \overline{y}_{\text{c.g}} \alpha) \tag{9.4.25}$$

绕 y 轴的静矩为

$$S_y = R^2 \delta (\cos \alpha + k_s) \tag{9.4.26}$$

式中:系数 k_s 和 $\overline{y}_{c \cdot g} = \dfrac{y_{c \cdot g}}{R}$ 由图(9.4.10)表示;δ 由式(9.4.13)求出。

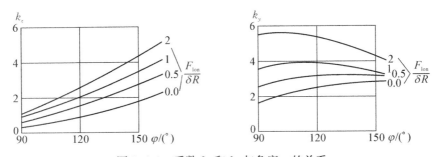

图 9.4.9　系数 k_z 和 k_y 与角度 φ 的关系

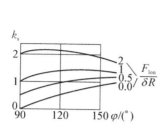

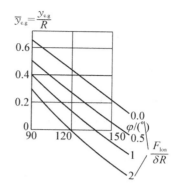

图 9.4.10 系数 k_s 和 $\overline{y}_{c \cdot g}$ 与 φ 的关系

2) 扭转计算

机身开口段的扭矩 m 若为垂尾上的 $P_{v.t}$ 所引起的（图 9.4.12(a)），则扭矩 m 等于此力乘由压力中心到开口面刚心的力臂，即

$$m = P_{v.t}(y_{C,P} - y_{C,R}) \qquad (9.4.27)$$

刚心坐标 $y_{C,R}$ 是由 Q_z 引起剪流 q_Q 的合力作用点，刚心坐标和角度 φ 的关系如图 9.4.11 所示。

在开口区，扭矩由侧壁板负担，侧壁板件是弹性的固支在机身闭口部分。同时，在机身开口段剖面内产生正应力 σ_m 和剪流 q_m，力 q_m 的力矩平衡扭矩 m，而应力 σ_m 是自身平衡的（图 9.4.12），σ_m 沿开口展向按直线规律变化（图 9.4.13），在开口边界处达到最大值，

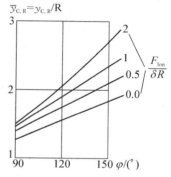

图 9.4.11 刚心坐标与 φ 角的关系

沿机身闭口部分逐渐衰减，为此，在开口区附近的机身结构也需要相应的加强。

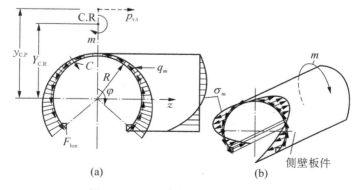

图 9.4.12 机身大开口段力的平衡

(a) 垂尾载荷对开口机身扭转；(b) 扭矩由侧壁板件负担

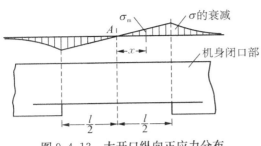

图 9.4.13 大开口纵向正应力分布

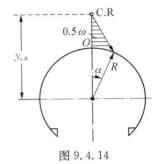

图 9.4.14

现在来求开口剖面的正应力。从结构力学知，σ_m 和扇形面积 ω 成正比（图 9.4.14）：

$$\sigma_m = \frac{m_x}{J_\omega} \omega \tag{9.4.28}$$

式中：$\omega = R^2(\overline{y}_{C.R}\sin\alpha - \alpha)$ 为扇形面积，角度 α 的计算点是垂直的直径，极点与刚心重合；$\overline{y}_{C.R} = \dfrac{y_{C.R}}{R}$ 为刚心相对坐标，可由图 9.4.15 求出；$J_\omega = \sum\limits_F \omega^2 \Delta F$ 为扇形的惯性矩；ΔF 为机身剖面的微面积；x 为从 σ_m 的零值 A 点算起的坐标（图 9.4.13）。

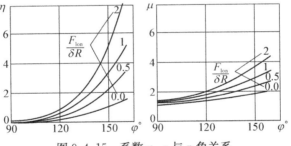

图 9.4.15 系数 η，μ 与 φ 角关系

A 点在开口长度的位置，若其他条件相符，是和开口两边机身闭口段的刚度比有关。这两段刚度大约相等，因此可将 A 点取在开口长度的中点。

剪流 $$q_m = \frac{m}{J_\omega} S_\omega \tag{9.4.29}$$

式中：$S_\omega = \sum\limits_0^a \omega \Delta F$。

将 ω 值代入 J_ω 和 S_ω 的表达式中，从式（9.4.25），式（9.4.26）得

$$\sigma_m = \frac{m_x}{2R^3 \delta \eta}(y_{C.R}\sin\alpha - \alpha) \tag{9.4.30}$$

$$q_m = \frac{m}{2R^2 \eta}(\mu - 0.5\alpha^2 - \overline{y}_{C.R}\cos\alpha) \tag{9.4.31}$$

式中：系数 η 和 μ 值由图 9.4.15 确定；σ_m 的最大值在开口端端部剖面即 $x = \dfrac{l}{2}$ 处。

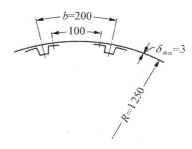

【例 9.8】 分别计算桁梁在机身开口两端剖面 m-m（图 9.4.16）由于 xy 平面和 yz 平面内载荷所引起的应力（图 9.4.7）。

已知：弯矩 $M_z = 10^7 \text{N} \cdot \text{m}$，$M_y = 0.6 \times 10^7 \text{N} \cdot \text{m}$，扭矩 $m = 0.12 \times 10^7 \text{N} \cdot \text{m}$，机身直径 $2R = 2500 \text{mm}$，开口长度 $L = 7000 \text{mm}$，角度 $\varphi = 135°$，蒙皮厚度 $\delta_{\text{skin}} = 3 \text{mm}$，桁条间距 $b = 200 \text{mm}$，桁条剖面积 $f_{\text{st}} = 6 \text{cm}^2$，桁梁剖面积 $F_{\text{lon}} = 90 \text{cm}^2$。

图 9.4.16　机身大开口处 m-m 剖面

解：求相当有效蒙皮厚度，设其减缩系数为 1。

$$\delta = 0.3 + \frac{6}{20} = 0.6 \text{cm}$$

求出比值

$$\frac{F_{\text{lon}}}{\delta R} = \frac{90}{0.6 \times 125} = 1.2$$

由图 9.4.9，图 9.4.10 得

$$k_z = 3.1 \qquad k_y = 4.2 \qquad \overline{y}_{\text{c.g}} = -0.03$$

按此系数，由式(9.4.23)，式(9.4.24)得

$$J_z = 125^3 \times 0.6 \times 3.1 = 3.63 \times 10^6 \text{cm}^4$$
$$J_y = 125^3 \times 0.6 \times 4.2 = 4.91 \times 10^6 \text{cm}^4$$

按式(9.4.12)，求出桁梁由力矩 M_z 产生的应力

$$\sigma_1 = \frac{M_z}{J_z}(R\cos\varphi - R\overline{y}_{\text{c.g}}) = -\frac{10^{10}}{3.6 \times 10^6} \times 125 \times (0.707 - 0.03) = -23\,500 \text{N/cm}^2$$

由 M_y 产生的应力

$$\sigma_2 = \pm\frac{M_y}{J_y}R\sin\phi = \pm\frac{0.6 \times 10^{10}}{4.91 \times 10^6} \times 125 \times 0.707 = \pm 10\,800 \text{N/cm}^2$$

按图 9.4.11 及图 9.4.15 查得 $\overline{y}_{\text{c.R}} = 2.15$ 及 $\eta = 1.8$，按式(9.4.30)，桁梁由扭矩产生的应力为 $\left(x = \dfrac{l}{2} = 350 \text{cm}\right)$

$$\sigma_m = \mp\frac{0.12 \times 10^{10} \times 350}{2 \times 125^3 \times 0.6 \times 1.8} \times (2.15 \times 0.707 - 2.36) = \pm 8\,350 \text{N/cm}^2$$

桁梁由于弯矩 M_x 及扭矩 m 同时作用而产生的总应力为

$$\sigma = \sigma_2 + \sigma_m = \pm(10\,800 + 8\,350) = \pm 19\,150 \text{N/cm}^2$$

桁梁稳定性的验算：

求出桁梁各剖面的应力 σ_{lon}，其轴向力

$$P = \sigma_{\text{lon}} F_{\text{lon}}$$

此轴力沿桁梁长度是变化的(图 9.4.17)。

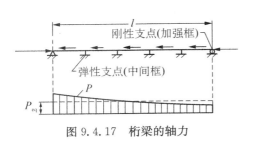

图 9.4.17　桁梁的轴力

从结构力学观点来看，桁梁可以看成一根杆子，两端支持在刚性支点上(加强框)，在中间跨度支持在弹性支点上(普通框)，所受轴力 P 沿长度是变量。当轴向力的平均值 P_{eq} 到达某一值时，桁梁失去稳定性。此力的临界值可按欧拉公式求出

$$P_{\text{cr}} = \frac{m\pi^2 E J_{\text{lon}}}{l^2} \tag{9.4.32}$$

式中：J_{lon} 为桁梁剖面对其中性轴 $a-a$ 的惯性矩(图 9.4.18)；m 为与中间框的刚度 k 有关的系数 ($m = f(k)$)，如图 9.4.19 所示。

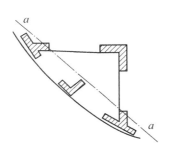

图 9.4.18　桁梁剖面与其中性轴

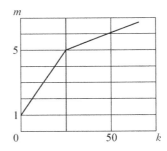

图 9.4.19　系数 m 与中间框刚度 k 的关系

$$k = \frac{P_{f=1} l^4}{16 F J_{\text{lon}} a} \tag{9.4.33}$$

式中：$P_{f=1}$ 为使中间框产生单位挠度的力；a 为中间框距离。

从隔框计算所得 $P_{f=1}$ 值代入表达式(9.4.33)中得

$$k = \frac{\sum J_{\text{mn}}}{J_{\text{lon}}} \zeta \tag{9.4.34}$$

式中：$\sum J_{\text{mn}}$ 为在开口端内中间框惯性矩的总和；ζ 为图 9.4.20 所示函数。

设式(9.4.32)中 $P_{\text{cr}} = P_{\text{av}}$ 以及给出 J_{lon}，求出 m

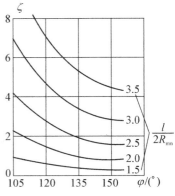

图 9.4.20　系数 ζ 与 φ 的关系

值,再按图 9.4.19 得刚度 k,按 k 值及图 9.4.20 取得 ζ 值,按式(9.3.34)求出 $\sum I_{mn}$,已知开口段普通框数目,可知所需的 J_{mn}。

【**例 9.9**】 按上列数据,求开口端普通框的惯性矩 J_{mn}。

补充数据:桁梁平均轴力为 $P_{av} = 1.5 \times 10^6$ N,及其惯性矩 $I_{lon} = 5000\,\mathrm{cm}^4$,普通框直径 $2R_{mn} = 2.25$ m,框的数目 $n = 17$,材料是铝合金。

解:由式(9.4.32),可得 $m = \dfrac{P_{av}l^2}{\pi^2 E J_{lon}} = \dfrac{1.5 \times 10^6 \times 700^2}{\pi^2 \times 7 \times 10^6 \times 5000} = 2.13$

按图 9.4.19 查得 $k = 7.5$,按 $\dfrac{l}{2R_{mn}} = \dfrac{7}{2.25} = 3.11$,由图 9.4.20 得系数 $\zeta = 3.5$,按式(9.4.34)得到普通框的惯性矩为

$$J_{mn} = \frac{k J_{lon}}{\zeta n} = \frac{7.5 \times 5000}{3.5 \times 17} = 630\,\mathrm{cm}^4$$

3) 机身靠近开口及分离面处的计算

开口段应力计算已如上述,现来研究开口两边 Δl 区域机身剖面的计算。

显然,在机身剖面 m-m(图 9.4.21),下部分不参加承受正应力。在 Δl 段的长度上机身的这部分逐渐参与受力,只有在剖面 n-n 处机身全部构件参与受力,长度 Δl 可以近似取为等于开口宽度 B。因此桁梁长度应该大于 $l + 2B$。

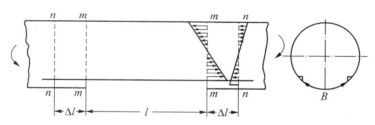

图 9.4.21 机身开口段两端剖面受力

先按 $\sigma = \dfrac{M}{J} y$ 求出 m-m 剖面的应力 σ^0_{open},在按闭剖面求出应力 $\sigma^0_{oversew}$,找出两个应力差

$$\Delta\sigma^0 = \sigma^0_{open} - \sigma^0_{oversew} \tag{9.4.35}$$

应力 $\Delta\sigma^0$ 是自身平衡的,且在机身闭口段长度 l 上逐渐减少,在任一剖面引起正应力

$$\Delta\sigma = \Delta\sigma^0 \, \frac{\mathrm{sh}(kx)}{\mathrm{sh}(kl)} \tag{9.4.36}$$

$\Delta\sigma^0$ 所引起的剪流

$$\Delta q = R\delta \int_0^\alpha \frac{\mathrm{d}(\Delta\sigma)}{\mathrm{d}x}\mathrm{d}\alpha = Rk\delta \, \frac{\mathrm{ch}(kx)}{\mathrm{sh}(kl)} \int_0^\alpha \Delta\sigma^0 \mathrm{d}\alpha \tag{9.4.37}$$

式中:k 为应力 $\Delta\sigma$ 的衰减系数。可近似取此系数值。设 $B = 2R(\pi - \varphi)$，且考虑到下拱剖面面积和桁梁及机身上部剖面面积相比很小,则得

$$Rk = \frac{1}{\pi - \varphi}\sqrt{\frac{\delta_{\text{skin}}}{\delta}} \tag{9.4.38}$$

式中:φ 为开口角度;δ_{skin} 和 δ 为机身蒙皮厚度和当量有效厚度。

剪流 Δq 的最大值在下拱纵向剖面靠近桁梁 $x = l$ 处,有

$$\Delta q_{\max} = \Delta\sigma^0_{\text{oversew, max}} Rk\delta\sin\varphi \tag{9.4.39}$$

如果作用在机身的力垂直于对称面,下拱所受载荷如图 9.4.22 所示。

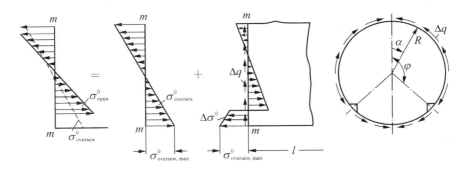

图 9.4.22　下拱所受载荷图

有了 $\Delta\sigma$ 和 Δq 后,可求出机身闭口段任一剖面正应力的总和为

$$\sigma = \sigma^0_{\text{oversew}} + \Delta\sigma_0 \tag{9.4.40}$$

剪流总值为

$$q = q^0_{\text{oversew}} + \Delta q \tag{9.4.41}$$

式中:$\sigma^0_{\text{oversew}}$ 和 q^0_{oversew} 是由不考虑开口时剖面计算所得。

靠近分离面处机身部分的受力像靠近开口处一样。分离面处机身剖面的弯矩由连接接头负担。此力应按机身受弯求出。这些接头中的集中力渐渐地分散开,在长度 B 上,蒙皮和桁条全部参加受力,长度 B 等于接头间的距离。因此在这段长度上应该在分离面接头处布置加强桁条。

蒙皮由剪力作用而产生的剪流,在分离面处可直接按式(9.4.16)求出,将机身剖面看成由集中构件组成。在这种情况下,可以忽略由于桁条逐渐参加受力而引起的剪切。

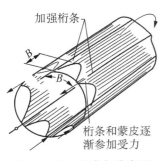

加强桁条

桁条和蒙皮逐渐参加受力

图 9.4.23　机身与分离面的应力计算

9.4.4 隔框计算

9.4.4.1 加强框计算

加强框的外载荷是飞机其他部件、载重、组件和设备所传来的集中力。

隔框支持在蒙皮上,外载荷就以分部力的形式传给蒙皮。因此每一个框就是一个自身平衡的平面受力系统——机身外载荷和蒙皮剪流相平衡。隔框一般做成环形,是三度静不定问题。图9.4.24示出机身与平尾连接的加强框受力,如果利用结构和载荷对称,可以简化为一度或二度静不定,一般来说隔框各剖面的强度只由弯曲来定。

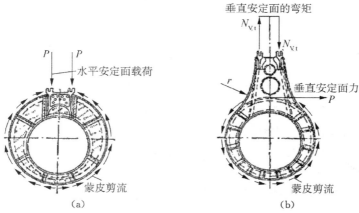

图 9.4.24 机身与平尾连接加强框受力

(a) 与平尾连接加强框;(b) 与垂尾连接加强框

在飞机设计员手册与参考资料中,载有一些计算公式和图表用以计算常剖面隔框由于力 P 和 T 及集中力矩 m 所引起的弯曲力矩(图9.4.25)。这些公式和图表可以近似的用在剖面沿周边变化不大的隔框的计算,误差并不大。

必须指出与垂直安定面相连的框的受力,如图9.4.26所示,该处垂直安定面的凸缘是一条曲线。此时垂直安定面凸缘轴向力 N 可能在腹板中产生相当大的径向压应力或拉应力。

此力作用的方向和凸缘曲率半径 r 一致,由凸缘微段的平衡条件可知,腹板的径向应力

$$\sigma_r = \frac{N_{\text{web}}}{r\delta_{\text{web}}} \qquad (9.4.42)$$

式中:δ_{web} 为框的腹板过渡到垂直尾翼处的厚度。

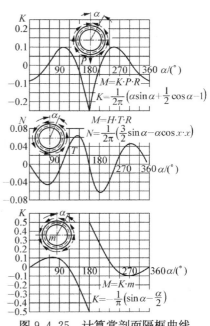

图 9.4.25 计算常剖面隔框曲线

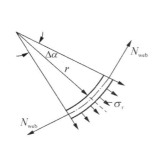

图 9.4.26　垂直安定面与框接合处受力

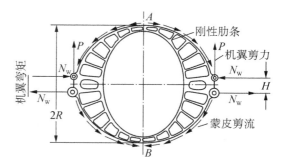

图 9.4.27　与机翼连接的加强框

为减小此处腹板所承受的径向应力,可用加强板增加腹板厚度或用加强筋增加腹板刚度。

图 9.4.27 所示是连接机翼的加强框,此框代替了机翼翼梁的作用。在这种情况下,机翼的弯矩的力偶 $N_w H$ 作用在框上,由框自身平衡。如果框的尺寸选择合理,这种结构可以比机身中有梁的构造还轻,刚度还好。这是因为在机身段的这个地方负担机翼弯矩的力偶,其力臂比 H 大得多。在简化的近似计算中,可以认为框是由两半组成,这两半在点 A 和 B 处是铰链连在一起,再忽略机身蒙皮剪流作用。这样在框的点 A 和 B 处,作用有水平轴向力

$$N_A = N_B = \frac{N_w H}{2R} \tag{9.4.43}$$

由此力可求的框任一剖面的弯矩 M。显然,最大弯矩产生在机翼翼梁连接附近。若机翼接头处于框中间,则

$$
\begin{aligned}
N_{\max} &= N_A \left(R - \frac{H}{2} \right) \\
&= \frac{N_w H}{2R} \left(R - \frac{H}{2} \right) \approx N_w \frac{H}{2}
\end{aligned}
\tag{9.4.44}
$$

框的最大剪力在机翼接头中间

$$Q_{\max} = N_w \left(1 - \frac{H}{2R} \right) \approx N_w \tag{9.4.45}$$

为了克服径向应力 σ_r,所以在隔框构造中布置了相当的刚性加强筋条。

9.4.4.2　普通框的计算

普通框一般作成等剖面环状。在大飞机上,有时需考虑由于机身弯曲而产生的载荷。在变形后的机身上,用两个剖面切出长为普通框之间距离 a 的一段来(图9.4.28),这段机身受相互平衡的力矩 M。机身蒙皮纵向构件和附加的桁条一起受轴向力 $\sigma\delta$,其中:σ 为按式(9.4.12)所得正应力;δ 为机身蒙皮当量等效厚度。

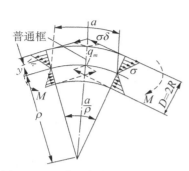

图 9.4.28　普通框之间一段力的平衡

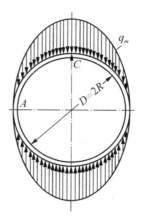

图 9.4.29　普通框受压

力 $\sigma\delta$ 产生分布载荷

$$q_m = \sigma\delta\,\frac{a}{\rho} = \delta a\,\frac{M^2}{EI^2}y = \delta a\,\frac{\sigma^2}{Ey} \tag{9.4.46}$$

使普通框受压（图 9.4.29）。

q_m 是自身平衡的,靠普通框的弯曲来负担。环的弯曲计算和普通封闭钢架的计算一样,框的最大弯矩在剖面 C 处

$$M_{\max} = 0.23 q_{m\max} R^2 \tag{9.4.47}$$

式中: $q_{m\max} = \delta a\,\dfrac{M^2}{EI^2}R$ 为在 $y = R$ 的 C 点处最大剪流。

在框剖面 A 处,弯矩符号相反,大小差不多等于 $M_{\max}$。

大飞机的机身,必须检查普通框的弯曲刚度是否足够。问题在于当机身受弯后,弯曲力矩和与其对应的轴线的曲率之间并不存在线性关系。曲率增长得较快。这是由于横剖面压扁使正应力增加,对于每一结构,有一弯矩极限值,超过此值会使横剖面完全压扁,即造成机身破坏,也就是圆形剖面的机身失去了总体稳定性。弯矩的极限值及其对应的正应力可以称为临界值。其数值必须比桁条破坏应力高。

适用于无限长机身在胡克定律范围内的总体失稳临界应力 σ_{cr} 可按以下经验公式求得:

$$\sigma_{cr} = 1.2E\sqrt{\frac{J_m}{R^2 a\delta}} \tag{9.4.48}$$

式中: J_m 为普通框考虑机身附加蒙皮在内的剖面惯性矩。

对于有限长机身,真实 σ_{cr} 大于按(9.4.48)式求得值。故按上式计算是偏于安全的。

9.5　起落架的计算

9.5.1　起落架受力形式

起落架根据它的减震器受力形式可以分为三种：支柱式、摇臂式和半摇臂式。

1）支柱式起落架

在它的末端装有机轮，它的支柱部分构成了减震器，在它上面作用的外力有轴力、剪力、弯矩和扭矩。由于起落架在飞行时能够收起、放下，支柱可以用一度自由的铰链（图 9.5.1，图 9.5.2）或用两自由度的绕 y 轴转动的铰链（图 9.5.3）固定在飞机上，在第一种情况，支柱用一个斜撑来支持，而第二种情况则用两个斜撑。

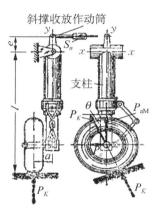

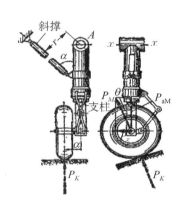

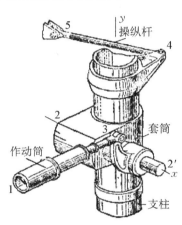

图 9.5.1　斜撑杆作动筒在　　图 9.5.2　斜撑杆在转轴下的　　图 9.5.3　绕 y 轴和 z 轴可转动的
　　　　　转轴上的支柱式　　　　　　　　支柱式起落架　　　　　　　　　起落架支柱
　　　　　起落架

支柱式起落架的传力特点是，机轮载荷形成的轴力、剪力、弯矩通过轮轴传到活塞杆和外筒，而扭矩直接由轮轴通过扭力臂传到外筒，外筒载荷通过上接头和撑杆传到机翼或机身。起落架支柱（减震器外筒）受弯扭，活塞杆承弯不传扭。

在所有的起落架形式中，机轮一般是用半轴、半轮叉或轮叉来固定的；但是，大飞机为了减小对跑道压力，需要增加机轮数量，当有 4 个或更多的机轮时，则作成专门的小车（图 9.5.4），称为多轮架车支柱式起落架。

2）摇臂式起落架

特点是机轮装在可以摆动的摇臂上（图 9.5.5，图 9.5.6，图 9.5.7），缓冲器的活塞杆不受弯曲。在起落架工作状态下，由于摇臂的铰接和减震器的缩短，机轮可以相对支柱摆动。

如图 9.5.5 所示，减震器与支柱是分离的，减震器铰接在支柱上，因此减震器有比较有利的工作条件，它在起落架的系统中仅承受轴向力，不受弯矩。但支柱外筒却承受弯曲。该形式用于主起落架。

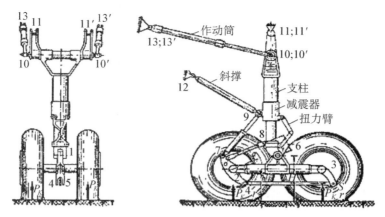

图 9.5.4 多轮架车式起落架

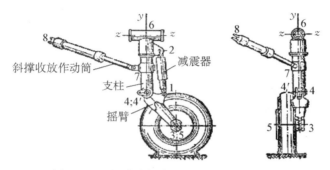

图 9.5.5 摇臂式起落架(缓冲器在支柱外)

图 9.5.6,图 9.5.7 缓冲器在支柱外筒内,由于摇臂通过连杆铰接在活塞杆,缓冲器内的活塞杆不受弯矩,但是减震器支柱外筒受弯曲。此种形式用于前起落架。

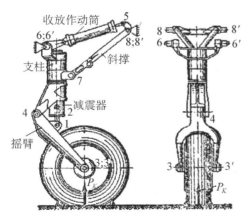

图 9.5.6 缓冲器在支柱内的摇臂式起落架
(撑杆在对称面)

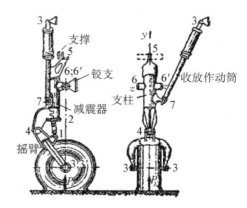

图 9.5.7 缓冲器在支柱内的摇臂式起落架
(撑杆偏离对称面)

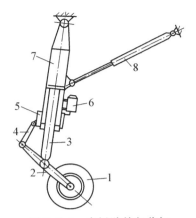

图 9.5.8　半摇臂前起落架

1—机轮；2—摇臂轮叉；3—活塞杆；
4—防扭臂；5—套筒；6—减摆器；
7—外筒；8—撑杆作动筒

摇臂式起落架也是通过支柱外筒上接头转轴和斜撑杆安装在飞机上。

3）半摇臂式起落架

如图 9.5.8 所示，摇臂上端点与防扭臂铰接，下端连接机轮，中间与活塞杆铰接，摇臂可以摆动和平动。一般用于前起落架。其缓冲器在支柱内承受弯曲。

如上支柱式起落架缓冲器仅吸收沿支柱轴向动能，而垂直支柱向的动能通过支柱的弯曲变形吸收，动力响应较大；摇臂和半摇臂式起落架缓冲器可以吸收机轮平面垂直水平的各向动能，因此动力响应较小。

9.5.2　作用在起落架上的载荷

当飞机在起飞、着陆、滑跑时，它在机场跑道上运动时所产生的地面反作用力就是起落架载荷。力的大小和它作用方向，视着陆的性质；飞机在地面上运动的情况；机场不平度和减震器的功能等等而不同。反力的作用方向与水平面有倾角，即在起落架上作用垂直和水平的力。在飞机强度规范中规定了起落架的设计情况（见第 5 章）。

在这些设计情况下，必须保证起落架的强度。

起落架的传力，可以按传力路线由下向上逐个零件分析，载荷由地面轮胎按程序向上传力，通过轮叉（半轴）、活塞杆（连杆）、防扭臂、外筒、撑杆与机翼（机身）结合部位。也可以直接由地面力对起落架安装旋转轴取矩求撑杆力和接头交点力，两种算法结果应相同，可以用于互检。以下仅就图 9.5.1 支柱式起落架和图 9.5.5 摇臂式起落架进行分析，其他类型可以比照进行。

9.5.3　支柱式起落架计算

支柱式起落架元件计算属于结构力学中计算桁架梁柱混合系统的问题。

按照强度规范，全部设计情况所研究的起落架的减震器和轮胎都是受到压缩的，压缩量由作用在机轮上的载荷而定。

（1）斜撑杆位置在上面的起落架（图 9.5.9，图 9.5.10）受垂直于地面力的作用：

把经过机轮轴的作用力 P_k，分解成沿减震器的 P_{aM} 和与减震器垂直的 P_x：

$$P_{aM} = P_k \cos\theta \tag{9.5.1}$$

$$P_x = P_k \sin\theta \tag{9.5.2}$$

式中：θ 是 yOx 平面中支柱轴线与地面反作用力 P_k 的夹角。

对 $x\text{-}x$ 轴取矩，可求出收放作动筒的内力 S_n，即

$$P_k \cos \theta - S_n e = 0$$

$$S_n = P_k \frac{a}{e} \cos \theta \qquad (9.5.3)$$

以后的计算是画力矩图,先画出 P_{aM} 和 P_x 单独作用的,然后再把图叠加起来。

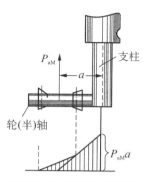

图 9.5.9 半轴的弯矩图

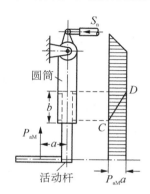

图 9.5.10 沿活塞杆与支柱的弯矩图

分力 P_{aM} 的作用:

这个力弯曲半轴和支柱(图 9.5.9),沿半轴弯矩图画成折线状,因为力 P_k 通过轴承作用在半轴两点上。

沿支柱(图 9.5.10),弯矩 $M = P_{aM}a$ 保持为常数,从旋转轴开始减少,到收放作动筒的连接铰接处为零。在长度 b 上,弯矩同时由活塞杆和外筒来承受。如果作一斜线 cd,就把 M 图分成活塞杆和外筒的两部分。这里活塞杆可以看成是一个用轴套支持在外筒上的双支点梁。

力 P_{aM} 压缩活塞杆,这力从活塞杆传给液体,一部分又由于轴套和活塞杆的摩擦而传给圆筒。液体用阻尼把这个力传给空气和油液。空气把力传给外筒底部,再传给固定接头。由于轴套和活塞杆的摩擦及空气和液压的压力使外筒受拉。

P_x 分力的作用:

在这个力作用下(图 9.5.11),半轴受弯,其最大弯矩为

$$M = P_x a \qquad (9.5.4)$$

这个力矩对于支柱则形成扭矩 $m = P_x a$,沿整个支柱长度直到飞机上的接头,保持常值。此外,支柱剖面上还作用按直线规律分布的弯矩。在长度上的线段 cd 把 M 图分成活塞杆和外筒两部分。

由于扭矩的作用,使活塞杆和外筒中产生了剪力。扭矩在安装扭力臂的地方使活塞杆和外筒受到了附加弯曲。

在上下扭力臂的铰接点 O(图 9.5.12),有相互作用的力 T,其大小为

$$T = \frac{m}{d} \qquad (9.5.5)$$

由于力 T 的作用,扭力臂的每个臂像固持在活塞杆(图 9.5.13)或外筒上的悬臂梁那样承受弯曲,扭力臂最大弯矩 $M = TL$。

由于螺栓的剪切传到活塞杆或外筒上,剪力为

$$R = \frac{TL}{h} \qquad\qquad (9.5.6)$$

假想通过扭力臂铰接点 O,用一个垂直于活塞杆轴线的平面把活塞杆切开(图 9.5.14)。可求得由于扭矩 m 作用而在活塞杆和外筒上引起的附加弯矩。由平衡条件切开的断面上作用着互相作用的横向力 T。这力使活塞杆产生按直线变化的 M,力矩在轴套间的长度上逐渐变为零。外筒承受活塞杆和上扭力臂传来的弯矩。

为了检查起落架元件的强度,必须把单独由 P_{aM} 和 P_x 作用所得到的力矩图叠加起来。

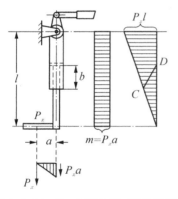

图 9.5.11　P_x 力引起的弯矩扭矩图

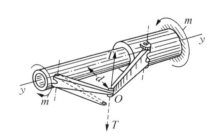

图 9.5.12　扭力臂交点载荷

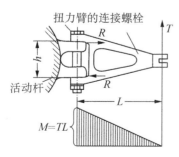

图 9.5.13　扭力臂弯矩图

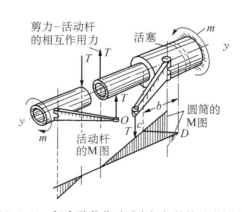

图 9.5.14　扭力臂载荷对活塞杆与外筒的附加弯矩

（2）垂直于机轮平面的力的作用：

侧向力 P_F 通过机轮与地面的接触点。它以常力矩 $P_F r$ 来弯曲机轮轮轴，以力矩 $P_F y$ 来弯曲支柱（图 9.5.15），并引起收放作动筒的内力为

$$S_n = P_F \frac{l}{e} \tag{9.5.7}$$

在 P_F 的作用下，支柱也承受沿长度不变的扭力矩 $P_F C$。

（3）机轮与地面接触平面中的力矩作用：

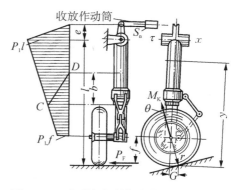

图 9.5.15　起落架机轮侧向力对支柱的弯曲

作用在机轮与地面的接触平面中的力矩 M_k，这个力矩向量在机轮平面中，并通过机轮轮轴。力矩 M_k 引起轮轴的弯曲，并以常力矩来弯曲和扭转支柱。

弯矩的大小是　　　　　　　　　　$$M = M_k \sin \theta \tag{9.5.8}$$

扭矩为　　　　　　　　　　　　　$$m = M_k \cos \theta \tag{9.5.9}$$

可以用前面叙述的方法求 M 和 m 所引起的内力和应力。

收放作动筒的内力　　　　　　$$S_n = \frac{M_k \sin \theta}{e} \tag{9.5.10}$$

9.5.4　摇臂式起落架的计算

1）垂直于地面的力作用（图 9.5.16）

（1）半轴的受力情况：地面反作用力 P_k 直接作用在机轮上，并通过轴承传到半轴上。这时半轴像悬臂梁一样受弯曲，其弯矩图按直线规律变化。在 3 点的最大力矩值为 $P_k C$（见图 9.5.16(a)）。

（2）摇臂的受力情况（见图 9.5.16(b)）：力矩 $P_k c$ 和力 P_k，同时传到摇臂 3-4 上。为便于计算起见，把 P_k 分解成两个分力 P_1 和 P_2。力 P_2 沿摇臂的轴线作用，而力 P_1 垂直于 P_2，P_1 作用在接头 3 上，它使摇臂在它本身平面内，像有悬臂段的双支点梁那样受弯。在减震器 1-2 中的内力 P_{aM} 为

$$P_{aM} = P_k \frac{b}{a} \tag{9.5.11}$$

摇臂上由于 P_1 力的作用产生的弯矩图，成为两个三角形。最大力矩为 $P_1 d$，位置在减震器的固定接头。

力 P_1 作用在半轴的点 5 上，它以常力矩 $m = P_1 c$ 来扭转摇臂，并通过接头 4 传到支柱上。

力 P_2 引起摇臂的压缩变形，并传到支柱接头 4 上，同时使摇臂以常值 $P_2 c$ 受弯。

（3）支柱的受力情况（见图 9.5.16(c)，(d)）：支柱 4-7-6 的外载是摇臂作用在

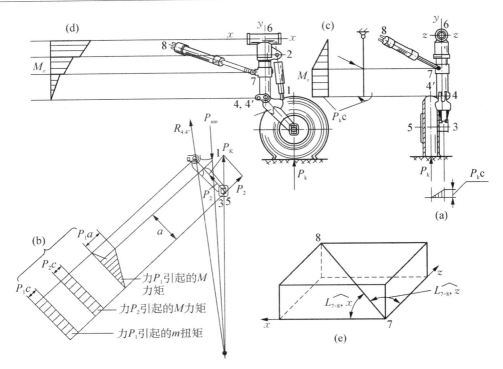

图 9.5.16 摇臂式起落架地面垂直力的传力

接头 4 上的力,减震器在接头 2 上的力和收放作动筒在接头 7 上的力,这些力使支柱受到轴力(拉压)、弯、扭和剪切。

对 x-x 轴取矩得

$$P_k c - S_n \cos(L_{\widehat{7\text{-}8}},\, z)L = 0$$

得到作动筒内力为

$$S_n = \frac{P_k c}{L\cos(L_{\widehat{7\text{-}8}},\, z)} \tag{9.5.12}$$

式中:$\cos(L_{\widehat{7\text{-}8}},\, z)$ 为作动筒与 z 轴夹角的余弦(见图 9.5.16(e))。

支柱在 xy 平面的弯曲,此时支柱上的载荷力 R_4,P_{aM} 和作动筒内力 S_n 的分力。与飞机相连的支柱接头 b 是固定端。弯矩 M_z 的分布见图 9.5.16(d)所示,在固定端由于作动筒内力 S_n 的影响。所以其力矩值比 $P_k b$ 大。

支柱还要承受 yz 平面的弯曲,这个平面的载荷是作用在接头 4 的集中力矩 $P_k c$,此外还作用作动筒 S_n 的分力,由于作动筒支点的偏心,使力矩平衡(见图 9.5.16(c))。

2)垂直于机轮平面的侧向力的作用

(1)半轴的受力情况:侧向力 P_F 通过压缩的机轮与地面的接触点,并以常弯矩 $M = P_F h$ 使半轴受弯。

（2）支柱的受力情况：支柱 4－7－6 的外力是：由摇臂通过接头 4 传来的力，和在接头 7 的收放作动筒内力 S_n。由于这些力的作用，支柱在 xy 和 yz 平面受弯曲。

作动筒的内力
$$S_n = \frac{P_F H}{L\cos(\widehat{L_{7\text{-}8}, z})} \tag{9.5.13}$$

支柱在 yz 平面受到 M_x 的弯曲，在 xy 平面受 M_z 弯矩，此外支柱还承受接头 4 传来的扭矩

$$m = P_F b \tag{9.5.14}$$

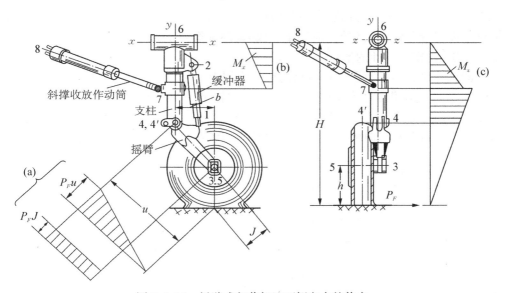

图 9.5.17　摇臂式起落架地面侧向力的传力

9.6　连接计算

飞机的结构由单独的部件和零件组成，它们通过接头而互相联系起来。由于接头的连接，使全部系统像一个整体那样来工作。飞机各部件的连接可以是不可拆卸的或可拆卸的。

连接件（接头）的计算有很多困难，因为要经过连接件来传递很大的集中力，这就引起接头结构中的应力集中。此外，在复杂接头中常遇到多度静不定系统，要精确计算也很困难。还必须指出，内力在接头元件中的分布，在很大程度上取决于生产工艺和使用时间。因为制造中不大的偏差（尺寸、配合、焊接和螺接工艺、螺栓的拧紧力矩等）和使用过程中的问题（连接的松动，磨损等）都会改变接头的应力分布。另外，有些接头需要在检查修理时分解，活动接头磨损研伤严重需要扩孔修理。因此强度规范要求在计算重要的接头时，应提高计算载荷。计算时要乘以附加安全系数 1.25。即重要接头所采用的载荷，等于设计载荷（或称极限载荷）的 1.25 倍，以保

证它们的强度及满足修理容差。并要求通过飞机静力试验予以验证。

9.6.1　连结元件的计算

1）铆接

在飞机制造中,通常采用冷铆接来连接翼肋和蒙皮、桁条与蒙皮等。在结构传力时,铆钉受到剪力,因此要计算它们的剪切强度和对板的挤压强度。

剪应力:每个铆钉的剪应力　$\tau = \dfrac{P}{\dfrac{\pi d^2}{4}} \leqslant \tau_{\mathrm{b}}$　　　　　　(9.6.1)

式中:τ_{b} 为铆钉的极限剪切强度,它与直径 d 有关,当直径增加时,也增加了应力在铆钉剖面里分布的不均匀性,而使 τ_{b} 下降。标准铆钉的许用剪切强度在有关手册中已给出,可作为设计的依据。

图 9.6.1 给出了某种硬铝铆钉的剪切许用应力和它直径的关系曲线。

图 9.6.2 是铆钉力的分布图,为了把力比较平均地传给铆钉,最好在一行中的铆钉数不超过 6 个。当接近破坏时,由于材料的塑性而使铆钉力相等。实际发现,这时所有的铆钉都同时破坏。所以,一个铆钉上的破坏力可按下式计算:

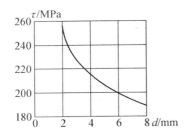

图 9.6.1　硬铝铆钉剪切许用应力

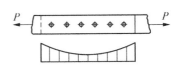

图 9.6.2　铆钉力分布图

$$P_{\mathrm{one}} = \frac{P}{n} \tag{9.6.2}$$

其中:P 为作用在接头上的破坏力;n 为接头上的铆钉数。

挤压应力:在铆接接头中挤压应力用铆钉直径 d 和板子厚度 δ 来确定:

$$\sigma_{\mathrm{br}} = \frac{P_{\mathrm{one}}}{d\delta} \leqslant 1.5\sigma_{\mathrm{b}} \tag{9.6.3}$$

在个别情况下,接头中的铆钉要受拉。例如飞机蒙皮和骨架连接的铆钉就是。

实验证明:铆钉受拉的破坏强度取决于铆钉头的形状,埋头钉的承载能力较差,半圆头较好,但设计时应尽力避免铆钉承受拉力。如进气道的铆钉受拉,在振动载荷下经常拉脱。

2）螺接

它用在受力很大的接头中,螺钉在传递拉力上比铆钉好。与铆钉相似,螺栓也要计算剪切和挤压强度。

3）焊接

飞机常用焊接来连接板和杆。

（1）板件的焊接见图 9.6.3：

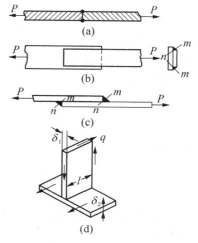

平焊用于受拉（图 9.6.3(a)），侧焊（图 9.6.3(b)）和顶焊（图 9.6.3(c)）用于受剪切。受剪的焊缝是传力较可靠的形式，侧焊比顶焊更有效。

焊接时，基本材料的削弱与焊接后热处理无关。通常可按基本材料强度削弱 20% 计算，此时平接焊缝需要的面积为

$$F = \frac{P}{0.8\sigma_b} \qquad (9.6.4)$$

侧焊和顶焊的面积为

$$F = \frac{P}{\tau_b} \qquad (9.6.5)$$

图 9.6.3　板件焊接

在焊接接头时（图 9.6.3(d)），当 $\delta_1 < \delta_2$ 时，剪切破坏沿垂直板发生。在计算剪应力时，应考虑材料的削弱，即

$$\tau = \frac{q}{0.8\delta_1} \leqslant \tau_b \qquad (9.6.6)$$

（2）管件的焊接见图 9.6.4：

其焊接形式有对接、套接的平接。在所有情况中，焊缝强度都可以下面的经验公式，按抗拉应力去校核。管子的破坏应力与焊缝的斜度无关。对于铬锰硅钢管，单位长度上的破坏力 $q(\mathrm{N/mm})$ 计算如下：

对于对接焊缝（图 9.6.4(a)）　　　$q = \delta(\sigma_b - 196) + 49$

对于套接式接头（图 9.6.4(b)）　　$q = \delta(\sigma_b - 58.9) - 39.2$

对于平接接头（图 9.6.4(c)）　　　$q = 17.7\delta + 1.1\sigma_b\delta - 0.25\sigma_b - 39.2$

式中：δ 为管壁厚度（mm）；σ_b 为管子材料的抗拉强度（$\mathrm{N/mm^2}$）。

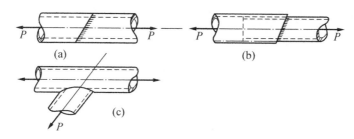

图 9.6.4　管件焊接

9.6.2 耳片与连接接头

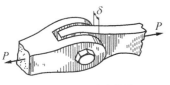

图 9.6.5　耳片接头

1）耳片连接

（1）螺栓计算。

在可拆卸的接头中,广泛地采用耳片连接（图 9.6.5）,此时螺栓有两个剪切面,有

$$\tau = \frac{P}{2\frac{\pi d^2}{4}} \leqslant \tau_b \qquad (9.6.7)$$

因此,剪应力

挤压应力
$$\sigma_{cm} = \frac{P}{d\delta} \leqslant \mu\sigma_b \qquad (9.6.8)$$

式中:δ 为耳片厚度;σ_b 为耳片或螺栓的抗拉强度（取小者）;μ 为与接头形式有关的系数:

对于不动并不可拆卸接头:　　$\mu = 1.3$

对于不动,但可拆卸接头:　　$\mu = 1$

对于稍能活动的接头（起落架的悬挂接头）:　　$\mu = 0.65$

对于活动的接头（操纵系统的铰链）:　　$\mu = 0.2$

由于接头的活动性,挤压应力下降较多,为了增大耳片的抗挤压面积,常采用凸台方式作为附加垫圈。

（2）耳片的计算。

在 P 力作用下的耳片计算是一个很复杂问题。耳片可能在以下三种情况下发生破坏:①沿剖面 mn 拉裂;②le 切面的挤压破坏;③2 倍 fl 切面的剪切破坏。由于材料通常 $\tau = 0.6\sigma$,故情况③往往最严重。为此通常接头的外缘半径的圆心与空圆心不重合,较空心向外移 Δ。如果 3 种情况承载能力相等,设计重量将最轻。

满足条件①和③相等时:

$$(\Delta + \sqrt{R^2 - r^2})\tau_b = (R - r)\sigma_b$$

满足条件①和②相等时,通常选挤压系数为 1 时挤压破坏应力等于材料 σ_b:

$$r\sigma_b = (R - r)\sigma_b$$

在这个剖面里作用着与 P 力平衡的轴向力 N,剪力 Q 和弯矩 M。如图 9.6.6 所示。

通过静不定问题求解,可得到一条曲梁弯曲正应力 σ 沿半径的变化曲线,这在线弹性范围内是正确的。

当破坏时,应当考虑材料的塑性,试验证明,不管耳片如何沿剖面发生（mn, ab,

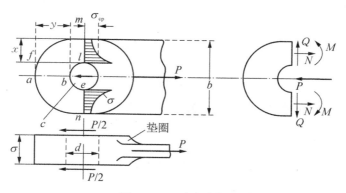

图 9.6.6　耳片受力

ce 拉断,或沿剖面 Fl 剪断),都可以用平均应力只计算切面 mn 的抗拉强度:

$$\sigma_{cp} = \frac{P}{2x\delta k} \leqslant \sigma_b \qquad (9.6.9)$$

式中: k 为考虑剖面中个别总应力过高的系数。有试验结果,得到系数 k 的表达式:

$$k = 0.565 + 0.46\frac{y}{x} - 0.1\frac{b}{d} \leqslant 1 \qquad (9.6.10)$$

很显然,增大比值,可使耳片强度增加,对于 $\dfrac{y}{x}=1$ 和 $\dfrac{b}{d}=2$ 的耳片,系数 $k \approx 0.8$。

2) 接头计算

中翼和外翼的连接接头是飞机上最典型的接头。通过这些接头的例子,可以了解并正确地计算任何其他的飞机接头。

(1) 缘条为 T 型材的翼梁的接头计算。

如图 9.6.7 所示,这种接头是由合金钢铣成的耳片和叉子,通过螺栓与翼梁的缘条和腹板连接。在某些结构中,接头和翼梁是作为一个整体的。

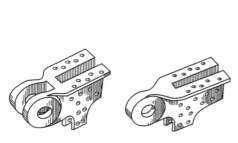

图 9.6.7　接头

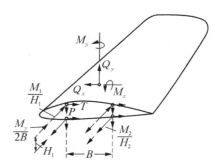

图 9.6.8　双梁机翼接头载荷

图 9.6.8,图 9.6.9 示出了作用在双梁机翼的前梁接头的载荷:

$$
\left.\begin{array}{l}
N_{\mathrm{B}} = \dfrac{M_1}{H_1} + \dfrac{M_y}{2B} \\[2mm]
P = 0.5R_1 \\[2mm]
T = 0.25Q_x
\end{array}\right\} \tag{9.6.11}
$$

式中：M_1 和 R_1 为前梁的弯矩和反力；M_y 和 Q_x 为机翼平面中的弯矩和剪力。

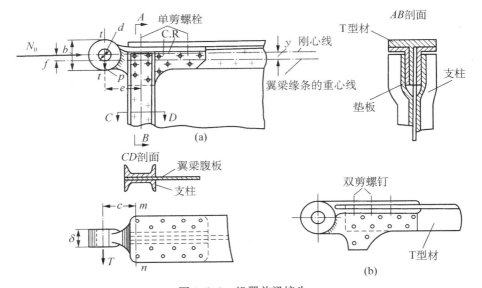

图 9.6.9　机翼前梁接头

(a) 接头的受力与计算剖面；(b) 接头与 T 型材的连接

根据外翼和中翼连接螺栓的位置，可知由翼梁支柱承受的力 $P = \dfrac{R_1}{2}$。产生了弯矩

$$
m_1 = \frac{R_1}{2}e \tag{9.6.12}
$$

式中：e 为 $P = \dfrac{R_1}{2}$ 的力臂。

为了消除这个力矩，要很合理地安排连接螺栓在翼梁高度上的位置，应当使力 N_{B} 对翼梁缘条中心产生一个力矩 m_2，其大小等于 m_1 而方向相反，即

$$
m_2 = -m_1 \tag{9.6.13}
$$

由此可以找到力 N_{B} 对 T 型材中心的偏心矩（图 9.6.9(a)）

$$
f = e\frac{R_1}{2N_{\mathrm{B}}} \tag{9.6.14}
$$

因为力 $\dfrac{R_1}{2}$ 通常比 N_{B} 小得多，所以偏心矩 f 很小。

连接接头和翼梁缘条的螺栓应当布置得使它们的刚心就在翼梁缘条——T 型材的重心线上。

这样就能使螺栓所受的载荷比较小。

对于连接螺栓应当由力 计算剪应力 τ：

$$R = \sqrt{N_{\mathrm{B}}^2 + \left(\frac{R_1}{2}\right)^2} \approx N_{\mathrm{B}} \tag{9.6.15}$$

$$\tau = \frac{R}{2\left(\dfrac{\pi d^2}{4}\right)} \leqslant \tau_{\mathrm{b}} \text{（螺栓受双剪）} \tag{9.6.16}$$

耳片挤压应力 $$\sigma_{\mathrm{br}} = \frac{R}{d\delta} \leqslant \sigma_{\mathrm{b}} \tag{9.6.17}$$

耳片拉断应力 $$\sigma = \frac{N_{\mathrm{B}}}{\delta(b-d)k} \leqslant \sigma_{\mathrm{b}} \tag{9.6.18}$$

式中：k 按式(9.6.10)计算，或近似地取等于 0.8。

下耳片应由情况 A 或 A′ 来计算，上耳片应由情况 D 或 D′ 计算，对于接头的叉（图 9.6.9，图 9.6.10），校核 mn 剖面：

剖面受到由于力 N_{H}（对于下耳片）所引起的拉应力和由于力 $\dfrac{R_1}{2}$ 与力臂 C，以及力 T 和力臂 $\dfrac{C}{2}$ 所引起的弯曲应力

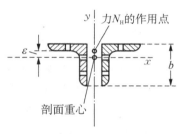

图 9.6.10 接头的 mn 剖面图

$$\sigma = \frac{N_{\mathrm{H}}}{F} + \frac{N_{\mathrm{H}}\varepsilon + \dfrac{R_1}{2}C}{W_x} + \frac{T}{2}\frac{C}{W_y} \tag{9.6.19}$$

式中：F 为考虑到螺栓孔削弱后的耳片剖面积；ε 为力 N_{H} 相对于剖面重心的偏心矩；W_x 和 W_y 为耳片 mn 剖面绕 x 和 y 轴的抗弯截面系数。

（2）计算接头和翼梁的连接螺栓。

如图 9.6.11 所示，力 N_{B} 和 $\dfrac{R_1}{2}$ 对于翼梁支柱和凸缘重心线的交点 O 有力矩 m。这个力矩在凸缘和翼梁支柱之间这样分配的：与它们的弯曲刚度 EI 成正比，而与它们的长度成反比。这样的分配是由支柱和缘条转角相等的条件获得。对于支柱，其长度为 $\dfrac{H_1}{2}$，因为它在中点的弯矩为零。对于缘条，其长度 L 则取等于翼梁支柱间的距离。如果缘条和支柱材料相同。那么，支柱的弯矩

$$m_{\mathrm{str}} = \frac{m}{1+k_r} \tag{9.6.20}$$

而缘条的弯矩 $\qquad m_{fl} = m - m_{str}$ $\qquad$ (9.6.21)

式中：$k_r = \dfrac{I_{fl}}{I_{str}} \dfrac{H_1}{2L}$；$I_{fl}$ 和 I_{str} 为缘条和支柱的剖面惯性矩，为了多减去一些缘条的弯矩，就希望增大支柱的剖面惯性矩。

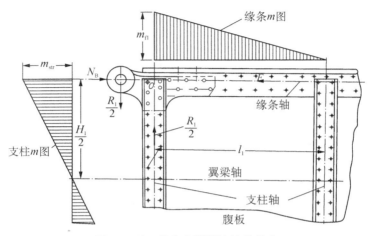

图 9.6.11　接头和翼梁连接的传力

根据 m_{str} 和 m_{fl} 画出翼梁支柱和缘条的弯矩图，这些图是计算连接支柱与接头的螺栓，和连接缘条与接头的螺栓的原始数据。

支柱的接头连接螺栓计算：

由于 $\dfrac{R_1}{2}$ 的作用，在每个螺栓上引起的力为

$$P_1 = \frac{R_1}{2} \frac{d^2}{\sum d^2} \qquad (9.6.22)$$

而由力矩 m_{str} 的作用，每个螺栓的力为

$$P_2 = m_{str} \frac{r d^2}{\sum r^2 d^2} \qquad (9.6.23)$$

式中：d 为螺栓直径；r 为接头刚心到螺栓的距离。

每个螺栓的合力 $\qquad R = \sqrt{P_1^2 + P_2^2}$ $\qquad$ (9.6.24)

翼梁缘条的接头的连接螺栓计算：

力 N_B 和力矩 m_{fl} 对每个螺栓的作用力，也要相对于刚心来计算，同样

$$P_1 = N_B \frac{d^2}{\sum d^2} \qquad (9.6.25)$$

$$P_2 = m_{\text{fl}} \frac{rd^2}{\sum r^2 d^2} \tag{9.6.26}$$

$$R = \sqrt{P_1^2 + P_2^2} \tag{9.6.27}$$

（3）单块式机翼的连接计算。

在单块式机翼中（图 9.6.12（a）），外翼和中翼通常使用接头配件（图 9.6.12（b））或用角材来连接（图 9.6.12（c））。接头配件用作蒙皮以波纹板加强见图 9.6.13。外翼的载荷通过接头配件或角材相互连接的螺栓传到中翼上。此外翼梁接头的螺栓也起作用。

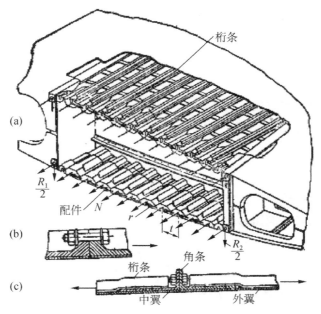

图 9.6.12　单块式外翼与中翼的连接

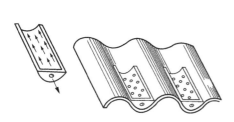

图 9.6.13　接头配件与波形板加强件

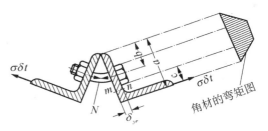

图 9.6.14　角材及其连接螺栓的受力

现在来计算分别由于弯矩、剪力和扭矩在连接螺栓上所引起的力：弯矩是由机翼受拉压的接头配件和翼梁接头上螺栓的受拉，以及在受压区通过角材或接头配件的支撑来传递。

这些可以由已经计算出来的蒙皮、桁条、翼梁缘条的正应力 σ 求得。如图 9.6.14所示。

螺栓的拉力 $\qquad\qquad N = \sigma\delta t\,\dfrac{a}{b}$ $\qquad\qquad$ (9.6.28)

螺栓的剪力 $\qquad\qquad T = qt$ $\qquad\qquad$ (9.6.29)

式中:σ 为由机翼弯曲计算求得的正应力;q 和 δ 为单位长度上的剪力和当量蒙皮厚度;t 为连接螺栓的螺距。

对于沿机身侧边分离的后掠机翼,其 σ 和 q 值应按式(9.3.123),式(9.3.124)计算。

扭矩和剪力的作用已包含在 q 值计算中。知道力以后,按第三强度理论来校核螺栓

$$\sigma = \frac{1}{F}\,\sqrt{N^2 + 4T^2} \leqslant \sigma_{\text{b}}$$ $\qquad\qquad$ (9.6.30)

式中:F 为螺栓的剖面面积。

螺栓在螺纹段剖面的压力

$$\sigma_{\text{p}} = \frac{N}{F'}$$ $\qquad\qquad$ (9.6.31)

式中:F' 为螺栓以螺纹内径计算的剖面面积。

最后,计算角材在剖面 mn 上的弯曲应力

$$\sigma_{\text{bend}} = \frac{M}{W} = b\,\frac{\sigma\delta c}{\delta_{\text{bend}}^2}$$ $\qquad\qquad$ (9.6.32)

这个应力应该小于材料的破坏应力。

10 飞机结构疲劳强度计算

10.1 概论

飞机结构在实际使用中是不断承受交变载荷的,如气动载荷、发动机振动、突风载荷、着陆滑跑载荷等。早期的飞机设计只考虑静强度,只要通过计算和试验证明,飞机结构能承受使用中可能出现的最大载荷,并乘以一定的安全系数(即设计载荷或极限载荷)就认为飞机有足够的强度了。事实上,飞机在使用中较早出现破坏的地方,常是某些振动剧烈,反复加载较为严重的区域,特别是一些结构细节设计不良的部位,如截面突变、过渡区过渡半径过小、开槽开口等应力集中处容易出现疲劳裂纹。近年来随着飞机性能的不断提高,新结构新材料的不断出现,飞机成本增加,要求飞机寿命越来越长,飞机结构在使用中疲劳破坏和安全可靠要求的矛盾日益显著。特别是二战以后,屡次发生重大疲劳破坏事故,如 1952 年美国 $F-89$ 蝎式歼击机因机翼接头疲劳破坏而连续发生事故;1954 年英国民用客机彗星-1 号连续两次在航线上坠毁失事;1979 年,美国 DC-10 飞机因发动机短舱在飞行中突然甩掉而造成机毁人亡。直到最近仍然有因对飞机结构疲劳考虑不周而发生严重事故,如2005 年台湾民航一架波音 747 客机因结构疲劳破坏而失事;2002 年美国 $F-15$ 飞机前机身因疲劳破坏而失事等等。我国飞机在使用中也有沉痛教训。据初步统计,飞机在外场使用中发生强度问题,有 80% 以上均是疲劳破坏引起的。

因此,对飞机结构疲劳强度的研究日趋重要,是现实的必须认真研究解决的问题。作为一个飞机结构强度工程师,对飞机结构疲劳强度应具备必要的基础知识,并掌握疲劳寿命估算等基本计算方法,这也是学习本章的目的和任务。

10.2 材料的疲劳强度

10.2.1 持久极限

在一定的循环特征下,材料可以承受无限次应力循环而不发生破坏的最大应力称为这一循环特征下的持久极限或称为疲劳极限。用 σ_{-1} 表示。

材料应力的变化过程称为应力循环,一般可用循环中的最大应力 σ_{max},最小应力 σ_{min} 和周期来描述。应力循环的特性是由循环应力的平均应力 σ_m 和交变的应力幅 σ_a 所决定的。

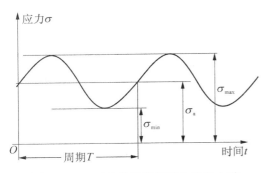

图 10.2.1　正弦曲线规律变化的应力谱

σ_m 是应力循环中不变的静态分量,即

$$\sigma_m = \frac{\sigma_{max} + \sigma_{min}}{2} \quad (10.2.1)$$

σ_a 是应力循环中的变化分量

$$\sigma_a = \frac{\sigma_{max} - \sigma_{min}}{2} \quad (10.2.2)$$

应力循环的特征以应力比 R 表示

$$R = \frac{\sigma_{min}}{\sigma_{max}} \quad (10.2.3)$$

通常 $R = -1$ 时,持久极限数值最小,所以材料的持久极限(疲劳极限)都是指 $R = -1$ 时的最大应力。

在工程应用中,传统的方法是规定一个足够大的有限循环次数 N_L 来代替无限次循环,材料疲劳试验常根据这一规定的有限循环次数来进行,通常 $N_L = 10^7$。

材料的疲劳极限与强度极限 σ_b 有一定的关系,根据大量试验数据,归纳的经验公式为

$$\left.\begin{aligned}
\sigma_{-1} &= 0.35\sigma_b + 119.7 \text{(MPa)} \qquad \text{对于钢} \\
\sigma_{-1} &= 0.25 \times (1 + 1.35\varphi)\sigma_b \text{(MPa)} \qquad \text{对于高强度钢} \\
\sigma_{-1} &= 0.19\sigma_f + 19.62 \quad \text{(MPa)} \qquad \text{对于有色金属}
\end{aligned}\right\} \quad (10.2.4)$$

式中:φ 为断面收缩率,$\varphi = \dfrac{F_0 - F_f}{F_0} \times 100\%$;$F_0$ 为试件初始横截面积(mm^2);F_f 为试件断裂时颈缩处的横截面积(mm^2);σ_f 为断裂强度,表示拉断试样的真实应力(MPa);P_f 为拉断时的载荷。

$$\sigma_f = \frac{P_f}{F_f}$$

10.2.2　材料 S-N 曲线

为了评价和估算疲劳寿命,需要利用反映材料基本疲劳强度特征的 $S - N$ 曲线。图 10.2.2 是 $S - N$ 曲线的典型例子。它是用若干个标准试件,在一定的平均应力 σ_m(或一定的应力比 R)、不同的应力幅 σ_a(或不同的最大应力 σ_{max})下进行疲劳试验,测出试件断裂时的循环次数,再以 S_a(或 S_{max})为纵坐标,以 N 为横坐标,连接各点试验数据得到的曲线称为 $S - N$ 曲线。

$S - N$ 曲线可分为三段:包括低循环疲劳(低周疲劳)LCF 区,高循环疲劳(高周疲劳)HCF 区及亚疲劳极限 SF 区。在低应力高周疲劳区,材料的应力-应变关系是线性的,在高应力低循环疲劳区,材料会出现宏观的屈服。应力-应变关系不再是线

性的了,会出现循环应变硬化或循环应变软化等现象。

$S - N$ 曲线常可以用幂函数方式表示,即

$$\sigma^m N = A \qquad (10.2.5)$$

式中:m 和 A 也是取决于材料的待定常数。

将上式两边取对数得

$$m \lg \sigma + \lg N = \lg A \qquad (10.2.6)$$

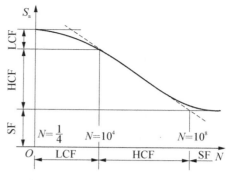

图 10.2.2　疲劳破坏的三个范围

在双对数坐标中 $\lg \sigma$ 和 $\lg N$ 呈线性关系。

$S - N$ 曲线也可用指数函数公式表示:

$$N e^{a\sigma} = c \qquad (10.2.7)$$

改写后为 $a\sigma + \lg N = b$。在半对数坐标上,σ 与 $\lg N$ 呈线性关系。

在工程应用中,常常需要作出材料在不同应力状况下的等寿命曲线,通常将 S_a-S_m 简化为线性关系,称为古德曼曲线,公式如下:

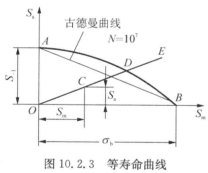

图 10.2.3　等寿命曲线

$$S_a = S_{-1}\left(1 - \frac{S_m}{\sigma_b}\right) \qquad (10.2.8)$$

图 10.2.3 表明在曲线 ADB 下面的任一点 "C"在规定寿命($N = 10^7$)内不发生疲劳破坏,在规定寿命下,应力幅 S_a 随平均应力 S_m 的变化而变化,S_m 增大,S_a 减小。

10.2.3　疲劳裂纹的形成机理

材料疲劳破坏是一个积累损伤过程,要经历一定时间历程。一般历经三个阶段,即裂纹(成核)形成、裂纹扩展、快速断裂。疲劳裂纹的形成机理要从微观组织的分析入手,研究发现,在低于屈服应力下,在承受交变应力的疲劳试样晶格之间有滑移带出现,试件表面可以观察到有"挤出"现象,"挤出"通常产生在滑移最严重地区。

现在认为,在疲劳载荷作用下,塑性应变的累积与疲劳裂纹的形成有着密切的关系,而由位错造成的滑移带是产生疲劳裂纹最根本的原因。而材料表面损伤或材料内部缺陷如气孔、夹杂物、第二相质点等起着尖锐缺口的催化作用,促进疲劳裂纹的形成。裂纹的扩展是从疲劳核心开始由滑移带的主滑移面向内部扩展,滑移面的走向大致与主应力轴线成 45°。这以阶段裂纹扩展很慢,每一个应力循环速率为埃(1Å $= 10^{-8}$ cm)数量级,裂纹通过晶界逐渐转向。

因此,疲劳断裂的机理研究重点在裂纹萌生阶段,寻找有否促进裂纹形成的缺陷和损伤,判明其对裂纹成核所起的作用,提出设法消除的途径。通过对裂纹缓慢扩展阶段研究以构建裂纹扩展数学模型,判断到达临界裂纹所需的周期,防止疲劳断裂。

图 10.2.4 给出了疲劳裂纹生成与扩展示意图。

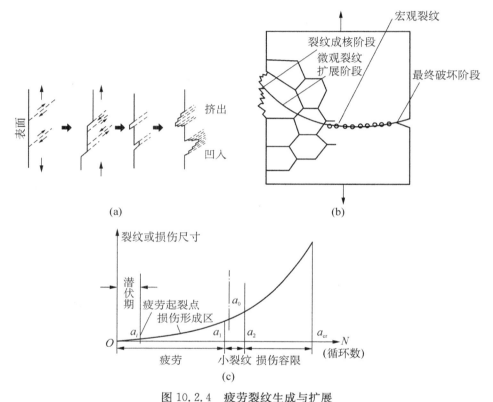

图 10.2.4 疲劳裂纹生成与扩展
(a) 疲劳裂纹萌生模型;(b) 疲劳断裂过程示意图;
(c) 损伤尺寸与载荷循环的关系

10.3 疲劳载荷谱

飞机在使用中会受到多种载荷。在每次飞行中大致需经过起飞滑行→爬升→巡航(作各种机动飞行)→下降→着陆撞击→滑行。在每个过程中飞机都会遭受疲劳载荷,包括地面滑行载荷、突风载荷、机动载荷、着陆撞击载荷等等。飞机由地面到空中,再由空中到地面,常称为地—空—地循环载荷。对于民航机和运输机疲劳损伤影响较大的是突风载荷,对于战斗机类型的飞机最主要的疲劳损伤载荷是机动载荷。

10.3.1　重心过载谱

10.3.1.1　利用飞行任务图确定重心过载谱

要确定某架飞机在使用中的重心过载谱可分以下几步：

第一步：选择能正确代表该架飞机使用的"飞行剖面图"。这种图定出起飞、巡航及着陆各阶段的飞机重量、速度和高度的变化。图10.3.1和10.3.2分别表示一种典型战斗机及典型远程客机的"飞行剖面图"。

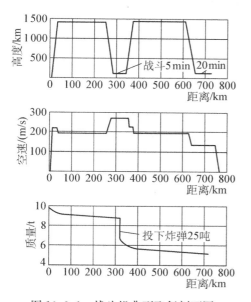

图 10.3.1　战斗机典型飞行剖面图

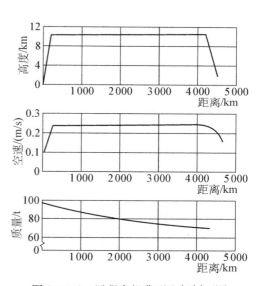

图 10.3.2　远程客机典型飞行剖面图

第二步：将这种飞行剖面图划分成若干段落并进行计算,例如可将远程客机飞行任务分为6段。

（1）起飞滑行至离地（滑行载荷为主）；

（2）每爬升3000 m为一段；

（3）将巡航分成4段,并选每段中点为飞机各参数的代表点；

（4）每下滑3000 m高度为一段；　　　　　　不同高度、速度、重量下,突风频率不同

（5）着陆（着陆撞击载荷为主）；

（6）滑行至停机（滑行载荷为主）。

分段后,便可具体计算飞机在执行这一飞行任务时重心过载的频率谱。如突风引起的重心过载为

$$\Delta n = \frac{\rho_0 V_e S m}{2W} K_g U_e \tag{10.3.1}$$

式中：ρ 为空气密度(kg/m^3)；V_e 为飞行当量空速，$V_e = V\sqrt{\rho/\rho_0}$ (m/s)；S 为机翼面积(m^2)；m 为机翼升力线斜率$(1/rad)$；亚声速 $m = \dfrac{1}{\sqrt{1-Ma^2}}m_0$，超声速 $m = \dfrac{1}{\sqrt{Ma^2-1}}m_0$；$Ma$ 为马赫数；m_0 为 $Ma = 0$ 时机翼升力线斜率；U_e 为垂直突风折算速度，$U_e = U\sqrt{\rho/\rho_0}$；$U$ 为垂直突风；W 为飞机重力(N)；K_g 为突风缓和因子，飞机对突风引起的响应的减弱。

亚声速范围　　　　　　　　$K_g = 0.88\dfrac{\mu_g}{5.3+\mu_g}$

超声速范围　　　　　　　　$K_g = \dfrac{\mu_g^{1.03}}{6.95+\mu_g^{1.03}}$

式中：$\mu_g = \dfrac{2W}{mcS\rho g}$ 称为飞机质量参数（式中：g 为重力加速度；c 为机翼平均几何弦长）。

通过安装在飞机重心处的过载记录仪（加速度计）可以得到遇到突风时的过载，反推突风的大小。并通过大量统计得到突风速度的频率分布图。

通过计算各个飞行任务中的载荷谱，再以飞机实际执行各种飞行任务的百分比（统计而得）乘以各个飞行任务的过载频率，然后累加起来，得到代表实际使用的载荷谱，表 10.3.1 给出了某客机突风过载（加速度）的频率分布。

表 10.3.1　　各飞行阶段过载（加速度）发生频率

加速度增量 Δn（以 g 为单位）	爬升	巡航	下滑	总发生频率
0.2～0.3	2 724	4 897	4 332	11 953
0.3～0.4	568	1 119	964	2 651
0.4～0.5	120	251	195	566
0.5～0.6	35	73	53	161
0.6～0.7	8	32	15	55
0.7～0.8	3	9	5	17
0.8～0.9	0	2	0	2
0.9～1.0	1	1	1	3
1.0～1.1	1	0	0	1
1.1～1.2	0	1	0	1

加速度增量 Δn(以 g 为单位)	爬升	巡航	下滑	总发生频率
总计	3 640	6 385	5 565	15 410
飞行小时	319.7	1 044.6	452.7	1 817
平均空速	747.4	904.5	628.0	808.4
飞行公里数	2.39×10^2	9.45×10^5	2.83×10^5	14.7×10^5

10.3.1.2 利用实测代表性科目确定重心机动载荷谱

对于战斗机在非战斗时期,飞机的疲劳损伤主要是由训练飞行引起的,而训练内容由军队制定的"飞行训练大纲"规定。大纲中规定了各种飞行科目的起落次数及每个飞行科目的飞行时间和实施条件(如飞行动作要求、高度、速度、外挂、气象条件等)。通过实测各飞行科目中的重心过载值及其出现次数,并按照飞行训练大纲或飞机实际使用来统计各种飞行科目的使用次数,相乘后累加,就可得到飞机的机动载荷谱。研究表明,载荷次序对结构疲劳寿命是有影响的,因此机动载荷谱的编制要尽可能的接近飞机实际使用情况。所谓的飞-续-飞谱就是按一次飞行接着一次飞行来编制载荷谱。

在实际工作中,为了简化实测工作,常常把为数众多的飞行科目归并为若干组(如十几个组),每一组中选择一个有代表性的飞行科目,实测中就只统计测量这些代表性飞行科目的载荷,其他飞行科目载荷就由各组的代表性飞行科目的载荷来代替,这称为代表科目法。在选择代表科目时满足下列条件:

(1) 机动飞行的动作类似,为了保证安全,代表性科目一般应选用组飞行科目中过载情况较严重的。

(2) 飞行速度、高度等实施条件相类似。

(3) 一次飞行起落时间相一致。

(4) 飞机重量通常可以采用强度计算重量,也可保守地取飞机的起飞重量。

美国军用规范(MIL－A－008866B)中给出攻击机和歼击教练机类飞机机动载荷谱,它是以任务段每 1 000 个飞行小时出现的累积次数给出的(表 10.3.2)。

表 10.3.2 美国军用规范(MIL－A－008866B)中攻击机和歼击教练机类飞机机动载荷谱

过载系数 n/g	上升	巡航	下降	待机	空-地 科目	特殊 军械	空-空 科目
2.0	5 000	10 000	20 000	15 000	175 000	70 000	300 000
3.0	90	2 500	5 500	2 200	100 000	25 000	150 000
4.0	1	400	500	250	40 000	7 500	50 000
5.0		1	1	25	10 000	2 000	13 000
6.0				1	1 500	250	3 300

（续表）

过载系数 n/g	上升	巡航	下降	待机	空-地科目	特殊军械	空-空科目
7.0					200	15	900
8.0					15	1	220
9.0					1		60
10.0							15
0.5						10 000	44 000
0						350	4 000
−0.5						30	1 200
−1.0						7	350
−1.5						3	60
−2.0						1	8
−2.5							1

西欧一些国家如德国、瑞士、荷兰等国联合编制的战斗机疲劳载荷谱是用执行每种任务的一次飞行为基础编制飞-续-飞谱,我国战斗机的编谱也常采用飞-续-飞的方式,表 10.3.3 给出某战斗机持续 30 次飞行,以均值和幅值形式给出的重心过载谱(每次飞行 1 小时 40 分)

表 10.3.3　某战斗机重心过载谱(每次飞行 1 小时 40 分)

n_v 幅值/g ＼ n_y 均值/g	0.28	0.84	1.40	1.96	2.52	3.08	3.64	4.76
1.40	1	51	6				1	
1.96	106	340	67	7				
2.52	26	73	78	39	16			
3.08	23	8	5	10	10	3		1
3.64	27	6	4	3		2	1	
4.20	11	7						
4.76	11	3						
5.32	9	1						

10.3.2　应力谱

在疲劳分析中,更关心的不是重心过载谱,而是危险部位的应力谱(即应力大小及出现次数)。由重心过载谱换算成某一部位的应力谱,原则上说只要求出重心过载大小及频率与该部位的应力大小和频率的关系。

通常可以通过工程梁理论方法或有限元计算方法,求出水平飞行重心过载 $1g$ 下的疲劳危险部位的应力,可以简单地将重心过载谱中过载大小乘以 $1g$ 时该处的应力大小,出现次数仍为重心过载谱的对应次数,即可得到该部位的应力谱。

对于柔度较大的飞机(如大型运输机,中远程客机),由于飞机的弹性效应,在动载荷作用下重心获得 ng 的过载时,某部位的应力大小与水平飞行 $1g$ 时静载作用下的同一部位的应力大小不再保持 n 倍的简单比例关系,而且应力发生的次数也并不正好等于重心过载为 ng 时出现的次数。这时往往要引入一个反映弹性结构性质的动力响应因子 K,例如对于机翼某切面的弯矩,有

$$K_i = \frac{\Delta M_{if}}{\Delta M_{ir}}$$

(10.3.2)

式中:ΔM_{if} 为柔性机翼某切面发生频率为 i 次的弯矩增量(与 $1g$ 相比);ΔM_{ir} 为刚性机翼同一切面发生频率也为 i 次的弯矩增量。

图 10.3.3 表示通过动力响应计算得到发生频率为 i 次,机翼各切面弯矩的动力响应因子 K_i。当这种动力响应因子计算困难时,常通过直接测量飞机重心加速度及该部位的应力,这种测量应在各种载荷、各种飞行重量及各飞行阶段中进行。这样可得到飞机重心谱与当地应力谱的关系,组成一个在各种情况下动力响应因子集合,从而完成重心谱向应力谱的转换。

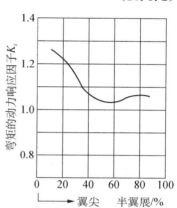

图 10.3.3 机翼各切面弯矩的动力响应因子 K_i

10.4 疲劳累积损伤理论

在等幅交变作用下,可应用材料 S-N 曲线预计材料或构件的疲劳寿命。但在实际工程中,结构往往受到随机的变幅交变载荷的作用,在这种情况下,为了估算结构的疲劳寿命,必须研究在不同交变载荷作用下,结构疲劳损伤累积的规律。

10.4.1 线性累积损伤理论及应用

直到目前,工程上仍被广泛采用的疲劳累积损伤理论,是由德国人帕尔姆格林(Palmgram)于 1924 年和美国人迈纳(Miner)于 1945 年提出的线性累积损伤理论。它的基本假设是:各级交变应力引起的疲劳损伤可以分别计算,然后再线性叠加起来。第 i 级应力水平 σ_i 造成的疲劳损伤与该应力水平所施加的循环数 n_i 和在同一应力水平下直至发生破坏时所需的循环次数 N_i 的正值成比例。即 σ_i 的损伤与 n_i/N_i 成正比。比值 n_i/N_i 称为损伤比或循环比。

很显然,如果是单级加载,循环比等于 1 时,构件出现破坏。如果是多级应力水平的交变载荷作用下,则认为总损伤等于个损伤比(或循环比)的总和。且当损伤比总和等于 1 时,构件发生破坏。即

$$\sum_{i=1}^{n} \frac{n_i}{N_i} = \frac{n_1}{N_1} + \frac{n_2}{N_2} + \cdots + \frac{n_n}{N_n} = 1$$

(10.4.1)

这就是著名的线性累积损伤理论计算公式,它给出了在多级交变载荷作用下,

构件发生破坏的条件。

先举例予以说明：

【例 10.1】 一个飞机零件由不锈钢板材制成，理论应力集中系数 $K_t = 4.0$，用试验得到的 $S\text{-}N$ 曲线如图 10.4.1 所示，根据实测统计，每次飞行零件的应力历程为：

$0 \sim 420\,\text{MPa}$	1 次
$0 \sim 350\,\text{MPa}$	10 次
$0 \sim 210\,\text{MPa}$	200 次
$0 \sim 140\,\text{MPa}$	1000 次

求零件的疲劳寿命，即可飞行的次数。

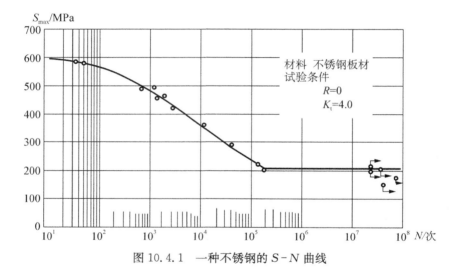

图 10.4.1 一种不锈钢的 $S\text{-}N$ 曲线

解：由图 10.4.1 可查到：

$0\sim420\,\text{MPa}$ 应力作用下不锈钢板材破坏的循环数 $N_1 = 3.5 \times 10^3$；

$0\sim350\,\text{MPa}$ 应力作用下不锈钢板材破坏的循环数 $N_2 = 1.2 \times 10^4$；

$0\sim210\,\text{MPa}$ 应力作用下不锈钢板材破坏的循环数 $N_3 = 1.7 \times 10^5$；

$0\sim140\,\text{MPa}$ 应力作用下不锈钢板材破坏的循环数 $N_4 \gg 10^8$。

计算结果见表 10.4.1。

表 10.4.1 疲劳损伤度计算表

$\sigma_{i\min} \sim \sigma_{i\max}/\text{MPa}$	n_i	N_i	n_i/N_i
$0\sim420$	1	3.5×10^3	$0.285\,7\times10^{-3}$
$0\sim350$	10	1.2×10^4	$0.833\,3\times10^{-3}$
$0\sim210$	200	1.7×10^5	1.176×10^{-3}
$0\sim140$	1000	$\gg10^8$	~0

即每次飞行总损伤为 $\sum \dfrac{n_i}{N_i} = 2.295 \times 10^{-3}$

则零件发生破坏的条件是 $L \sum \dfrac{n_i}{N_i} = 1$

L 为零件破坏前的飞行次数，即 $L = \dfrac{1}{\sum \dfrac{n_i}{N_i}} = \dfrac{1}{2.295 \times 10^{-3}} = 436$ 次

10.4.2 利用线性累积损伤理论进行载荷谱的等损伤折算

线性累积损伤理论另一个重要应用是折算简化载荷谱。在实际工程中，结构所作用的载荷谱是随机的较为复杂。在疲劳试验或分析中，要直接使用复杂的随机谱，往往带来繁琐和困难。因此在工程中较为广泛应用的是简化成程序加载谱或等幅谱。

载荷简化的原则是：

(1) 各级载荷应向造成损伤最严重的若干级载荷上简化；

(2) 折算应使使用载荷谱与简化载荷谱的总损伤相等。

先举例说明：

【例 10.2】 某运输机 100 次飞行所受的(突风＋机动＋着陆撞击)疲劳载荷谱共有 10 级载荷(见表 10.4.2)，如以 100 次飞行为一个加载程序，拟分成 4 级加载。试求其简化谱。

解：表中第 1，2 列出的是所受各级载荷，第 5 列列出的是大于等于 Δg 的各级载荷次数 n_i，第 3 列是要计算的关键部位相应各级载荷的最大应力 $(\sigma_{max})_i$ 的值，第 4 列给出根据 $S\text{-}N$ 曲线查得相应 $(\sigma_{max})_i$ 值时的 N_i 值。

有了 n_i 和 N_i，可直接算出 n_i/N_i 及 100 次飞行所造成的总损伤 $\sum n_i/N_i$，见表 10.4.2 第 6 列及最后一行所示。

表 10.4.2 运输机 100 次飞行的疲劳载荷谱及其损伤计算

1	2	3	4	5	6
Δg	$1+\Delta g$	$(\sigma_{max})_i$/MPa	N_i	n_i	n_i/N_i
0.2	1.2	106	1.00×10^6	2.40×10^3	2.40×10^{-3}
0.3	1.3	119	7.54×10^4	2.70×10^2	3.58×10^{-3}
0.4	1.4	129	3.10×10^4	5.49×10	1.77×10^{-3}
0.5	1.5	138	1.80×10^4	1.56×10	0.867×10^{-3}
0.6	1.6	147	1.20×10^4	6.40	0.533×10^{-3}
0.7	1.7	155	8.40×10^3	3.96	0.471×10^{-3}
0.8	1.8	165	5.60×10^3	1.23	0.220×10^{-3}
0.9	1.9	173	3.70×10^3	4.20×10^{-1}	0.114×10^{-3}
1.0	2.0	182	2.35×10^3	1.40×10^{-1}	0.060×10^{-3}
1.1	2.1	191	1.43×10^3	5.00×10^{-2}	0.035×10^{-3}

$$\sum \frac{n_i}{N_i} = 10.05 \times 10^{-3}$$

根据载荷谱简化原则,要把 10 级载荷谱简化成 4 级载荷谱,应向损伤比最大的前 4 阶载荷简化。

前 4 阶载荷造成的损伤为

$$(2.40 + 3.58 + 1.77 + 0.867) \times 10^{-3} = 8.62 \times 10^{-3}$$

而原来 10 级载荷谱的总损伤为

$$\sum \frac{n_i}{N_i} = 10.05 \times 10^{-3}$$

故两者比值为

$$\frac{10.05 \times 10^{-3}}{8.62 \times 10^{-3}} = 1.17$$

为保证简化后的 4 级载荷谱的总损伤与原 10 级使用载荷谱的总损伤相等,可把 4 级载荷的作用次数放大 1.17 倍,即

$$\Delta g = 0.2 \text{ 为} (2.40 \times 10^3) \times 1.17 = 2808 \text{ 次}$$
$$\Delta g = 0.3 \text{ 为} (2.70 \times 10^2) \times 1.17 = 316 \text{ 次}$$
$$\Delta g = 0.4 \text{ 为} (5.49 \times 10) \times 1.17 = 64 \text{ 次}$$
$$\Delta g = 0.5 \text{ 为} (1.56 \times 10) \times 1.17 = 18 \text{ 次}$$

即已简化成一个与原载荷谱等损伤的 4 级载荷谱了。

10.4.3　等幅谱折算方法

在俄罗斯和西欧国家中常在疲劳分析时,把复杂的随机谱折算成等幅谱,用来对关键部分寿命进行评估,这在初步设计阶段对结构关键部位的寿命评估是很方便的。

(1) 已知某一过载过程 $n = f(t)$,其主要的参数如表 10.3.3 所示。利用奥丁变换

$$n_{eq} = \sqrt{2n_a n_{max}} = \sqrt{n_{max}(n_{max} - n_{min})} \tag{10.4.2}$$

将所选取的全周期过载转换成从零开始的等损伤周期过载(即 $R = 0$ 的等效过载)。

(2) 对每个具体的疲劳危险部位的抗疲劳性能都可用单独的疲劳曲线(S-N 曲线)来描述,假设用幂函数方式来表示 S-N 曲线(式 10.2.5),即

$$\sigma^m N_P = A$$

式中:m,A 为材料参数,σ^m 为 N_P 周期数下引起材料疲劳破坏的应力比为零的应力。

根据帕尔姆格林-迈纳疲劳损伤累积理论,可以用如下形式来评估在 τ_l 时间内的损伤:

$$\varphi_{\tau_l} = \sum_{i=1}^{l} \frac{1}{N_{iP}} \tag{10.4.3}$$

式中;l 为实际受载过程中的周期数,N_{iP} 为第 i 周期载荷水平作用下,损伤破坏的周期数。

在已知疲劳曲线(m,A)的情况下,为实现该结构在简化载荷谱作用下与原载荷谱的等效性,要求满足如下条件:

$$\sum_{j=1}^{L} \frac{n_j}{N_{jP}} = \sum_{i=1}^{l} \frac{1}{N_{iP}} \qquad (10.4.4)$$

式中:L 为简化谱的加载级数,当 $L=1$ 时即为单级等幅谱;n_j 为第 j 级加载次数;N_j 为第 j 级载荷水平下,损伤破坏周期数。

(3) 考虑到疲劳危险部位的疲劳 $S-N$ 曲线(参数 m,A)在进行简化折算时是未知的。在这种情况下,针对所有可能的疲劳曲线,为保证简化谱与实际载荷谱的等效性,可利用最大似然值原理确定其参数。这里可用最小二乘法原理实现最大似然值。

针对疲劳曲线参数的一系列可能值 $m_1,\cdots,m_t$ 和 $A_1,\cdots,A_k$,用如下形式的相对损伤平方和数值最小化方法来求解问题。即

$$\sum_{m=m_1}^{m_t} \sum_{A=A_1}^{A_k} \frac{\left(\sum_j \dfrac{n_j}{N_{jP}(m,A)} - \sum_i \dfrac{1}{N_{iP}(m,A)}\right)^2}{\sum_i \dfrac{1}{N_{iP}(m,A)}} = \min \qquad (10.4.5)$$

这一条件确定了简化谱的损伤与实际谱的损伤等效,且不依赖于危险部位材料的疲劳曲线。

由 $N_P = \dfrac{A}{\sigma_{eq}^m}$ 可得

$$\sum_{m=m_1}^{m_t} \frac{\left(\sum_j n_j \sigma_{eqj}^m - \sum_i \sigma_{eqi}^m\right)^2}{\sum_i \sigma_{eqi}^m} = \min \qquad (10.4.6)$$

很显然,在利用相对损伤差值求解简化谱与实际加载过程的等效性时,没有必要使 A 参数最小化,只需调节 m 参数值。通过对高强铝合金 B95ПЧ (LC9)和钛合金 BT20 (TA15)等材料的研究,m 参数在 3～5 范围的最佳,通常可取 $m=4$。

当结构中的应力与飞机外载荷可用单调函数描述,且外载荷与参数变化过程高相关,其函数关系接近于线性时,疲劳薄弱部位全周期的应力变化过程,可用全周期外载荷变化过程来描述,这样对结构的疲劳薄弱部位中应力变化过程的模拟简化可换成外载荷的参数变化过程来模拟。

飞机的重心过载 n_{eq} 与飞机外载荷高度相关,函数关系接近于线性,且与结构应力的关系可用单调函数描述,故可用重心过载的变化过程来确定飞机所受的损

伤,即

$$\xi_{ve} = \sum_i (n_{eq})^m \tag{10.4.7}$$

式中:当量过载 $n_{eq} = \sqrt{n_{max}(n_{max} - n_{min})}$

这样在飞行时,通过飞参记录仪,真实记录重心过载 n 的变化过程后,通过式(10.4.7)可方便地计算出飞机在这次飞行中所受的损伤对飞机实施单机监控。

10.5 飞机结构疲劳寿命估算方法

10.5.1 疲劳寿命的定义

飞机结构的疲劳寿命是指结构从投入使用到最后发生疲劳断裂所经历的飞行次数(或飞行小时数)。而飞机结构的疲劳断裂是指飞机结构的关键部位发生了疲劳破坏。所以飞机结构的疲劳寿命又是以关键部件的疲劳寿命为代表的。

除了上述一般性定义外,关于疲劳寿命还有多种定义,如无裂纹寿命、裂纹扩展寿命、安全寿命、使用寿命、经济寿命、全寿命等。总的来讲,作为一个结构,从投入使用到最后的疲劳断裂的寿命,应该主要由疲劳裂纹形成寿命 N_i(即无裂纹寿命)和裂纹扩展寿命 N_I 组成,即全寿命

$$N = N_i + N_I \tag{10.5.1}$$

安全寿命和使用寿命是考虑了安全系数和疲劳寿命分散性后的无裂纹寿命或者全寿命的安全指标。经济寿命是指结构经济修理后的实际使用寿命。结构使用一定时间后会产生疲劳破坏需进行修复,修复后可继续使用。但若到了一定寿命后,破损严重了,不修不能用,再修又不经济,此即为经济寿命。

无裂纹寿命在全寿命中所占的比例同结构形式、载荷条件、环境、材料、工艺等因素相关。近年来,随着冶金技术、加工工艺水平、无损伤技术不断提高,在结构的关键部位,在危险的方向上确保无明显初始裂纹(缺陷)存在,既是必要的,也是可能的。结构的无裂纹寿命是研究的重点。疲劳寿命的估算主要是对无裂纹寿命的估算。对于裂纹扩展寿命的估算是断裂力学研究的课题。所以只有疲劳与断裂力学结合起来才能圆满解决实际结构的疲劳断裂破坏。

工程上所谓的疲劳裂纹形成阶段常指疲劳裂纹成核并扩展到工程上可检长度(如 0.5 mm 左右)。所以我们通过疲劳寿命计算,算出结构的无裂纹寿命,也可认为结构已产生了工程可检裂纹。

10.5.2 疲劳寿命估算方法

估算结构疲劳寿命的方法可分为名义应力法和局部应力-应变法。

名义应力法是最早形成疲劳寿命计算方法,它以材料或构件的 $S - N$ 曲线为基础,对照试件或结构疲劳危险部位的应力集中系数和名义应力,结合疲劳损伤累积

理论,校核疲劳强度或计算疲劳寿命。

局部应力-应变法主要应用于高应力、低循环疲劳寿命的估算,它以材料或构件的循环应力-应变曲线和应变-寿命曲线为基础。

将构件上的名义应力谱转换成危险部位的局部应力应变谱,结合疲劳损伤累积理论,进行疲劳寿命估算。

10.5.2.1 名义应力法估算疲劳寿命

用名义应力法估算结构危险部位的疲劳寿命的框图如图 10.5.1 所示。

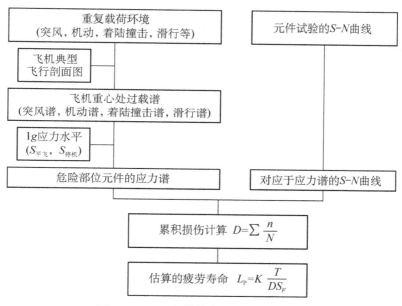

图 10.5.1 飞机结构疲劳寿命估算程序

具体步骤如下:

(1) 确定交变载荷环境,计算疲劳载荷谱(见 10.3 节);

(2) 确定危险部位应力谱(见 10.3 节);

(3) 取得对应于应力谱的 S-N 曲线。

S-N 曲线是与应力比 R 对应的,如果要求得与应力谱相应的 S-N 曲线,必须有多条 S-N 曲线,这是相当麻烦的。通常可以先按一个给定的平均应力直接由疲劳试验获得一条 S-N 曲线,再借助古德曼直线公式,推求不同平均应力下的 S-N 曲线。即

$$\sigma'_n = \sigma_n \frac{\sigma_b - \sigma'_r}{\sigma_b - \sigma_m} \qquad (10.5.2)$$

式中:σ_m 为给定 S-N 曲线的平均应力;σ_n 为某个寿命下从 S-N 曲线查得的交变

应力; σ'_m 为要求的平均应力; σ'_a 为等寿命前提下与 σ'_m 相对应的交变应力; σ_b 为强度极限。

（4）利用线性累积损伤原理进行寿命估算

先计算每次循环应力造成的损伤

$$d_i = \frac{n_i}{N_i}$$

再求出总损伤

$$D = \sum^i d_i = \sum^i \frac{n_i}{N_i}$$

若应力谱代表的时间为 T，疲劳安全寿命系数为 S_F，则估算的安全疲劳寿命为

$$L_P = K \frac{T}{D S_F} \qquad (10.5.3)$$

式中: K 为按试验结果的修正系数，作为初步估算，不妨取 $K=1$; S_F 为安全寿命系数，应包括载荷分散系数、寿命分散系数和安全余度，在国军标规定 $S_F = 4 \sim 6$。

（5）应用举例

【例 10.3】　已知某飞机主起落架的危险部位是外筒上接头 1-1 剖面，使用中起落架支柱在该剖面曾断裂过（图 10.5.2），材料为 30CrMnSiNi2A，$\sigma_b = 1700\,\mathrm{MPa}$，该材料在旋转弯曲条件下的 $\sigma - N$ 曲线如图 10.5.3 所示。该剖面每 1000 次飞行的应力谱分 7 种情况，共 31 级，如表 10.5.1 所列。要求对该剖面进行安全寿命估算。

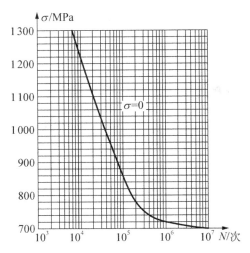

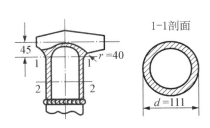

图 10.5.2　某飞机主起落架支柱　　　图 10.5.3　30CrMnSiNi2A 材料的 $\sigma - N$ 曲线

解:（1）根据表 10.5.1 的应力谱，算出各级应力的 σ_m 及 σ_a 值。

表 10.5.1　某机起落架上接头应力谱及损伤度计算

受载情况序号		每1000次飞行部行 作用次数 n_i	1-1剖面危险点应力谱及损伤度					
			σ_{max}/MPa	σ_{min}/MPa	σ_{in}/MPa	σ_b/MPa	N_a ($\times10^5$)	σ_p/N_a (10^{-3})
对称着陆	1	72	130	7	69	64	61.10	1.2
	2	116	203	−44	80	123	27.14	4.3
	3	104	275	−95	90	155	9.68	10.7
	4	62	348	−146	101	247	4.78	13.0
	5	31.2	422	−196	113	309	2.00	15.6
	6	10.4	493	−246	124	369	0.94	11.1
	7	3.2	565	−297	134	431	0.48	6.7
	8	0.6	638	−347	146	492	0.30	2.0
	9	0.4	710	−398	156	554	0.16	2.5
	10	0.2	783	−449	167	616	0.10	2.0
偏航着陆	1	54	123	21	72	51	71.0	0.8
	2	87	188	−16	85	102	362	2.4
	3	78	254	−52	101	153	17.4	4.5
	4	46.5	320	−89	116	204	8.4	5.5
	5	23.4	366	−125	131	255	4.18	5.6
	6	7.8	451	−162	145	305	1.89	4.1
	7	2.4	517	−198	160	357	0.96	2.5
	8	0.45	583	−234	175	408	0.53	0.8
	9	0.3	648	−271	189	459	0.35	0.9
	10	0.15	714	−307	204	510	0.20	0.8
地面情况	1	3×10^4	137	129	133	4	—	—
	2	1.65×10^5	145	122	134	11	—	—
	3	2.7×10^4	152	114	133	19	—	—
	4	2.0×10^3	160	106	133	27	94.7	21.1
	5	90	168	99	134	34	87.5	1.0
	6	4	175	91	133	42	79.1	0.1
	7	0.15	183	83	133	50	70.8	—
	8	0.005	191	76	134	57	63.5	—
最大刹车及发动机试车		3,000	333	134	234	9.9	33.8	88.7
正常刹车		5,000	232	134	183	49	68.4	73.0
转弯		5000	602	−28	287	315	1.11	4504.5

每1000次飞行的总损伤 $\sum \dfrac{\sigma_f}{N_f} = 4765.4$

（2）将材料的 σ-N 曲线（图 10.5.3）进行应力集中及其他修正，并考虑低于疲劳极限以下应力对损伤的影响，取得构件危险部位的 σ-N 曲线。考虑构件的外形、尺寸、表面粗糙度的影响。由于构件的形状、尺寸及面粗糙度的影响，构件的 σ-N 曲线与材料的 σ-N 曲线是不相同的。

① 应力集中对疲劳强度的影响。应力集中对构件疲劳强度的影响可用有效应力集中系数 K_t 来进行修正。根据外筒上接头 1-1 剖面处的尺寸，得 $D=d+2r=111+2\times40=191\,\mathrm{mm}$，则 $D/d=191/111=1.72$，$r/d=40/111=0.36$，通过查应力集中系数表得 $K_t=1.29$。

② 构件尺寸大小对疲劳强度的影响。尺寸大小对构件疲劳强度的影响，可用尺寸系数 ε 来进行修正。根据外筒上接头外径 $D=111\,\mathrm{mm}$，查尺寸影响系数表得 $\varepsilon=0.62$。

③ 构件表面加工质量对疲劳强度的影响。表面加工质量对构件疲劳强度的影响可以用表面质量系数 β 进行修正。根据上接头的表面粗糙度为 $Ra=6.3$ 及该材料的 $\sigma_b=1700\,\mathrm{MPa}$，查表面质量系数表得 $\beta=0.65$。

④ 影响构件疲劳强度的三个因素 K_t，ε，β 随循环次数 N 变化，此时，我们假设 K_t，ε，β 在半对数坐标上线性变化，并假设当循环数 $N=10^0$ 时，均为 1；在 $N=10^7$ 时，分别等于 0.62，0.65 及 1.29；在 $N=10^0\sim10^7$ 时作线性变化（图 10.5.4）。

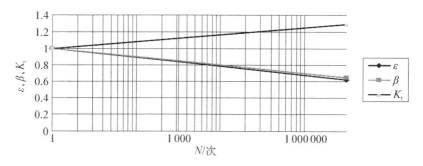

图 10.5.4　ε，β 及 K_t 随循环次数的变化曲线

根据图 10.5.4，我们可以查出在不同的循环次数 N 时的 K_t，ε，β，从而可以得到相应 N 时的总修正系数，$K=\varepsilon\beta/K_t$，结果如表 10.5.2 所列。

表 10.5.2　总修正系数 K 计算结果

循环次数 N	10^4	3×10^4	10^5	3×10^5	10^6	3×10^6	10^7
ε	0.77	0.743	0.716	0.7	0.65	0.63	0.62
β	0.8	0.77	0.75	0.74	0.7	0.68	0.65
K_t	1.16	1.18	1.202	1.222	1.246	1.267	1.29
$K=\varepsilon\beta/K_t$	0.53	0.485	0.446	0.424	0.382	0.349	0.312

这样，根据图 10.5.3 材料 σ-N 曲线，进行 K 修正后，可得到危险部位 1-1 剖面的 σ-N 曲线（表 10.5.3 及图 10.5.5）。

表 10.5.3　σ-N 曲线修正结果

循环次数 N	10^4	3×10^4	10^5	3×10^5	10^6	3×10^6	10^7
σ'_a(由图 10.5.3 查得)	1 237.6	1 051.0	850	755	722.5	709	704
K	0.53	0.485	0.446	0.424	0.382	0.349	0.328
$\sigma_a=K\sigma'_a$/MPa	656	510	379	320	276	247	231

（3）对低于疲劳极限（σ_r）以下的应力所造成的损伤的考虑。根据线性累积损伤理论，对低于疲劳极限以下的应力是不考虑的，但许多研究证明，在谱载荷作用下，低于疲劳极限以下的应力对损伤有重大影响，在国外对这一因素的考虑将 σ-N 曲线作某种修正，修正的方法较多，下面介绍其中的一种：

① 认为使裂纹不扩展的应力对试件不造成损伤，这一应力级规定为低于疲劳极限的 10%。

② 在图 10.5.5 中的 $N=10^7$ 及 $\sigma=10\%\,\sigma_r$ 的交点上，向 σ-N 曲线作切线，这一切线部分即为对低于疲劳极限以下应力的考虑，因此若考虑低于疲劳极限以下应力所造成的损伤，则 σ-N 曲线为 m-o-n 线段。

③ 绘制等寿命曲线。对于高强度钢，可以选取直线方程的经验公式 $\sigma_a=\sigma_{-1}(1-\sigma_m/\sigma_b)$ 来绘制等寿命曲线图（图 10.5.6），其中 $\sigma_b=1700\,\mathrm{MPa}$，$\sigma_{-1}$ 为对称循环（$\sigma_m=0$）S-N 曲线应力幅，其所对应的循环次数 N 由图 10.5.5 查得。

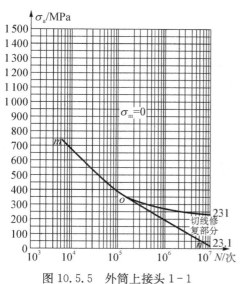

图 10.5.5　外筒上接头 1-1 剖面的 σ-N 曲线

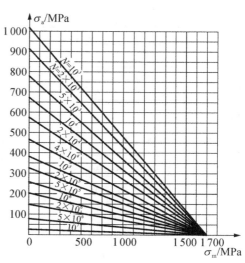

图 10.5.6　外筒上接头 1-1 剖面考虑疲劳极限下应力的等寿命曲线图

④ 根据算出的 σ_m 及 σ_a 值，在等寿命曲线图上用线性内插法求出其对应的循环次数 N_i。

⑤ 计算各级应力的损伤度 n_i/N_i。

⑥ 用线性累积损伤理论计算构件危险部位的安全寿命，即

$$\lambda \sum \frac{n_i}{N_i} = 1$$

$$\lambda = \frac{1}{\sum \dfrac{n_i}{N_i}} = \frac{10^3}{4\,785.4 \times 10^{-5}} = 20\,896 \text{ 次}$$

因为疲劳寿命的分散性很大，为保证构件的安全可靠，取分散系数 $S = 4$，根据大量试样疲劳试验证明，其疲劳破坏分布为正态分布或韦布尔分布，在小试样情况下 p 称为存活率，即母体中疲劳寿命高于或等于 N_S 的概率，通常取 0.99 或 0.999，此时，当进行一件试样时，分散系数取 4（本章后面将予以详细叙述），则危险部位的安全寿命为

$$L = \frac{\lambda}{4} = 5\,224 \text{ 次}$$

10.5.2.2　用于连接件的疲劳寿命估算方法——应力严重系数法

飞机结构是由成千上万的零件通过铆钉、螺钉等紧固件连接起来的，所以连接件的寿命估算是飞机寿命估算的一个重要课题。应力严重系数法也是名义应力法，它要求对结构的连接件作细节分析，包括紧固件所传递的载荷。连接件的疲劳特征在很大程度上受孔的加工质量、紧固件形式和装配工艺的影响。有些影响可通过计算确定，但大部分因素要通过试验才能确定。关键是要找到合适的应力严重系数。

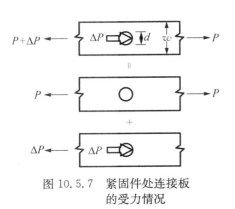

图 10.5.7　紧固件处连接板的受力情况

一个承受轴向载荷的组合结构，若把紧固件连接的下面一块板拿出来作为分离体研究，由图 10.5.7 可见，板受到的载荷可分成两部分：一部分是由旁路通过的载荷 P，另一部分是由紧固件传递的载荷。

旁路载荷通过开孔区时，由于传力的几何形状发生变化引起了应力集中。紧固件传递的载荷对板来说，是在开孔处载荷发生冲突，同样引起了应力集中。

旁路载荷 P 引起的局部最大应力

$$\sigma_1 = K_{tg} \frac{P}{wt} \tag{10.5.4}$$

式中：K_{tg} 为旁路毛面积应力的应力集中系数；t 为板的厚度；w 为板的宽度。

紧固件传递载荷 ΔP 引起的局部应力为

$$\sigma_2 = K_{tb} \frac{\Delta P}{dt} \theta \tag{10.5.5}$$

式中：K_{tb} 为挤压应力引起的应力集中系数；d 为钉孔直径；θ 为挤压应力分布系数。

应力集中系数 K_{tg} 都可以从有关应力集中资料中直接查到(见图 10.5.10);挤压应力集中系数 K_{tb} 如图 10.5.8 所示;挤压分布系数 θ 是考虑孔内侧不均匀挤压的影响(见图 10.5.11),它与板和紧固件的接头形式等因素相关,一般应由试验得到。在初步设计时,如果没有试验数据,可近似地采用图 10.5.9 的数据。

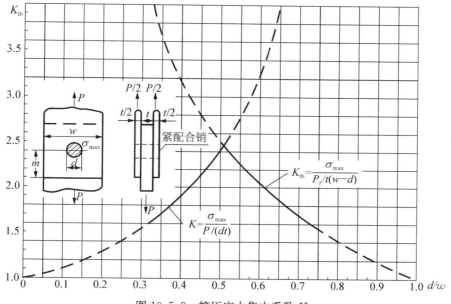

图 10.5.8 挤压应力集中系数 K_{tb}

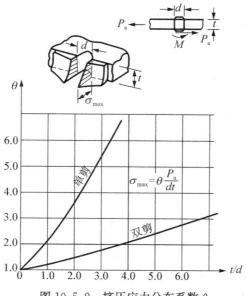

图 10.5.9 挤压应力分布系数 θ

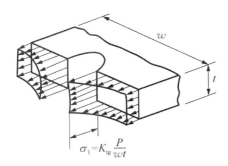

图 10.5.10　旁路载荷 P 引起的局部应力

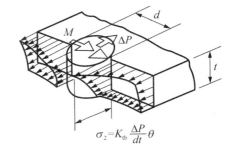

图 10.5.11　传递载荷 ΔP 引起的局部应力

孔边的最大应力是所表示的两部分应力之和,即

$$\sigma_{\max} = K_{\mathrm{tg}}\frac{P}{wt} + K_{\mathrm{tb}}\frac{\Delta P}{dt}\theta \tag{10.5.6}$$

总的应力集中系数为

$$K_{\mathrm{tA}} = \frac{K_{\mathrm{tg}}\dfrac{P}{wt} + K_{\mathrm{tb}}\dfrac{\Delta P}{dt}\theta}{\sigma_{\mathrm{ref}}} \tag{10.5.7}$$

式中:σ_{ref} 为参考应力,可取钉孔附近毛面积的名义应力

$$\sigma_{\mathrm{ref}} = \frac{P}{wt} \tag{10.5.8}$$

仅用总应力集中系数 K_{tA} 还不能很好地反映连接件的疲劳特性,因为它取决于紧固件形式和装配形式。若考虑了这些因素的总应力集中系数就称为应力严重系数($S.S.F$),即

$$S.S.F = \alpha\beta K_{\mathrm{tA}} = \frac{\alpha\beta}{\sigma_{\mathrm{ref}}}\left(K_{\mathrm{tb}}\theta\frac{\Delta P}{dt} + K_{\mathrm{tg}}\frac{P}{wt}\right) \tag{10.5.9}$$

式中:α 为孔的表面状态系数;β 为紧固件和连接板配合的充填系数。

α,β 一般由试验确定,没有合适的试验数据时,可参照表 10.5.4 中所列数据。

表 10.5.4　表面状态系数 α 和充填系数 β

状态	表面状态系数 α	状态	充填系数 β
圆角半径	1.0~1.5	开孔	1.0
标准钻孔	1.0	锁紧钢螺栓	0.75
扩孔或铰孔	0.9	铆钉	0.75
冷作孔	0.7~0.8	螺栓	0.75~0.9
		锥形锁紧紧固件	0.5

应力严重系数表征孔边最大局部应力分大小,是一个无量纲系数,仅受结构配置参数的影响,它反映了结构疲劳品质的优劣。因此可把应力严重系数看作应力集中系数 K_t,用名义应力法来进行疲劳分析和寿命估算。$S.S.F$ 愈大的地方,一般疲劳寿命也愈短。

【例 10.4】 已知一块承受拉伸载荷的开孔(钻孔)板,求应力严重系数。

解: 由图 10.5.12 可得 $K_{tg} = 3$,(因为 $\Delta P = 0$,无需查 K_{tb})由 α,β 表查得数据,则得

$$S.S.F = \frac{\alpha\beta}{\sigma_{ref}}\left(K_{tg}\frac{P}{wt}\right) = \frac{1\times 1}{\dfrac{P}{wt}}\times 3 \times \frac{P}{wt} = 3$$

可见,对于开孔的板,其应力严重系数就等于它的应力集中系数。

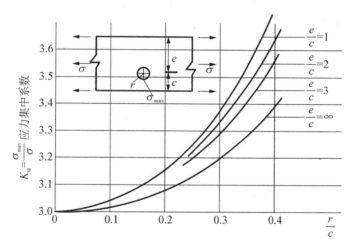

图 10.5.12 应力集中系数 K_{tg}

【例 10.5】 考虑一简单铆接件(铰孔,$t = d$)的应力严重系数。

解: 由前面的有关图表可查得相应于该例所给条件的各项系数分别为

$\alpha = 0.9$(铰孔),$\beta = 0.75$(铆接),$\theta = 0.2$(单剪),$K_{tb} = 1.26(d/w = 0.2)$,旁路载荷为零,钉传载荷为 P,则

$$S.S.F = \frac{\alpha\beta}{\sigma_{ref}}\left(K_{tb}\theta\frac{\Delta P}{dt}\right) = \frac{0.9\times 0.75}{\dfrac{P}{5dt}}\left(1.26\times\frac{P}{dt}\times 0.2\right) = 8.5$$

由此可见有铆钉传力时,应力集中系数要比无钉孔的应力集中系数大很多。

10.5.2.3 局部应力-应变法——应变疲劳法

前面的名义应力法和应力严重系数法,考虑材料及结构的疲劳特性建立在应力与疲劳损伤的关系上。但实际上,疲劳应力只反映了结构所承受的载荷,而应变则

反映了结构内部的变形,它和应力相比与疲劳损伤有更直接的联系。特别是在短寿命区,疲劳应力较大,应力集中部位进入塑性状态,再用 $S-N$ 曲线计算疲劳寿命就差异较大了。试验数据表明,在疲劳寿命小于 10^4 时, $S-N$ 曲线不再适用,必须用应变与疲劳寿命的关系来描述材料的疲劳特性,称为应变疲劳。

用应变疲劳方法计算结构寿命的方法称为局部应力-应变法。它的基本理论仍是迈纳线性累积损伤理论,只是计算损伤度不再是用名义应力和 $S-N$ 曲线,而是从疲劳危险部位的局部真实应变和 $\varepsilon-N$ 曲线计算结构的损伤。

局部应力-应变法的计算步骤如下所述。

1) 确定载荷与局部应变关系

对于实际结构,给出的疲劳载荷谱往往是名义应力谱,而局部应力由于应力集中和材料进入塑性区,与名义应力不再成正比关系,所以首先要确定局部应力集中处的真实应力和真实应变。工程中常用的方法有诺伯(Neuber)法。

假设用线弹性理论计算的理论应力集中系数 K_t 是真实应力集中系数 K_σ 和真实应变集中系数 K_e 的几何平均值,即

$$K_t = \sqrt{K_\sigma K_e} \tag{10.5.10}$$

真实应力集中系数和真实应变集中系数的定义分别为

$$K_\sigma = \frac{\sigma}{S} \qquad K_e = \frac{\varepsilon}{e} \tag{10.5.11}$$

式中: σ, ε 为真实应力和应变; S, e 为名义应力和应变。

当名义应力和名义应变处于弹性范围状态时,有 $e = S/E$,将 K_σ 和 K_e 代入(10.5.10)式后得

$$K_t^2 = \frac{\sigma\varepsilon}{Se} = \sigma\varepsilon \frac{E}{S^2}$$

即
$$\sigma\varepsilon = K_t^2 \frac{S^2}{E} \tag{10.5.12}$$

当结构的细节形式、名义应力及材料的弹性模量确定后, $K_t^2 \dfrac{S^2}{E}$ 是常数,所以式(10.5.12)在 σ-ε 平面内是一条双曲线。如果给出一系列名义应力,就可以得到一系列的双曲线,称为诺伯双曲线。

如果有了材料的应力-应变曲线即 σ-ε 曲线,那么诺伯双曲线与 σ-ε 曲线的交点 A 的坐标 $(\sigma_A, \varepsilon_A)$ 就是对应于名义应力的局部应力和局部应变(见图 10.5.13)。此时 $\varepsilon_{a1} = (\varepsilon_\sigma - \varepsilon_e)/2$, $\varepsilon_{m1} = (\varepsilon_\sigma + \varepsilon_e)/2$,其他 ε_{a2}, ε_{m2}, … 可一次求得。根据奥丁变换可求得 $R = 0$ 的等效应变

$$\varepsilon_{eqi} = \sqrt{2\varepsilon_{ai}\varepsilon_{\max i}} \tag{10.5.13}$$

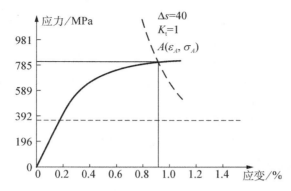

图 10.5.13　用诺伯双曲线和 σ-ε 曲线求局部应力和应变举例

2）计算应变谱

有了诺伯双曲线就可以从名义应力历程来计算局部应变历程即局部应变谱。

（1）B 点的确定：按线弹性原则计算理论应力集中系数 K_t 和名义应力谱的变程 $\Delta S_1 = S_b - S_a$ 作双曲线

$$\Delta\sigma\Delta\varepsilon = K_t^2 \frac{(\Delta S_1)^2}{E}$$

与静态加载的 σ-ε 不同，在循环加载时，以 A 为原点画出稳定的迟滞 σ-ε 曲线 a，便求得交点 B 处对应的局部实际应力 σ_B 和应变 ε_B（见图 10.5.14）。

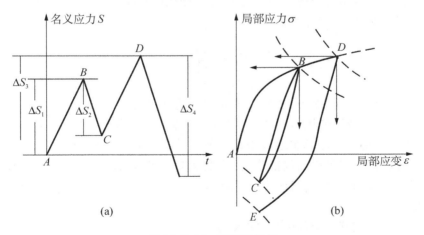

图 10.5.14　诺伯法简例

（2）C 点的确定：再把 B 点作坐标原点，向下画出迟滞曲线，用 BC 间名义应力增量 ΔS_2 画出 $\Delta\sigma\Delta\varepsilon = \dfrac{(K_t\Delta S_2)^2}{E}$ 的双曲线，得交点 C，其坐标就是 C 点的局部应力应变值。

（3）D 点的确定：从 C 点加载到 D 点，其超过 B 点的值，此时要考虑到材料的"记忆特性"，即从 C 点到 D 点可以看作从 A 点直接加载到 D 点，故要以 A 点为原

点画出稳定循环 σ-ε 曲线,再以 A 点为坐标原点,作出 $\Delta\sigma\Delta\varepsilon = (K_t\Delta S_3)^2/E$ 的双曲线,得到 D,其坐标值即为 D 点的局部应力、应变值。

(4) E 点的确定:确定 E 点时,要以 D 点为坐标原点画出 $\Delta\sigma\Delta\varepsilon = (K_t\Delta S_4)^2/E$ 的双曲线,其他类同。在实际工程中,各类应力应变可通过数学方式求解,交点可采用牛顿(或 Newtow-Rashson)迭代法求解。

3) 计算每一个疲劳应变循环造成的疲劳损伤

在 ε-N 曲线上查找对应等效应变幅值 ε_{eqi} 的疲劳寿命 N_i,则对于完整的疲劳应变循环,造成的损伤为

$$d_i = \frac{1}{N_{fi}} \tag{10.5.14}$$

对于半循环造成的损伤为

$$d_i' = \frac{1}{2N_{fi}}$$

按照迈纳线性累积损伤理论,一个载荷谱造成的损伤为

$$d = \sum_i d_i \tag{10.5.15}$$

4) 计算疲劳寿命

当结构疲劳危险部位的疲劳损伤达到了疲劳损伤的临界值 D_c 时($D_c < 1$),结构将发生破坏,则结构的疲劳寿命为

$$T = \frac{D_c}{\sum\limits_i d_i} \tag{10.5.16}$$

临界疲劳损伤值 D_c 取决于结构的形式和结构的重要性。

局部应力-应变法使用材料的 ε-N 曲线试验的工作量较小,同时直接应用局部真实应力应变,可以比较真实地反映结构的疲劳损伤状态,是一种比较有前途的疲劳寿命估算方法。但是因为局部应力-应变法未考虑尺寸及表面状态影响,因此对高周疲劳分析误差较大;名义应力法估算出的是总寿命,而局部应力-应变法估算的是裂纹形成寿命。

10.5.2.4　细节疲劳额定值(DFR)法

1) 原理

细节疲劳额定值(DFR)是对应 $N = 10^5$ 循环处,95%置信度,95%存活率,应力比 $R = 0.06$ 条件下的最大破坏应力。它代表了材料结构细节的抗疲劳品质,是结构固有的疲劳性能特征值。用结构的当量应力与 DFR 比值减去"1"代表了结构的疲劳裕度。该法是一种快捷的疲劳评估工程方法。主要用于民机和运输机,因为民机和运输机主要损伤来自地—空—地循环,且寿命指标大多在 20 000～ 60 000 起落,

($10^4 \sim 10^6$ 之间)，用 10^5 循环为指标较合适。对于军机也可以比照应用。

2) 分析步骤

第一步：确定目标寿命——飞行次数、时间。根据设计要求和目标文件确定。

第二步：确定疲劳可靠性系数(FRF)：疲劳可靠性系数是目标寿命的放大系数（相当于安全系数），根据飞机部位确定。

第三步：确定地—空—地(GAG)应力循环，并考虑动态放大系数确定应力谱，得出最高和最低应力，及主应力循环。

第四步：计算地—空—地损伤比：

$$\text{地 — 空 — 地损伤比} = \frac{\text{地 — 空 — 地损伤}}{\text{总损伤}} \tag{10.5.17}$$

第五步：计算当量地—空—地循环数。

当量地—空—地循环数是代表全部载荷情况造成的总损伤折算成地—空—地循环的次数。

$$\text{地 — 空 — 地循环次数} = \frac{(\text{目标寿命飞行次数}) \times (\text{疲劳可靠性系数})}{\text{地 — 空 — 地损伤比}}$$

$$\tag{10.5.18}$$

第六步：确定被检查细节的疲劳额定值(DFR)。

DFR 值确定主要根据试验和使用统计为依据，也可以根据材料、结构、工艺等通过修正计算获得。DFR 与载荷无关；与结构材料性能、形状尺寸、结构形式、应力集中、工艺特点、连接形式、特征部位数量等有关。

第七步：确定地—空—地许用应力$[\sigma_{\max}]$。

确定地—空—地许用应力指具体细节部位（DFR 已定），当量地—空—地循环数及其应力比的情况下，所允许的最大应力值。取决下列参数：

(1) 应力比 $R = \sigma_{\min}/\sigma_{\max}$；

(2) 当量地—空—地循环数；

(3) 细节的疲劳额定值(DFR)。

按上述参数，可以通过手册标准 S-N 曲线查取地—空—地许用应力。

第八步：计算疲劳裕度。

$$\text{疲劳裕度} = \frac{\text{地 — 空 — 地许用应力}}{\text{地 — 空 — 地实际应力}} - 1 = \frac{[\sigma_{\max}]}{\sigma_{\max}} - 1 \tag{10.5.19}$$

DFR 法简化了疲劳分析，可以像静强度计算一样校核疲劳强度，特别是计算机、有限元广泛应用情况下，编制了系列疲劳分析程序，可以方便地从飞机设计打样开始，与静强度计算同步进行疲劳强度校核，提高了设计效率。目前 DFR 值的确定及有关系数的选取，主要采用国外数据，为提高分析精度，应开展国产材料及结构的有关试验，以及外场飞行数据的积累，以完善 DFR 取值。

【**例 10.6**】 用 DFR 法分析某支线客机中机身起落架安装框(SD671)短横梁疲劳裕度。

解:(1) 结构如图 10.5.15 所示,某支线客机中机身 SD671 框上半框采用浮框式设计,通过角片与蒙皮连接;下半部为机加件,下部框接头连接短横梁及起落架摆杆。SD671 框位于中央翼后,起落架舱上方。

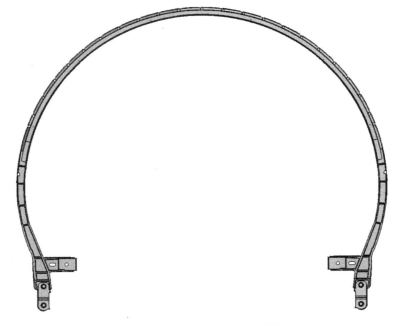

图 10.5.15　中机身 SD671 框结构图

(2) 有限元模型简介:用 MSC/PATRAN 软件建立了中机身 SD671 框的有限元计算模型并与全机其他部位模型进行组装,然后用 MSC/NASTRAN 进行计算。根据其计算结果进行框的疲劳强度校核。

根据中机身框的受力特点和传力路线,某飞机的有限元模型中,SD671 框被离散为一系列细长梁元,横梁简化为杆板结构,见图 10.5.16。

(3) 疲劳载荷:所用载荷为某支线客机发图后疲劳载荷。整体解内力取自《某飞机发图后疲劳载荷全机内力计算》。计算部位各动态放大因子(DMF)取自《用于结构疲劳强度分析的动态放大系数》机身部分。

(4) SD671 框短横梁上缘条与短横梁腹板连接疲劳强度校核:

① 短横梁计算部位结构细节。

SD671 短横梁上缘条与短横梁接头连接结构见图 10.5.17。短横梁有限元模型见图 10.5.16(b)。上凸缘杆元 2104772 为计算部位。短横梁与框接头连接的高锁螺栓为 HST10AP-8(钛合金),直径 $D=6.35$ mm,钉距 $S=24.91$ mm,$n=4$(连接件排数)。

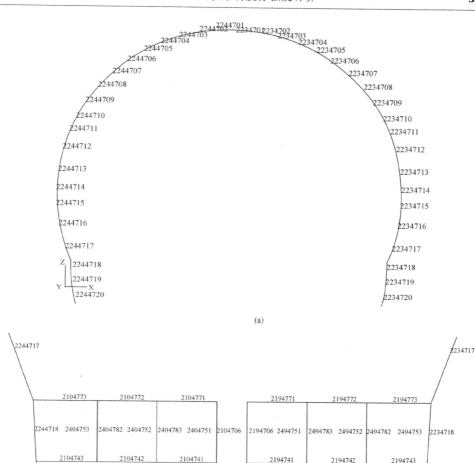

图 10.5.16　中机身 SD671 框有限元模型

（a）框有限元模型；（b）短横梁有限元模型；（c）短横梁有限元模型

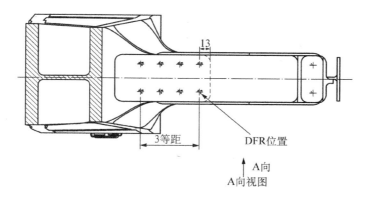

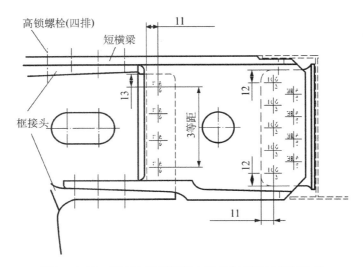

图 10.5.17   SD671 框短横梁上缘条与框梁连接结构图

② 结构 DFR 计算。

经计算比较短横梁上缘条与框接头连接处短横梁部位 DFR 值小，因此该部位为疲劳危险部位。计算如下：

如图 10.5.18 所示，已知带板宽度 $W_s = 32\,\text{mm}$，带板厚度 $t_s = 8.01\,\text{mm}$，基板宽度 $W_p = 32\,\text{mm}$，基板厚度 $t_p = 7\,\text{mm}$；材料均为铝合金 7075 - T62。

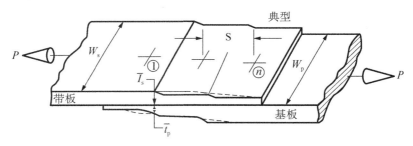

图 10.5.18   单剪斜削连接示意图

计算得

带板柔度系数：$F_s = S/(W_s t_s E_s) = 24.91/(32 \times 8.01 \times 71\,000) = 1.37 \times 10^{-6}$

基板柔度系数：$F_p = S/(W_p t_p E_p) = 24.91/(32 \times 7 \times 71\,000) = 1.57 \times 10^{-6}$

式中：S 为紧固件间距；E_s、E_p 为带板、基板材料弹性模量。

单剪连接紧固件柔度系数：$C = K_{dc}/(t_2 E) \times (14.7 - 0.8D)(t_2/t_1)^{0.456}$

$$= 0.77/(8.01 \times 71\,000) \times (14.7 - 0.8 \times$$
$$6.35)(8.01/7)^{0.456}$$
$$= 1.39 \times 10^{-5}$$

式中：$K_{dc} = 0.77$ 为钛合金高锁螺栓紧固件材料修正系数；t_2 为较厚板厚；t_1 为较薄板厚；

根据 $F_p/F_s = 0.87$；$F_s/C = 0.11$；$n = 4$。

查参考文献[20]，得

$$R_1/P = 0.29$$

由参考文献[21]，知

$$\frac{\sigma_{br}}{\sigma_g} = \frac{R_1}{td}\frac{wt}{P} = \frac{R_1}{P}\frac{w}{d} = 0.29 \times 32/6.35 = 1.46$$

$$\phi = 0.735 - 0.515 \times \lg\left(\frac{\sigma_{br}}{\sigma_g}\frac{t}{d}\right) = 0.735 - 0.515 \times \lg\left(1.46 \times \frac{7}{6.35}\right) = 0.60$$

式中：σ_{br} 为挤压应力；σ_g 为毛面积参考应力；R_1 为紧固件传递载荷；P 为连接件外载荷；ϕ 为载荷传递系数。

DFR 基本值　　　$DFR_{base} = 121 \times 0.60 = 72.6\ \text{MPa}$

DFR 细节疲劳额定值　　　$DFR = DFR_{base}ABCDEUR_c$

式中各系数见参考文献[20]，知

孔充填系数 $A = 0.93$

合金和表面处理系数 $B = 0.80$

埋头深度系数 $C = 1.0$

材料叠层厚度系数 $D = 1.0$

螺栓夹紧系数 $E = 1.0$

凸台有效系数 $U = 1.0$

构件疲劳额定系数 $R_c = 1$

因此　　　$DFR = 72.6 \times 0.93 \times 0.80 = 54.01\ \text{MPa}$

③ 工作应力计算。

根据第三轮全机有限元计算，选取对应位置右侧 2104772 缘条上应力：

$$\sigma_g = N/A \tag{10.5.20}$$

式中：A 为缘条截面面积，取 $448\ \text{mm}^2$。计算结果如表 10.5.5 所示。

表 10.5.5　梁元 2104772（短程）工作应力

工况	工作应力/MPa	工况	工作应力/MPa	工况	工作应力/MPa	工况	工作应力/MPa
1000000	36.73	1170108	−2.45	1250111	24.77	1220101	17.04
2000000	31.47	1170201	10.31	1250112	20.34	1220111	18.20
3000000	28.32	1180101	14.90	1250113	23.92	1220112	15.84

（续表）

工况	工作应力/MPa	工况	工作应力/MPa	工况	工作应力/MPa	工况	工作应力/MPa
4000000	25.22	1180104	1.95	1250114	20.76	1220211	14.90
5000000	7.19	1180106	−1.97	1250211	19.00	1220212	19.22
6000000	2.70	1180108	−2.02	1250212	24.59	1230101	17.58
1130111	13.05	1190111	12.59	1250311	25.10	1240101	15.10
1140101	14.34	1010101	14.36	1250312	22.20	1240102	16.66
1140104	1.84	1030111	17.57	1250313	24.55	1250101	15.12
1140106	−1.88	1030112	13.85	1250314	22.48	1110101	15.17
1140108	−2.07	1030211	16.76	1260301	16.18	1120101	15.65
1150101	15.30	1030212	16.01	1260302	24.30	1120102	29.26
1150104	2.36	1040111	18.46	1190112	17.04	1120104	2.22
1150106	−2.32	1040112	11.90	1200101	17.04	1120106	−2.52
1150108	−2.11	1050111	18.50	1200102	30.20	1120108	−2.21
1160101	15.25	1050112	11.89	1200104	1.42	1130112	15.64
1160102	26.60	1050211	18.83	1200106	−1.74	1270101	13.70
1160104	3.04	1050212	10.45	1200108	−2.16	1270111	19.21
1160106	−2.77	1060111	17.35	1210101	17.04	1270112	16.53
1160108	−2.01	1060112	15.70	1210111	18.60	1090101	15.12
1170101	17.31	1070101	15.96	1210112	15.43	1100101	14.04
1170104	2.88	1080101	14.72	1210211	18.97	1100102	15.53
1170106	−7.58	1080102	22.90	1210212	15.01		

将表 10.5.5 中的工作应力贴入已经编制成 Excel 程序的 2104772 单元_短程_拉应力表，计算得到短程地空地最大应力 $\sigma_{gmax} = 55.76 \, \text{MPa}$，使用情况为巡航突风，短程地空地最小应力 $\sigma_{gmin} = 9.82 \, \text{MPa}$，使用情况为起飞滑跑。

同样方法，得中程地空地最大应力 $\sigma_{max} = 55.91 \, \text{MPa}$，使用情况为巡航突风，中程地空地最小应力 $\sigma_{min} = 9.84 \, \text{MPa}$，使用情况为起飞滑跑。

远程地空地最大应力 $\sigma_{max} = 56.44 \, \text{MPa}$，使用情况为巡航突风，远程地空地最小应力 $\sigma_{min} = 9.87 \, \text{MPa}$，使用情况为起飞滑跑。

④ 疲劳裕度计算。

SD671 框横梁上缘条与框接头连接（短横梁部分）疲劳检查表见表 10.5.6。要说明的是，在型号设计中，已经将计算过程编制了 Excel 程序表，在计算程序表中填入原始数据，可以自动生成表 10.5.6。表 10.5.7 给出 SD671 框短横梁两对称部分疲劳裕度计算结果。

表 10.5.6　SD671 框短横梁上缘条与短横梁腹板连接疲劳检查表

疲　劳　检　查　表

		0.8 h 489 km	1.26 h 924 km	3.53 h 2 801 km	
第一步	目标寿命 /飞行次数	60 000	42 000	20 000	
第二步	*FRF* （疲劳可靠性系数）	1.5	1.5	1.5	细节草图和部位
第三步	地空 地应力　σ_{min} （最小应力）	9.82 8 起飞滑跑	9.84 8 起飞滑跑	9.87 8 起飞滑跑	
	σ_{max} （最大应力）	55.76 16 巡航突风	55.91 16 巡航突风	56.44 16 巡航突风	
	临界 情况　$R=\dfrac{\sigma_{min}}{\sigma_{max}}$	0.18	0.18	0.17	
第四步	地空地损伤比	0.89	0.88	0.86	
第五步	$\dfrac{\text{当量地空地循环}}{\text{地空地损伤比}}$（目标寿命）（*FRF*）	100 794	71 424	34 859	
第六步	*DFR* 拉（✓） 剪（ ） 弯（ ）	54.01	54.01	54.01	材料：7075 - T62
第七步	$[\sigma_{max}]$ 最大许用应力	60.01	65.75	79.14	
第八步	疲劳裕度：$\dfrac{[\sigma_{max}]}{\sigma_{max}}-1$	0.08	0.18	0.40	
	要求的 *DFR* （疲劳裕度＝0）	50.09	45.68	37.78	

表 10.5.7　SD671 框横梁上缘条疲劳裕度

单元号	*DFR*	短程裕度	中程裕度	远程裕度
2104772	54.01	0.08	0.18	0.40
2194772	54.01	0.08	0.18	0.41

　　SD671 框短横梁上缘条与短横梁腹板连接的危险位置在短横梁的上缘条处，且短程使用任务剖面的疲劳最严重，疲劳裕度为 0.08，满足疲劳强度要求。

10.6 疲劳寿命的分布

工程实践证明：一批名义上相同的试件的疲劳寿命存在着明显的分散性，例如我国某工厂为了研究铝合金胶接点焊接头的疲劳性能，取 10 个试件在名义上一致的条件下进行疲劳试验，得到的疲劳寿命数据如下（单位 10^3 周）：

$$199, 244, 265, 321, 329, 377, 382, 394, 424, 578$$

实际上这样的分散性还不算很突出，不少疲劳试验结构显现的分散性还要严重些。因此为了保证结构使用安全，若把疲劳寿命近似当成常量处理显然很不恰当，必须用处理随机变量的方法，即用统计数学的方法来处理疲劳寿命问题。在长期实践的基础上，目前提出的疲劳寿命概率分布类型主要有两种：对数正态分布和韦布尔分布。

10.6.1 对数正态分布

所谓疲劳寿命 N 服从对数正态分布，指的是疲劳寿命的对数值 $X = \lg N$ 服从正态分布，即

$$X \sim N(\mu, \sigma^2) \tag{10.6.1}$$

X 的数学期望 μ 和标准差 σ 称为疲劳寿命 N 的对数型平均值和对数型标准差。

$$\mu = \lg[E(N)] - \frac{\sigma^2}{n} \ln 10 \tag{10.6.2}$$

或写成

$$E(N) = \lg^{-1}\left(\mu + \frac{\sigma^2}{n} \ln 10\right)$$

$$\sigma^2 = E(S^2) \tag{10.6.3}$$

$$\sigma^2 = \frac{1}{n-1} \sum_{i=1}^{n} (x_i - \overline{x})^2 = \frac{1}{n-1}\left[\sum_{i=1}^{n} x_i^2 - n\overline{x}^2\right] \tag{10.6.4}$$

$$\overline{x} = \frac{1}{n} \sum_{i=1}^{n} x_i = \frac{1}{n} \sum_{i=1}^{n} (\lg N_i) \tag{10.6.5}$$

10.6.2 韦布尔分布

所谓疲劳寿命 N 服从韦布尔分布是指它的分布函数为

$$F(N) = \begin{cases} 1 - \mathrm{e}^{-\left(\frac{N-N_0}{N_a-N_0}\right)^b} & N \geqslant N_0 \\ 0 & N < N_0 \end{cases} \tag{10.6.6}$$

其中包含三个参数，故又称三参数韦布尔分布。这三个参数是最小寿命 N_0、特征寿命 N_a 和斜率 b。

特征寿命 N_a 表示为

$$P\{N \leqslant N_a\} = F(N_a) = 1 - \mathrm{e}^{-1} = 63.2\% \tag{10.6.7}$$

这表明，母体中寿命低于 N_a 的个体有 63.2％，可见特征寿命 N_a 就是对应寿命分布函数值等于 63.2％的百分位点（见图 10.6.1）。

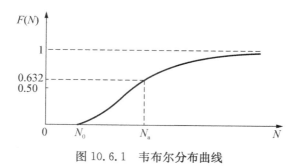

图 10.6.1　韦布尔分布曲线

特别当 $N_0 = 0$ 时，有所谓双参数韦布尔分布

$$F(N) = \begin{cases} 1 - e^{(-\frac{N}{N_a})^b} & N \geqslant 0 \\ 0 & N < 0 \end{cases} \qquad (10.6.8)$$

在韦布尔坐标下，韦布尔分布曲线可以用直线表示：

$$Y = -2.303b \lg(N - N_0) + 2.303b \lg(N_a - N_0) \qquad (10.6.9)$$

式中：b 是直线斜率，其纵坐标为 $-\ln[1-F(N)]^{-1}$，横坐标为 $\ln(N-N_0)$。

　　在上述疲劳寿命的两种分布形式中，对数正态分布仍是目前较为常用的分布形式。基于正态分布的统计推断方法较为成熟，且按对数正态分布处理的疲劳寿命数据，一般得到偏保守的结果。因此本节主要讨论疲劳寿命服从对数正态分布下的数据处理方法。

10.6.3　安全寿命的数据处理

　　一大批同类零件（或飞机）的疲劳寿命 N 既然是一个随机变量，那么在同样的使用条件下，就会有的寿命长，有的寿命短。但在使用到破坏以前又不能确切知道该零件（或飞机）的寿命是多少，那么如何保证使用安全呢？

　　目前常用的方法，对某一类零件（或同一类飞机）规定一个较低的寿命 N_S 为使用寿命，其对应的对数值记为 X_S，使得

$$P\{N \geqslant N_S\} = P\{X \geqslant X_S\} = p \qquad (10.6.10)$$

式中：p 称为存活率，即母体中疲劳寿命高于或等于 N_S 的概率。计算中 p 取 0.99 或 0.999。

　　现分两种情况，讨论疲劳寿命服从对数正态分布即 $X \sim N(\mu, \sigma^2)$ 的前提下，X_S 的求解（$\lg(N_S) = X_S$）。

10.6.3.1　由标准差 σ 求 X_S

工程上对于某些常用材料和结构，根据过去大量试验结果，可以对其标准差作

出一定假设。例如英国规范 AP-970 中规定:对常用铝合金材料,其对数型标准差 σ 可取 0.176,在知道 σ 的条件下,可按下述方法决定 X_s。

若有 n 个零件(或飞机)在要求条件下进行疲劳试验,得到 n 个寿命值,取对数后,得 n 个对数寿命 $x_1,\cdots,x_n$,则

$$\overline{X} = \frac{1}{n}\sum_{i=1}^{n}x_i$$

因为
$$X \sim N(\mu,\sigma^2) \quad \overline{X} \sim N\left(\mu,\frac{\sigma^2}{n}\right)$$

所以
$$\overline{X} - X \sim N\left(0,\frac{n+1}{n}\sigma^2\right)$$

故
$$u = \frac{\overline{X} - X}{\sigma\sqrt{\dfrac{n+1}{n}}} \sim N(0,1) \tag{10.6.11}$$

根据要求存活率 p,建立如下概率条件

$$P\left\{\frac{\overline{X} - X}{\sigma\sqrt{\dfrac{n+1}{n}}} \leqslant u_p\right\} = p \tag{10.6.12}$$

查正态分布表可得 u_p 的值。

将上述概率条件变换为
$$P\left\{X \geqslant \overline{X} - u_p\sigma\sqrt{\frac{n+1}{n}}\right\} = p \tag{10.6.13}$$

与要求条件式(10.6.10)比较可得

$$X_\mathrm{s} = \overline{X} - u_p\sigma\sqrt{\frac{n+1}{n}} \tag{10.6.14}$$

最后对 X_s 取反对数就得到 N_s,即

$$N_\mathrm{s} = \lg^{-1}X_\mathrm{s} \tag{10.6.15}$$

【例 10.7】 某类零件,根据过去大量资料知其疲劳寿命的对数型标准差 $\sigma=0.180$,现任取 5 个试件进行疲劳试验,求得其对数平均寿命 $\overline{X}=3.7480$,现取存活率 $p=0.99$,求其安全寿命 N_s(小时)。

解:根据条件 $\qquad P\{u \leqslant u_p\} = 0.99$

查正态分布函数表得 $u_p = 2.326$,现 $n=5$,代入(10.6.14)式得

$$X_\mathrm{s} = 3.748 - 2.326 \times 0.180 \times \sqrt{\frac{5+1}{5}} = 3.290$$

然后计算 N_S：

$$N_S = \lg^{-1} X_S = \lg^{-1} 3.290 = 1950\,\mathrm{h}$$

11.6.3.2 μ 及 σ 均未知时求 X_S

从母体 X 中抽取容量为 n 的子样（X_1，X_2，$\cdots$，X_n），求其 $\overline{X}$ 及 S。

$$\overline{X} = \frac{1}{n} \sum_{i=1}^{n} x_i$$

由（10.6.4）式知 $$S = \sqrt{\frac{1}{n-1} \sum_{i=1}^{n} (X_i - \overline{X})^2}$$

可以证明，随机变量

$$t = \frac{\overline{X} - X}{S\sqrt{\dfrac{n+1}{n}}} \tag{10.6.16}$$

服从自由度为 $n-1$ 的 t 分布（t 分布为常用的统计分布）。

根据要求的存活率 p，引出概率条件

$$P\left\{ \frac{\overline{X} - X}{S\sqrt{\dfrac{n+1}{n}}} \leqslant t_p \right\} = p \tag{10.6.17}$$

查 t 分布表可得 t_p。

式（10.6.17）可以变换为

$$P\left\{ X \geqslant \overline{X} - t_p S\sqrt{\frac{n+1}{n}} \right\} = p \tag{10.6.18}$$

与式（10.6.10）比较可得

$$X_S = \overline{X} - t_p S\sqrt{\frac{n+1}{n}} \tag{10.6.19}$$

最后得 $$N_S = \lg^{-1} X_S$$

当 $n \to \infty$ 时，t 分布趋于标准正态分布。因此，工程上，当 $n > 30$ 时，一般可以近似地用 u_p 代替 t_p。也就是说，当 n 较大时，可近似地把子样标准差 S 当作母体标准差 σ，而按（10.6.14）式计算 X_S。

【例 10.8】 在上例中，标准差 σ 未知，仅从该组试验结果求得子样标准差 $S = 0.150$，其他条件不变，求 N_S。

解：先求 X_S，只是所用统计量与上例不同，根据

$$P\{t \leqslant t_p\} = 0.99$$

自由度为 $5-1=4$，查 t 分布表得到 $t_p = 3.747$，将其代入式(10.6.19)得

$$X_S = 3.748 - 3.747 \times 0.150 \times \sqrt{\frac{5+1}{5}} = 3.1526$$

$$N_S = \lg^{-1} 3.1526 = 1421 \text{ 小时}$$

10.6.3.3 疲劳寿命分散系数

工程上，常将 $\widetilde{N}/N_S$ 称为疲劳寿命分散系数，记为 S_F，即

$$S_F = \widetilde{N}/N_S \tag{10.6.20}$$

式中：$\widetilde{N} = \lg^{-1} \overline{X}$ 称为几何平均寿命。

这样可得
$$S_F = \frac{\widetilde{N}}{N_S} = \frac{\lg^{-1} \overline{X}}{\lg^{-1} X_S} = 10^{X-X_S} \tag{10.6.21}$$

根据上面所讲母体标准差已知和未知的两种情况，可分别求得分散系数计算公式。

(1) σ 已知时，
$$S_F = 10^{u_p \sigma \sqrt{\frac{n+1}{n}}} \tag{10.6.22}$$

对例 10.6.1 的情况可得
$$S_F = 10^{2.236 \times 0.180 \times \sqrt{\frac{6}{5}}} = 10^{0.456} = 2.87$$

(2) σ 未知时，
$$S_F = 10^{t_p S \sqrt{\frac{n+1}{n}}} \tag{10.6.23}$$

对例 10.6.2 的情况可得
$$S_F = 10^{3.74 \times 0.150 \times \sqrt{\frac{6}{5}}} = 10^{0.5954} = 3.94$$

由此可见 σ 是否已知，对疲劳寿命分散系数的大小影响很大，特别是当子样容量 n 较小时，这种影响更加显著。因为，在 σ 已知的条件下求安全寿命，实质上不仅利用了以往对同类材料或同类结构大量试验结果的信息，因此提高了推断的精确度，致使分散系数减小。

目前工程分析、设计中使用的疲劳寿命分散系数，主要还是根据使用经验和规范要求。现将英国军用规范 AP-970 和英国民航适航性要求 BCAR 中关于寿命分散系数的规定见表 10.6.1。

表 10.6.1　AP-970 和 BCAR 中关于寿命分散系数的规定

试件数 n		1	2	3	4	6	10	25	100
分散系数 S_F	AP-970	5.0	4.2	3.9	3.75	3.6	3.5	3.4	3.3
	BCAR	6.0		4.5		3.5			

美国对分散系数的规定比较原则，如美国军用规范 MIL-A-008866（USAF）中规定：设计疲劳分散系数是一个防止经受使用载荷谱比设计使用载荷谱更严重，导致机队飞机疲劳寿命比试验飞机疲劳寿命更短的系数。规定该设计疲劳分散系数最小值为 4.0。1998~2000 年美国国防部颁发的联合使用规范指南 JSSG-2006《飞机结构》规定，在采集严重谱（涵盖机群 90% 以飞机的载荷谱）时，允许疲劳分散

系数为 2+1,其中 2 倍寿命期不允许出现疲劳裂纹,后一倍寿命期内允许进行修理后完成。

10.6.3.4 具有置信度的安全寿命

对于像飞机这种对安全性要求很高的结构,在决定安全寿命时,单考虑 0.99 的存活率还不够,还必须对 $\mu - u_p\sigma$ 进行置信区间估计,而取置信区间的下端点作为安全对数寿命 X_S,具体方法如下:

1) σ 已知 μ 未知时

首先根据疲劳试验结果,求得子样平均值 $\overline{X}$。然后,规定一个较大的概率 $1-\alpha$ 称为置信水平(或置信度),工程上常取 $(1-\alpha)$ 为 0.95, 0.90,建立如下概率条件:

$$P\{\overline{X} - k\sigma \leqslant \mu - u_p\sigma\} = 1 - \alpha \tag{10.6.24}$$

式中 $\overline{X} - k\sigma$ 就是 $\mu - u_p\sigma$ 的置信水平为 $100(1-\alpha)\%$ 的置信区间 $(\overline{X} - k\sigma, +\infty)$ 的下端点。我们已经知道,$\mu - u_p\sigma$ 对应的存活率为 p,而上式表明,$\overline{X} - k\sigma$ 小于或等于 $\mu - u_p\sigma$ 的概率是 $1-\alpha$,根据分布函数非减的性质,若取 $X_S = \overline{X} - k\alpha$,就有 $100(1-\alpha)\%$ 的把握保证,实际存活率大于或等于要求的存活率。现在的问题是如何求出 k 值。

为此,将式(10.6.24)进行适当变换,成为

$$P\left\{\frac{\overline{X} - \mu}{\dfrac{\sigma}{\sqrt{n}}} \leqslant (k - u_p)\sqrt{n}\right\} = 1 - \alpha \tag{10.6.25}$$

注意到(参见式(10.6.11))

$$u = \frac{\overline{X} - \mu}{\dfrac{\sigma}{\sqrt{n}}} \sim N(0, 1)$$

故 $(k - u_p)\sqrt{n} = u_{1-\alpha}$,而根据规定的 $1-\alpha$ 值,利用条件 $P\{u < u_{1-\alpha}\} = 1 - \alpha$ 可从标准正态分布表查得 $u_{1-\alpha}$ 的值。这样就得到

$$k = u_p + \frac{u_{1-\alpha}}{\sqrt{n}} \tag{10.6.26}$$

于是,对应置信水平 $1-\alpha$ 和存活率 p 的安全对数寿命为

$$X_S = \overline{X} - \left(u_p + \frac{u_{1-\alpha}}{\sqrt{n}}\right)\sigma \tag{10.6.27}$$

而对应用此种情况的寿命分散系数计算公式为

$$S_F = 10^{\left(u_p + \frac{u_{1-\alpha}}{\sqrt{n}}\right)\sigma} \tag{10.6.28}$$

2）当 μ 及 σ 均未知时

与前面的步骤相仿,首先根据疲劳试验结果,求出 μ 与 σ 的点估计值 $\overline{X}$ 和 S。然后,根据规定的置信水平,建立如下概率条件:

$$P\{\overline{X} - kS \leqslant \mu - u_p\sigma\} = 1 - \alpha \qquad (10.6.29)$$

式中 k 值由此概率条件所规定,称为单侧容限系数,它是存活率 p、置信水平 $1-\alpha$ 和子样容量 n 的函数,但求解较繁。附表给出了 k 的数值表。显然,这时对应于存活率 p,置信水平 $1-\alpha$ 的安全对数寿命为

$$\overline{X}_S = \overline{X} - kS \qquad (10.6.30)$$

也就是说,如果式(10.6.30)所确定的安全对数寿命,那么,就有 $100(1-\alpha)\%$ 的把握保证,实际存活率大于或等于所要求的存活率 p。

表 10.6.2 单边容限系数 k 值表

n	$1-\alpha$ = 0.90				$1-\alpha$ = 0.95			
p	0.90	0.95	0.99	0.999	0.90	0.95	0.99	0.999
3	4.258	5.311	7.340	9.651	6.155	7.656	10.553	13.837
4	3.188	3.957	5.438	7.129	4.162	5.144	7.042	9.214
5	2.742	3.400	4.666	6.111	3.407	4.203	5.741	7.502
6	2.494	3.092	4.243	5.555	3.006	3.708	5.062	6.612
7	2.333	2.894	3.972	5.202	2.755	3.399	4.642	6.063
8	2.219	2.754	3.783	4.955	2.582	3.187	4.354	5.688
9	2.133	2.650	3.641	4.771	2.454	3.031	4.143	5.413
10	2.066	2.568	3.532	4.629	2.355	2.911	3.981	5.203
12	1.966	2.448	3.371	4.420	2.210	2.726	3.747	4.900
14	1.895	2.363	3.257	4.273	2.109	2.614	3.585	4.690
16	1.842	2.299	3.172	4.164	2.033	2.524	3.464	4.535
18	1.800	2.249	3.105	4.078	1.974	2.453	3.370	4.415
20	1.765	2.208	3.052	4.009	1.926	2.396	3.295	4.318
30	1.657	2.080	2.884	3.794	1.777	2.220	3.064	4.022
40	1.598	2.010	2.793	3.679	1.697	2.125	2.941	3.865
60	1.532	1.933	2.694	3.552	1.609	2.022	2.807	3.695
80	1.495	1.890	2.638	3.482	1.559	1.964	2.733	3.601
120	1.452	1.841	2.574	3.402	1.503	1.899	2.649	3.495
240	1.399	1.780	2.497	3.304	1.434	1.819	2.547	3.367
∞	1.282	1.645	2.326	3.090	1.282	1.645	2.326	3.090

【例 10.9】 为确定某构件的安全寿命,取 10 个试件在规定载荷下进行疲劳试验,得到试验结果如表 10.6.3 所示。现取 $p = 0.99$,$1-\alpha = 0.95$,计算安全寿命 N_S。

表 10.6.3　疲劳试验统计

试件号	疲劳寿命 N_i(4 周)	对数寿命 $X_i = \lg N_i$	X_i^2
1	260	2.4150	5.8322
2	154	2.1875	4.7852
3	135	2.1303	4.5382
4	238	2.3766	5.6482
5	140	2.1461	4.6057
6	124	2.0934	4.3823
7	147	2.1673	4.6972
8	334	2.5237	6.3693
9	166	2.2201	4.9288
10	181	2.2577	5.0972
$\sum$		22.5177	50.8843

解:(1) 计算 $\overline{X}$ 和 S:

$$\overline{X} = \frac{1}{n}\sum_{i=1}^{n}x_i = \frac{1}{10} \times 22.5177 = 2.2518$$

$$S = \sqrt{\frac{\sum_{i=1}^{n}x_i^2 - \frac{1}{n}\left(\sum_{i=1}^{n}x_i\right)^2}{n-1}} = \sqrt{\frac{50.8843 - \frac{1}{10} \times 22.5177^2}{10-1}} = 0.1413$$

(2) 求 k 值。根据 $n = 10$,$p = 0.99$,$1-\alpha = 0.95$,查表得 $k = 3.981$。

(3) 计算 X_S:$\overline{X}_S = \overline{X} - kS = 2.2518 - 3.981 \times 0.1413 = 1.6905$。

(4) 计算 N_S:$N_S = \lg^{-1} 1.6905 = 49.0$(4 周)。

进一步可求出分散系数为

$$S_F = 10^{kS} = 10^{3.981 \times 0.1413} = 3.65$$

上面的分析计算是在不知道母体标准差 σ 的条件下作出的。如果根据以往的经验已知 $\sigma = 0.160$,则可利用式(10.6.27)求安全对数寿命 X_S,这时,首先根据 $p = 0.99$,$1-\alpha = 0.95$,从标准正态分布表查出

$$u_p = 2.326, \qquad u_{1-\alpha} = 1.645$$

代入式(10.6.27)得

$$X_S = \overline{X} - \left(u_p + \frac{u_{1-\alpha}}{\sqrt{n}}\right)\sigma$$

$$= 2.2518 - \left(2.326 + \frac{1.645}{\sqrt{10}}\right) \times 0.160$$

$$= 1.7964$$

则 $\qquad N_S = \lg^{-1} 1.796\,4 = 62.6\,(4\,周)$

也可算出分散系数

$$S_F = 10^{\left(u_p + \frac{u_{1-\alpha}}{\sqrt{n}}\right)\sigma} = 2.85$$

在这个具体例子中,可以看出母体标准差 $\sigma(0.160)$ 虽然大于标准差 $S(0.141\,3)$,但由于知道了母体标准差,就意味着除本次试验数据外,还利用了以往大量的试验结果,故最后算得分散系数反倒小了,安全系数也增大了。由此看出,收集、累积常用材料或典型结构疲劳对数寿命的标准差数据,对于合理制定分散系数是十分重要的。

附表 1   标准正态分布表

$\varphi(u_p) = p$	u_p	$\varphi(u_p) = p$	u_p
0.000 1	-3.721	0.650	0.385
0.001	-3.090	0.700	0.524
0.005	-2.576	0.750	0.674
0.010	-2.326	0.800	0.842
0.025	-1.960	0.850	1.036
0.050	-1.645	0.900	1.282
0.100	-1.282	0.950	1.645
0.150	-1.036	0.975	1.960
0.200	-0.842	0.990	2.326
0.250	-0.674	0.995	2.576
0.300	-0.524	0.999	3.090
0.350	-0.385	0.999 9	3.721
0.400	-0.253	0.841 3	1.000
0.450	-0.126	0.977 25	2.000
0.550	0.126	0.998 65	3.000
0.600	0.253	0.999 968	4.000

10.7   疲劳试验

10.7.1   疲劳试验的目的及分类

对于一架结构复杂的现代飞机,在设计制造中要保证它具有足够的疲劳强度,给出合理的安全寿命和检修周期,使它通过验证并取得定型,疲劳试验是一个不可缺少的环节。

在飞机静强度设计中,分析计算和试验验证是缺一不可的两个方面。长期以来,人们一直把全尺寸结构静力试验作为结构静强度最好的验证方法。第 10 章介绍了结构静强度的计算方法,在工程中应用时是否合理,计算结果能否与试验结果一致,必须通过静力试验验证。而疲劳强度问题比静强度问题复杂,可是疲劳强度的计算方法却远不及静强度那样成熟,即使最精确的分析计算方法也不可能把影响疲劳强度的全部因素考虑进去。所以,对于疲劳强度来说,对于被研制的真实结构,在尽可能模拟真实的载荷及环境条件下进行广泛的试验研究和验证,是保证其具有足够的疲劳强度和正确评估的最可靠方法。

疲劳试验可分为:疲劳基本特性研究试验、工程性研究试验、研制试验、验证试验等。

疲劳基本特性研究试验属于疲劳特性的基础研究,如对疲劳破坏机理的研究,疲劳累积损伤的研究等,主要对不同材料、工艺状态的结构或元件的疲劳现象作出定性或定量描述,为疲劳寿命估算汇出理论依据。

工程性研究主要是由设计部门提出,如对材料性能比较,缺口效应,环境影响,应力幅和平均应力影响,疲劳裂纹扩展及剩余强度以及改进疲劳性能(如孔挤压,喷丸强化)的途径的研究。

研制试验研究也可以说是一种工程性试验研究。往往是对一种新结构疲劳特性的评估(如复合材料结构),或是对改进设计的评估等。

验证试验大多是全尺寸结构疲劳试验,是飞机结构疲劳设计中一个不可缺少的环节,其目的是对设计阶段所采用的一切假设和设想作出验证,发现结构的疲劳薄弱环节,再进行设计改进,并为结构的安全使用寿命和检修周期提供可靠依据。

10.7.2　全尺寸结构疲劳试验

全尺寸结构疲劳试验总的来说是要验证结构的完整性以及是否需要进行必要的修改。主要获得以下信息:

(1)暴露和发现结构的疲劳危险部位,揭露设计上、工艺上存在的欠缺处。

(2)获得主承力结构出现可见裂纹时的寿命。

(3)研究主承力结构疲劳裂纹发展规律及采取有效的裂纹检测方法和结构修复方案。

(4)研究结构的剩余强度。

(5)为确定飞机结构的使用寿命提供依据。

10.7.2.1　试验和技术要求

全尺寸结构试验件,最主要的是要保持同批生产结构的真实性和完整性。对疲劳破坏有敏感的任何微小的结构细节,如铆钉孔、局部圆角、保险丝孔等,都不允许忽视,而应反映进去。因为结构上一些细小的变化常能大大影响疲劳寿命。这一点完全不同于静力试验机的要求。对于现代的第三代战斗机,其疲劳试验还必须装有能操纵活动舵面的电传操纵系统,和可以收放起落架和舵面及其他功能部件的液压系统。但发动机、雷达、电子设备等机载成附件可以不装,而用假件替代。因此,通常疲劳试验机应从批生产中选取,并按专门的疲劳试验机配套技术文件进行改装生产。

10.7.2.2　试验载荷谱

疲劳试验时原则上要良好地再现或模拟真实载荷情况,目前通常都施加随机载荷谱,其所受的随机载荷峰谷值、作用次数交替作用程序和实际载荷一致,但为了使试验周期成为实际可取,一般均加快载荷变化速度,通常战斗机随机谱的周期为100~200飞行小时,运输机和客机的谱周期可为500~1000飞行小时,超过此周期后则重复进行。在条件不具备时也可按线性累积损伤理论将随机谱简化成程序块谱或等幅谱进行试验。

10.7.2.3　试验时试件的支持

全机疲劳和全机静力试验一样,通常采用飞机悬空平衡在加载系统中,对在飞机上所施加条件各种气动力载荷和惯性载荷是自身平衡的,飞机可以自由地变形。在分段结构疲劳试验中,一般试件是装在支持夹具上。对于支持装置的要求是,提供与原结构相当的支持刚度以及相同的载荷分布。

10.7.2.4　加载装置

全尺寸结构疲劳试验中,所施加的载荷值大,作用点多,在施加载荷时,必须要保证各加载点的载荷同时到达峰值或谷值。在超载时,能立即实现过载保护,防止将试件拉坏。目前各实验室大多采用液压伺服控制多点协调加载系统,如美国的MTS伺服加载系统等。

10.7.2.5　裂纹探测

在全尺寸疲劳试验中能否及时地捕捉到主承力构件的疲劳裂纹,往往成为结构疲劳成败的关键。因为通过各种探测手段及时得知关键的承力部件发生微小的疲劳裂纹时,就可以及时采用耐久性修理或设计,经改进措施提高该部位的抗疲劳品质,从而延长全机的使用寿命。若不能及时发现承力构件的疲劳裂纹,一旦裂纹扩展到临界裂纹或接近临界裂纹,往往造成主承力结构的破坏或形成不能经济修理的局面,而导致试验提前终止。因此裂纹检测是疲劳试验中必须高度重视的工作,目前常用的方法有磁力探伤、荧光探伤、涡流探伤、超声波探伤、X光探伤、着色检查等。但在试验过程中的监控主要是依靠声发射检测断裂部位。而大面积的检查仍然需要专业测试人员用低倍放大镜或孔探仪等,按规定的主承力构件巡视路线,夜以继日地不断检查。其中声发射检测也需不断地积累经验,把握事件发生概率、幅值的变化等,及时判断裂纹的发生。

10.7.2.6　测量装置

疲劳试验中的应变和位移测量及载荷测量与静力试验大体相同,对于关键部位的应变要求进行动态跟踪测量,或定期在同载荷级下进行对比测量,一旦发现应变变化异常,应立即对测量部位进行检查。

综上所述,全尺寸结构疲劳试验作为最后验证试验,是一项技术难度高、涉及面广、试验周期长、耗资大的试验。要圆满地完成这一试验,事先需要详尽分析、周密考虑和充分准备。因为全尺寸结构疲劳试验不是一项孤立的试验,它的成败与先期开展的一系列元件、零件、构件疲劳计算和试验相关,与应变、位移、载荷测量的精度,与裂纹检测的有效及时密切相关。一旦失败将严重影响型号研制和飞机的寿命。

因此全尺寸疲劳试验是飞机结构疲劳寿命研究中的最重要试验,需要特别的用心。

10.8 结语

飞机结构的疲劳强度是贯穿飞机全寿命的系统工程,从设计、制造、试验直到使用、修理,再使用到退役都必须时刻关注,不能掉以轻心。其中仍有许多新课题等待我们去探索,去解决!

11 飞机结构完整性要求

11.1 飞机结构完整性要求

结构完整性是涉及飞机使用安全、功能和费用的有关机体结构的强度、刚度、安全寿命、损伤容限及耐久性等飞机结构特性的总称。一般来说,军用飞机的使用效率,部分地取决于飞机的战备状态,而机体结构状态是影响飞机战备状态的一个主要因素,为保持飞机的战备状态,必须确定飞机机体结构的能力、状态及其使用限制,应在飞机使用寿命期内及早发现机体结构或材料中潜在的问题,使之对飞机使用的影响减到最小。同时制定一个保障飞机安全的结构维护大纲,以便按计划对机体结构进行检查、维护或更换有寿命限制的结构部件。

为实现飞机的结构完整性而制定的总大纲称为飞机结构完整性大纲,其总的要求是:

(1) 确定、评估并验证飞机的结构完整性。

(2) 采集、评定并应用实际使用的有关数据,以对军机的结构完整性作出评价。

(3) 为制定部分的后勤供应和管理计划(检查、维修、飞机轮换、退役、人员编制提供依据。

(4) 为改进未来飞机的结构设计准则和设计方法、评估及验证方法提供依据。

11.2 飞机结构完整性大纲

飞机结构完整性大纲应包括下列 5 个相关联系的工作任务。

11.2.1 任务 I (设计资料)

为满足研制飞机的具体要求,确定飞机设计中所必须使用的准则,设计资料的任务是把已获得的理论研究,工程应用研究成果以及所积累的飞机使用经验,用于确定飞机结构设计、材料选择及研制试验所特定的准则中,目的是使要研制的飞机能用恰当的设计准则来设计,以保证飞机的全部要求得到满足。

这一阶段任务包括制定结构完整性大纲总计划,结构设计准则,耐久性和损伤容限控制计划,材料、工艺和连接方法的选择,确定使用寿命和用途等(见图 11.2.1)。

这一阶段的任务应在飞机初步设计阶段开始,在飞机寿命期的各个阶段陆续完成。

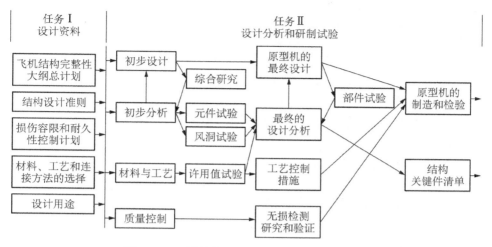

图 11.2.1 结构完整性大纲(任务Ⅰ~任务Ⅱ)

11.2.2 任务Ⅱ(设计分析及研制试验)

这一阶段的任务是确定所要研制飞机在使用中所必须经历的使用环境(包括载荷、湿度、化学、磨损、振动和噪声环境),以及机体结构对使用环境的响应,包括确定材料和接头的许用值、载荷分析;制定设计使用载荷谱,设计化学/热/气候环境谱、应力分析、损伤容限分析;耐久性分析、振动分析、声耐久性分析、气动弹性不稳定性分析,武器效应分析;设计研究性试验等,通过这些分析和试验,以设计和确定满足结构完整性要求的机体结构尺寸。任务Ⅰ(设计资料)和任务Ⅱ(设计分析及研制试验)阶段工作流程见图 11.2.1。

11.2.3 任务Ⅲ(全尺寸试验)

全尺寸试验的目的是通过一系列地面和飞行试验,以评估机体结构设计的合理性,并确定是否需要进行必要的结构修改(图 11.2.2)。

图 11.2.2 飞机全尺寸试验现场

　　全尺寸试验主要包括静强度试验、耐久性试验、损伤容限试验、飞行和地面操作载荷测量、声耐久性试验、动力响应试验、地面振动试验、飞行振动试验、颤振试验、结构刚度试验、气动弹性不稳定试验等。

　　对各种试验中所产生的每一个结构问题(如破坏、开裂、屈服等)应进行分析,找出产生的原因,提出修改措施等,即对每一个试验结果作出解释和评估。

　　若评估的结果是为满足结构完整性要求必须进行重大更改,如对某些部件进行更改较大的重新设计,则应对这些更改设计所造成的在成本、进度、使用或其他方面的影响作出调整,如调整工作计划,调整飞机小批生产数量等。经过修改后的结构能否满足结构完整性设计要求,应由后续的组件、部件,或全尺寸结构试验验证的情况而定。制造方所提出的由于结构更改而附加的试验应征得适航审查当局或订货方的同意,并根据最终的试验结果给出评估结构完整性的结论(图 11.2.3,图 11.2.4)。

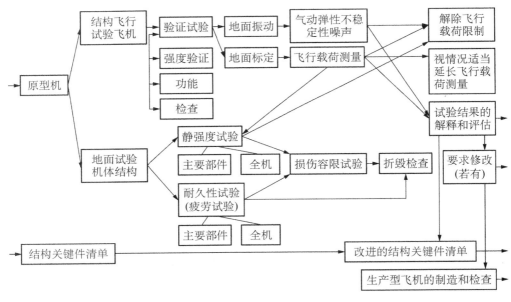

图 11.2.3　结构完整性大纲(任务Ⅲ全尺寸试验)

11.2.4　任务Ⅳ(机队管理资料)

　　保持结构完整性还取于订货方在整个使用寿命期规定的时间间隔内,执行规定的检查、维修、修理或更换等任务的能力。为了能恰当地执行这些任务,订货方必须具有为执行任务所需要的详细知识。经验表明,飞机的实际使用用途和设计使用用途可能有明显的差别,为评估这些使用上的差别对飞机结构的损伤容限和耐久性(或安全寿命)的影响,订货方应具有必要的技术手段和实际使用数据。任务Ⅳ就是描述为达到上述目的,制造方应提供必要的最低限度的资料,以便订货方能完成部队管理任务(图 11.2.5)。

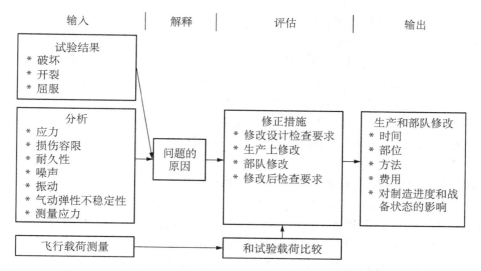

图 11.2.4 结构完整性大纲（任务Ⅲ）全尺寸试验结果的解释和评估
（基于设计使用寿命和设计使用用途）

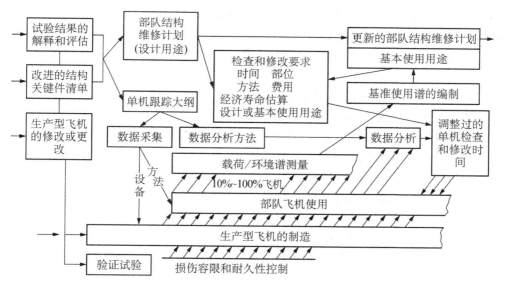

图 11.2.5 结构完整性大纲任务Ⅳ（部队管理资料）及任务任务Ⅴ（部队管理）

制造方应提供的最低限度的资料主要包括下述几个部分。

11.2.4.1 最终分析结果

当制造方完成所规定的设计、研究试验和全尺寸试验后,应根据试验结果对原设计进行更改修正,并再次进行分析或试验,以找出发生问题的原因,确定修改的有效性及发出部队贯彻的规定(技术通报)。当通过飞行实测并编制实测的作为基准的使用载荷谱后,应对初始的损伤容限的耐久性(或安全寿命)分析进行更新,通过更新分析确定关键部位、损伤增长速率以及在进行经济维修以前结构可能达到的损伤度，并给出新的结构寿命。

最终分析的结果是制定部队维修大纲和计划的基础，通过上述分析最终确定进行结构检查和修理准则的定量方法，通过分析所得到的许用的损伤限度和损伤增长速率，用以确定关键部位结构的检查周期和修理时间，制定基地或场站所用的详细修理步骤与修理方法。特别对于胶接、蜂窝和先进复合材料制成的重要结构件，在确定可接受的损伤限度和损伤增长速率时应特别注意。

11.2.4.2　强度概述

制造方应将最终分析更新和其他有关结构数据概括一种形式，以便能一目了然地看出有关参数（如高度、速度、过载、重心位置、重量等）对重要结构特性的描述，结构的能力和限制；强度概述应包括对每个主要结构部件的简要描述，最好以图表方式来表示结构布局。材料分析、严重设计情况、强度储备、损伤容限和耐久性（或安全寿命）的关键部位以及最小安全余度，还应列出设计图纸、详细分析报告、试验报告以及其他辅助资料的参考文献目录。

11.2.4.3　部队使用的结构维修大纲（计划）

制造方应制定一份结构维修大纲说明机体结构的检查要求和修理要求，以及估算的经济寿命。该大纲应包括有关结构修理的详细资料（如修理部位的详图、修理的工艺说明书、所需的专用工具和设备要求、修理的成本费用等），以便部队制定维修计划和费用预算计划。

11.2.4.4　载荷/环境谱测量

从飞机交付部队使用开始起，就应着手考虑载荷/环境谱的测量，其目的是通过实测获得有关参数，如速度、高度、过载、油耗、温度、应变等的时间历程记录以确定机体结构关键部位的实际应力谱。测量的飞行科目应覆盖完整的部队飞行训练大纲的全部内容，测量记录的持续时间，根据实际飞行训练情况而定。若下节所述的单机跟踪大纲中所规定的测试是以编制基准使用载荷谱/环境谱，或可测出明显的用途变化的数据，则本条所述的测量计划可以不作要求，或调整修改。

11.2.4.5　单机跟踪大纲

制订单机跟踪大纲的目的是预测飞机结构关键部位潜在缺陷的增长情况。制造方应制定单机跟踪分析方法，以便根据单机测量数据来确定和调整机体结构各关键部位的检查和修理间隔。单机跟踪的数据采集应从第一架使用飞机交付开始。监控的部件应包括机身、机翼、平尾、垂尾、起落架等一系列主要部件。

通过单机跟踪监测可以预测结构关键部位的裂纹扩展速率，到达裂纹尺寸限度的时间及裂纹长度，以最终确定单机的修理使用寿命。

11.2.5　任务Ⅴ（部队管理）

任务Ⅴ阐述飞机在使用过程中必须由订货方完成的工作，以保证每架飞机的使用安全即损伤容限能力、耐久性（或安全寿命）能力，订货方应完成的工作应包括以下几个方面：

1）载荷/环境谱测量

订货方应负责载荷/环境谱测量的总计划和管理，并应在下列方面做好工作：

（1）部队内建立数据收集方法、步骤、传递渠道。

（2）为保证获得质量合格的数据，培训空勤人员、基地和场站人员。

（3）维护并修理测试仪器与设备。

（4）验证数据质量合格并及时获得，以便制造方能及时进行分析，编制基准使用载荷/环境谱、更新分析、编制部队维修大纲。

2）单机跟踪数据的收集

订货方应负责单机跟踪数据收集工作的总计划及管理，并保证及时获得合格数据并及时处理，以便对每架飞机的每个关键部位提供调整过的维修时间。

3）确定单机维修时间

订货方根据单机跟踪数据及规定的分析方法，给出每架飞机每一关键部位的单独维修时间（包括检查和修理），根据已有的部队结构维修大纲（计划）和单机维修时间要求，在优先考虑因用途变化时结构维修间隔影响的基础上，订货方可以安排结构维修工作。

4）结构维修记录

订货方的工程和使用部门应负责保存结构维修（检查、修理和更换）记录。这些记录应包括结构维修工作所进行的全部清单和有关资料，如质量控制的技术指令、部件改装时间、部件和飞机的编号、故障模式等等（图11.2.5）。

11.3　结语

综上所述可以看出结构完整性是一项涉及设计、工艺、生产、质量控制试验、试飞、使用和部队管理的一项复杂的系统过程，它的相互关联而又相对独立的五项工作任务贯穿于设计、生产、使用的全过程中，是由设计、生产、使用三方共同参与的一个复杂过程，其中任何一个细小环节的疏漏均有可能造成对结构完整性的危害。

因此，我们必须充分认识结构完整性的重要性和复杂性，大家共同努力，保证机体结构的完整性，保证飞机的飞行安全。

附录 A 工程实例

A.1 机翼翼肋结构强度计算

A.1.1 翼肋结构内力计算

翼肋的计算主要考虑外部气动和惯性载荷的分布以及机翼前后缘的集中载荷。

根据外部载荷的分布计算出外部载荷合力及作用点,由本书"9.3 机翼强度计算"中肋强度计算方法计算出各闭室的剪力和力流,然后计算出整个肋的剪力、弯矩图。

以飞机机翼翼肋计算为例:

图 A.1.1 为机翼翼肋位置图,图 A.1.2,A.1.3 为机翼翼肋的结构图示。

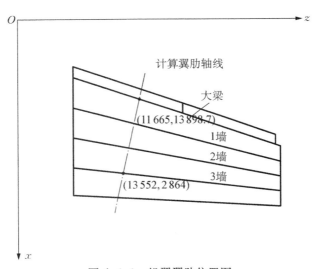

图 A.1.1 机翼翼肋位置图

载荷情况 A′,机翼前部传过来的载荷为 11527N。

气动分布载荷和惯性分布载荷计算,计算时取 A′ 为 0.85 的载荷情况。

首先计算翼肋与大梁连接处(前点)和翼肋与 1 墙连接处(中点)和 3 墙连接处(后点)的单位面积上的载荷,假设其间的载荷为线性分布,然后乘以肋间距可得到作用在肋上的线载荷,计算过程见表 A.1.1 和表 A.1.2。x 和 z 为全机坐标系中点的坐标。

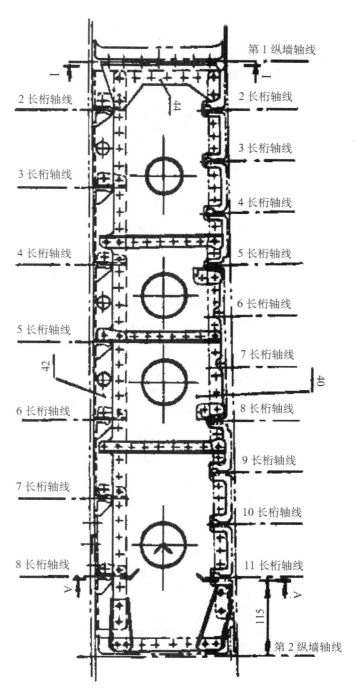

图 A.1.2 翼肋前段的结构简图 A

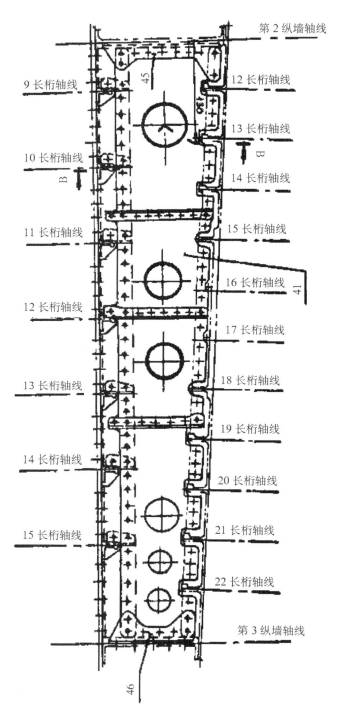

图 A.1.3　翼肋后段的结构简图 A

表 A.1.1　气动载荷计算（沿弦向三角形分布，$X_d = 0.334$）

部位	x/mm	z/mm	q/(N/mm)	弦长	单位面积力 /(10^{-3} N/mm²)
前点	11 665	3 998.77	154.51	4 015.851 6	66.82
后点	13 552.9	2 864.22	175.7	4 732.161 1	20.33

表 A.1.2　惯性载荷计算（沿弦向梯形分布，$X_d = 0.45$）

部位	x/mm	z/mm	q/(N/m)	弦长	单位面积力 /(10^{-4} N/mm²)
前点	11 665	3 998.77	26 005	4 015.851 6	79.069
后点	13 552.9	2 864.22	34 810	4 732.161 1	63.579

由于肋间距为 365 mm，因此计算宽度取 365 mm，则有

$$q_{前} = (66.82 - 8.06) \times 10^{-3} \times 365 = 21.5 \, \text{N/mm}$$

$$q_{后} = (20.33 - 6.481) \times 10^{-3} \times 365 = 5.10 \, \text{N/mm}$$

根据前、后两点的线载荷计算结果可插值得到翼肋与 1，2 墙的线载荷分别为 18.87 N/mm 和 12.33 N/mm。

图 A.1.4 给出了作用在翼肋上的外力，表 A.1.3 中给出了计算翼肋所用到的结构尺寸。

表 A.1.3　计算翼肋所用到的结构尺寸

项　目	大梁	1 墙	2 墙	3 墙
上壁板厚	2.8	3.5	9	4
下壁板厚	3.5	5	6	5.5
腹板厚	1.8	3.2	4	5
缘条间高度 H_1	132	184	200	147
壁板间高度 H_2	138	193	214	158
H_1^2	17 424	33 856	40 000	21 609
剪力系数	1	1.943	2.296	1.240
面积 F_i	67 855	179 080		178 560
$\sum l_i / \delta_i$	363.608 5	414.612 5		399.748 8
$F_i / (\sum l_i / \delta_i)$	186.615 6	431.921 4		446.680 5
剪流系数	1	2.314		2.394

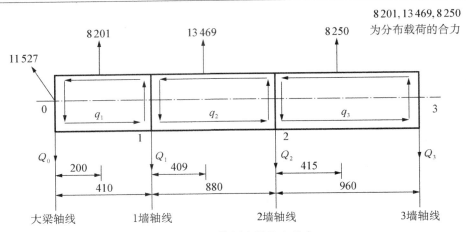

图 A.1.4　作用在翼肋上的力

图 A.1.4 和表 A.1.3 中的参数意义如下：

q_1，q_2，q_3 为扭矩外载在闭室内产生的剪流；

Q'_0，Q'_1，Q'_2，Q'_3 为剪力外载在翼肋与纵向构件交点处分配的剪力；

Q_0，Q_1，Q_2，Q_3 为综合考虑扭矩和剪力外载在翼肋与纵向构件交点处产生剪力载荷；

各交点剪力系数与构件缘条高度的平方成正比；

面积 F_i 为各闭室的面积；

$\sum l_i/\delta_i$ 为环闭室长度与厚度比的和；

剪流系数与 F_i 以及 $\sum l_i/\delta_i$ 成正比。

在计算表 A.1.3 中的剪流系数时，用到了"9.3 机翼强度计算"中的扭矩按扭转刚度比例分配的计算公式(9.3.74)，即

$$m_i = m \frac{C_i}{\sum C_i}$$

式中：$C_i = \dfrac{4F_i^2}{\oint \dfrac{\mathrm{d}l}{G\delta}}$ 为第 i 室的扭转刚度；F_i 为第 i 室所包围的面积。由于 G 值相等，

剪流 $q_i = m_i/2F_i$，因此剪流按 C_i/F_i 分配。

$$Q'_0 + 1.943Q'_0 + 2.296Q'_0 + 1.240Q'_0 = 29\,920 + 11\,527 \times \cos 30°$$

得　　　　$Q'_0 = 6160\,\mathrm{N}$，$Q'_1 = 11\,968\,\mathrm{N}$，$Q'_2 = 14\,146\,\mathrm{N}$，$Q'_3 = 76\,420\,\mathrm{N}$

对 0 点取矩：

$q_1 \times 67\,855 \times 2 + 2.314 \times q_1 \times 179\,080 \times 2 + 2.394 \times q_1 \times 178\,560 \times 2 + 836 \times$
$200 + 1373 \times (410 + 409) + 841 \times (410 + 880 + 415)$

$= 11\,968 \times 410 + 14\,146 \times 1290 + 76\,420 \times 2250$

得　　　　　$q_1 = 7.456\,\text{N/mm}$, $q_2 = 17.26\,\text{N/mm}$, $q_3 = 17.95\,\text{N/mm}$

则

$$Q_0 = 132 \times 7.456 + 6160 = 7142, \quad Q_1 = 184 \times (7.456 - 7.456) + 11968 = 13577$$

$$Q_2 = 200 \times (17.95 - 17.26) + 14146 = 14283, \quad Q_3 = 76420 - 147 \times 17.95 = 5003$$

表 A.1.4 和表 A.1.5 分别给出了翼肋上的支反力和内力计算结果。

表 A.1.4　翼肋上的支反力计算结果

	总载荷	Q_0	Q_1	Q_2	Q_3
支反力/N	39907	7142	13577	14283	5003

表 A.1.5　翼肋上的内力计算结果

	0点剪力	1点弯矩	1点前剪力	1点后剪力	2点弯矩	2点前剪力	2点后剪力	3点剪力
内力	2845	2384	11046	−2531	1825	11036	−3247	5003

根据表 A.1.5 的计算结果做出翼肋的弯矩、剪力图,见图 A.1.5。

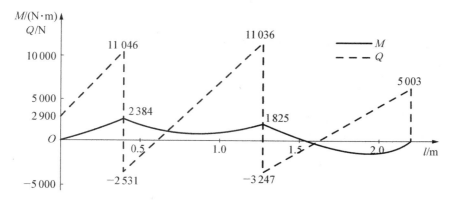

图 A.1.5　翼肋的弯矩、剪力图 A

A.1.2　翼肋结构强度计算

(1) 根据内力计算结果,选取载荷最大和薄弱剖面进行剖面强度分析,采用第 4 强度理论校核上下缘条的强度,同时校核腹板的剪切强度,如腹板有跨度或开口,则应计及局部弯曲引起的附加应力;

(2) 按内力图 A.1.5 计算各构件的连接强度,包括紧固件强度、对构件的挤压和剪切强度等;

(3) 下面给出翼肋的主要强度计算示例。

① 计算内容:

计算校核了机翼肋强度。根据剪力 Q 图和弯矩 M_{wan} 图以及机翼壁板法向和切向剪流图进行计算的。计算中校核了肋与第 1, 2, 3 纵墙以及与上、下壁板的连接强度。

② 校核由弯矩 $M_{\text{be}}^{\max}$（第 1 纵墙轴线处）引起的肋缘条拉压强度。

$I-I$ 切面如图 A.1.6 所示。

$$M_{\text{be}} = 2254 \, \text{N} \cdot \text{m}$$

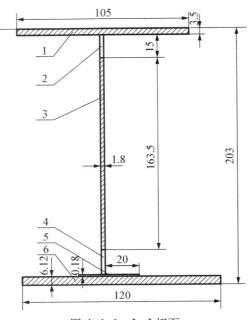

图 A.1.6　$I-I$ 切面

下壁板材料：T300/QY8911

$\delta = 6.12 \, \text{mm}$，共 51 层，$E_{11} = 57.785 \, \text{GPa}$，$E_{22} = 34.572 \, \text{GPa}$，$G_{12} = 22.234 \, \text{GPa}$

复合材料壁板对 7B04T2 折算系数：$\varphi = \dfrac{34.572}{67.2} = 0.514$

$$B_4 = 20 \times 0.514 = 10.28 \, \text{mm}; \quad B_5 = 120 \times 0.514 = 61.68 \, \text{mm}$$

a. 计算由肋弯矩引起的肋缘条应力：

切面计算结果见表 A.1.6。

$$M_{\text{be}} = 225400 \, \text{N} \cdot \text{cm}$$

表 A.1.6　切面计算结果

N	H	B	F	y	Fy	$y' = y - y_0$	$F(y')^2$	J
1	0.350	10.500	3.675	0.175	0.643	−10.015	368.60	0.038
2	1.500	0.000	0.0	1.1	0.0	−9.09	0.00	0.00
3	16.350	0.180	2.943	10.025	29.5	−0.165	0.080	65.56

N	H	B	F	y	Fy	$y' = y - y_0$	$F(y')^2$	J
4	1.500	0.000	0.0	19.0	0.0	8.81	0.00	0.00
5	0.048	1.028	0.049	19.664	0.787	9.474	4.398	0.00
6	0.612	6.168	3.775	19.994	75.477	9.804	362.85	0.118
$\sum$			10.442		106.407		735.928	65.716

切面重心距离 $\qquad y_0 = \dfrac{\sum F_i y_i}{\sum F_i} = \dfrac{106.407}{10.442} = 10.19\,\mathrm{cm}$

断面系数 $\qquad\qquad\quad W_1 = 78.6697\,\mathrm{cm^3}$

$\qquad\qquad\qquad\qquad\quad W_2 = 79.2922\,\mathrm{cm^3}$

弯曲应力 $\qquad\qquad\quad \sigma_1 = 28.65\,\mathrm{MPa}(压)$

$\qquad\qquad\qquad\qquad\quad \sigma_2 = 28.43\,\mathrm{MPa}(拉)$

$$\sigma_{2Z} = \sigma_2 \varphi_3 = 28.43 \times 0.514 = 14.61\,\mathrm{MPa}$$

$$\varepsilon_2 = \sigma_{2Z}/E_2 = 14.61/34572 = 0.000423\varepsilon$$

b. 确定由机翼总体弯曲引起的肋缘条应力：

$$\left.\begin{array}{l} q_n = 1460.2\,\mathrm{N/mm} \\ q_t = 568.4\,\mathrm{N/mm} \end{array}\right\}上$$

$$\left.\begin{array}{l} q_n = 1568\,\mathrm{N/mm} \\ q_t = 423.36\,\mathrm{N/mm} \end{array}\right\}下$$

$$\sigma_{q_n} = \frac{q_n}{\delta_{pa}};\ \tau_{q_t} = \frac{q_t}{\delta_{skin}}$$

壁板切面尺寸如图 A.1.7 和图 A.1.8 所示。

$$\delta_{pa}^{sup} = 3.5 + \frac{8 \times 2.0 + 2 \times 20 + 8 \times 9.5}{77} = 3.5 + \frac{16 + 40 + 76}{77}$$

$$= 3.5 + \frac{132}{77} = 3.5 + 1.71 = 5.21\,\mathrm{mm}$$

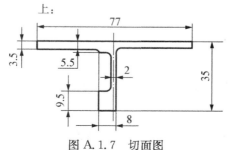

图 A.1.7 切面图

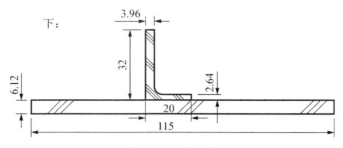

图 A.1.8　切面图

$$\delta_{\mathrm{pa}}^{\mathrm{un}} = 6.12 + \frac{32 \times 3.96 + 16.04 \times 2.64}{115}$$

$$= 6.12 + \frac{126.72 + 42.3456}{115} = 6.12 + \frac{169.0656}{115}$$

$$= 6.12 + 1.47 = 7.59\,\mathrm{mm}$$

$$\sigma_{q_{\mathrm{n}}}^{\mathrm{up}} = \frac{q_{\mathrm{n}}^{\mathrm{up}}}{\delta_{\mathrm{pa}}^{\mathrm{up}}} = \frac{1460.2}{5.21} = -280.27\,\mathrm{MPa}(压)$$

$$\tau_{q_{\mathrm{t}}}^{\mathrm{up}} = \frac{q_{\mathrm{t}}^{\mathrm{up}}}{\delta_{\mathrm{skin}}} = \frac{568.4}{3.5} = 162.4\,\mathrm{MPa}$$

$$\sigma_{q_{\mathrm{n}}}^{\mathrm{un}} = \frac{q_{\mathrm{n}}^{\mathrm{un}}}{\delta_{\mathrm{pa}}^{\mathrm{un}}} = \frac{1568}{7.59} = 206.59\,\mathrm{MPa}$$

$$\tau_{q_{\mathrm{t}}}^{\mathrm{un}} = \frac{q_{\mathrm{t}}^{\mathrm{un}}}{\delta_{\mathrm{skin}}} = \frac{423.36}{6.12} = 69.18\,\mathrm{MPa}$$

$$\varepsilon_1 = \sigma_{q_{\mathrm{n}}}^{\mathrm{un}}/E_1 = 206.59/57785 = 0.003575\varepsilon$$

$$\varepsilon_6 = \tau_{q_{\mathrm{t}}}^{\mathrm{un}}/E_6 = 69.18/22234 = 0.003111\varepsilon$$

c. 确定肋缘条当量应力：

$$\sigma_{\Sigma}^{\mathrm{up}} = \sqrt{\sigma_1^2 - \sigma_1\sigma_{q_{\mathrm{n}}} + \sigma_{q_{\mathrm{n}}}^2 + 3\tau^2}$$

$$= \sqrt{(-28.63)^2 - (-28.63)(-280.27) + (-280.27)^2 + 3 \times 162.4^2}$$

$$= \sqrt{819.6769 - 8024.1301 + 78551.2729 + 79121.28}$$

$$= \sqrt{150468.0997}$$

$$= 387.90\,\mathrm{MPa}$$

$$\eta = \frac{\sigma_{\mathrm{b}}}{\sigma_{\mathrm{he}}} = \frac{490}{387.90} = 1.26(上)$$

根据广义 Hoffman 失效准则

$$\left(\frac{\sigma_1^2 - \sigma_1\sigma_2}{X_{\mathrm{t}}X_{\mathrm{c}}}\right) + \left(\frac{\sigma_2^2}{Y_{\mathrm{t}}Y_{\mathrm{c}}}\right) + \left(\frac{X_{\mathrm{c}} - X_{\mathrm{t}}}{X_{\mathrm{t}}X_{\mathrm{c}}}\sigma_1\right) + \left(\frac{Y_{\mathrm{c}} - Y_{\mathrm{t}}}{Y_{\mathrm{t}}Y_{\mathrm{c}}}\sigma_2\right) + \left(\frac{\tau_{12}}{S}\right)^2$$

$$= \left(\frac{206.59^2 - 206.59 \times 14.60}{546.729 \times 467.348}\right) + \left(\frac{14.60^2}{297.182 \times 383.941}\right) + \left(\frac{467.348 - 546.729}{546.729 \times 467.348} \times 206.59\right) +$$

$$\left(\frac{383.941 - 297.182}{297.182 \times 383.941} \times 14.60\right) + \left(\frac{69.18}{322.018}\right)^2 = 0.150$$

③ A-A 切面腹板计算。

材料 2B06ATδ1.8；$\sigma_b = 390\,\text{MPa}$；$\left[\tau_{cr}\atop\delta=1.8\right] = 156.8\,\text{MPa}$；

$$\tau = \frac{Q}{h\delta}$$

$$Q = 6\,076\,\text{N}$$

$$\delta = 1.8\,\text{mm}；\qquad h = 90\,\text{mm}$$

$$\tau = \frac{6\,076}{1.8 \times 90} = 37.51\,\text{MPa}$$

$$\eta = \frac{[\tau_{cr}]}{\tau} = \frac{156.8}{37.51}$$

④ 连接计算。

肋腹板与支柱的连接

$$Q = 5\,586\,\text{N}$$

$$q = \frac{Q}{h} = \frac{5\,586}{143} = 39.06\,\text{N/mm}$$

铆钉间距 $t = 27\,\text{mm}$

每一个铆钉作用载荷 $P = qt$

$$P = 39.06 \times 27 = 1\,054.7\,\text{N}$$

$$[P_s]_{\phi5} = 4\,800\,\text{N}$$

$$\eta = \frac{4\,800}{1\,054.7}$$

支柱与第 1 纵墙用 7 个 TA16 制成的 $\phi5$ 螺栓($\phi5$ 表示螺栓的非螺纹部分)连接：

$$[P_s] = 11\,500\,\text{N}$$

$$Q = 5\,586\,\text{N}$$

每一个螺栓承载

$$P = \frac{Q}{n} = \frac{5\,586}{7} = 798\,\text{N}$$

$$[P_{br}] = 1.3\sigma_b\delta d = 1.3 \times 390 \times 1.8 \times 5 = 4\,563\,\text{N}$$

$$\eta_{br} = \frac{4\,563}{798}$$

肋腹板与上壁板连接

$$Q_{max} = 8\,036\,N$$

$$q = \frac{Q}{h} = \frac{8\,036}{158} = 50.86\,N/mm$$

作用在 $L = 77\,mm$ 段上的载荷

$$P = ql = 50.86 \times 77 = 3\,916.28\,N$$

这个力由 3 个 $\phi5$ 铆钉传给壁板：

$$[P_{jq}]_{\phi5} = 4\,800\,N$$

每一个铆钉承载

$$P = \frac{P}{h} = \frac{3\,916.28}{3} = 1\,305.43\,N$$

$$\eta = \frac{4\,800}{1\,305.43}$$

两墙附近壁板连接处（上）

$$M_{be} = 1\,617\,N \cdot m$$

$$H = 207\,mm$$

$$P = \frac{M_{be}}{H} = \frac{1\,617\,000}{207} = 7\,811.6\,N$$

2 个 $\phi6$ 直径 TA16 材料制成的螺栓剪切力 $P_s = 16\,700\,N$

$$[P_{br}] = 1.67\sigma_b\delta d_\delta$$

对于配合精度 $M8\binom{+0.022}{+0.004}$ 螺栓挤压系数取 1.67 许用挤压力为

$$[P_{br}] = 1.67 \times 490 \times 4.5 \times 6 = 22\,094.1\,N$$

因为 $[P_s] < [P_{br}]$，因此取决于许用剪切力

每一个螺栓承载

$$P_e = \frac{P}{n} = \frac{7\,811.6}{2} = 3\,905.8\,N$$

$$\eta = \frac{16\,700}{3\,905.8} \qquad 强度足够$$

A. 2　前机身加强框结构强度计算

机身结构是刚性薄壁闭合壳体,壳体骨架由纵向承力构件和横向承力构件组

成;纵向承力构件有长桁和大梁以及纵向壁板;横向承力构件由普通框、加强框以及蒙皮组成。

根据结构形式加强框分为刚框式(环形)加强框和腹板式加强框等。环形加强框承受框平面内的集中载荷,并传给机身蒙皮,所以它是一个在集中力、机身表面气动载荷和分布剪流作用下平衡的平面结构。环形加强框强度计算要解决的问题有:

(1)确定外载荷;

(2)计算平衡剪流;

(3)在外载荷和平衡剪流共同作用下计算框内力,得到弯矩、剪力和轴力分布;

(4)根据内力计算结果和结构形式确定危险切面并进行校核计算;

(5)局部连接强度计算。

下面以某加强框为例进行计算说明。

某加强框是前起落架支撑框,由下框板、侧拱形件和上部腹板型材组成,下框板有与前起落架相连的接头。主要承受前起落架起飞着陆时接头传递的载荷。框结构见图 A.2.1。

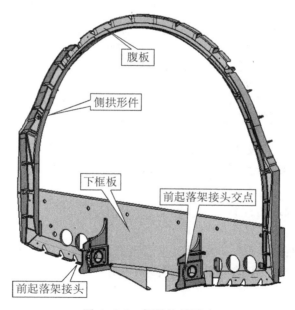

图 A.2.1　框结构简图 A

1) 确定外载荷

根据前起落架设计情况(按俄罗斯规范计算结果),前起传到框接头上的载荷情况见表 A.2.1。对每种情况进行分析,分别筛选出 x, y, z 单向最大设计载荷情况和 y 向最大合力设计载荷情况作为设计载荷。因此选取 E_{III}, $E_{\text{III}} + G_{\text{III}}$, $R_{1\text{III}}$ 三种载荷情况。

表 A. 2. 1 前起落架交点载荷 （单位：kN）

交点载荷			安全系数 f	前起落架机身悬挂左交点 A、右交点 B 的载荷					
				P_A^x	P_A^y	P_A^z	P_B^x	P_B^y	P_B^z
三点着陆	$E_Ⅲ$	$A^э$	1.5	8.859	295.529	0.000	8.859	183.632	0.000
起飞	E_B	$-P_x$	1.5	-22.315	170.226	0.000	-49.059	81.105	0.000
机轮前撞击着陆	$E_Ⅲ+G_Ⅲ$	$A^э,-P_x$	1.5	-64.837	94.345	0.000	-104.390	15.229	0.000
机轮不旋转着陆	$E'_Ⅲ+G'_Ⅲ$	$A^э,+P_x$	1.5	52.254	225.253	0.000	79.939	169.873	0.000
机轮侧撞击着陆	$R_{1Ⅲ}$	$A^э,-F_z$	1.5	15.837	430.671	46.746	-6.458	-190.747	46.746
		$A^э,+F_z$	1.5	-6.458	-190.747	-46.746	15.837	430.671	-46.746
滑行转弯	$R_{2Ⅲ}$	МПК$,-F_z$	1.5	14.151	365.011	37.926	-5.292	-149.822	37.926
		МПК$,+F_z$	1.5	-5.292	-149.822	-37.926	14.151	365.011	-37.926
		$T_i,-F_z$	1.5	12.995	330.995	39.200	-7.762	-229.536	39.200
		$T_i,+F_z$	1.5	-7.762	-229.536	-39.200	12.995	330.995	-39.200
停机	P_{CT}	$G_{B3Л\,max}$	1	1.176	21.756	0.000	1.176	21.756	0.000

表 A.2.1 中，$A^э$ 为使用功情况；$-P_x$ 为起落架向后水平力情况；$+P_x$ 为向前水平力；F_z 为起落架机轮受侧向力情况；T_i 表示刹车情况；$G_{B3Л\,max}$ 为最大起飞重量情况。

2) 平衡剪流及内力计算

计算方法：

（1）采用经典的工程梁方法，通过求静矩进而得到剪流分布，在计算框内力时，采用经典力法通过解 3 度静不定方程得到内力分布。

（2）有限元方法，选取一段机身结构作为过渡段，通过输出单元力得到内力。

具体过程：

建立框梁元模型，在全机模型中选取框前后一段机身结构作为过渡支持段，前后过渡段长度要分别在 3 个框距之上。通过后端固支约束。梁元要根据实际截面形式建立。在结果输出控制选项中要求输出框单元力。

用有限元方法对框进行计算，并与强度计算报告进行对比。最大弯矩误差 4%。分布规律基本一致。对比见图 A.2.3(a)、图 A.2.3(b)、图 A.2.3(c) 和图 A.2.3(d)。

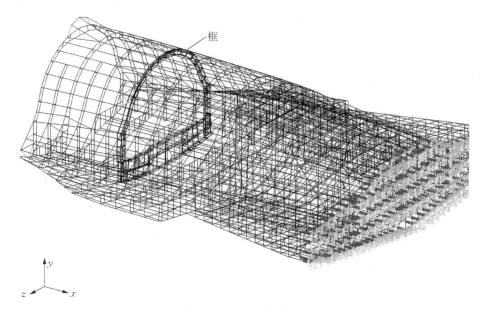

图 A.2.2　框计算模型

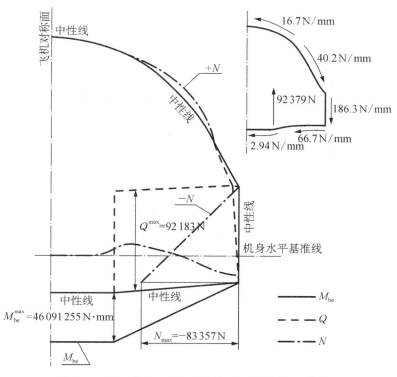

图 A.2.3(a)　框 $E_{\mathrm{m}}+G_{\mathrm{m}}$ 情况外载及内力图 A(报告)

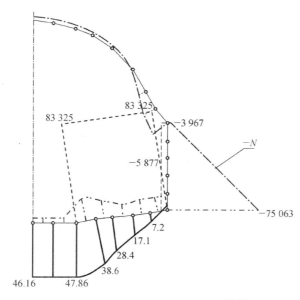

图 A. 2. 3(b)　框 E_{II} +
G_{II} 情况有限元计算内力

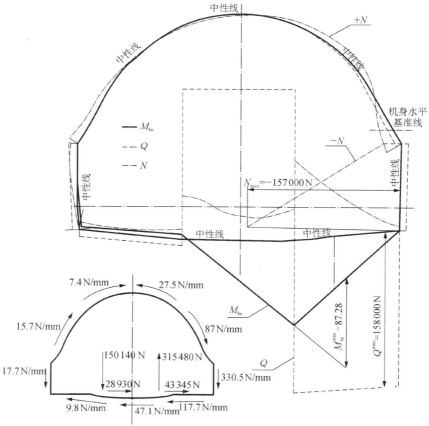

图 A. 2. 3(c)　$R_{2\mathrm{II}}$ 情况框的外载及 M. N. Q 图(报告)

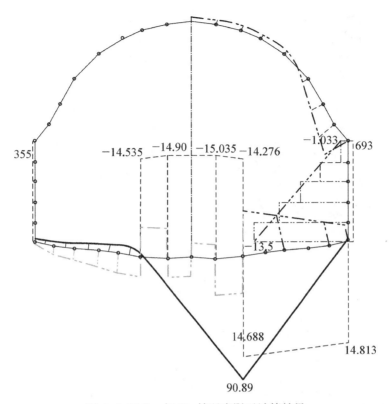

图 A. 2. 3(d) 框 R_{2m} 情况有限元计算结果

3）强度校核计算

（1）危险切面强度计算。

校核危险切面（载荷最大\切面最薄弱部位）

$$\sigma = \frac{M}{J_z}y \pm \frac{N}{F}$$

式中：J_z 为危险切面惯性矩（z 轴为中性轴）；y 为切面中计算点局部坐标；M 为切面弯矩；N 为切面轴力；F 为计算切面面积。

（2）腹板剪切计算（略）。

（3）接头计算：

接头可视为耳片连接。

斜拉伸耳片计算

$$\sigma_t = \frac{P_x}{F_x} \leqslant k_x\sigma_b$$

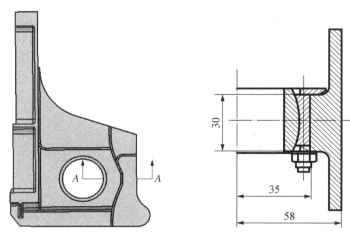

图 A.2.4　接　头

表 A.2.2　接头载荷

P_x/N	P_y/N	P_z/N
15 837	430 671	46 746

式中：P_x 为斜向载荷；F_x 为耳片理论横截面积 $F_x = F = (b-d)\delta$；k_x 为耳片斜向拉伸减弱系数，$k_x = k_{1a}k_{a}k_{\beta}$。$k_x$ 表式中：k_a 为斜向载荷修正系数，查《强度计算原则》相应图 A 表 A；k_{β} 为斜体耳片形状修正系数，查《强度计算原则》相应图 A 表 A。

　　重要接头耳片计算应计及附加安全系数 1.25。

　　a. 接头连接计算。

　　接头上下缘条通过螺栓与前起落架舱侧板连接在一起，把相对框板的矩、剪力和 x 向载荷传到前起落架舱侧板和 23 长桁上。

$$M = P_y L_y + P_x L_x$$

$$N_{\text{fl}}^{\text{up}} = \frac{M}{h}$$

$$N_{\text{fl}}^{\text{un}} = \frac{M}{h} - P_x$$

校核连接螺栓的剪切强度和挤压强度。

　　b. 承受扭矩、剪力作用的接头连接强度计算。

　　$\boldsymbol{Q} = \boldsymbol{Q}_x + \boldsymbol{Q}_y$　　螺栓总载荷为 x 方向力和 y 方向力矢量和

$$Q_i = Q \frac{G_i F_i}{\sum G_i F_i} \qquad 接头剪力作用在每个螺栓上的力$$

$$P_{Mi} = \frac{M_i}{R_i} = \frac{M}{R_i} \frac{R_i^2 F_i}{\sum R_i^2 F_i} = M \frac{R_i F_i}{\sum R_i^2 F_i} \qquad 接头弯矩引起的螺栓载荷$$

$$x_0 = \frac{F_i X_i}{\sum F_i}, \quad y_0 = \frac{F_i Y_i}{\sum F_i} \qquad 接头扭转中心$$

$$x_i = X_i - x_0, \quad R_i = \sqrt{x_i^2 + y_i^2} \qquad 螺栓扭转半径$$
$$y_i = Y_i - y_0$$

$$Q_{Mi}^y = \frac{y_i}{R_i} P_{Mi} \qquad 弯矩引起的载荷在 y 方向分量$$

$$Q_{Mi}^x = \frac{x_i}{R_i} P_{Mi} \qquad 弯矩引起的载荷在 x 方向分量$$

$$\boldsymbol{Q}_x = \boldsymbol{Q}_{Mi}^x + \boldsymbol{Q}_{xi} \qquad x 方向合力；\qquad \boldsymbol{Q}_y = \boldsymbol{Q}_{Mi}^y + \boldsymbol{Q}_{yi} \qquad y 方向合力$$

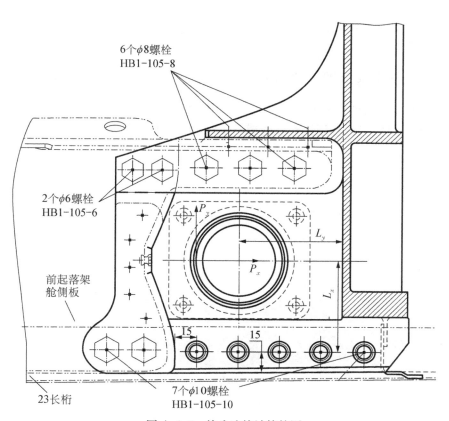

图 A.2.5　接头连接计算简图

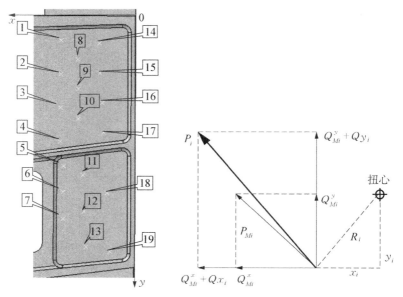

图 A.2.6　承受扭矩、剪力作用的接头强度计算简图

A.3　后机身主起落架下位锁梁强度计算

　　某飞机主起落架固定锁梁结构简图如图 A.3.1 所示,主传力构件由上梁、下梁、连接上下梁的隔板和连接衬板组成。主起落架下位锁梁结构简图见图 A.3.1。

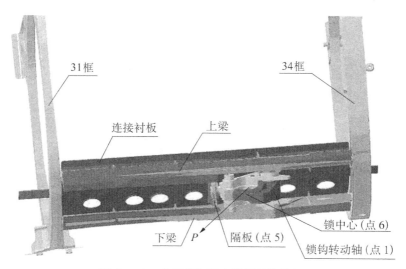

图 A.3.1　主起落架固定锁梁结构简图

主起落架固定锁梁上的设计载荷由起落架专业提供,具体见表 A.3.1。

表 A.3.1 主起落架固定锁载荷 单位:kN

载荷情况	f	$\sum P$	P_x	P_y	P_z
机轮不旋转着陆 $E'_{\text{III}}+G'_{\text{III}}$ $CB+P_x$	1.5	850	-424.50	321.59	-662.48

A.3.1 下位锁梁结构内力计算

1) 连接上、下锁梁的隔板载荷

起落架下位锁受力简图(图 A.3.2)中,点 5 为隔板中心点,点 1 为锁钩转动轴中心点,点 6 为起落架锁中心点。

由图 A.3.2 可得隔板即点 5 的载荷

$$P_5 = \frac{P \times 60}{205} = \frac{850 \times 60}{205} = 248.78 \, \text{kN}$$

可得隔板作用在锁梁上的剪力:

$$Q_{\text{隔}} = \frac{P_5}{2} = 124.39 \, \text{kN}$$

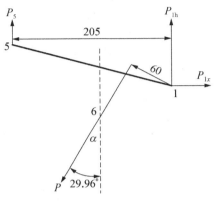

图 A.3.2 起落架下位锁受力简图 A

2) 锁钩转动轴载荷

由图 A.3.2 可得点 1 处锁钩转动轴的载荷

$$P_{1x} = P_x = 424.5 \, \text{kN}$$

$$P_{1h} = \sqrt{P_y^2 + P_z^2} - P_5 = 487.6 \, \text{kN}$$

图 A.3.2 中 $\quad \alpha = \arcsin \dfrac{P_x}{P} = \arcsin \dfrac{43.272}{86.646} = 29.96°$

由于 P_{1h} 作用在中点,因此可得锁钩转动轴作用在上下梁的轴力

$$N_h = \frac{P_{1x}}{2} = \frac{424.5}{2} = 212.25$$

因此可得锁钩转动轴作用在上下梁的剪力

$$Q_h = \frac{P_{1h}}{2} = 243.82 \, \text{kN}$$

3) 计算支反力及求解内力图

由以上载荷,利用平衡方程即可求出 31 和 34 框的支反力,绘出起落架下位锁上、下梁的内力图。

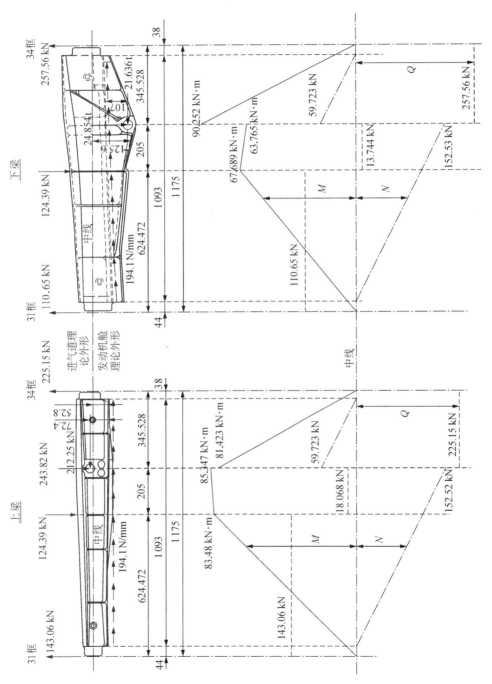

图 A.3.3 起落架下位锁梁内力图

上梁 31 框和 34 框的剪力为

$$Q_{34} = \frac{124.39 \times 624.472 + 243.82 \times (205 + 624.472) - 212.25 \times 72.4}{1175} = 225.15\,\text{kN}$$

$$Q_{31} = \frac{243.82 \times 345.528 + 124.39 \times (205 + 345.528) + 212.25 \times 72.4}{1175} = 143.06\,\text{kN}$$

下梁 31 框和 34 框的剪力为

$$Q_{34} = \frac{124.39 \times 624.472 + 243.82 \times (205 + 624.472) + 212.25 \times 107}{1175} = 257.56\,\text{kN}$$

$$Q_{31} = \frac{243.82 \times 345.528 + 124.39 \times (205 + 345.528) - 212.25 \times 107}{1175} = 110.65\,\text{kN}$$

蒙皮剪流为 $\qquad q = \dfrac{212.25 \times 10^3}{1\,093} = 1\,905\,\text{N/mm}$

A.3.2 下位锁梁强度计算

1）梁强度校核

下面通过上梁的计算来详细介绍这类主承力梁式结构在强度校核中应该考虑的问题。轴孔强度计算：

上梁材料 16Co14Ni10Cr2Mo，$\sigma_b = 1620\,\text{MPa}$

挤压强度校核：$P_\Sigma = \dfrac{1}{2}\sqrt{(P_{1x}^2 + P_{1h}^2)} = 323.26\,\text{kN}$

$$\sigma_{jy} = \frac{P_\Sigma}{F} = \frac{323\,260}{40 \times (41 - 2)} = 207\,\text{MPa}$$

$$[\sigma_{ji}] = 1.3\sigma_b = 1.3 \times 1620 = 2\,106\,\text{MPa}$$

$\eta = \dfrac{2\,106}{207}$，强度足够。

切面计算：

切面取载荷或截面变化明显的部位按工程梁理论进行校核,如图 A.3.4。

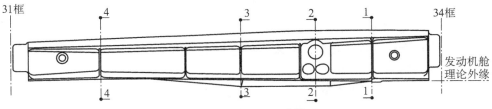

图 A.3.4　上梁切面位置简图 A

典型切面例 3-3 切面计算如下,其中遇到复杂切面可以采用三维绘图软件求解相关几何参数,本例中是利用 CATIA 软件求得切面的形心惯性矩等几何参数。

$$I_y = 5.274 \times 10^6 \, \text{mm}^4$$

$$A = 1863 \, \text{mm}^2$$

腹板高度 $\qquad H = 85 \, \text{mm}$

$$M_y = 83.385 \, \text{kN} \cdot \text{m}$$

$$Q = 143.06 \, \text{kN}$$

$$N = -112.72 \, \text{kN}$$

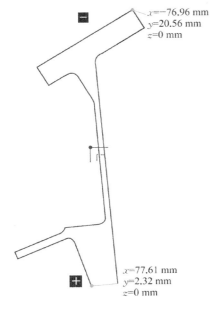

$x=-76.96 \, \text{mm}$
$y=20.56 \, \text{mm}$
$z=0 \, \text{mm}$

$x=77.61 \, \text{mm}$
$y=2.32 \, \text{mm}$
$z=0 \, \text{mm}$

图 A.3.5 切面 3-3

切面简图及载荷见图 A.3.5。

$$W_{up} = \frac{5.274 \times 10^6}{76.96} = 68\,529 \, \text{mm}^3$$

$$W_{un} = \frac{5.274 \times 10^6}{77.61} = 67\,955 \, \text{mm}^3$$

$$\sigma_{up} = -\frac{8.3385 \times 10^7}{68\,529} - \frac{112\,720}{1\,863}$$

$$= -1\,277 \, \text{MPa}$$

$$\eta = \frac{1\,620}{1\,277} = 1.27, 强度够$$

$$\sigma_{un} = \frac{8.3385 \times 10^7}{67\,955} - \frac{112\,720}{1\,863}$$

$$= 1\,166 \, \text{MPa}$$

$$\eta = \frac{1\,620}{1\,166} = 1.39, 强度够$$

腹板强度校核

$$H = 85 \, \text{mm}, \delta = 3 \, \text{mm}$$

$$\tau = \frac{Q}{H\delta} = \frac{143\,060}{85 \times 3} = 561 \, \text{MPa}$$

$$\eta = \frac{972}{561} = 1.73, 强度够$$

2) 连接强度校核

下面通过上梁的连接强度计算来介绍这类主承力梁式结构在连接强度校核时应该考虑的问题。

上梁与 31 框的连接计算：

上梁通过 2 个角材, 3 个 $\phi 8$ 钢螺栓（双剪, 30CrMnSiA）与 31 框连接, 示意图如 A.3.6 所示。

每个螺栓承受的最大剪力 $P = \dfrac{143\,060}{3 \times 2} = 23\,835 \, \text{N}$

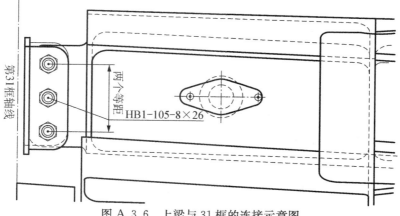

图 A.3.6　上梁与 31 框的连接示意图

$\phi 8$ 钢螺栓破坏剪力 $[P]=34\,320\,\mathrm{N}$

$\eta=\dfrac{34\,320}{23\,835}=1.44$，强度够

梁挤压。

$[\sigma_{ji}]=1.3\sigma_{\mathrm{b}}=1.3\times1620=2\,106\,\mathrm{MPa}$

$\sigma_{ji}=\dfrac{P}{d\delta}=\dfrac{23\,835\times2}{8\times6}=993\,\mathrm{MPa}$

$\eta=\dfrac{2\,106}{993}=2.12$，强度够

角材强度校核：

角材材料 TA15，$\sigma_{\mathrm{b}}=930\,\mathrm{MPa}$，分别与 31 框用 3 个 $\phi 8$ 钢螺栓(30CrMnSiA)连接，示意图见图 A.3.7。

图 A.3.7　角材与 31 框的连接示意图

角材挤压：

$$[\sigma_{ji}] = 1.3\sigma_b = 1.3 \times 930 = 1209\,\text{MPa}$$

$$\sigma_{ji} = \frac{23\,835}{8 \times 4} = 745\,\text{MPa}$$

$$\eta = \frac{1209}{745} = 1.62，强度够$$

角材切面简图见图 A.3.8 所示。

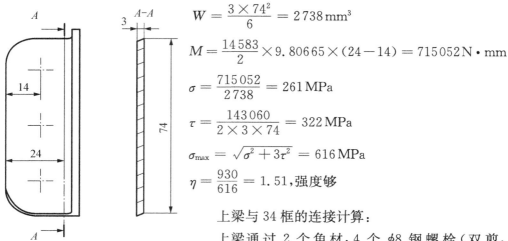

图 A.3.8　角材切面简图 A

$$W = \frac{3 \times 74^2}{6} = 2738\,\text{mm}^3$$

$$M = \frac{14\,583}{2} \times 9.80665 \times (24-14) = 715\,052\,\text{N} \cdot \text{mm}$$

$$\sigma = \frac{715\,052}{2738} = 261\,\text{MPa}$$

$$\tau = \frac{143\,060}{2 \times 3 \times 74} = 322\,\text{MPa}$$

$$\sigma_{max} = \sqrt{\sigma^2 + 3\tau^2} = 616\,\text{MPa}$$

$$\eta = \frac{930}{616} = 1.51，强度够$$

上梁与 34 框的连接计算：

上梁通过 2 个角材，4 个 $\phi8$ 钢螺栓（双剪，30CrMnSiA）与 34 框连接示意图如 A.3.9 所示。

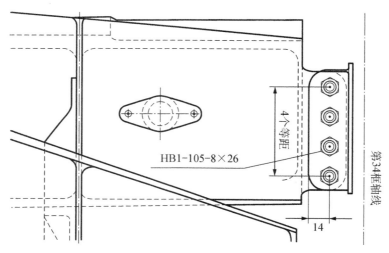

HB1-105-8×26

图 A.3.9　上梁与 34 框的连接示意图

(1) 每个螺栓承受的最大剪力 $P = \dfrac{225.15 \times 10^3}{4 \times 2} = 28\,134\,\text{N}$

$\phi 8$ 钢螺栓破坏剪力 $[P] = 34\,320\,\text{N}$

$$\eta = \frac{34\,320}{28\,134} = 1.22$$

（2）梁挤压：

$$\sigma_{\text{br}} = \frac{P}{\text{d}\delta} = \frac{28\,134 \times 2}{8 \times 6} = 1172\,\text{MPa}$$

$$\eta = \frac{2\,106}{1\,172} = 1.80,\text{强度够}$$

（3）角材强度校核：

角材材料 TA15，$\sigma_{\text{b}} = 930\,\text{MPa}$，分别与 34 框用 4 个 $\phi 8$ 钢螺栓（30CrMnSiA）连接，示意图如图 A.3.10 所示。

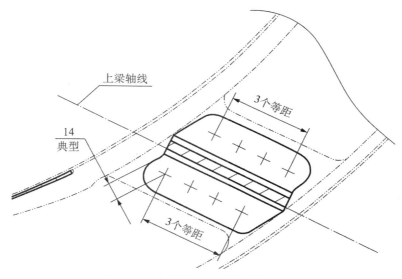

图 A.3.10　角材与 34 框的连接示意图

角材挤压：

$$[\sigma_{\text{br}}] = 1.3\sigma_{\text{b}} = 1.3 \times 930 = 1209\,\text{MPa}$$

$$\sigma_{\text{br}} = \frac{28\,134}{8 \times 4} = 879\,\text{MPa}$$

$$\eta = \frac{1\,209}{879} = 1.38,\text{强度够}$$

角材切面简图如图 A.3.11 所示。

$$W = \frac{3 \times 89^2}{6} = 3\,960.5\,\text{mm}^3$$

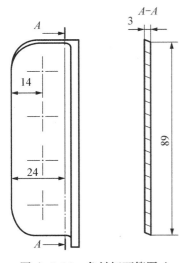

图 A.3.11　角材切面简图 A

$$M = \frac{22\,951}{2} \times 9.806\,65 \times (24-14) = 1\,125\,362\,\text{N} \cdot \text{mm}$$

$$\sigma = \frac{1\,125\,362}{3\,960.5} = 284\,\text{MPa}$$

$$\tau = \frac{22\,951 \times 9.806\,65}{2 \times 3 \times 89} = 421\,\text{MPa}$$

$$\sigma_{\max} = \sqrt{\sigma^2 + 3\tau^2} = 783\,\text{MPa}$$

$$\eta = \frac{930}{783} = 1.19,\text{强度够}$$

梁与机身蒙皮的连接计算：

梁与机身蒙皮通过 $\phi 5$ 钢螺栓（30CrMnSiA）和 $\phi 5$ 高抗剪铆钉（30CrMnSiA）来连接，铆钉间距为 35 mm 双排交错排列，蒙皮剪流 $q_x = 194.1\,\text{N/mm}$。

剪流 q_x 产生的铆钉剪力 $P = q_x t = 194.1 \times \dfrac{35}{2} = 3\,397\,\text{N}$

$\phi 5$ 铆钉破坏剪力 $[P] = 10\,790\,\text{N}$

$\eta = \dfrac{10\,790}{3\,397}$，强度足够

$\phi 5$ 螺栓破坏剪力 $[P] = 13\,400\,\text{N}$

$\eta = \dfrac{13\,400}{3\,397}$，强度足够

蒙皮挤压：

蒙皮材料 7B04，$\delta = 1.8\,\text{mm}$

$$[\sigma_{\text{br}}] = 1.3\sigma_{\text{b}} = 1.3 \times 480 = 624\,\text{MPa}$$

$$\sigma_{\text{br}} = \frac{P}{\text{d}\delta} = \frac{3\,397}{5 \times 1.8} = 377\,\text{MPa}$$

$$\eta = \frac{624}{377} = 1.66,\text{强度够}$$

3）隔板强度计算

隔板材料 16Co14Ni10Cr2Mo，厚度为 3.5 mm，$\sigma_{\text{b}} = 1\,620\,\text{MPa}$。隔板通过 6 个 $\phi 8$ 钢螺栓（30CrMnSiA）与下梁连接，通过 4 个 $\phi 10$ 钢螺栓（30CrMnSiNi2A）与上梁连接，示意图如 A.3.12 所示。

孔挤压强度校核：

$$\sigma_{jy} = \frac{P_5}{F} = \frac{25\,360 \times 9.806\,65}{35 \times 25} = 195\,\text{MPa}$$

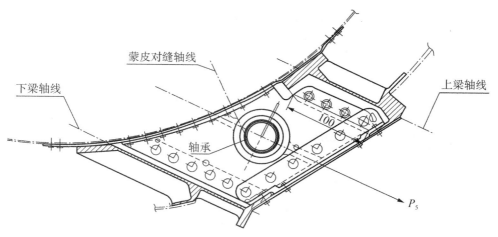

图 A.3.12　隔板连接示意图

$\eta = \dfrac{2\,106}{195}$，强度足够

腹板剪切强度校核：

$$\tau = \frac{25\,360 \times 9.806\,65}{2 \times 3.5 \times 100} = 355\,\text{MPa}$$

$\eta = \dfrac{972}{355}$，强度足够

连接强度：

与起落架下位锁连接轴承材料为 9Cr18，轴承使用载荷为

$$P = 248\,780\,\text{N}$$

轴承额定载荷：$[P] = 357\,\text{kN}$

$$\eta = \frac{357\,000}{248\,780} = 1.44$$

每个 $\phi 8$ 钢螺栓（30CrMnSiA）载荷：

$$P = \frac{248\,780}{2 \times 6} = 20\,731\,\text{N}$$

$\eta = \dfrac{34\,320}{20\,731} = 1.66$，强度够

$$\sigma_{\text{br}} = \frac{20\,731}{6 \times 3.5} = 987\,\text{MPa}$$

$\eta = \dfrac{2\,106}{987} = 2.13$，强度够

每个 $\phi10$ 钢螺栓（30CrMnSiNi2A）载荷：

$$P = \frac{248\,780}{2 \times 4} = 31\,097\,\text{N}$$

$$\eta = \frac{77\,470}{31\,097} = 2.49,\text{强度够}$$

$$\sigma_{ji} = \frac{31\,097}{8 \times 3.5} = 1\,110\,\text{MPa}$$

$$\eta = \frac{2\,106}{1\,110} = 1.90,\text{强度够}$$

参 考 文 献

[1] 王志瑾,姚卫星.飞机结构设计[M].北京:国防工业出版社,2004.
[2] 陶梅贞.现代飞机结构综合设计[M].西安:西北工业大学出版社,2001.
[3] [俄]吉梅利法尔勃.飞机结构设计基础[M].中国航空工业沈阳飞机设计研究所,1995.
[4] [俄]日托米尔斯基.飞机结构学[M].中国航空工业沈阳飞机设计研究所,1995.
[5] 叶逢培,吴富民,张纪刚.飞行器结构力学[M].北京:北京科学教育编辑室,1965.
[6] 吴富民.结构疲劳强度[M].西安:西北工业大学出版社,1983.
[7] 顾诵芬,解思适.飞机总体设计[M].北京:北京航空航天大学出版社,1995.
[8] 李曙林.飞机与发动机强度[M].北京:国防工业出版社,2007.
[9] 李天.战斗机的发展对隐身与气动技术的需求[J].流体力学实验与测量,2002,1:1～7.
[10] 管德,郦正能.飞机结构强度[M].北京:北京航空航天大学出版社,2005.
[11] GJB76.(1～12)-85.军用飞机强度和刚度规范[S].中华人民共和国国家军用飞机标准,1985.
[12] 《飞机设计手册》总编委会,飞机设计手册,第九册载荷、强度和刚度[M].北京:航空工业出版社,2001.
[13] GJB(2750～2760)-96.舰载飞机强度和刚度规范[S].中华人民共和国国家军用飞机标准,1996.
[14] 《飞机设计手册》总编委会,飞机设计手册,第十四册起飞着陆系统设计[M].北京:航空工业出版社,2002.
[15] 武文康,张彬乾.战斗机气动布局设计[M].西安:西北工业大学出版社,2005.
[16] [美]牛春匀.实用飞机结构工程设计[M].程小全,译.北京:航空工业出版社,2008.
[17] [美]牛春匀.实用飞机结构应力分析及尺寸设计[M].冯振宇,程小全,张纪奎译.北京:航空工业出版社,2009.
[18] 航空工业部科学技术委员会编著.飞机结构损伤容限设计指南[M].北京:航空工业科学技术情报研究所出版,1985.
[19] [俄]C.H康恩,И.A.斯维特洛夫.飞机强度计算(增订本)[M].叶逢培等,译.北京:国防工业出版社,1963.
[20] 《民机结构耐久性与损伤容限设计手册》编委会,民机结构耐久性与损伤容限设计手册(上册),疲劳设计与分析[M].北京:航空工业出版社,2003:220-260.
[21] 俞树奎,等.JNS2飞机结构耐久性及损伤容限设计手册(第二册):飞机结构的疲劳分析[M].北京:航空航天工业部科学技术研究院,1989.

大飞机出版工程
书　　目

一期书目（已出版）

《超声速飞机空气动力学和飞行力学》(译著)

《大型客机计算流体力学应用与发展》

《民用飞机总体设计》

《飞机飞行手册》(译著)

《运输类飞机的空气动力设计》(译著)

《雅克-42M和雅克-242飞机草图设计》(译著)

《飞机气动弹性力学和载荷导论》(译著)

《飞机推进》(译著)

《飞机燃油系统》(译著)

《全球航空业》(译著)

《航空发展的历程与真相》(译著)

二期书目（已出版）

《大型客机设计制造与使用经济性研究》

《飞机电气和电子系统——原理、维护和使用》(译著)

《民用飞机航空电子系统》

《非线性有限元及其在飞机结构设计中的应用》

《民用飞机复合材料结构设计与验证》

《飞机复合材料结构设计与分析》(译著)

《飞机复合材料结构强度分析》

《复合材料飞机结构强度设计与验证概论》

《复合材料连接》

《飞机结构设计与强度计算》

三期书目（已出版）

《适航理念与原则》

《适航性：航空器合格审定导论》(译著)

《民用飞机系统安全性设计与评估技术概论》

《民用航空器噪声合格审定概论》

《机载软件研制流程最佳实践》

《民用飞机金属结构耐久性与损伤容限设计》

《机载软件适航标准 DO-178B/C 研究》

《运输类飞机合格审定飞行试验指南》(编译)

《民用飞机复合材料结构适航验证概论》

《民用运输类飞机驾驶舱人为因素设计原则》

四期书目(已出版)

《航空燃气涡轮发动机工作原理及性能》

《航空发动机结构强度设计问题》

《航空燃气轮机涡轮气体动力学:流动机理及气动设计》

《先进燃气轮机燃烧室设计研发》

《航空燃气涡轮发动机控制》

《航空涡轮风扇发动机试验技术与方法》

《航空压气机气动热力学理论与应用》

《燃气涡轮发动机性能》(译著)

《航空发动机进排气系统气动热力学》

《燃气涡轮推进系统》(译著)

《燃气涡轮发动机的传热和空气系统》

五期书目(已出版)

《民机飞行控制系统设计的理论与方法》

《民机导航系统》

《民机液压系统》(英文版)

《民机供电系统》

《民机传感器系统》

《飞行仿真技术》

《民机飞控系统适航性设计与验证》

《大型运输机飞行控制系统试验技术》

《飞行控制系统设计和实现中的问题》(译著)

《现代飞机飞行控制系统工程》

六期书目(已出版)

《民用飞机构件先进成形技术》

《民用飞机热表特种工艺技术》

《航空发动机高温合金大型铸件精密成型技术》

《飞机材料与结构检测技术》

《民用飞机构件数控加工技术》

《民用飞机复合材料结构制造技术》

《民用飞机自动化装配系统与装备》

《复合材料连接技术》

《先进复合材料的制造工艺》（译著）

七期书目（已出版）

《支线飞机设计流程与关键技术管理》

《支线飞机验证试飞技术》

《支线飞机电传飞行控制系统研发及验证》

《支线飞机适航符合性设计与验证》

《支线飞机市场研究技术与方法》

《支线飞机设计技术实践与创新》

《支线飞机项目管理》

《支线飞机自动飞行与飞行管理设计与验证》

《支线飞机电磁环境设计与验证》

《支线飞机动力装置与防火系统设计与验证》

《支线飞机强度设计与验证》

《支线飞机结构设计、制造与验证》

《支线飞机环控与防冰系统研发与验证》

《支线飞机运行支持体系技术》

《ARJ21-700新支线飞机项目发展历程、探索与创新》

《飞机运行安全与事故调查技术》

《基于可靠性的飞机维修优化》

《民用飞机实时监控与健康管理》

《民用飞机工业设计的理论与实践》